U0292513

高职高专数控技术应用专业规划教材

# 数控加工技术

## (第2版)

廖玉松　王晓明　主　编

疏　剑　谭志银　孙应秋
黄　芸　汪　震　副主编

清華大学出版社
北　京

## 内 容 简 介

本书以“基于工作过程系统化的课程体系”理论为指导，将数控车床操作工、数控铣床操作工、加工中心操作工、数控车床编程员、数控铣床编程员、加工中心编程员等岗位的典型工作任务整合为 10 章(每章对应一至两个学习情境)，包括典型传动轴类零件的编程与加工，成形面零件的编程与加工，带螺纹的轴类零件和轴套类零件的编程与加工，直方槽的编程与加工，圆弧槽的编程与加工，内、外轮廓件与孔系类零件的编程与加工，复杂平面轮廓零件的编程与加工，椭圆类零件的编程与加工，滑座类零件的编程与加工，烟灰缸的编程与加工。每个学习情境都包含一个或多个真实的工作任务，包括任务单、资讯单、信息单、计划单、决策单、材料和工量具清单、实施单、作业单、检查单、评价单、教学反馈单等教学材料。

本书可以作为高职高专院校机械设计与制造专业、数控技术、机电一体化专业、模具设计与制造专业等的教材，也可供从事数控加工、编程人员的参考。



**图书在版编目(CIP)数据**

数控加工技术/廖玉松，王晓明主编. —2 版. —北京：清华大学出版社，2018（2024.8重印）
(高职高专数控技术应用专业规划教材)
ISBN 978-7-302-51035-2

Ⅰ. ①数… Ⅱ. ①廖… ②王… Ⅲ. ①数控机床—加工—高等职业教育—教材 Ⅳ. ①TG659

中国版本图书馆 CIP 数据核字(2018)第 192195 号

**责任编辑**：陈冬梅　桑任松
**封面设计**：王红强
**责任校对**：周剑云
**责任印制**：刘　菲
**出版发行**：清华大学出版社
　网　　址：https://www.tup.com.cn，https://www.wqxuetang.com
　地　　址：北京清华大学学研大厦 A 座　　邮　　编：100084
　社 总 机：010-83470000　　邮　　购：010-62786544
　投稿与读者服务：010-62776969, c-service@tup.tsinghua.edu.cn
　质量反馈：010-62772015, zhiliang@tup.tsinghua.edu.cn
　课件下载：https://www.tup.com.cn, 010-62791865
印 装 者：三河市铭诚印务有限公司
经　　销：全国新华书店
开　　本：185mm×260mm　　印　张：22　　字　数：530 千字
版　　次：2013 年 9 月第 1 版　2018 年 9 月第 2 版　　印　次：2024 年 8 月第 8 次印刷
印　　数：6601～7800
定　　价：59.00 元

产品编号：073257-02

# 第2版前言

“数控加工技术”是理论实训一体化课程，采用理论实训一体化教学方式。该课程培养的主要目标是使学生对数控机床的工作原理、数控加工程序的编制、数控机床的操作有一个全面的了解，能够对零件进行数控加工工艺分析及编制正确、合理的数控加工程序，并通过操作机床完成零件的加工，培养学生解决生产实际问题及进行深入学习的能力。本教材第 2 版于 2018 年由安徽省教育厅遴选为安徽省高职高专规划教材，2020 年评为“十三五”职业教育国家规划教材。2015—2018 年国家振兴计划在线精品开放课程，有完整的教学资源，课程标准、电子教案、PPT、完整教学视频及题库全部上传至清华大学出版社和学银在线网站。

本书以“基于工作过程系统化的课程体系”理论为指导，由滁州职业技术学院教师与校企合作实训基地滁州丽普机械制造有限公司等相关技术人员组成课程开发团队，团队以校中厂滁州丽普机械制造有限公司对外加工的典型零件的制作为载体，设计学习情境，开发出具有滁州职业技术学院特色的项目化教材。课程开发团队将数控车床操作工、数控铣床操作工、加工中心操作工、数控工艺员、数控车床编程员、数控铣床编程员、加工中心编程员等岗位的典型工作任务整合为 10 章，每章对应一至两个学习情境，每个学习情境都包含一个或多个真实的工作任务，本书在此基础上编写而成。“数控加工技术”课程打破学科限制，以零件加工任务为载体，学生按企业班组管理方式，分组接受任务后，学生从分析产品图样入手，确定合理的工艺方案，制定正确的走刀路线，选择适合的刀具，确定切削用量，编写数控程序，仿真加工验证程序和工艺，进行数控加工，生产出合格零件。本书在第 1 版使用过程中，得到了其他高职院校肯定。我们对第 1 版中一些图形和编程不准确处进行了校准，力争内容更加准确，使工程实践、工业实践和创新实践紧密结合起来。深入贯彻党的二十大教育方针，落实立德树人根本任务，坚定不移推进教育强国建设，坚持为党育人、为国育才，在第 1 章中增加课程思政相应内容，每章节开始处增加课程思政知识点，学生可扫描二维码观看视频，更好地培育学生爱国主义精神、职业道德和工匠精神。

本书由 10 章构成，主要内容包括典型传动轴类零件的编程与加工、成形面零件的编程与加工、带螺纹的轴类零件和轴套类零件的编程与加工、直方槽的编程与加工、圆弧槽的编程与加工、内外轮廓件与孔系类零件的编程与加工、复杂平面轮廓零件的编程与加工、椭圆类零件的编程与加工、滑座类零件的编程与加工、烟灰缸的编程与加工，在第 9 章滑座类零件的编程与加工中添加四轴、五轴的加工内容。每个学习情境包含任务单、资讯单、信息单、计划单、决策单、材料和工量具清单、实施单、作业单、检查单、评价单、教学反馈单等表格单据。教师按资讯、计划、决策、实施、检查、评价这 6 步组织教学，使学生在理论实训一体化教学方式下掌握知识、提高技能、提升素质。

本书由滁州职业技术学院廖玉松、王晓明担任主编，滁州职业技术学院疏剑、谭志

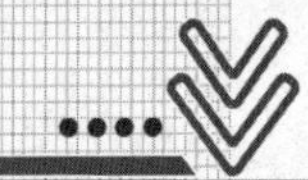


银、孙应秋和滁州技师学院黄芸、汪震担任副主编。编写内容分配如下：廖玉松编写第10章，王晓明编写第5、8章，疏剑编写第7、9章，汪震编写第2章，谭志银编写第1章，孙应秋编写第3、6章，黄芸编写第4章，全书由合肥工业大学韩江教授主审。本书在出版过程中得到了滁州职业技术学院、成都纺织高等专科学校、合肥工业大学、兰州工业高等专科学校、贵州工业职业技术学院等院校领导和教师的无私帮助及大力支持，谨在此一并表示感谢！

由于作者水平所限，书中难免有错误和不当之处，恳请读者批评指正。

编　者

# 第 1 版前言

“数控加工技术”是理论实训一体化课程，采用理论实训一体化教学方式。该课程培养的主要目标是使学生对数控机床的工作原理、数控加工程序的编制、数控机床的操作有一个全面的了解，能够对零件进行数控加工工艺分析及编制正确、合理的数控加工程序，并通过操作机床完成零件的加工，培养学生解决生产实际问题及进行深入学习的能力。

本书以“基于工作过程系统化的课程体系”理论为指导，由滁州职业技术学院教师与博氏西门子公司、滁州经纬模具制造有限公司、滁州宏达模具制造有限公司等相关技术人员组成课程开发团队，共同进行基于工作过程系统化的课程开发与设计。课程开发团队将数控车床操作工、数控铣床操作工、加工中心操作工、数控工艺员、数控车床编程员、数控铣床编程员、加工中心编程员等岗位的典型工作任务整合为 10 章，每章对应一至两个学习情境，每个学习情境都包含一个或多个真实的工作任务，本书在此基础上编写而成。“数控加工技术”课程打破学科限制，以零件加工任务为载体，学生按企业班组管理方式，分组接受任务后，从分析产品图样入手，确定合理的工艺方案，制定正确的走刀路线，选择适合的刀具，确定切削用量，编写数控程序，进行仿真加工验证程序和工艺，进行数控加工，生产出合格零件。

本书由 10 章构成，主要内容包括典型传动轴类零件的编程与加工、成形面零件的编程与加工、带螺纹的轴类零件和轴套类零件的编程与加工、直方槽的编程与加工、圆弧槽的编程与加工、内外轮廓件与孔系类零件的编程与加工、复杂平面轮廓零件的编程与加工、椭圆类零件的编程与加工、滑座类零件的编程与加工、烟灰缸的编程与加工。每个学习情境包含任务单、资讯单、信息单、计划单、决策单、材料和工量具清单、实施单、作业单、检查单、评价单、教学反馈单。教学中教师按资讯、计划、决策、实施、检查、评价这 6 步组织教学，使学生在理论实训一体化教学方式下掌握知识，提高技能，提升素质。

本书由廖玉松、李双科担任主编，曹选平、韩江主审，王晓明、疏剑、黄立宏担任副主编。本书在出版过程中得到了滁州职业技术学院、成都纺织高等专科学校、合肥工业大学、兰州工业高等专科学校、贵州工业职业技术学院等院校领导和教师的无私帮助及大力支持，谨在此表示感谢！

由于水平所限，书中难免有错误和不当之处，恳请读者批评指正。

编　者

# 目　录


第 1 章　典型传动轴类零件的编程与加工......1

任务 1.1　认识数控机床......4
1.1.1　数控机床的产生与发展......4
1.1.2　数控机床的概念及组成......6
1.1.3　数控机床的种类与应用......8
1.1.4　数控机床加工的特点及应用......11

任务 1.2　认识数控机床的坐标系......13
1.2.1　机床坐标系的确定......13
1.2.2　坐标轴方向的确定......13
1.2.3　机床原点的设置......14
1.2.4　机床参考点......14
1.2.5　编程坐标系......14
1.2.6　工件坐标系......15
1.2.7　对刀......15

任务 1.3　掌握典型传动轴加工车削工艺......16
1.3.1　零件数控车削加工方案的拟定......16
1.3.2　车刀的类型及选用......18
1.3.3　选择切削用量......22
1.3.4　确定装夹方法......25
1.3.5　典型传动轴的工艺分析......25

任务 1.4　认识数控车床程序的结构......27
1.4.1　加工程序的一般格式......27
1.4.2　程序段格式......27
1.4.3　字的类型......27

任务 1.5　掌握典型传动轴数控车削加工程序的编制......29
1.5.1　数控车床编程的特点......29
1.5.2　主轴转速功能设定指令(G50、G96、G97)......30
1.5.3　进给功能设定指令(G98、G99)......30
1.5.4　T 功能......31
1.5.5　M 功能......31
1.5.6　快速点位运动指令(G00)......31
1.5.7　直线插补指令(G01)......32
1.5.8　暂停指令(G04)......32

任务 1.6　掌握典型传动轴数控车削加工操作......34
1.6.1　数控车床仿真软件的进入和退出......34
1.6.2　数控车床仿真软件的工作窗口......35
1.6.3　数控车床仿真软件的基本操作......39
1.6.4　数控车床仿真软件操作实例......44

第 2 章　成形面零件的编程与加工......55

任务 2.1　简单成形面类零件的加工......58
2.1.1　圆弧插补指令(G02、G03)......59
2.1.2　刀具半径补偿指令(G41、G42、G40)......60
2.1.3　单一固定循环......62

任务 2.2　复杂成形面类零件的加工......65

第 3 章　带螺纹的轴类零件和轴套类零件的编程与加工......75

任务 3.1　带螺纹的轴类零件的加工......78
3.1.1　车螺纹指令(G32)......78
3.1.2　螺纹切削单一循环指令(G92)......80
3.1.3　车螺纹复合循环指令(G76)......81

任务 3.2　轴套类零件的加工......89
3.2.1　轴套类零件的特点......92
3.2.2　车床上加工孔的方法......92
3.2.3　车内孔时的质量分析......93

3.2.4 一般轴套类零件的技术要求......94
3.2.5 加工工艺方法......94

第4章 直方槽的编程与加工......102

任务4.1 认识数控铣床......105
4.1.1 数控铣床的功能及加工对象......105
4.1.2 数控铣床的分类......106
4.1.3 数控铣床的组成......108
4.1.4 主轴传动系统的要求......110
4.1.5 主传动的变速方式......111
4.1.6 数控铣床对进给系统机械传动装置的基本要求......112
4.1.7 进给系统机械传动装置的典型结构......113
4.1.8 数控铣床对进给系统伺服驱动元件的基本要求......114

任务4.2 认识数控机床的坐标系......114
4.2.1 机床坐标系的确定......114
4.2.2 坐标轴方向的确定......115
4.2.3 机床原点的设置......115
4.2.4 编程坐标系......116
4.2.5 工件坐标系......116
4.2.6 对刀......117

任务4.3 掌握典型直方槽加工铣削工艺......118
4.3.1 零件数控铣削加工方案的拟定......118
4.3.2 铣刀的类型及选用......120
4.3.3 数控铣削刀具的基本要求......121
4.3.4 选择数控铣削刀具的原则......122
4.3.5 选择数控铣削刀具时应考虑的主要因素......122
4.3.6 铣削刀具的选择......123
4.3.7 数控铣削加工对刀具系统的要求......125
4.3.8 选择切削用量......130
4.3.9 确定装夹方法......133
4.3.10 典型直方槽的工艺分析......134

任务4.4 认识数控铣床程序的结构......135
4.4.1 加工程序的一般格式......135
4.4.2 程序段格式......135
4.4.3 字的类型......136

任务4.5 直方槽的编程......137
4.5.1 主轴转速功能设定指令(G96、G97)......137
4.5.2 F进给功能设定指令(G98、G99)......137
4.5.3 T功能......138
4.5.4 M功能......138
4.5.5 快速点定位运动指令(G00)......138
4.5.6 直线插补指令(G01)......139
4.5.7 绝对坐标和相对坐标指令(G90、G91)......139
4.5.8 暂停指令(G04)......140
4.5.9 直方槽类零件编程示例......140

任务4.6 掌握直方槽数控铣削加工操作......141
4.6.1 数控铣床(加工中心)仿真软件系统的进入和退出......141
4.6.2 数控铣床仿真软件的工作窗口......141
4.6.3 数控铣床仿真软件基本操作......146
4.6.4 数控铣床的仿真软件操作实例......149

第5章 圆弧槽的编程与加工......162

任务5.1 掌握常用数控铣削指令......165
5.1.1 加工平面选择指令(G17、G18、G19)......165
5.1.2 坐标系设定指令......165
5.1.3 局部坐标系(G52)......166
5.1.4 各种对刀工具的使用......167

任务5.2 圆弧编程指令(G02、G03)及相关辅助功能指令......168

5.2.1 圆弧插补功能指令(G02、G03)......168
5.2.2 自动返回机床机械原点指令(G28)......171
5.2.3 辅助功能指令(M)......172
5.2.4 示例......175
任务 5.3 掌握标准 SIEMENS 数控系统的使用......176
5.3.1 启动 SinuTrain SINUMERIK 软件......176
5.3.2 创建机床......177
5.3.3 启动机床......178
5.3.4 面板说明......178
5.3.5 主要操作步骤说明......180

第 6 章 内、外轮廓件与孔系类零件的编程与加工......189

任务 6.1 内、外轮廓件的加工......192
6.1.1 刀具半径补偿功能的目的......192
6.1.2 刀具半径补偿指令(G41、G42、G40)......192
6.1.3 刀具半径补偿功能的作用......194
6.1.4 子程序的调用......195
任务 6.2 钻孔循环指令......206
6.2.1 孔加工循环的动作......206
6.2.2 孔加工循环控制指令......206
任务 6.3 SIEMENS 钻孔循环指令......212
6.3.1 主要参数......212
6.3.2 钻削循环......213
6.3.3 镗削循环......213
6.3.4 线性孔排列钻削......214

第 7 章 复杂平面轮廓零件的编程与加工......220

任务 7.1 极坐标编程......223
7.1.1 认识极坐标......223
7.1.2 极坐标编程......224
任务 7.2 比例缩放指令编程......227
7.2.1 比例缩放加工功能指令......227
7.2.2 使用比例缩放时第三轴的缩放......229
7.2.3 使用比例缩放功能时的注意事项......229
7.2.4 缩放指令编程实例......230
任务 7.3 镜像指令编程......234
7.3.1 镜像加工指令......234
7.3.2 镜像加工实例一......235
7.3.3 镜像加工实例二......238
任务 7.4 旋转指令编程......238
7.4.1 旋转加工功能指令(G68、G69)......238
7.4.2 编程实例一......239
7.4.3 编程实例二......241
任务 7.5 典型凸台数控铣削加工的编程......241
7.5.1 工件的工程图......241
7.5.2 数控加工工艺分析......241

第 8 章 椭圆类零件的编程与加工......253

任务 8.1 了解 A 类宏程序与 B 类宏程序的区别......256
8.1.1 数控宏程序的概念......256
8.1.2 数控宏程序的优点......256
8.1.3 数控宏程序的分类......256
8.1.4 数控宏程序的使用方法......256
任务 8.2 FANUC 0i 系统的用户宏程序......262
8.2.1 FANUC 0i 系统的用户宏程序......262
8.2.2 关于变量......262
8.2.3 系统变量......263
8.2.4 算术、逻辑运算与赋值......264
8.2.5 转移和循环......269
任务 8.3 圆柱、圆孔顶部倒 *R* 面加工......272
8.3.1 圆柱顶部倒 *R* 面......272
8.3.2 圆孔倒 *R* 面加工......275
任务 8.4 椭圆加工......277
8.4.1 椭圆轨迹加工......277

8.4.2 椭圆内轮廓加工......279
8.4.3 椭圆外轮廓加工......282

第9章 滑座类零件的编程与加工......291

任务9.1 加工中心的认识......294
9.1.1 加工中心概述......294
9.1.2 加工中心的主要加工对象及加工方法......294
9.1.3 加工中心的分类......295
9.1.4 加工中心的刀库系统......297
任务9.2 加工中心的换刀指令及长度补偿指令......298
9.2.1 自动返回参考点指令(G28)......298
9.2.2 换刀功能及应用......299
9.2.3 刀具长度补偿......299
任务9.3 加工中心的工艺安排及实例分析......301
9.3.1 加工中心的基准设置及工装......301
9.3.2 加工中心加工的对刀与换刀......303
9.3.3 制定加工中心加工工艺......304
9.3.4 典型零件的工艺分析及编程实例......307

第10章 烟灰缸的编程与加工......318

任务10.1 UG加工编程流程......321
10.1.1 UG/Manufacturing......321
10.1.2 UG加工编程的一般步骤......321
10.1.3 CAM 模块初始化......321
任务10.2 烟灰缸的粗、精加工......322
10.2.1 烟灰缸主体粗加工......322
10.2.2 烟灰缸的半精加工......327
10.2.3 烟灰缸精加工......330
任务10.3 加工仿真及后处理......331
10.3.1 刀具路径检验、编辑及模拟......331
10.3.2 刀位轨迹文件后置处理技术及NC文件的生成与传输......332

参考文献......339

# 第 1 章　典型传动轴类零件的编程与加工

本章的任务单、资讯单及信息单如表 1-1～表 1-3 所示。

表 1-1　任务单

<table>
<tr><td>学习领域</td><td colspan="3">数控车床编程与零件加工</td></tr>
<tr><td>学习情境 1</td><td>典型传动轴类零件的编程与加工</td><td>学时</td><td>24</td></tr>
<tr><td colspan="4">布置任务</td></tr>
<tr><td>学习目标</td><td colspan="3">(1) 认识数控机床，掌握数控机床的组成、分类及加工特点；<br>(2) 正确理解机床坐标系、机床原点、工件坐标系、工件原点，正确设置工件坐标系，掌握数控车床对刀过程；<br>(3) 掌握车床程序的组成；<br>(4) 掌握数控车床编程的特点；<br>(5) 学会利用准备功能指令 G00、G01、G96、G97、G98、G99 和辅助功能指令 M03、M05、M30 进行典型传动轴类零件加工程序的编制；<br>(6) 正确理解典型传动轴类零件的加工走刀路线；<br>(7) 掌握数控车床加工典型传动轴的操作步骤；<br>(8) 了解常用轴类零件材料 45 号钢的切削加工性能；<br>(9) 能够根据零件的类型、材料及技术要求正确选择刀具；<br>(10) 学会利用游标卡尺、外径千分尺正确检测直线外形轴类零件外径尺寸、轴向尺寸；<br>(11) 在“典型传动轴类零件加工”实操过程中初步形成良好的工作习惯，树立安全生产的意识；<br>(12) 学习“两弹一星精神”。<br>两弹一星精神.mp4</td></tr>
<tr><td>任务描述</td><td colspan="3">1．工作任务<br>完成如图 1-1 所示阶梯轴零件的加工 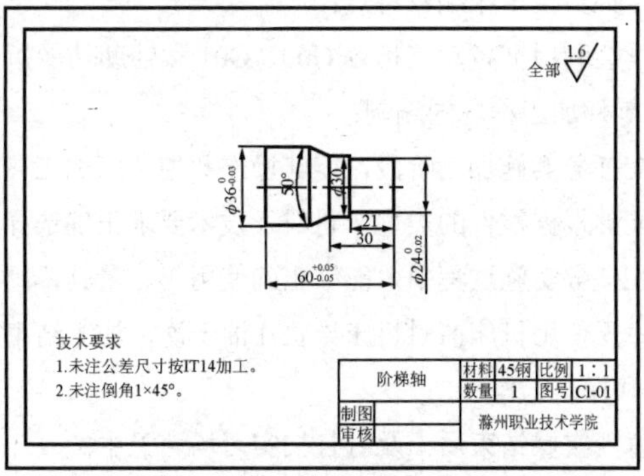<br>图 1-1　阶梯轴零件</td></tr>
</table>

续表

| | |
|---|---|
| 任务描述 | 2. 完成主要工作任务<br>(1) 编制车削加工如图 1-1 所示阶梯轴的加工工艺;<br>(2) 进行如图 1-1 所示阶梯轴加工程序的编制;<br>(3) 完成阶梯轴车削加工 |
| 学时安排 | 资讯 8 学时 \| 计划 3 学时 \| 决策 1 学时 \| 实施 8 学时 \| 检查 2 学时 \| 评价 2 学时 |
| 提供资料 | (1) 教材：余英良. 数控加工编程及操作. 北京：高等教育出版社，2005<br>(2) 教材：顾京. 数控加工编程及操作. 北京：高等教育出版社，2003<br>(3) 教材：宋放之. 数控工艺员培训教程. 北京：清华大学出版社，2003<br>(4) 教材：田萍. 数控加工工艺. 北京：高等教育出版社，2003<br>(5) 教材：唐应谦. 数控加工工艺学. 北京：劳动保障出版社，2000<br>(6) 教材：张信群. 公差配合与互换性技术. 北京：北京航空航天大学出版社，2006<br>(7) 教材：许德珠. 机械工程材料. 北京：高等教育出版社，2001<br>(8) 教材：吴桓文. 机械加工工艺基础. 北京：高等教育出版社，2005<br>(9) 教材：卢斌. 数控机床及其使用维修. 北京：机械工业出版社，2001<br>(10) GSK 980TDb 车床 CNC 使用手册，2010<br>(11) FANUC 数控系统车床编程手册，2005<br>(12) SINUMERIK 802D 操作编程——车床，2005<br>(13) CK6140 型数控车床使用说明书，2010<br>(14) 中国模具网　http://www.mould.net.cn/<br>(15) 国际模具网　http://www.2mould.com/<br>(16) 数控在线　http://www.cncol.com.cn/Index.html<br>(17) 中国金属加工网　http://www.mw35.com/<br>(18) 中国机床网　http://www.jichuang.net/ |
| 对学生的要求 | 1. 知识技能要求<br>(1) 认识数控机床，掌握数控机床的组成、分类及加工特点;<br>(2) 正确理解机床坐标系、工件坐标系，正确设置工件坐标系，熟练掌握数控车床对刀过程;<br>(3) 掌握数控车床编程特点;<br>(4) 学会利用准备功能指令 G00、G01 和辅助功能指令 M03、M05、M30 进行典型传动轴类零件加工程序的编制;<br>(5) 在任务实施加工阶段，能够操作数控车床加工典型传动轴;<br>(6) 能够根据零件的类型、材料及技术要求正确选择刀具;<br>(7) 在任务实施过程中，能够正确使用工、量具，用后做好维护和保养工作;<br>(8) 每天使用机床前对机床导轨注油一次，加工结束后应清理机床，做好机床使用基本维护和保养工作;<br>(9) 每天实操结束后，及时打扫实习场地卫生;<br>(10) 本任务结束时每组需上交 6 件合格的零件;<br>(11) 按时、按要求上交作业 |

续表

| | |
|---|---|
| 对学生的要求 | 2．生产安全要求<br>严格遵守安全操作规程，绝不允许违规操作。应特别注意，加工零件、刀具要夹紧可靠，夹紧工件后要立即取下夹盘扳手。<br>3．职业行为要求<br>(1) 文具准备齐全；<br>(2) 工、量具摆放整齐；<br>(3) 着装整齐；<br>(4) 遵守课堂纪律；<br>(5) 具有团队合作精神 |

表 1-2　资讯单

| 学习领域 | 数控车床编程与零件加工 | | |
|---|---|---|---|
| 学习情境 1 | 典型传动轴类零件的编程与加工 | 学时 | 24 |
| 资讯方式 | 学生自主学习、教师引导 | | |
| 资讯问题 | (1) 认识什么是数控机床，数控机床和普通机床的区别是什么？<br>(2) 数控机床的组成、分类及加工特点是什么？<br>(3) 什么是机床坐标系、机床原点、工件坐标系、工件原点，如何正确设置工件坐标系？<br>(4) 如何正确对刀？<br>(5) 数控车床程序由哪几个部分组成？<br>(6) 数控车床编程有何特点？<br>(7) 准备功能指令 G00、G01、G96、G97、G98、G99 的作用及编程格式是什么？<br>(8) 辅助功能 M 指令及 T、F、S 指令在程序中起什么作用？<br>(9) 怎样正确安排典型传动轴类零件加工走刀路线？<br>(10) 常用轴类零件材料 45 钢切削加工性能如何？<br>(11) 根据零件的类型、材料及技术要求如何正确选择刀具？<br>(12) 对于数控车床粗、精加工，如何正确选择合理的切削用量？<br>(13) 如何正确选择游标卡尺、外径千分尺并正确使用？<br>(14) 怎样进行数控车床简单维护，维护数控车床要点有哪些？<br>(15) 操作数控机床要树立哪些安全生产意识？<br>(16) 6S 是什么，在生产中如何养成 6S 习惯？ | | |
| 资讯引导 | (1) 数控机床、数控机床的组成、分类及加工特点参阅教材《数控加工编程及操作》(余英良主编. 北京：高等教育出版社，2005)。<br>(2) 机床坐标系、机床原点、工件坐标系、工件原点，正确设置工件坐标系参阅教材《数控加工编程及操作》(余英良主编. 北京：高等教育出版社，2005)。<br>(3) 数控车床对刀过程参阅《GSK 980TDb 车床 CNC 使用手册》。<br>(4) 车床程序的组成，数控车床编程特点参阅教材《数控加工编程及操作》(余英良主编. 北京：高等教育出版社，2005)。<br>(5) 准备功能指令 G00、G01 的作用及编程格式，辅助功能 M 指令及 T、F、S 指令的作用参阅教材《数控加工编程及操作》(余英良主编. 北京：高等教育出版社，2005)。<br>(6) 数控车削工艺参阅教材《数控加工编程及操作》(余英良主编. 北京：高等教育出版社，2005) | | |

续表

| 资讯引导 | (7) 零件材料 45 号钢的切削加工性能参阅教材《机械工程材料》(许德珠主编. 北京：高等教育出版社，2001)。<br>(8) 游标卡尺、外径千分尺的正确使用方法，对检测直线外形轴类零件外径尺寸、轴向尺寸正确检测参阅教材《公差配合与互换性技术》(张信群主编. 北京：北京航空航天大学出版社，2006)。<br>(9) 数控车床的使用与维护参阅教材《数控机床及其使用维修》(卢斌主编. 北京：机械工业出版社，2001) |
|---|---|

表 1-3 信息单

| 学习领域 | 数控车床编程与零件加工 | | |
|---|---|---|---|
| 学习情境 1 | 典型传动轴加工 | 学时 | 24 |
| 信息内容 | | | |

# 任务 1.1 认识数控机床

认识数控机床(内嵌).mp4

## 1.1.1 数控机床的产生与发展

### 1. 数控机床的产生

1952 年，美国帕森斯公司和麻省理工学院研制成功了世界上第一台三轴联动数控铣床。半个多世纪以来，数控技术得到了迅猛发展，加工精度和生产效率不断提高。数控机床的发展至今已经历了两个阶段 6 代。

1) 硬件连接数控阶段(1952—1970 年)

早期的计算机运算速度低，不能适应机床实时控制的要求，人们只好用数字逻辑电路"搭"成一台机床专用计算机作为数控系统，这就是硬件连接数控，简称数控(Numerical Control，NC)。随着电子元器件的发展，这个阶段经历了 3 代，即 1952 年起的第一代——电子管数控机床、1959 年起的第二代——晶体管数控机床、1965 年起的第三代——集成电路数控机床。

2) 计算机数控阶段(自 1970 年至今)

1970 年，通用小型计算机已出现并投入成批生产，人们将它移植过来作为数控系统的核心部件，从此进入计算机数控阶段。这个阶段也经历了 3 代，即 1970 年起的第四代——小型计算机数控机床、1974 年起的第五代——微型计算机数控系统、1990 年起的第六代——基于 PC 的数控机床。

### 2. 数控机床的发展趋势

当前世界上数控机床的发展呈现以下趋势。

1) 高速度、高精度化

速度和精度是数控机床的两个重要技术指标，它直接关系到加工效率和产品质量。对于数控机床，高速度化首先是要求计算机数控系统在读入加工指令数据后，能高速处理并计算出伺服电机的位移量，并要求伺服电机能高速地做出反应。此外，要实现生产系统的高速度化，还必须谋求主轴转速、进给率、刀具交换、托盘交换等各种关键部件也要实现高速度化。

2) 多功能化

一机多能的数控机床，可以最大限度地提高设备的利用率。例如，数控加工中心(Machining Center，MC)配有机械手和刀具库，工件一经装夹，数控系统就能控制机床自动地更换刀具，连续对工件的各个加工面自动地完成铣削、镗削、铰孔、扩孔及攻螺纹等多工序加工，从而避免多次装夹所造成的定位误差。

3) 智能化

数控机床应用高技术的重要目标是智能化。智能化技术主要体现在以下 3 个方面。

(1) 引进自适应控制技术。自适应控制(Adaptive Control，AC)技术的目的是要求在随机的加工过程中，通过自动调节加工过程中所测得的工作状态、特性，按照给定的评价指标自动校正自身的工作参数，以达到或接近最佳工作状态。

(2) 附加人机会话自动编程功能。建立切削用量专家系统和示教系统，从而达到提高编程效率和降低对编程人员技术水平的要求。

(3) 具有设备故障自诊断功能。数控系统出了故障，控制系统能够进行自诊断，并自动采取排除故障的措施，以适应长时间无人操作环境的要求。

4) 小型化

蓬勃发展的机电一体化设备，对数控系统提出了小型化的要求，体积小型化便于将机、电装置合为一体。日本新开发的 FS16 和 FS18 都采用了三维安装方法，使电子元器件得以高密度地安装，大大缩小了系统的占用空间。此外，它们还采用了新型 TFT 彩色液晶薄型显示器，使数控系统进一步小型化，这样可更方便地将它们装到机械设备上。

5) 高可靠性

数控系统比较贵重，用户期望发挥投资效益，因此要求设备具有高可靠性。特别是对在长时间无人操作环境下运行的数控系统，可靠性成为人们最为关注的问题。提高可靠性，通常可采取以下一些措施。

(1) 提高线路集成度。采用大规模或超大规模的集成电路、专用芯片及混合式集成电路，以减少元器件的数量、精简外部连线和降低功耗。

(2) 建立由设计、试制到生产的一整套质量保证体系。例如，采取防电源干扰，输入/输出光电隔离；使数控系统模块化、通用化及标准化，以便于组织批量生产及维修；在安装制造时注意严格筛选元器件；对系统可靠性进行全面的检查考核等。通过这些手段，保证产品质量。

(3) 增强故障自诊断功能和保护功能。由于元器件失效、编程及人为操作错误等原因，数控机床完全可能出现故障。数控机床一般具有故障自诊断功能，能够对硬件和软件进行故障诊断，自动显示出故障的部位及类型，以便快速排除故障。新型数控机床还具有故障预报、自恢复功能、监控与保护功能。例如，有的系统设有刀具破损检测、行程范围保护和断电保护等功能，以避免损坏机床及报废工件。

### 3. 我国数控机床的发展概况

我国数控机床的研制始于 1958 年，由清华大学研制出了最早的样机。1966 年诞生了第一台用于直线—圆弧插补的晶体管数控系统。1970 年北京第一机床厂的 XK5040 型数控升降台铣床作为商品，小批量生产并推向市场。但由于相关工业基础差，尤其是数控系统的支撑工业——电子工业薄弱，致使在 1970—1976 年间开发出的加工中心、数控镗床、数控磨床及数控钻床因系统不过关，多数机床没有在生产中发挥作用。

在改革开放后，我国数控技术才逐步取得实质性大发展，经过“六五”(1981—1985 年)的引进国外技术，“七五”(1986—1990 年)的消化吸收和“八五”(1991—1995 年)国家组织的科技攻关，使得我国的数控技术有了质的飞跃。数控机床是当代机械制造业的主流装备，国产数控机床的发展经历了跌宕起伏，已经由成长期进入了成熟期，可提供市场 1500 种数控机床，覆盖超重型机床、高精度机床、特种加工机床、锻压设备、前沿高技术机床等领域，产品种类可与日、德、意、美等国并驾齐驱。特别是在五轴联动数控机床、数控超重型机床、立式卧式加工中心、数控车床、数控齿轮加工机床领域部分技术已经达到世界先进水平。其中，五轴联动数控机床是数控机床技术的制高点标志之一。

目前国产数控系统四强厂商为广州数控、凯恩帝数控、华中数控、杭州正嘉，他们的产品都在向系列化、模块化、高性能和成套性方向发展。它们的数控系统采用了 32 位、64 位微处理器、标准总线及软件模块和硬件模块结构，内存容量扩大到了 128 兆字节以上，机床分辨率可达 0.001mm，高速进给可达 100m/min 以上，一般控制轴数在 3～15 轴，最多可达 24 轴，并采用先进的电装工艺。

我国高端数控装备和欧美国家之间存在一定的差距，但我国从事机床工作的科研人员守正创新、自立自强，努力提高我国机床制造的硬实力，这个差距逐渐缩小，我国正在由制造大国走向制造强国。

## 1.1.2 数控机床的概念及组成

### 1. 数控机床的基本概念

1) 数控

数控是采用数字化信息对机床的运动及其加工过程进行控制的方法。

2) 数控机床

数控机床(Numerically Controlled Machine tool)是指装备了计算机数控(Computer Numerical Control，CNC)系统的机床，简称 CNC 机床。

### 2. 数控机床加工零件的过程

利用数控机床完成零件加工的过程，如图 1-2 所示，主要包括以下内容。

① 根据零件加工图样进行工艺分析，确定加工方案、工艺参数和位移数据。

② 用规定的程序代码和格式编写零件加工程序单，或用自动编程软件直接生成零件的加工程序文件。

③ 程序的输入或传输。由手工编写的程序，可以通过数控机床的操作面板输入程序；由编程软件生成的程序，通过计算机的串行通信接口直接传输到数控机床的数控单元(MCU)。

④ 将输入或传输到数控单元的加工程序，进行刀具路径模拟、试运行等。

⑤ 通过对机床的正确操作，运行程序，完成零件的加工。

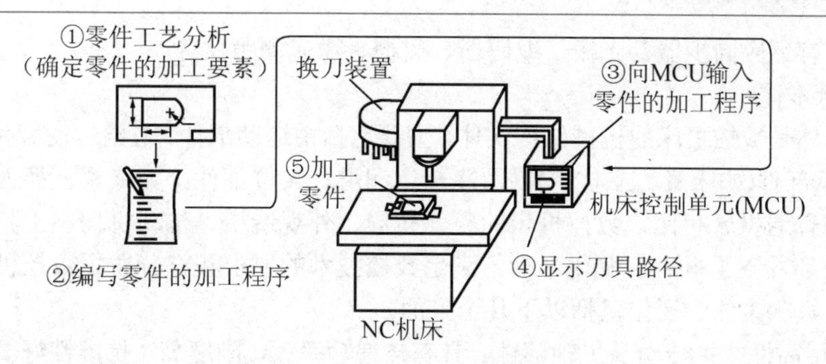


图 1-2　数控机床加工零件的过程

### 3．数控机床的组成

数控机床由输入输出设备、计算机数控装置(简称 CNC 装置)、伺服系统、检测反馈装置和机床本体等部分组成，其组成框图如图 1-3 所示，其中输入输出装置、CNC 装置、伺服系统合起来就是计算机数控系统。

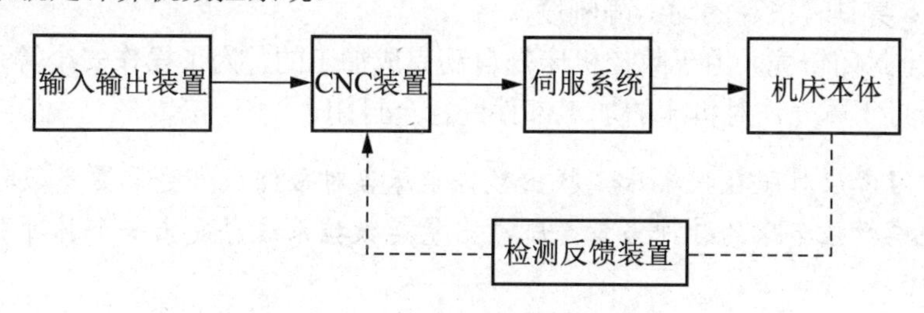


图 1-3　数控机床的组成框图

1) 输入输出装置

在数控机床上加工零件时，首先根据零件图纸上的零件形状、尺寸和技术条件，确定加工工艺，然后编制出加工程序，程序通过输入装置，输送给机床数控系统，机床内存中的零件加工程序可以通过输出装置传出。输入输出装置是机床与外部设备的接口，常用输入装置有 USB 接口、RS-232 串行通信接口、MDI 方式等。

2) CNC 装置

CNC 装置是数控机床的核心，它接收输入装置送来的数字信息，经过控制软件和逻辑电路进行译码、运算和逻辑处理后，将各种指令信息输出给伺服系统，使设备按规定的动作执行。现在的 CNC 装置通常由一台通用或专用微型计算机构成。

3) 伺服系统

伺服系统是数控机床的执行部分，其作用是把来自 CNC 装置的脉冲信号转换成机床的运动，使机床工作台精确定位或按规定的轨迹做严格的相对运动，最后加工出符合图纸要求的零件。每一个脉冲信号使机床移动部件产生的位移量叫作脉冲当量(也叫最小设定单位)，常用的脉冲当量为 0.001mm/脉冲。每个进给运动的执行部件都有相应的伺服系统，伺服系统的精度及动态响应决定了数控机床的加工、表面质量和生产率。伺服系统一般包括驱动装置和执行机构两大部分，常用的执行机构有步进电机、直流伺服电机、交流伺服电机等。

4) 检测反馈装置

对于半闭环、闭环数控机床，还带有检测反馈装置，其作用是对机床的实际运动速度、方向、位移量以及加工状态进行检测，把检测结果转化为电信号反馈给 CNC 装置。检测反馈装置主要有感应同步器、光栅、编码器、磁栅、激光测距仪等。

5) 机床本体

机床本体是数控机床的机械结构实体，主要包括主运动部件、进给运动部件(如工作台、刀架)、支承部件(如床身、立柱等)以及冷却、润滑、转位部件，如夹紧、换刀机械手等辅助装置。与普通机床相比，数控机床的整体布局、外观造型、传动机构、工具系统及操作机构等方面都发生了很大的变化。为了满足数控技术的要求和充分发挥数控机床的特点，归纳起来，机床本体的变化包括以下几个方面。

(1) 采用高性能主传动及主轴部件。具有传递功率大、刚度高、抗震性好及热变形小等优点。

(2) 进给传动采用高效传动件。具有传动链短、结构简单、传动精度高等特点，一般采用滚珠丝杠副、直线滚动导轨副等。

(3) 具有完善的刀具自动交换和管理系统。

(4) 在加工中心上一般具有工件自动交换、工件夹紧和放松机构。

(5) 机床本身具有很高的动、静刚度。

(6) 采用全封闭罩壳。由于数控机床是自动完成加工的，为了操作安全等，一般采用移动门结构的全封闭罩壳，对机床的加工部件进行全封闭。

**提示：**学习者应对照数控车床，找出数控车床各对应组成部分，熟悉数控车床操作面板的构成。观察数控车床的脉冲当量，脉冲当量是数控系统每发出一个脉冲引起机床移动部件的位移量。

### 1.1.3 数控机床的种类与应用

数控机床的分类方法有很多，大致分为以下几种。

#### 1. 按工艺用途分类

数控机床是在普通机床的基础上发展起来的，各种类型的数控机床基本上起源于同类型的普通机床，按工艺用途分类，大致可分为以下几种。

1) 金属切削类数控机床

这是指采用车、铣、镗、铰、钻、磨、刨等各种切削工艺的数控机床，包括数控车床、数控钻床、数控铣床、数控磨床、数控镗床及加工中心。切削类数控机床发展最早，目前种类繁多，功能差异也较大。这里需要特别强调的是加工中心。加工中心即带有刀库，能够实现自动换刀，可以完成两个或两个以上加工工序的数控机床。这类数控机床都带有一个刀库和自动换刀系统，刀库可容纳16～100多把刀具。图1-4和图1-5所示分别是立式加工中心、卧式加工中心的外观。立式加工中心最适宜加工高度方向尺寸相对较小的工件，一般情况下，除底部不能加工外，其余5个面都可以用不同的刀具进行轮廓和表面加工。卧式加工中心适宜加工有多个加工面的大型零件或高度尺寸较大的零件。

2) 金属成形类数控机床

这是指采用挤、冲、压、拉等成形工艺的数控机床，包括数控折弯机、数控组合冲床、数控弯管机、数控压力机等。这类机床起步晚，但目前发展很快。

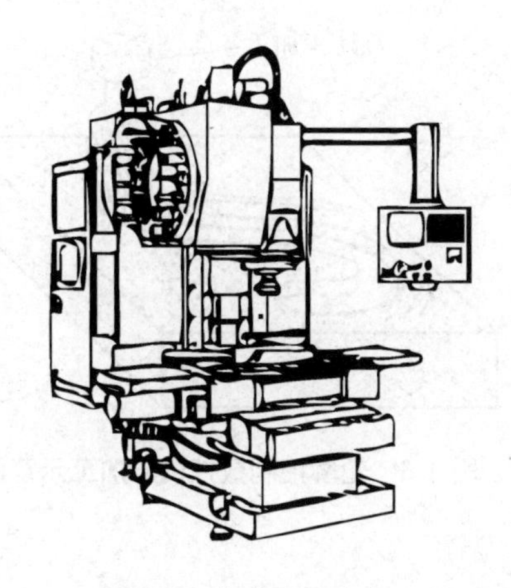

图 1-4　立式加工中心

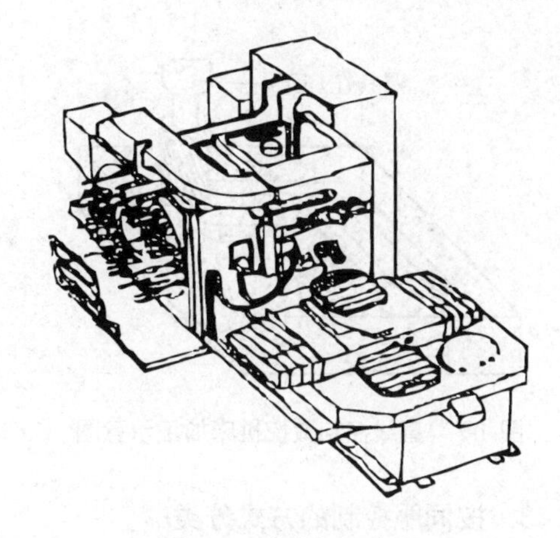

图 1-5　卧式加工中心

3) 数控特种加工机床

这类机床包括数控线切割机床、数控电火花加工机床、数控火焰切割机床、数控激光切割机床等。

4) 其他类型的数控机床

这类机床包括数控三坐标测量仪、数控对刀仪、数控绘图仪等。

### 2．按机床运动的控制轨迹分类

1) 点位控制数控机床

点位控制数控机床只要求控制机床的移动部件从某一位置移动到另一位置的准确定位，而对于两位置之间的运动轨迹不作严格要求，在移动过程中刀具不进行切削加工，如图 1-6 所示。为了实现既快又准的定位，常采用先快速移动，然后慢速趋近定位点位的方法来保证定位精度。

具有点位控制功能的数控机床有数控钻床、数控冲床、数控镗床、数控点焊机等。

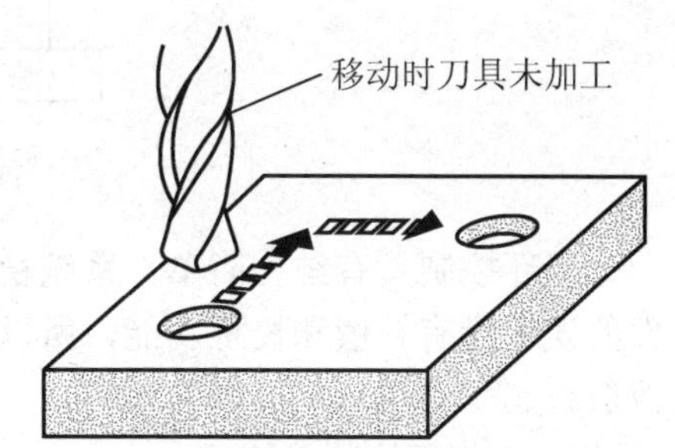


图 1-6　点位控制数控机床加工示意图

2) 直线控制数控机床

直线控制数控机床的特点是除了控制点与点之间的准确定位外，还要保证两点之间移动的轨迹是一条与机床坐标轴平行的直线。因为这类数控机床在两点之间移动时要进行切削加工，所以对移动的速度也要进行控制，如图 1-7 所示。

具有直线控制功能的数控机床有比较简单的数控车床、数控铣床、数控磨床等。单纯用于直线控制的数控机床并不多见。

3) 轮廓控制数控机床

轮廓控制又称连续轨迹控制，这类数控机床能够对两个或两个以上的运动坐标的位移及速度进行连续相关的控制，因而可以进行曲线或曲面的加工，如图 1-8 所示。

具有轮廓控制功能的数控机床有数控车床、数控铣床、加工中心等。

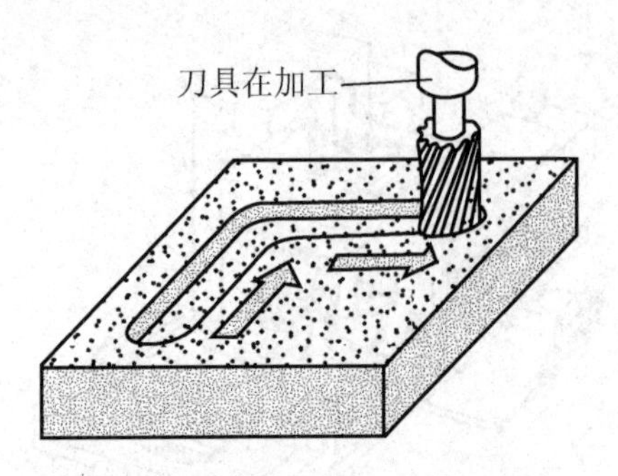


图 1-7　直线控制数控机床加工示意图

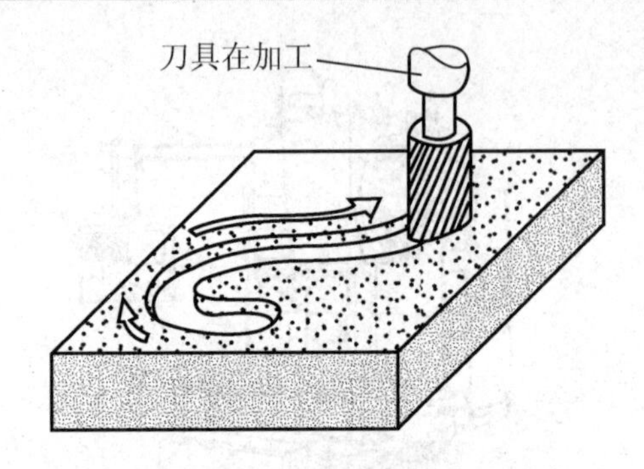


图 1-8　轮廓控制数控机床加工示意图

3．按伺服控制的方式分类

1) 开环控制系统

开环控制系统是指不带反馈的控制系统，即系统没有位置反馈元件，通常用功率步进电动机或电液伺服电动机作为执行机构。输入的数据经过数控系统的运算，发出指令脉冲，通过环形分配器和驱动电路，使步进电动机或电液伺服电动机转过一个步距角，再经过减速齿轮带动丝杠旋转，最后转换为工作台的直线移动，如图 1-9 所示。移动部件的移动速度和位移量是由输入脉冲的频率和脉冲数所决定的。

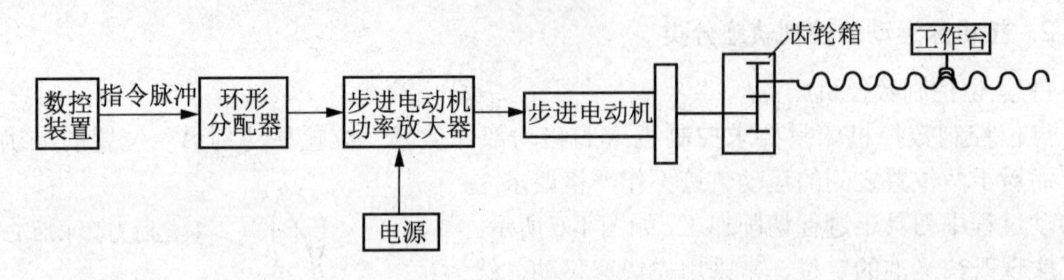


图 1-9　开环控制系统

开环控制具有结构简单、系统稳定、调试容易、成本低廉等优点。但是系统对移动部件的误差没有补偿和校正功能，所以精度低。一般适用于经济型数控机床和旧机床数控化改造。

2) 半闭环控制系统

如图 1-10 所示，半闭环控制系统是在开环系统的丝杠上装有角位移测量装置(如感应同步器和光电编码器等)，通过检测丝杠的转角，间接地检测移动部件的位移，然后反馈到数控系统中，由于惯性较大的机床移动部件不包括在检测范围之内，因而称为半闭环控制系统。

在这种系统中，闭环回路内不包括机械传动环节，因此可获得稳定的控制特性。而机械传动环节的误差可用补偿的办法消除，因此仍可获得满意的精度。中档数控机床广泛采用半闭环控制系统。

3) 闭环控制系统

闭环控制系统是在机床移动部件上直接装有位置检测装置，将测量的结果直接反馈到数控装置中，与输入的指令位移进行比较，用偏差进行控制，使移动部件按照实际的要求运动，最终实现精确定位，其原理如图 1-11 所示。因为把机床工作台纳入了位置控制环，所以称为闭环控制系统。该系统可以消除包括工作台传动链在内的运动误差，因而定位精度高、调节速度快。但由于该系统受进给丝杠的拉压刚度、扭转刚度、摩擦阻尼特性和间隙等非线性因素的影响，给调试工作造成较大的困难。如果各种参数匹配不当，将会引起系统振荡，造成不稳定，影响定位精度。可见，闭环控制系统复杂并且成本高，故适用于精度要求很高的数控机床，如精密数控镗铣床、超精密数控车床等。

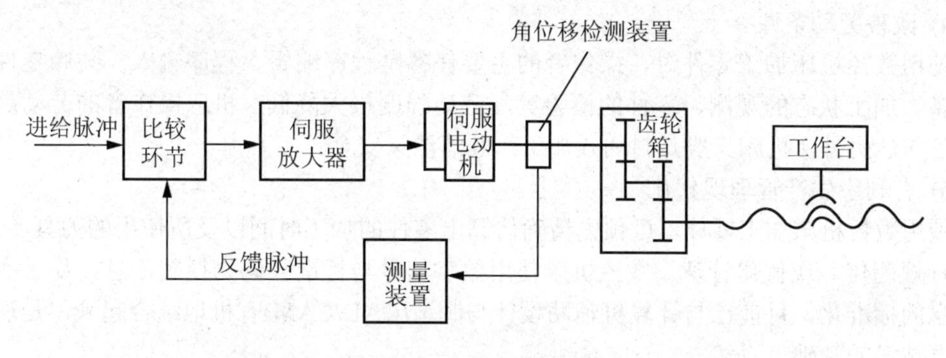


图 1-10　半闭环控制系统

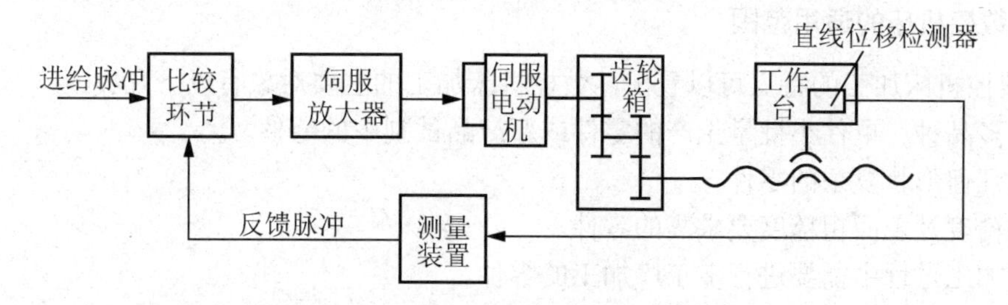


图 1-11　闭环控制系统

## 1.1.4　数控机床加工的特点及应用

### 1．数控机床加工的特点

数控机床与普通机床相比，具有以下特点。

1) 可以加工具有复杂型面的工件

在数控机床上加工零件，零件的形状主要取决于加工程序。因此只要能编写出程序，无论工件多么复杂都能加工。例如，采用五轴联动的数控机床，就能加工螺旋桨的复杂空间曲面。

2) 加工精度高、质量稳定

数控机床本身的精度比普通机床高，一般数控机床的定位精度为±0.01mm，重复定位精度为±0.005mm，在加工过程中操作人员不参与操作，因此工件的加工精度全部由数控机床保证，消除了操作者的人为误差；又因为数控加工采用工序集中，减少了工件多次装夹对加工精度的影响。所以工件的精度高，尺寸一致性好，质量稳定。

3) 生产率高

数控机床可有效地减少零件的加工时间和辅助时间。数控机床主轴转速和进给量的调节范围大，允许机床进行大切削量的强力切削，从而有效地节省了加工时间。数控机床移动部件在定位中均采用了加速和减速措施，并可选用很高的空行程运动速度，缩短了定位和非切削时间。对于复杂的零件可以采用计算机自动编程，而零件又往往安装在简单的定位夹紧装置中，从而缩短了生产准备过程。尤其在使用加工中心时，工件只需一次装夹就能完成多道工序的连续加工，减少了半成品的周转时间，生产率的提高更为明显。此外，数控机床能进行重复性操作，尺寸一致性好，减少了次品率和检验时间。

4) 改善劳动条件

使用数控机床加工零件时，操作者的主要任务是程序编辑、程序输入、装卸零件、刀具准备、加工状态的观测、零件的检验等，劳动强度极大降低，机床操作者的劳动趋于智力型工作。另外，机床一般是封闭式加工，既清洁又安全。

5) 有利于生产管理现代化

使用数控机床加工零件，可预先精确估算出零件的加工时间以及所使用的刀具、夹具，可进行规范化、现代化管理。数控机床使用数字信号与标准代码为控制信息，易于实现加工信息的标准化，目前已与计算机辅助设计与制造(CAD/CAM)有机地结合起来，是现代集成制造技术的基础。

### 2. 数控机床的适用范围

从数控机床加工的特点可以看出，数控机床加工的主要对象有以下几类。

(1) 多品种、单件小批量生产的零件或新产品试制中的零件。

(2) 几何形状复杂的零件。

(3) 精度及表面粗糙度要求高的零件。

(4) 加工过程中需要进行多工序加工的零件。

(5) 用普通机床加工时，需要昂贵工装设备(工具、夹具和模具)的零件。

由此可见，数控机床和普通机床都有各自的应用范围，如图 1-12 所示。图中横轴是零件的复杂程度，纵轴是每批的生产件数。从图 1-12 中可以看出，数控机床的使用范围很广。

图 1-13 所示为在各种机床上加工零件时批量和综合费用的关系。

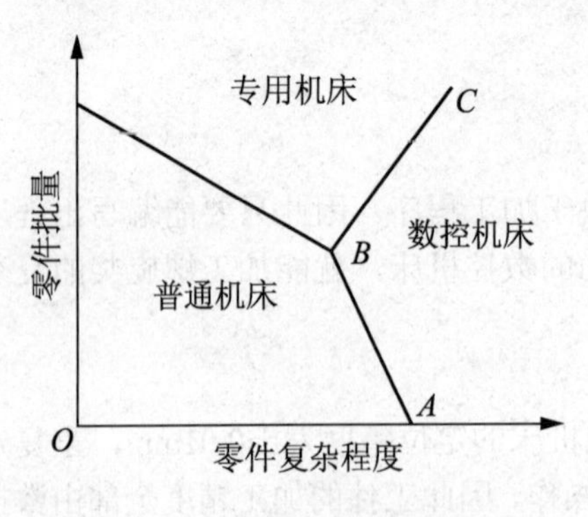


图 1-12　各种机床的使用范围

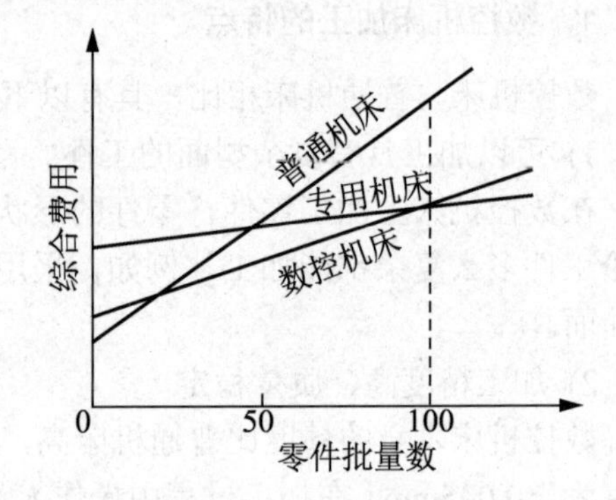


图 1-13　各种机床的加工批量与成本的关系

# 任务 1.2　认识数控机床的坐标系

## 1.2.1　机床坐标系的确定

认识数控机床坐标系.mp4

### 1．机床相对运动的规定

在机床上，通常认为工件静止，而刀具是运动的。这样编程人员在不考虑机床上工件与刀具具体运动的情况下，就可以依据零件图样，确定机床的加工过程。

### 2．机床坐标系的规定

在数控机床上，机床的动作是由数控装置来控制的，为了确定数控机床上的成形运动和辅助运动，必须先确定机床上运动的位移和运动的方向，这就需要通过坐标系来实现，这个坐标系称为机床坐标系。

标准机床坐标系中 *X*、*Y*、*Z* 坐标轴的相互关系用右手笛卡儿坐标系决定。

(1) 伸出右手的大拇指、食指和中指，并互为 90°。则大拇指代表 *X* 坐标轴，食指代表 *Y* 坐标轴，中指代表 *Z* 坐标轴。

(2) 大拇指的指向为 *X* 坐标轴的正方向，食指的指向为 *Y* 坐标轴的正方向，中指的指向为 *Z* 坐标轴的正方向。

(3) 围绕 *X*、*Y*、*Z* 坐标轴旋转的旋转坐标分别用 *A*、*B*、*C* 表示，根据右手螺旋定则，大拇指的指向为 *X*、*Y*、*Z* 坐标轴中任意轴的正向，则其余四指的旋转方向即为旋转坐标 *A*、*B*、*C* 的正向。

(4) 运动方向的规定，刀具远离工件的方向即为该坐标轴的正方向。

## 1.2.2　坐标轴方向的确定

### 1．*Z* 坐标轴

*Z* 轴方向是提供主切削动力的方向，*Z* 坐标的正向为刀具离开工件的方向。

### 2．*X* 坐标轴

*X* 坐标轴平行于工件的装夹平面，一般在水平面内。确定 *X* 轴的方向时，要考虑以下两种情况。

(1) 如果工件做旋转运动，则刀具离开工件的方向为 *X* 坐标轴的正方向。

(2) 如果刀具做旋转运动，则分为两种情况：*Z* 坐标轴水平时，观察者沿刀具主轴向工件看时，+*X* 运动方向指向右方；*Z* 坐标轴垂直时，观察者面对刀具主轴向立柱看时，+*X* 运动方向指向右方。

### 3．*Y* 坐标轴

在确定 *X*、*Z* 坐标轴的正方向后，可以根据 *X*、*Z* 坐标轴的方向，按照右手笛卡儿坐标系来确定 *Y* 坐标轴的方向。

## 1.2.3 机床原点的设置

机床原点是指在机床上设置的一个固定点，即机床坐标系的原点。它在机床装配、调试时就已确定下来，是数控机床进行加工运动的基准参考点。

**1．数控车床的原点**

在数控车床上，机床原点一般取在卡盘端面与主轴中心线的交点处，如图1-14所示。同时，通过设置参数的方法，也可将机床原点设定在 $X$、$Z$ 坐标轴的正方向极限位置上。

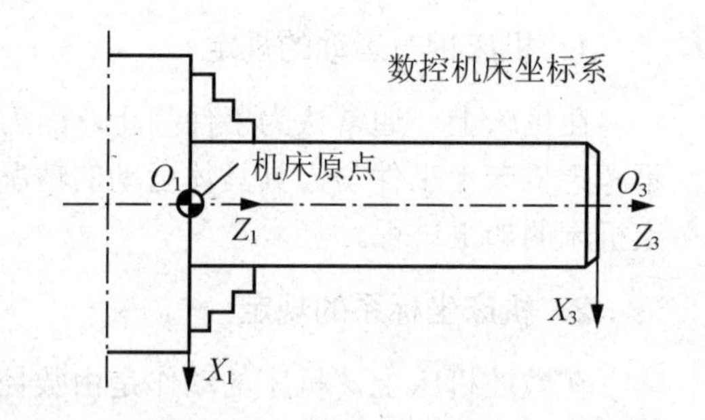


图1-14 数控车床的原点

**2．数控铣床的原点**

在数控铣床上，机床原点一般取在 $X$、$Y$、$Z$ 坐标轴的正方向极限位置上。

## 1.2.4 机床参考点

机床参考点是用于对机床运动进行检测和控制的固定位点。

机床参考点的位置是由机床制造厂家在每个进给轴上用限位开关精确调整好的，坐标值已输入数控系统中，因此参考点对机床原点的坐标是一个已知数。

通常在数控铣床上机床原点和机床参考点是重合的；而在数控车床上机床参考点是离机床原点最远的极限点，如图1-15所示。

数控机床开机时，必须先确定机床原点，而确定机床原点的运动就是刀架返回参考点的操作，这样通过确认参考点，就确定了机床原点。只有机床参考点被确认后，刀具(或工作台)移动才有基准。

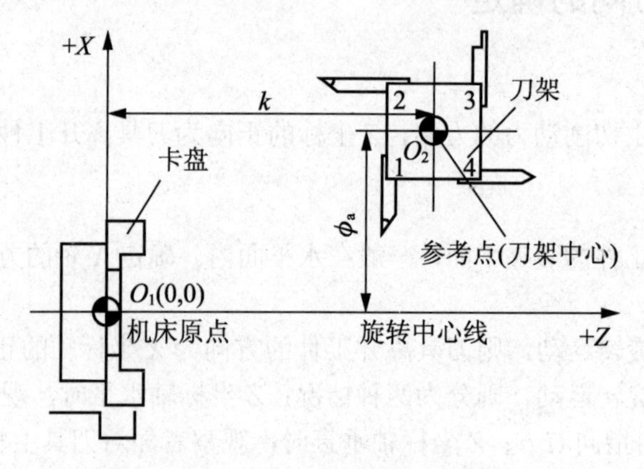


图1-15 数控车床的参考点

## 1.2.5 编程坐标系

(1) 编程坐标系是编程人员根据零件图样及加工工艺等建立的坐标系。

(2) 编程坐标系一般供编程使用，确定编程坐标系时不必考虑工件毛坯在机床上的实际装夹位置。

(3) 编程原点是根据加工零件图样及加工工艺要求选定的编程坐标系的原点。

(4) 编程原点应尽量选择在零件的设计基准或工艺基准上，编程坐标系中各轴的方向应该与所使用的数控机床相应的坐标轴方向一致。

## 1.2.6　工件坐标系

工件坐标系是指以确定的加工原点为基准所建立的坐标系。

工件原点也称为程序原点，是指零件被装夹好后，相应的编程原点在机床坐标系中的位置，加工如图 1-1 所示的工件，其原点设置如图 1-16 所示。

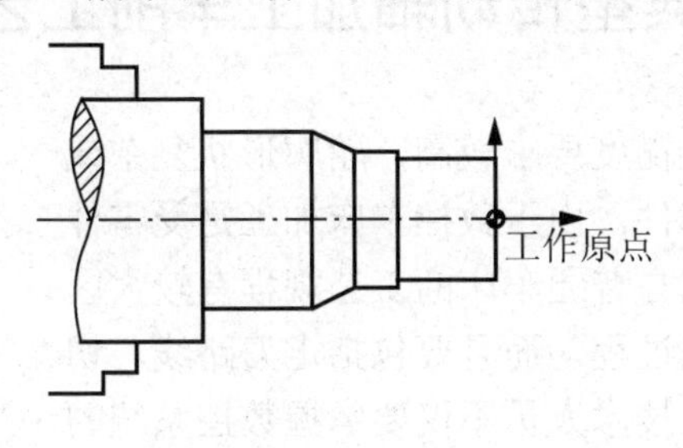


图 1-16　加工坐标系的原点设置

在加工过程中，数控机床是按照工件装夹好后所确定的加工原点位置和程序要求进行加工的。编程人员在编制程序时，只要根据零件图样就可以选定编程原点、建立编程坐标系、计算坐标数值，而不必考虑工件毛坯装夹的实际位置。对于加工人员来说，则应在装夹工件、调试程序时将编程原点转换为加工原点，并确定加工原点的位置，在数控系统中给予设定(即给出原点设定值)，设定加工坐标系后就可根据刀具当前位置，确定刀具起始点的坐标值。在加工时，工件各尺寸的坐标值都是相对于加工原点而言的，这样数控机床才能按照准确的加工坐标系位置开始加工。

## 1.2.7　对刀

确定工件原点在机床坐标系中的位置称为对刀，即刀位点和编程原点重合时，编程原点相对于机床原点的偏置量。数控车床对刀采用试切削对刀，具体过程如下。

### 1. 对 *Z* 轴

(1) MDI 状态下(或手动状态)选择 1 号刀(使用 T0101 指令)。

(2) 输入指令 S400M03 主轴正转。

(3) 选择快速倍率到达工件端面 $Z_0$。

(4) 取消快速，选择手动进给，光端面。

(5) 端面沿 *X* 方向退刀。

(6) 选择刀补界面，找到对应的刀补号。

(7) 输入$Z_0$值，按输入键。

2．对X轴

(1) 车外圆。
(2) 沿Z轴退刀。
(3) 主轴停止旋转。
(4) 测量直径。
(5) 选择刀补界面，找到对应的刀补号。
(6) 输入测量直径值，按输入键。

# 任务1.3　掌握典型传动轴加工车削工艺

数控车削适合于加工精度、表面粗糙度要求较高，轮廓形状复杂或难以控制尺寸、带特殊螺纹的回转体零件。由于数控车床加工是受零件加工程序的控制，因此，数控车削工艺与普通车床的工艺规程有较大区别，其工艺方案不仅要包括零件的工艺过程，而且要包括走刀路线、切削用量、刀具尺寸、车床的运动过程。技术人员不仅要掌握数控系统的编程指令，而且要熟悉数控车床的性能、特点、运动方式、刀具系统、切削规范以及工件的装夹方法。

典型传动轴车削工艺(内嵌).mp4

## 1.3.1　零件数控车削加工方案的拟定

零件数控车削加工方案的拟定是制订车削工艺规程的重要内容之一，其主要内容包括选择各加工表面的加工方法、安排工序的先后顺序、确定刀具的走刀路线等。技术人员应根据从生产实践中总结出来的一些综合性工艺原则，结合现场的实际生产条件，提出几种方案，通过对比分析，从中选择最佳方案。

### 1．拟定工艺路线

1) 加工方法的选择

回转体零件的结构形状虽然是多种多样的，但它们都是由平面、内/外圆柱面、曲面、螺纹等组成。每一种表面都有多种加工方法，实际选择时应结合零件的加工精度、表面粗糙度、材料、结构形状、尺寸及生产类型等因素全面考虑。

2) 加工顺序的安排

在选定加工方法后，接下来就是划分工序和合理安排工序的顺序。零件的加工工序通常包括切削加工工序、热处理工序和辅助工序，合理安排好切削加工工序、热处理工序和辅助工序的顺序，并解决好工序间的衔接问题，可以提高零件的加工质量、生产效率，降低加工成本。

在数控车床上加工零件，应按工序集中的原则划分工序，安排零件车削加工顺序一般遵循下列原则。

(1) 先粗后精。按照粗车→半精车→精车的顺序进行，逐步提高零件的加工精度。粗车将在较短的时间内将工件表面的大部分加工余量切掉，这样既提高了金属切除率，又满足了精车余量均匀性要求。若粗车后所留余量的均匀性满足不了精加工的要求时，则要安排半精车，以便使精加工的余量小而均匀。精车时，刀具沿着零件的轮廓一次走刀完成，以保证零件的加工精度。

如图 1-17 所示，首先进行粗加工，将虚线包围部分切除，然后进行半精加工和精加工。

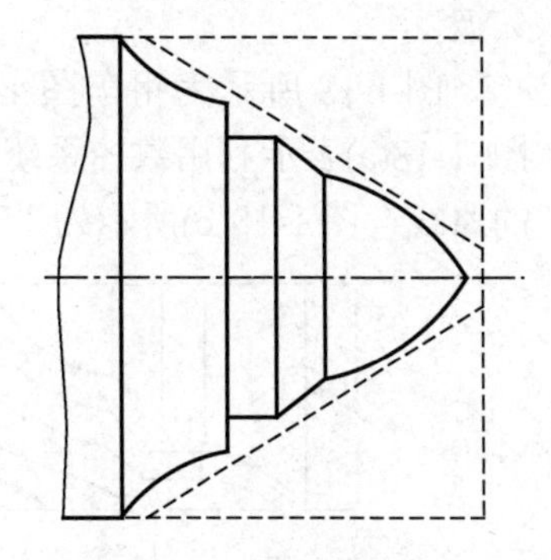

图 1-17　先粗加工后精加工示例

(2) 先近后远。这里所说的远与近，是按加工部位相对于换刀点的距离大小而言的。通常在粗加工时，离换刀点近的部位先加工，离换刀点远的部位后加工，以便缩短刀具移动距离，减少空行程时间，并且有利于保持坯件或半成品件的刚性，改善其切削条件。

(3) 内外交叉。对既有内表面(内型、腔)又有外表面的零件，安排加工顺序时，应先粗加工内外表面，然后精加工内外表面。

加工内外表面时，通常先加工内型和内腔，然后加工外表面。原因是控制内表面的尺寸和形状较困难，刀具刚性相应较差，刀尖(刃)的耐用度易受切削热的影响而降低，以及在加工中清除切屑较困难等。

(4) 刀具集中。即用一把刀加工完相应各部位，再换另一把刀，加工相应的其他部位，以减少空行程和换刀时间。

(5) 基面先行。用作精基准的表面应优先加工出来，原因是作为定位基准的表面越精确，装夹误差就越小。例如，加工轴类零件时，总是先加工中心孔，再以中心孔为精基准加工外圆表面和端面。

### 2．确定走刀路线

走刀路线是指刀具从起刀点开始运动起，直至返回该点并结束加工程序所经过的路径，包括切削加工的路径及刀具引入、切出等非切削空行程。

1) 刀具的引入、切出

在数控车床上进行加工时，尤其是精车时，要妥善考虑刀具的引入、切出路线，尽量使刀具沿轮廓的切线方向引入、切出，以免因切削力突然变化而造成弹性变形，致使光滑连接轮廓上产生表面划伤、形状突变或滞留刀痕等疵病。

2) 确定最短的空行程路线

确定最短的走刀路线，除了依靠大量的实践经验外，还应善于分析，必要时可辅以一些简单计算。

在手工编制较复杂轮廓的加工程序时，编程者(特别是初学者)有时将每一刀加工完后的刀具通过执行“回零”(即返回换刀点)指令，使其返回到换刀点位置，然后再执行后续程序。这样会增加走刀路线的距离，从而大大降低生产效率。因此，在不换刀的前提下，执行退刀动作时，应不用“回零” 指令。安排走刀路线时，应尽量缩短前一刀终点与后一刀起点间的距离，方可满足走刀路线为最短的要求。

3) 确定最短的切削进给路线

切削进给路线短，可有效地提高生产效率，降低刀具的损耗。在安排粗加工或半精加工的切削进给路线时，应同时兼顾到被加工零件的刚性及加工的工艺性等要求，不要顾此失彼。

图 1-18 所示为粗车图 1-1 所示零件时几种不同切削进给路线的安排示意图。其中，图 1-18(a)表示利用数控系统具有的封闭式复合循环功能而控制车刀沿着工件轮廓进行走刀的路线；图 1-18(b)所示为“三角形”走刀路线；图 1-18(c)所示为“矩形”走刀路线。

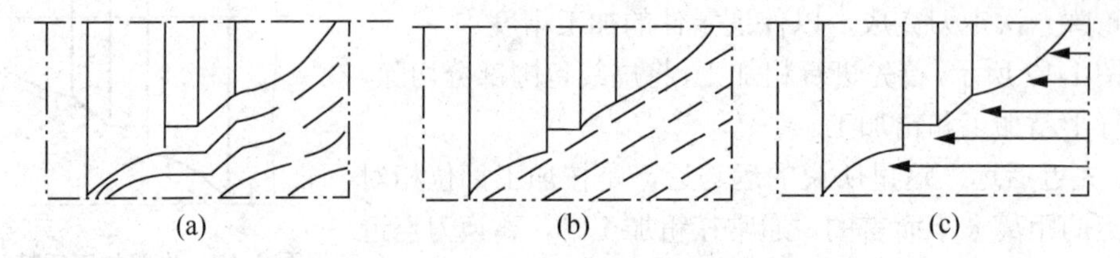


图 1-18　走刀路线示例

对以上 3 种切削进给路线，经分析和判断后可知，矩形循环进给路线的走刀长度总和为最短，即在同等条件下，其切削所需时间(不含空行程)为最短，刀具的损耗小。另外，矩形循环加工的程序段格式较简单，所以在制定加工方案时建议采用“矩形”走刀路线。

### 1.3.2　车刀的类型及选用

#### 1. 常用车刀的刀位点

常用车刀的刀位点如图 1-19 所示。其中图 1-19(a)所示为 90° 偏刀，图 1-19(b)所示为螺纹车刀，图 1-19(c)所示为切断刀，图 1-19(d)所示为圆弧车刀。

#### 2. 车刀的类型

数控车削用的车刀一般分为 3 类，即尖形车刀、圆弧形车刀和成形车刀。

1) 尖形车刀

以直线形切削刃为特征的车刀一般称为尖形车刀。这类车刀的刀尖(同时也为其刀位点)由直线形的主、副切削刃构成，如 90° 内、外圆车刀，左、右端面车刀，切槽(断)车刀及刀尖倒棱很小的各种外圆和内孔车刀。

用这类车刀加工零件时，其零件的轮廓形状主要由一个独立的刀尖或一条直线形主切削刃位移后得到。

2) 圆弧形车刀

如图 1-20 所示，圆弧形车刀的特征是：构成主切削刃的刀刃形状为一圆度误差或线轮廓度误差很小的圆弧。该圆弧刃上每一点都是圆弧形车刀的刀尖。因此，刀位点不在圆弧上，而在该圆弧的圆心上，编程时要进行刀具半径补偿。

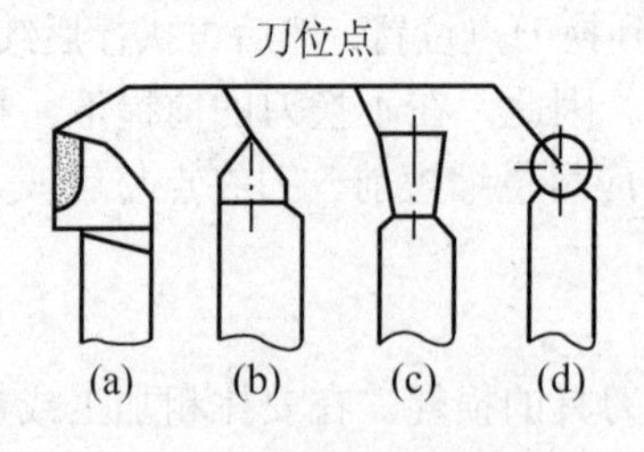


图 1-19　车刀的刀位点

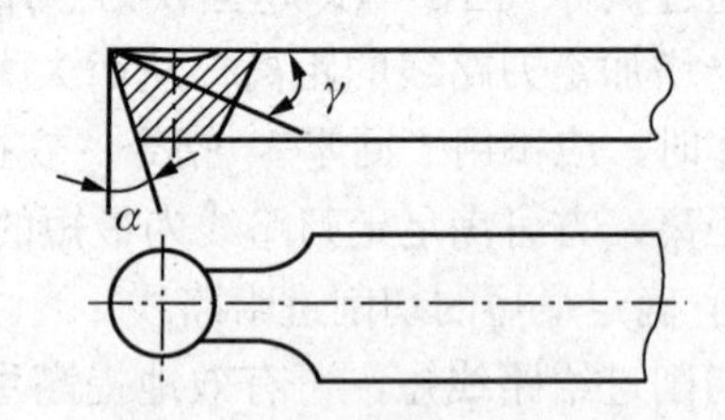


图 1-20　圆弧形车刀

圆弧形车刀可以用于车削内、外圆表面，特别适宜于车削精度要求较高的凹曲面或大外圆弧面。

3) 成形车刀

成形车刀俗称样板车刀，其加工零件的轮廓形状完全由车刀刀刃的形状和尺寸决定。

数控车削加工中，常见的成形车刀有小半径圆弧车刀、非矩形车槽刀和螺纹车刀等。在数控加工中，应尽量少用或不用成形车刀，当确有必要选用时，则应在工艺准备的文件或加工程序单上进行详细说明。

### 3. 常用车刀的几何参数

刀具切削部分的几何参数对零件的表面质量及切削性能影响极大，应根据零件的形状、刀具的安装位置及加工方法等，正确选择刀具的几何形状及有关参数。

1) 尖形车刀的几何参数

尖形车刀的几何参数主要指车刀的几何角度。其选择方法与使用普通车削时基本相同，但应结合数控加工的特点如走刀路线及加工干涉等进行全面考虑。

例如，在加工如图 1-21 所示的零件时，要使其左、右两个 45° 锥面由一把车刀加工出来，则车刀的主偏角应取 50°～55°，副偏角取 50°～52°，这样既保证了刀头有足够的强度，又利于主、副切削刃车削圆锥面时不致发生加工干涉。

选择尖形车刀不发生干涉的几何角度，可用作图或计算的方法。如副偏角的大小，大于作图或计算所得不发生干涉的极限角度值 6°～8° 即可。当确定几何角度困难或无法确定(如尖形车刀加工接近于半个凹圆弧的轮廓等)时，则应考虑选择其他类型车刀后，再确定其几何角度。

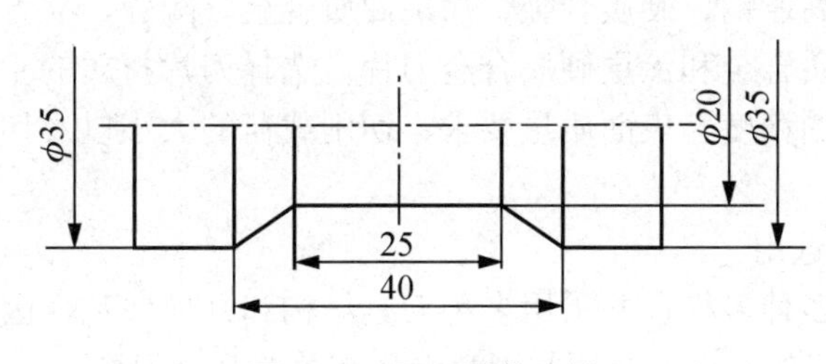


图 1-21　加工零件示例

2) 圆弧形车刀的几何参数

(1) 圆弧形车刀的选用。

圆弧形车刀具有宽刃切削(修光)性质，能使精车余量相当均匀而改善切削性能，还能一刀车出跨多个象限的圆弧面。

例如，当图 1-22 所示零件的曲面精度要求不高时，可以选择用尖形车刀进行加工；当曲面形状精度和表面粗糙度均有要求时，选择尖形车刀加工就不合适了，因为车刀主切削刃的实际吃刀深度在圆弧轮廓段总是不均匀的，如图 1-23 所示。当车刀主切削刃靠近其圆弧终点时，该位置上的切削深度($a_{p1}$)将大大超过其圆弧起点位置上的切削深度($a_p$)，致使切削阻力增大，可能产生较大的线轮廓度误差，并增大其表面粗糙度数值。

(2) 圆弧形车刀的几何参数。

圆弧形车刀的几何参数除了前角及后角外，还有车刀圆弧切削刃的形状及半径。

选择车刀圆弧半径的大小时应考虑两点：第一，车刀切削刃的圆弧半径应当不大于零件凹形轮廓上的最小曲率半径，以免发生加工干涉；第二，该半径不宜选择太小，否则既难以制造，又会因其刀头强度太弱或刀体散热能力差，使车刀容易受到损坏。

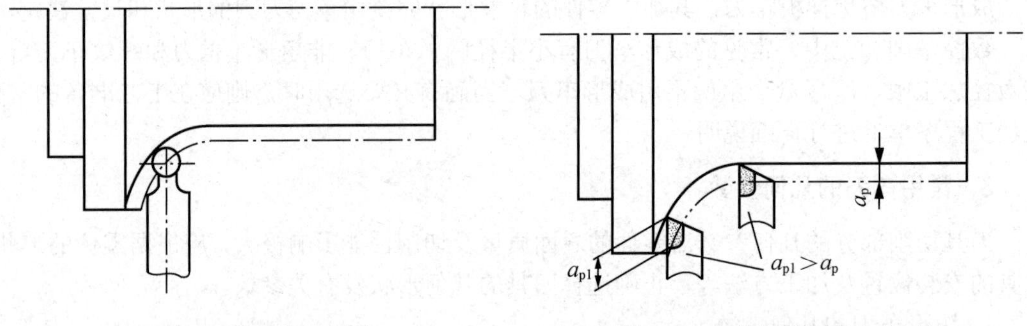


图 1-22　曲面车削示例　　　　图 1-23　切削深度不均匀性示例

4．机夹可转位车刀的选用

为了减少换刀时间和方便对刀，便于实现机械加工的标准化，数控车削加工时，应尽量采用机夹刀和机夹刀片，机夹刀片常采用可转位车刀。这种车刀就是把经过研磨的可转位多边形刀片用夹紧组件夹在刀杆上。车刀在使用过程中，一旦切削刃磨钝后，通过刀片的转位即可用新的切削刃继续切削，只有当多边形刀片所有的刀刃都磨钝后才需要更换刀片。

1) 刀片材质的选择

常见刀片材料有高速钢、硬质合金、涂层硬质合金、陶瓷、立方氮化硼和金刚石等，其中应用最多的是硬质合金和涂层硬质合金刀片。选择刀片材质的主要依据是被加工工件的材料、被加工表面的精度、表面质量要求、切削载荷的大小以及切削过程有无冲击和振动等。

2) 可转位车刀的选用

由于刀片的形式多种多样，并采用多种刀具结构和几何参数，因此可转位车刀的品种越来越多，使用范围很广，下面介绍与刀片选择有关的几个问题。

(1) 刀片的紧固方式。

在国家标准中，一般紧固方式有上压式(代码为 C)、上压与销孔夹紧(代码为 M)、销孔夹紧(代码为 P)和螺钉夹紧(代码为 S)4 种。但这仍没有包括可转位车刀所有的夹紧方式，而且各刀具商所提供的产品并不一定包括所有的夹紧方式，因此选用时要查阅产品样本。

(2) 刀片外形的选择。

刀片外形与加工的对象、刀具的主偏角、刀尖角和有效刃数等有关。一般外圆车削常用 80° 凸三边形(W 型)、四方形(S 型)和 80° 棱形(C 型)刀片。仿形加工常用 55° (D 型)、35° (V 型)菱形和圆形(R 型)刀片，如图 1-24 所示。90° 主偏角常用三角形(T 型)刀片。不同的刀片形状有不同的刀尖强度，一般刀尖角越大，刀尖强度越大；反之亦然。圆刀片(R 型)刀尖角最大，35° 菱形刀片(V 型)刀尖角最小。在选用时，应根据加工条件恶劣与否，按重、中、轻切削有针对性地选择。在机床刚性、功率允许的条件下，大余量、粗加工应选用刀尖角较大的刀片；反之，机床刚性和功率小、小余量，精加工时宜选用较小刀尖角的刀片。

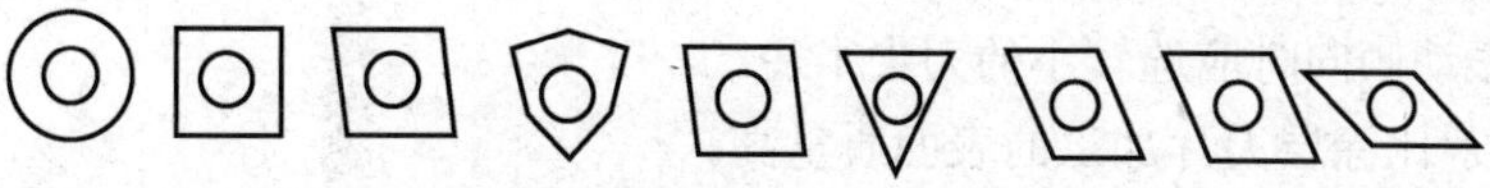

图 1-24　常用的刀片外形

(3) 刀杆头部形式的选择。

刀杆头部形式按主偏角和直头、弯头分有 15～18 种，各种形式规定了相应的代码，国家标准和刀具样本中都一一列出，可以根据实际情况选择。有直角台阶的工件，可选主偏角不小于 90° 的刀杆。一般粗车可选主偏角为 45°～90° 的刀杆；精车可选 45°～75° 的刀杆；中间切入、仿形车则选 45°～107.5° 的刀杆；工艺系统刚性好时可选较小值，工艺系统刚性差时可选较大值。当刀杆为弯头结构时，则既可加工外圆又可加工端面。

(4) 刀片后角的选择。

常用的刀片后角有 N(0°)、C(7°)、P(11°)、E(20°)等。一般粗加工、半精加工可用 N 型；半精加工、精加工可用 C、P 型，也可用带断屑槽形的 N 型刀片；加工铸铁、硬钢可用 N 型；加工不锈钢可用 C、P 型；加工铝合金可用 P、E 型等；加工弹性恢复性好的材料可选用较大一些的后角；一般孔加工刀片可选用 C、P 型，大尺寸孔可选用 N 型。

(5) 左、右手刀柄的选择。

左、右手刀柄有 R(右手)、L(左手)、N(左右手)3 种。要注意区分左、右刀的方向。选择时要考虑车床刀架是前置式还是后置式、前刀面是向上还是向下、主轴的旋转方向及需要的进给方向等。

(6) 刀尖圆弧半径的选择。

刀尖圆弧半径不仅影响切削效率，而且关系到被加工表面的粗糙度及加工精度。从刀尖圆弧半径与最大进给量的关系来看，最大进给量不应超过刀尖圆弧半径尺寸的 80%，否则将恶化切削条件，甚至出现螺纹状表面和打刀等问题。刀尖圆弧半径还与断屑的可靠性有关，为保证断屑，切削余量和进给量要有一个最小值。当刀尖圆弧半径减小，所得到的这两个最小值也相应减小，因此，从断屑可靠性出发，通常对于小余量、小进给量车削加工应采用小的刀尖圆弧半径；反之宜采用较大的刀尖圆弧半径。粗加工时要注意以下几点。

① 为提高刀刃强度，应尽可能选取大刀尖半径的刀片，大刀尖半径可允许大进给。

② 在有振动倾向时，则选择较小的刀尖半径。

③ 常用刀尖半径为 1.2～1.6mm。

④ 粗车时进给量不能超过表 1-4 给出的最大进给量，作为经验法则，一般进给量可取为刀尖圆弧半径的一半。

表 1-4　不同刀尖半径时最大进给量

| 刀尖半径/mm | 0.4 | 0.8 | 1.2 | 1.6 | 2.4 |
|---|---|---|---|---|---|
| 最大推荐进给量/(mm/r) | 0.25～0.35 | 0.4～0.7 | 0.5～1.0 | 0.7～1.3 | 1.0～1.8 |

精加工时要注意以下两点。

① 精加工的表面质量不仅受刀尖圆弧半径和进给量的影响，而且受工件装夹稳定性、夹具和机床的整体条件等因素的影响。

② 在有振动倾向时应选较小的刀尖半径。

非涂层刀片比涂层刀片加工的表面质量高。

(7) 断屑槽形的选择。

断屑槽的参数直接影响着切屑的卷曲和折断，目前刀片的断屑槽形式较多，各种断屑槽刀片使用情况不尽相同。槽形根据加工类型和加工对象的材料特性来确定，虽然各供应商表示方法不一样，但思路基本一致：基本槽形按加工类型有精加工(代码F)、普通加工(代码M)和粗加工(代码R)；加工材料按国际标准有加工钢的P类、不锈钢、合金钢的M类和铸铁的K类。这两种情况一组合就有了相应的槽形，比如FP就指用于钢的精加工槽形，MK是用于铸铁普通加工的槽形等。如果加工向两方向扩展(如超精加工和重型粗加工)以及材料扩展(如耐热合金、铝合金、有色金属等)，就有了超精加工、重型粗加工和加工耐热合金、铝合金等补充槽形，选择时可查阅具体的产品样本。一般可根据工件材料和加工的条件选择合适的断屑槽形和参数。当断屑槽形和参数确定后，主要靠进给量的改变控制断屑。

3) 刀夹

数控车刀一般通过刀夹(座)装在刀架上。刀夹的结构主要取决于刀体的形状、刀架的外形和刀架对主轴的配置3种因素。刀架对主轴的配置形式只有几种，而刀架与刀夹连接部分的结构形式较多，致使刀夹的结构形式很多，用户在选型时除要满足精度要求外，还应尽量减少种类和形式，以利于管理。

### 1.3.3 选择切削用量

数控车削加工中的切削用量包括背吃刀量、主轴转速或切削速度、进给速度或进给量。在编制加工程序的过程中，选择好切削用量，使背吃刀量、主轴转速和进给速度三者间能互相适应，以形成最佳切削参数，这是工艺处理的重要内容之一。切削用量应结合车削加工的特点，在机床给定的允许范围内选取，其选择方法如下。

#### 1. 背吃刀量($a_p$)的确定

在车床主体—夹具—刀具—零件这一系统刚性允许的条件下，尽可能选取较大的背吃刀量，以减少走刀次数，提高生产效率。当零件的精度要求较高时，则应考虑留出精车余量，常取0.1～0.5mm。

#### 2. 主轴转速的确定

1) 光车时的主轴转速

光车时，主轴转速的确定应根据零件上被加工部位的直径，并按零件和刀具的材料及加工性质等条件所允许的切削速度来确定。在实际生产中，主轴转速可用下式计算，即

$$n=1000v_c/(\pi D)=318.5\ v_c/D$$

式中：$n$为主轴转速(r/min)；$v_c$为切削速度(m/min)；$D$为零件待加工表面的直径(mm)。

在确定主轴转速时，首先需要确定其切削速度，而切削速度又与背吃刀量和进给量有关。

(1) 进给量($f$)。

进给量是指工件每转一周，车刀沿进给方向移动的距离(mm/r)，它与背吃刀量有着较密

切的关系。粗车时一般取 0.3～0.8mm/r，精车时常取 0.1～0.3mm/r，切断时宜取 0.05～0.2mm/r，具体选择时可参考表 1-5 进行。

表 1-5　切削速度参考表

| 零件材料 | 刀具材料 | $a_p$/mm | | | |
|---|---|---|---|---|---|
| | | 0.38～0.13 | 2.40～0.38 | 4.70～2.40 | 9.50～4.70 |
| | | $f$ /(mm/r) | | | |
| | | 0.13～0.05 | 0.38～0.13 | 0.76～0.38 | 1.30～0.76 |
| | | $v_c$ /(m/min) | | | |
| 低碳钢 | 高速钢 | — | 70～90 | 45～60 | 20～40 |
| | 硬质合金 | 215～365 | 165～215 | 120～165 | 90～120 |
| 中碳钢 | 高速钢 | — | 45～60 | 30～40 | 15～20 |
| | 硬质合金 | 130～165 | 100～130 | 75～100 | 55～75 |
| 灰铸铁 | 高速钢 | — | 35～45 | 25～35 | 20～25 |
| | 硬质合金 | 135～185 | 105～135 | 75～105 | 60～75 |
| 黄铜<br>青铜 | 高速钢 | — | 85～105 | 70～85 | 45～70 |
| | 硬质合金 | 215～245 | 185～215 | 150～185 | 120～150 |
| 铝合金 | 高速钢 | 105～150 | 70～105 | 45～70 | 30～45 |
| | 硬质合金 | 215～300 | 135～215 | 90～135 | 60～90 |

(2) 切削速度($v_c$)。

切削速度又称为线速度，是指车刀切削刃上某一点相对于待加工表面在主运动方向上的瞬时速度。

如何确定加工时的切削速度，除了通过查表取得数值外，还要根据实践经验进行确定。

2) 车螺纹时的主轴转速

车削螺纹时，车床的主轴转速将受到螺纹的螺距(或导程)大小、驱动电机的升降频特性及螺纹插补运算速度等多种因素影响，故对于不同的数控系统，推荐有不同的主轴转速选择范围。例如，大多数经济型车床数控系统推荐车螺纹时的主轴转速为

$$n \leqslant \frac{1200}{p} - K$$

式中：$p$ 为工件螺纹的导程(mm)，英制螺纹为相应换算后的毫米值；$K$ 为保险系数，一般取 80。

### 3．进给速度的确定

进给速度是指在单位时间里，刀具沿进给方向移动的距离(mm/min)。有些数控车床规定可以选用以进给量(mm/r)表示的进给速度。

进给速度的大小直接影响表面粗糙度的值和车削效率，因此进给速度的确定应在保证表面质量的前提下，选择较高的进给速度。一般应根据零件的表面粗糙度、刀具及工件材料等因素，查阅切削用量手册选取。需要说明的是，切削用量手册给出的是每转进给量，因此要根据 $v_f=fn$ 计算进给速度。表 1-6、表 1-7 分别给出了硬质合金车刀车出外圆、端面的进给量和半精车、精车的进给量参考值，供参考选用。

表 1-6　硬质合金车刀粗车外圆及端面的进给量

| 工件材料 | 车刀刀杆尺寸 $B \times H$/(mm×mm) | 工件直径 $d$/mm | 背吃刀量 $a_p$/mm ≤3 | >3～5 | >5～8 | >8～12 | >12 |
|---|---|---|---|---|---|---|---|
| 碳素结构钢、合金结构钢及耐热钢 | 16×25 | 20 | 0.3～0.4 | — | — | — | — |
| | | 40 | 0.4～0.5 | 0.3～0.4 | — | — | — |
| | | 60 | 0.5～0.7 | 0.4～0.6 | 0.3～0.5 | — | — |
| | | 100 | 0.6～0.9 | 0.5～0.7 | 0.5～0.6 | 0.4～0.5 | — |
| | | 400 | 0.8～1.2 | 0.7～1.0 | 0.6～0.8 | 0.5～0.6 | — |
| | 20×30<br>25×25 | 20 | 0.3～0.4 | — | — | — | — |
| | | 40 | 0.4～0.5 | 0.3～0.4 | — | — | — |
| | | 60 | 0.5～0.7 | 0.5～0.7 | 0.4～0.6 | — | — |
| | | 100 | 0.8～1.0 | 0.7～0.9 | 0.5～0.7 | 0.4～0.7 | — |
| | | 400 | 1.2～1.4 | 1.0～1.2 | 0.8～1.0 | 0.6～0.9 | 0.4～0.6 |
| 铸铁及铜合金 | 16×25 | 40 | 0.4～0.5 | — | — | — | — |
| | | 60 | 0.5～0.8 | 0.5～0.8 | 0.4～0.6 | — | — |
| | | 100 | 0.8～1.2 | 0.7～1.0 | 0.6～0.8 | 0.5～0.7 | — |
| | | 400 | 1.0～1.4 | 1.0～1.2 | 0.8～1.0 | 0.6～0.8 | — |
| | 20×30<br>25×25 | 40 | 0.4～0.5 | — | — | — | — |
| | | 60 | 0.5～0.9 | 0.5～0.8 | 0.4～0.7 | — | — |
| | | 100 | 0.9～1.3 | 0.8～1.2 | 0.7～1.0 | 0.5～0.8 | — |
| | | 400 | 1.2～1.8 | 1.2～1.6 | 1.0～1.3 | 0.9～1.1 | 0.7～0.9 |

注：①加工断续表面及有冲击的工件时，表内进给量应乘系数 $k$=0.75～0.85。

②在无外皮加工时，表内进给量应乘系数 $k$=1.1。

③加工耐热钢及其合金时，进给量不大于 1mm/r。

④加工淬硬钢时，进给量应减少。当钢的硬度为 44～56HRC 时，乘系数 $k$=0.8；当钢的硬度为 57～62HRC 时，乘系数 $k$=0.5。

表 1-7　按表面粗糙度选择进给量的参考值

| 工件材料 | 表面粗糙度 $Ra$/μm | 切削速度范围 $v_c$/(m/min) | 刀尖圆弧半径 $r_\varepsilon$/mm 0.5 | 1.0 | 2.0 |
|---|---|---|---|---|---|
| | | | 进给量 $f$/(mm/r) | | |
| 铸铁、青铜、铝合金 | >5～10 | 不限 | 0.25～0.40 | 0.40～0.50 | 0.50～0.60 |
| | >2.5～5 | | 0.15～0.25 | 0.25～0.40 | 0.40～0.60 |
| | >1.25～2.5 | | 0.10～0.15 | 0.15～0.20 | 0.20～0.35 |
| 碳钢及合金钢 | >5～10 | <50 | 0.30～0.50 | 0.45～0.60 | 0.55～0.70 |
| | | >50 | 0.40～0.55 | 0.55～0.65 | 0.65～0.70 |
| | >2.5～5 | <50 | 0.18～0.25 | 0.25～0.30 | 0.30～0.40 |
| | | >50 | 0.25～0.30 | 0.30～0.35 | 0.30～0.50 |

续表

| 工件材料 | 表面粗糙度 $Ra$/μm | 切削速度范围 $v_c$/(m/min) | 刀尖圆弧半径 $r_\varepsilon$/mm | | |
|---|---|---|---|---|---|
| | | | 0.5 | 1.0 | 2.0 |
| | | | 进给量 $f$/(mm/r) | | |
| 碳钢及合金钢 | ＞1.25～2.5 | ＜50 | 0.10 | 0.11～0.15 | 0.15～0.22 |
| | | 50～100 | 0.11～0.16 | 0.16～0.25 | 0.25～0.35 |
| | | ＞100 | 0.16～0.20 | 0.20～0.25 | 0.25～0.35 |

注：$r_\varepsilon$=0.5mm，用于 12mm×12mm 以下刀杆。

$r_\varepsilon$=1.0mm，用于 30mm×30mm 以下刀杆。

$r_\varepsilon$=2.0mm，用于 30mm×45mm 及以上刀杆。

## 1.3.4　确定装夹方法

### 1. 定位基准的选择

在数控车削中，应尽量让零件在一次装夹下完成大部分甚至全部表面的加工。对于轴类零件，通常以零件自身的外圆柱面作定位基准；对于套类零件则以内孔作定位基准。

### 2. 常用车削夹具和装夹方法

在数控车床上装夹工件时，应使工件相对于车床主轴轴线有一个确定的位置，并且在工件受到各种外力的作用下，仍能保持其既定位置。常用装夹方法见表 1-8。

表 1-8　数控车床常用的装夹方法

| 序　号 | 装夹方法 | 特　点 | 适用范围 |
|---|---|---|---|
| 1 | 三爪卡盘 | 夹紧力较小，夹持工件时一般不需要找正，装夹速度较快 | 适于装夹中小型圆柱形、正三边形或正六边形工件 |
| 2 | 四爪卡盘 | 夹紧力较大，装夹精度较高，不受卡爪磨损的影响，但夹持工件时需要找正 | 适于装夹形状不规则或大型的工件 |
| 3 | 两顶尖及鸡心夹头 | 用两端中心孔定位，容易保证定位精度，但由于顶尖细小，装夹不够牢靠，不宜用大的切削用量进行加工 | 适于装夹轴类零件 |
| 4 | 一夹一顶 | 定位精度较高，装夹牢靠 | 适于装夹轴类零件 |
| 5 | 中心架 | 配合三爪卡盘或四爪卡盘来装夹工件，可以防止弯曲变形 | 适于装夹细长的轴类零件 |
| 6 | 心轴与弹簧卡头 | 以孔为定位基准，用心轴装夹来加工外表面，也可以外圆为定位基准，采用弹簧卡头装夹来加工内表面，工件的位置精度较高 | 适于装夹内、外表面的位置精度要求较高的套类零件 |

## 1.3.5　典型传动轴的工艺分析

这里以如图 1-1 所示的阶梯轴为例，介绍轴类零件的工艺分析。

### 1．分析零件图样

该零件由圆柱、圆锥面等表面组成。其中，$\phi$24mm和$\phi$36mm柱面有公差要求，公差为IT6，表面粗糙度为*Ra*1.6μm，所以技术要求很高；该零件材料为45号钢，切削加工性能较好，尺寸标注齐全。通过分析，零件图样上带公差的尺寸，编程时取其平均值。

### 2．加工方案的拟订

该零件的加工工艺过程见表1-9。

表1-9　中间轴的加工工艺过程

| 工序号 | 工序名称 | 工序内容 | 加工设备 | 设备型号 |
|---|---|---|---|---|
| 1 | 粗车 | 径向余量0.5mm，轴向余量0.1mm | 数控车床 | CKH6140 |
| 2 | 精车 | 倒角，保证轴径尺寸$\phi 36_{-0.03}^{0}$ mm、$\phi 24_{-0.02}^{0}$ mm，保证表面粗糙度*Ra*1.6μm | 数控车床 | CKH6140 |
| 3 | 切断 | 切断保证尺寸$60_{-0.05}^{+0.05}$ mm | 数控车床 | CKH6140 |

1) 确定装夹方案

用三爪卡盘一端夹紧，在一次安装中加工有相互位置精度要求的外圆表面与端面。

2) 刀具

将所选定的刀具参数填入表1-10中的阶梯轴数控加工刀具卡片中，以便于编程和操作管理。

表1-10　阶梯轴数控加工刀具卡片

| 产品名称或代号 | | 阶梯轴 | | 零件名称 | | | 阶梯轴 | 零件图号 | CL-01 |
|---|---|---|---|---|---|---|---|---|---|
| 序号 | 刀具号 | 刀具规格名称 | | 数量 | 加工表面 | | | 刀尖半径/mm | 备注 |
| 1 | T0101 | 93°左偏刀 | | 1 | 粗、精车，保证$\phi 36_{-0.03}^{0}$ mm、$\phi 24_{-0.02}^{0}$ mm、外圆尺寸并倒角 | | | 0.4 | |
| 2 | T0202 | 切断刀 | | 1 | 切断保证尺寸$60_{-0.05}^{+0.05}$ mm | | | | 宽4mm |
| 编制 | ×× | 审核 | ×× | 批准 | ×× | 年 月 日 | | 共1页 | 第1页 |

3) 确定切削用量

(1) 切削深度。粗车时，单边切削深度为1.5mm左右；精车时，单边外圆的切削深度为0.15mm左右。

(2) 切削速度。为30～50mm/min。

(3) 进给速度。粗车时为0.2mm/r，精车时为0.1mm/r。

### 3．走刀路径的安排

粗车时，根据图1-1所示阶梯轴的外形，采用矩形走刀，路径最短；精加工时最后一刀由近到远连续完成。

# 任务 1.4　认识数控车床程序的结构

## 1.4.1　加工程序的一般格式

认识数控机床程序结构.mp4

### 1. 程序开始符、结束符

程序开始符、结束符是同一个字符，ISO 代码中是%，EIA 代码中是 EP，书写时要单列一段。

### 2. 程序名

程序名有两种形式：一种是由英文字母 O 和 1～4 位正整数组成；另一种是由英文字母开头，字母和数字混合组成的。一般要求单列一段。

### 3. 程序主体

程序主体是由若干个程序段组成的。每个程序段一般占一行。

### 4. 程序结束指令

程序结束指令可以用 M02 或 M30。一般要求单列一段。

```
%                                          // 开始符
O1000                                      // 程序名

N05 T0101
N10 G00 G54 X50 Y30 M03 S3000
N20 G01 X88.1 Y30.2 F500  M08
                                           // 程序主体
N30 X90                                    ⋮
N300 M30

%                                          // 结束符
```

## 1.4.2　程序段格式

一个程序由若干个程序段构成，而一个程序段由若干个字构成，字是由地址符加阿拉伯数字构成，地址符用拉丁字母表示，字是构成程序的最小组成单元。程序段一般采用可变地址程序段格式，即在同一个程序段中字的排列无严格的顺序要求。字地址可变程序段格式的编排顺序通常如下：

```
N__ G__ X__ Y__ F__ S__ T__ M__;
```

## 1.4.3　字的类型

一个程序段由若干个字构成，字的类型主要有以下 7 种。

### 1．顺序号字(N)

顺序号又称为程序段号或程序段序号。顺序号位于程序段之首，由顺序号字 N 和后续数字组成。顺序号字 N 是地址符，后续数字一般为 1～4 位的正整数。数控加工中的顺序号实际上是程序段的名称，与程序执行的先后次序无关。数控系统不是按顺序号的次序来执行程序，而是按照程序段编写时的排列顺序逐段执行。

顺序号的作用：对程序的校对和检索修改；作为条件转向的目标，即作为转向目的程序段的名称。有顺序号的程序段可以进行复归操作，这是指加工可以从程序的中间开始，或回到程序中断处开始。

一般使用方法：编程时将第一程序段冠以 N10，以后以间隔 10 递增的方法设置顺序号，这样，在调试程序时，如果需要在 N10 和 N20 之间插入程序段时，就可以使用 N11、N12 等。

### 2．准备功能字(G)

准备功能字的地址符是 G，又称为 G 功能或 G 指令，是用于建立机床或控制系统工作方式的一种指令，后续数字一般为两位正整数。G 指令分模态、非模态指令。模态指令是指程序段中一旦指定了该指令，在此之后的程序段中一直有效，直到有同组指令替代它或撤销它为止；非模态指令只在本程序段中有效。

### 3．尺寸字

尺寸字用于确定机床上刀具运动终点的坐标位置。

其中，第一组 X、Y、Z、U、V、W、P、Q、R 用于确定终点的直线坐标尺寸；第二组 A、B、C、D、E 用于确定终点的角度坐标尺寸；第三组 I、J、K 用于确定圆弧轮廓的圆心坐标尺寸。在一些数控系统中，还可以用 P 指令指定暂停时间、用 R 指令指定圆弧的半径等。

多数数控系统可以用准备功能字来选择坐标尺寸的制式，如 FANUC 诸系统可用 G21/G22 来选择米制单位或英制单位，也有些系统用系统参数来设定尺寸制式。采用米制时，一般单位为 mm，如 X100 指令的坐标单位为 100mm。当然，一些数控系统可通过参数来选择不同的尺寸单位。

### 4．进给功能字(F)

进给功能字的地址符是 F，又称为 F 功能或 F 指令，用于指定切削的进给速度。对于车床，F 可分为每分钟进给和主轴每转进给两种；对于其他数控机床，一般只用每分钟进给。F 指令在螺纹切削程序段中常用来指定螺纹的导程。

### 5．主轴转速功能字(S)

主轴转速功能字的地址符是 S，又称为 S 功能或 S 指令，用于指定主轴转速。单位为 r/min。对于具有恒线速度功能的数控车床，程序中的 S 指令用来指定车削加工的线速度数。

### 6．刀具功能字(T)

刀具功能字的地址符是 T，又称为 T 功能或 T 指令，用于指定加工时所用刀具的编号。对于数控车床，其后的数字还兼作指定刀具长度补偿和刀尖半径补偿用。

### 7．辅助功能字(M)

辅助功能字的地址符是 M，后续数字一般为 1～3 位正整数，又称为 M 功能或 M 指令，用于指定数控机床辅助装置的开关动作。

8．程序段结束符

写在每一个程序段末尾，表示程序段结束。书面和显式表达一般用“;”，数控机床操作面板上用“EOB”代替“;”。

# 任务 1.5　掌握典型传动轴数控车削加工程序的编制

## 1.5.1　数控车床编程的特点

1．加工坐标系

加工坐标系应与机床坐标系的坐标方向一致，$X$ 轴对应径向，$Z$ 轴对应轴向，$C$ 轴(主轴)的运动方向则以从机床尾架向主轴看，逆时针为+$C$ 向，顺时针为−$C$ 向。

加工坐标系的原点选在便于测量或对刀的基准位置，一般在工件的右端面上。为了编程方便，一般采用后置刀架编程，如图 1-25 所示。

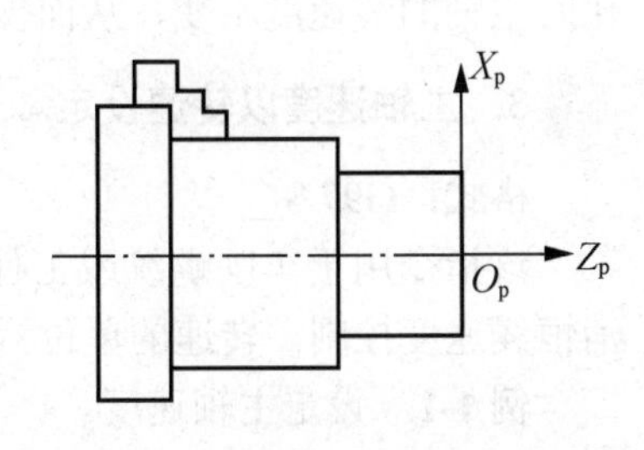


图 1-25　数控车床的编程坐标系

2．直径编程方式

数控车床的编程有直径、半径两种方法。直径编程是指 $X$ 轴上的有关尺寸为直径值，半径编程是指 $X$ 轴上的有关尺寸为半径值。在车削加工的数控程序中，$X$ 轴的坐标值一般取为零件图样上的直径值。采用直径尺寸编程与零件图样中的尺寸标注一致，这样可避免尺寸换算过程中可能造成的错误，给编程带来很大方便。

3．车床编程坐标的特点

数控编程时，可采用绝对坐标，即使用代码 $X$ 和 $Z$ 表示；也可采用增量坐标，即使用代码 $U$ 和 $W$ 表示；还可采用混合坐标，即使用代码 $X$ 和 $W$ 或 $U$ 和 $Z$ 表示。

4．车床编程可采用循环指令

数控车床上工件的毛坯大多为圆棒料，加工余量较大，一个表面往往需要进行多次反复的加工。如果对每个加工都编写若干个程序段，就会增加编程的工作量。为了简化加工程序，一般情况下，数控车床的数控系统中都有车外圆、车端面和车螺纹等不同形式的循环功能。

5．进刀和退刀方式

对于车削加工，进刀时采用快速走刀接近工件切削起点附近的某个点，再改用切削进给，以减少空走刀的时间，提高加工效率。切削起点的确定与工件毛坯余量大小有关，应以刀具快速走到该点时刀尖不与工件发生碰撞为原则。

数控车削加工包括内外圆柱面的车削加工、端面车削加工、钻孔加工、螺纹加工、复杂外形轮廓回转面的车削加工等，下面在分析了数控车床工艺装备和数控车床编程特点的基础上，将结合配置 FANUC-0T 数控系统的 CK6140 型数控车床，重点讨论数控车床的基本编程方法。

## 1.5.2 主轴转速功能设定指令(G50、G96、G97)

主轴转速功能有恒线速度控制和恒转速控制两种指令方式，并可限制主轴最高转速。

### 1. 主轴最高转速限制

格式：G50 S__

该指令可防止因主轴转速过高、离心力太大，产生危险及影响机床寿命。

### 2. 主轴速度以恒线速度设定

格式：G96 S__

该指令用于车削端面或工件直径变化较大的场合。采用此功能，可保证当工件直径变化时主轴的线速度不变，从而保证切削速度不变，提高加工质量。线速度的单位为 m/min。

### 3. 主轴速度以转速设定

格式：G97 S__

该指令用于车削螺纹或工件直径变化较小的场合。采用此功能，可设定主轴转速并取消恒线速度控制。转速的单位为 r/min。

**例 1-1** 设定主轴速度。

```
G96 S150;  线速度恒定，切削速度为150m/min
G50 S2500; 设定主轴最高转速为2500r/min
⋮
G97 S300;  取消线速度恒定功能，主轴转速为300r/min
```

## 1.5.3 进给功能设定指令(G98、G99)

设定每分钟进给量用 G98 指令，单位为 mm/min，如图 1-26 所示。

格式：G98

设定每转进给量用 G99 指令，单位为 mm/r，如图 1-27 所示。

格式：G99

说明：G99 指令设定的进给量是数控车床的初始状态。

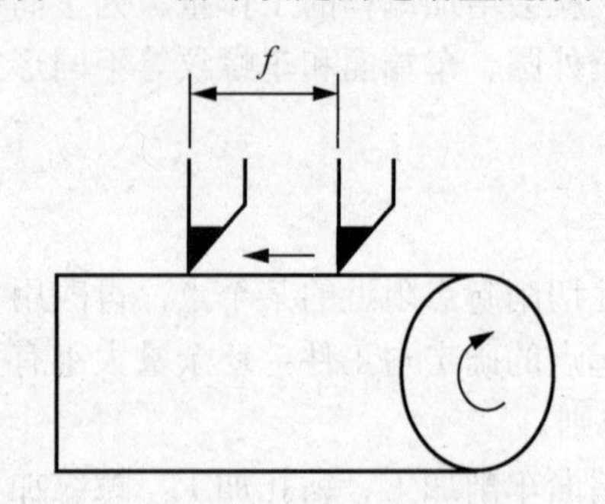


图 1-26 G98 指令设定每分钟进给量(mm/min)

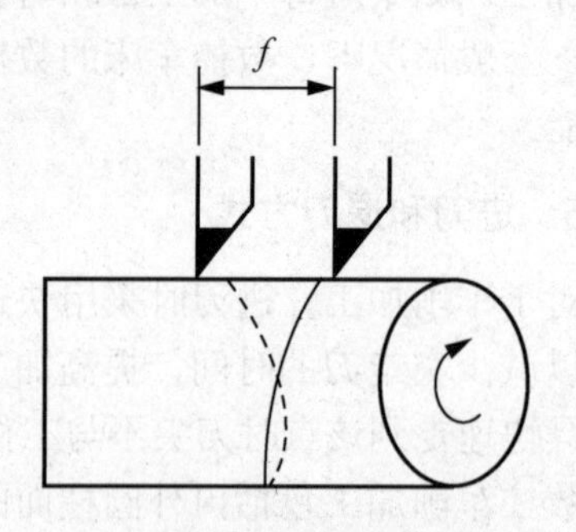


图 1-27 G99 指令设定每转进给量(mm/r)

## 1.5.4　T 功能

功能：该指令可指定刀具及刀具补偿。

格式：T □□□□

说明：

(1) 前两位表示刀具序号(0～99)，后两位表示刀具补偿号(01～64)。

(2) 刀具的序号可以与刀盘上的刀位号相对应。

(3) 刀具补偿包括形状补偿和磨损补偿。

(4) 刀具序号和刀具补偿号不必相同，但为了方便，通常使它们一致。

(5) 取消刀具补偿的 T 指令格式为：T00 或 T□□00。

## 1.5.5　M 功能

M00：程序暂停，可用 NC 启动命令(CYCLE START)使程序继续运行。

M01：程序选择停，与 M00 作用相似，但 M01 可以用机床“选择停止按钮”选择是否有效。

M03：主轴正转。

M04：主轴反转。

M05：主轴旋转停止。

M08：冷却液开。

M09：冷却液关。

M30：程序停止，程序复位到起始位置，数控系统处于准备好状态。

M02：程序停止，光标处于程序尾部，数控系统处于未准备好状态。

## 1.5.6　快速点位运动指令(G00)

功能：以点位控制方式，使刀具从当前点快速移动到目标点位置。

格式：G00　X(U)__ Z(W)__

说明：

(1) *X*、*Z* 是绝对坐标方式时的目标点坐标；*U*、*W* 是增量坐标方式时的目标点坐标。

(2) 常见的 G00(点位运动)轨迹如图 1-28 所示，从 *A* 到 *B* 有 4 种方式：直线 *AB*、直角线 *ACB*、直角线 *ADB*、折线 *AEB*。折线的起始角$\theta$是固定的 45°，它决定于各坐标轴的脉冲当量。

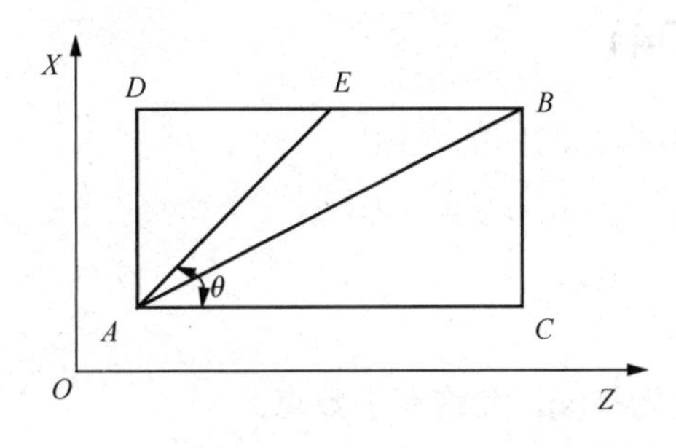


图 1-28　数控车床的 G00(点位运动)轨迹

## 1.5.7 直线插补指令(G01)

功能：使刀具以给定的进给速度，从当前点出发，直线移动到目标点位置。

格式：G01 X(U)__ Z(W)__ F__

说明：

(1) *X*、*Z* 是绝对坐标方式时的目标点坐标；*U*、*W* 是增量坐标方式时的目标点坐标。

(2) *F* 是进给速度。

**例 1-2** 车削外圆柱面，如图 1-29 所示。

程序：

```
G01 X60 Z-80 F0.2; 或  G01 U0 W-80 F0.2;
```

也可写成：

```
G01 Z-80 F0.2; 或  G01 W-80 F0.2;
```

还可写成：

```
G01 X60 W-80 F0.2; 或  G01 U0 Z-80 F0.2;
```

**例 1-3** 车削外圆锥面，如图 1-30 所示。

程序：

```
G01 X80 Z-80 F0.2; 或  G01 U20 W-80 F0.2;
```

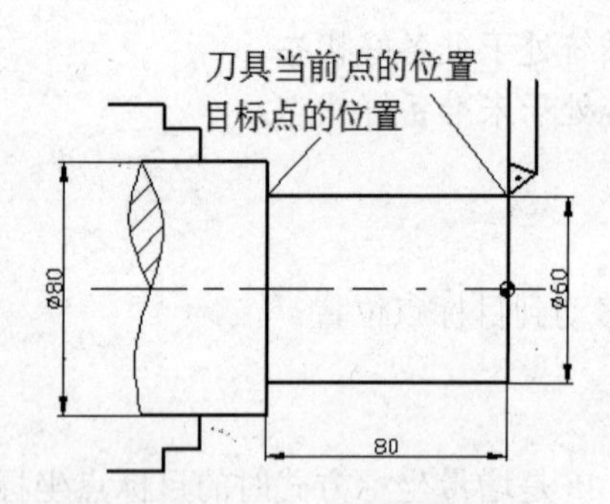


图 1-29 G01 指令车外圆柱面

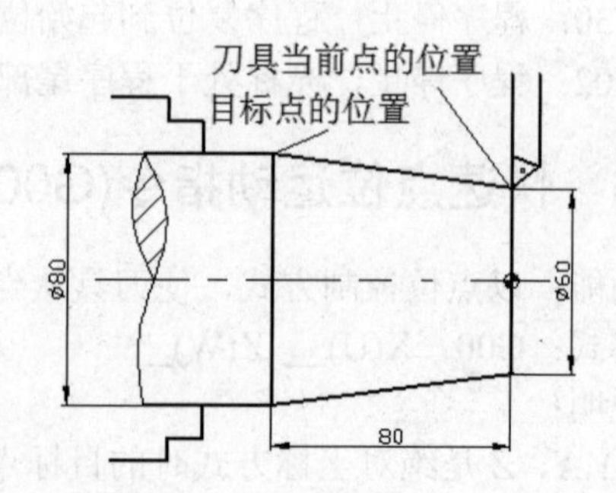


图 1-30 G01 指令车外圆锥面

## 1.5.8 暂停指令(G04)

功能：该指令可使刀具做短时间的停顿。

格式：G04 X(U)__

或 G04 P__

说明：

(1) *X* 指定时间，单位为秒(s)，允许有小数点。

(2) *P* 指定时间，单位为毫秒(ms)，不允许有小数点。

(3) $U$ 指定主轴转过转数，单位为转(r)，暂停的时间为 $U/n$，$n$ 为主轴转速。

应用场合如下。

(1) 车削沟槽或钻孔时，为使槽底或孔底得到准确的尺寸精度及光滑的加工表面，在加工到槽底或孔底时，应暂停适当时间。

(2) 使用 G96 指令车削工件轮廓后，改成 G97 指令车削螺纹时，可暂停适当时间，使主轴转速稳定后再执行车螺纹，以保证螺距加工精度要求。

**例 1-4**　若要暂停 1s，可写成以下格式：

```
G04 X1.0;
```

或

```
G04 P1000;
```

以加工如图 1-1 所示的阶梯轴为例，介绍轴类零件的编程(见表 1-11)，毛坯直径为 $\phi$40mm。

表 1-11　阶梯轴的编程

| 程　序 | 说　明 |
|---|---|
| O0001 | 程序名 |
| N002 T0101 | 调用 1 号端面车刀 |
| N004 M03 S500 | 主轴正转，粗加工主轴转速为 500r/min |
| N006 G00 Z2 | 快速定位，距离端面 2.0mm 的位置 |
| N008 G00 X41 | 快速定位进刀点的位置 |
| N010 G00 X37 | 快进至 $X$37mm 的位置，粗车切削深度为 1.5mm |
| N012 G01 Z-64 F0.2. | 以每转 0.2mm 进给量，粗车 $\phi$36mm 外圆柱面至 $Z$ 坐标为-64mm 的位置，粗加工余量为 1mm |
| N014 G00 X38 | 快速退刀至 $X$38mm 的位置 |
| N016 Z2.0 | 快速退刀，至距离端面 2.0mm 的位置 |
| N018 X34 | 快进至 $\phi$34mm 的位置 |
| N020 G01 Z-30 | 粗车至 $Z$ 坐标为-30mm 的位置 |
| N022 X37 Z-36.33 | 分两刀粗车 50° 圆锥面，第一刀粗车圆锥面 |
| N024 G00 X38 | 快速退刀至 $X$38mm 的位置 |
| N026 Z2.0 | 快速退刀，至距离端面 2.0mm 的位置 |
| N028 X31 | 快进至 $\phi$31mm 位置 |
| N030 G01 Z-30 | 粗车至 $Z$ 坐标为-30mm 的位置 |
| N024 X37 Z-36.33 | 第二刀粗车 50° 圆锥面 |
| N034 G00 X38 | 快速退刀至 $X$38mm 的位置 |
| N036 Z2.0 | 快速退刀，至距离端面 2.0mm 的位置 |
| N038 X28 | 快进至 $X$28mm 的位置，分两刀粗车至 $\phi$24mm 圆柱面 |
| N040 G01 Z-20.9 | 粗车至 $Z$ 坐标为-20.9mm 位置，$Z$ 向留 0.1mm 精加工余量 |

续表

| 程　序 | 说　明 |
|---|---|
| N042 G00 X29 | 快速退刀至X29mm的位置 |
| N044 Z2.0 | 快速退刀，至距离端面2.0mm的位置 |
| N046 X25 | 快进至X25mm的位置，粗加工余量为1mm |
| N048 G01 Z-20.9 | 第二刀粗车至$\phi$24mm圆柱面，粗加工结束 |
| N050 G00 X26 | 快速退刀至X26mm的位置 |
| N052 Z2.0 | 快速退刀，至距离端面2.0mm的位置 |
| N054 S800 M03 | 主轴正转，精加工主轴转速为800r/min |
| N056 G00 X23.99 | 快进至X23.99mm的位置，$\phi$24mm圆柱面按中值尺寸编程 |
| N058 G01 Z-21 F0.1 | 以每转0.1mm的进给量，精车$\phi$24mm外圆柱面至Z坐标为-21mm的位置 |
| N060　X30 | 精车$\phi$30mm端面 |
| N062　Z-30 | 精车$\phi$30mm圆柱面至Z坐标为-30mm的位置 |
| N064　X35.985 Z-36.416 | 精车50°圆锥面 |
| N066　Z-64 | 精车$\phi$36mm外圆柱面至Z坐标为-64mm的位置 |
| N068 G00 X150 | 快速退刀至X150mm的位置 |
| N070 G00 Z200 | Z向退刀至换刀点 |
| N072 T0202 | 换2号切断刀 |
| N074 S200 M03 | 主轴正转，切断主轴转速为200r/min |
| N076 G00　Z-64 | 定位至Z坐标为-64mm的位置 |
| N078 G00　X41 | 快进到X41mm进刀点位置 |
| N080 G01 X0.0 F0.08 | 以每转0.08mm的进给量切断工件 |
| N082 G00 X150 | X向退刀 |
| N084 Z200 | Z向退刀 |
| N086 M05 | 主轴停转 |
| N088 M30 | 程序结束 |

# 任务1.6　掌握典型传动轴数控车削加工操作

## 1.6.1　数控车床仿真软件的进入和退出

### 1. 进入数控车床仿真软件

打开计算机，单击或双击图标(宇航数控仿真软件)，则屏幕显示如图1-31所示。

在图1-31所示状态下，单击Fanuc数控车仿真图标，进入FANUC数控车床仿真系统，如图1-32所示。

### 2. 退出数控车床仿真软件

单击屏幕右上方的☒(关闭)按钮，则退出数控车床仿真系统。

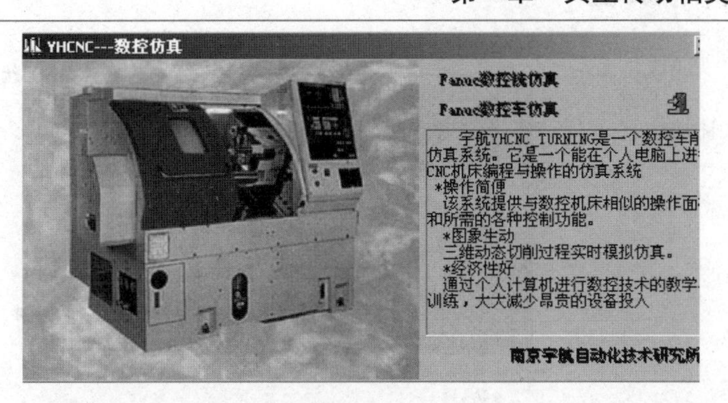


图 1-31　FANUC 数控仿真系统

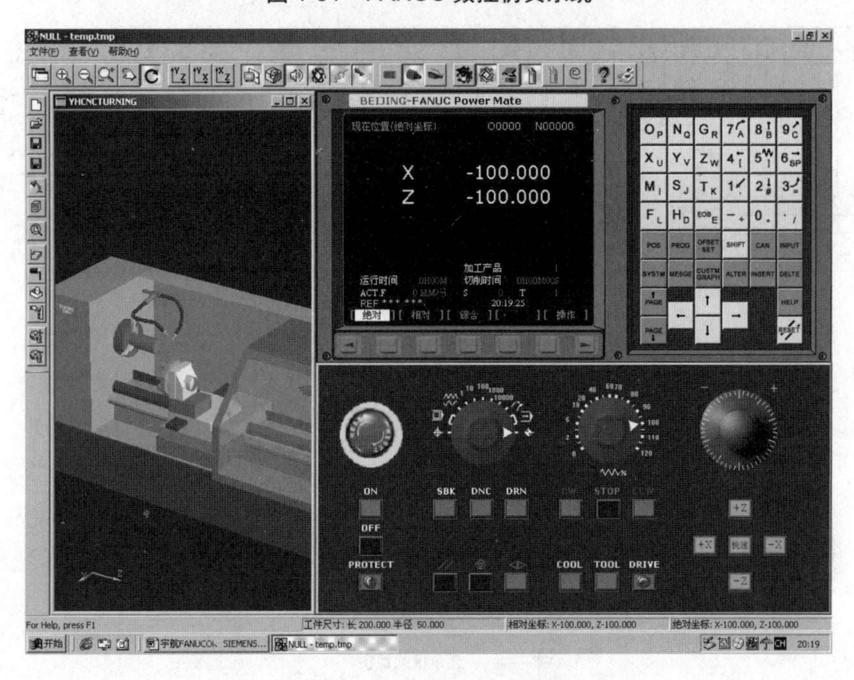


图 1-32　FANUC 数控车床仿真系统主界面

## 1.6.2　数控车床仿真软件的工作窗口

数控车床仿真软件的工作窗口分为标题栏、菜单栏、工具栏、机床显示区、机床操作面板、数控系统操作区，如图 1-33 所示。

### 1．菜单栏

YHCNC-TURNING 的菜单栏包含了“文件”“查看”“帮助”三大菜单项。

### 2．工具栏区

1) 横向工具栏
横向工具栏如图 1-34 所示。
2) 纵向工具栏
纵向工具栏如图 1-35 所示。

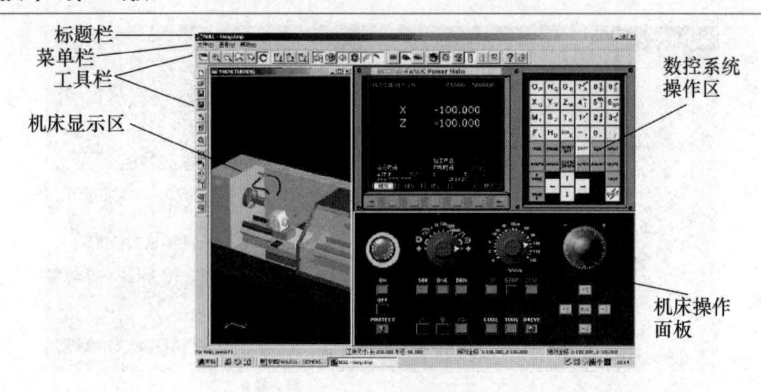


图 1-33 工作窗口

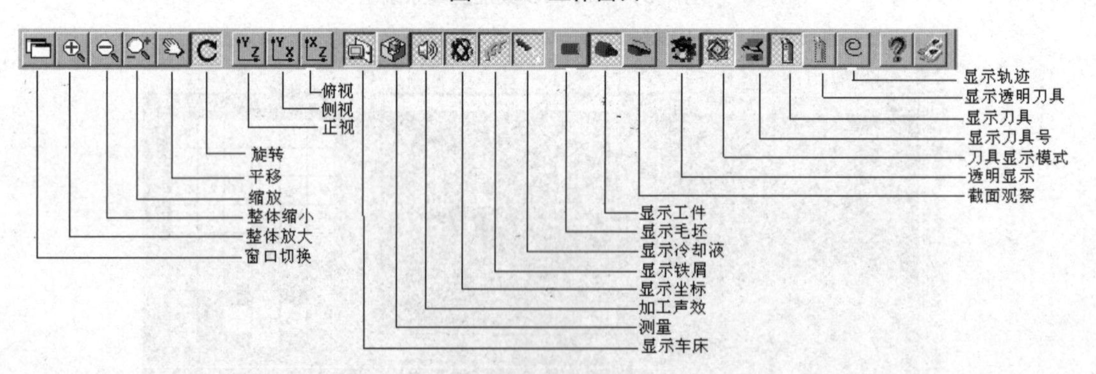


图 1-34 横向工具栏

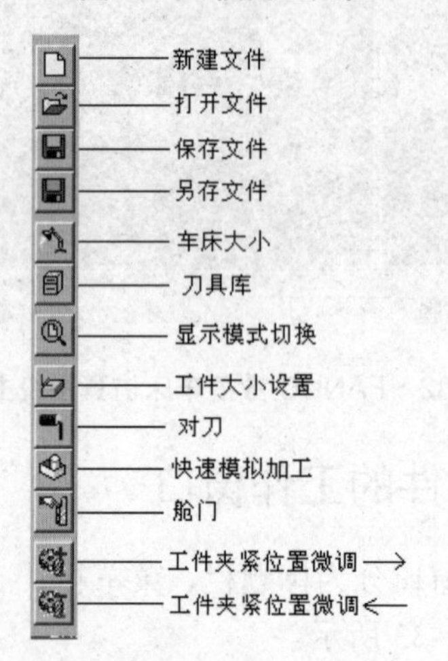


图 1-35 纵向工具栏

### 3．机床操作面板区

机床操作面板区位于窗口的右下侧，如图 1-36 所示。主要用于控制机床的运动和选择机床运行状态，由模式选择旋钮、数控程序运行控制开关等多个部分组成，每一部分的详细说明如下。

1) 急停键

：按下此键，机床停止运动。

2) 机床开(ON)

：按下此开关，进入 FANUC 数控车床仿真系统。

图 1-36　操作面板

3) 机床关(OFF)

：按下此开关，机床关闭。

4) 机床锁开关(PROTECT)

：编辑数控加工程序之前，必须按下此开关。

5) 模式选择旋钮

如图 1-37 所示，将光标置于旋钮上，按下鼠标左键，转动旋钮至某位置，即可选择相应方式。

(EDIT)：用于直接通过操作面板输入数控程序和编辑程序。

(MDI)：手动数据输入。

(JOG)：手动方式，手动连续移动刀具。

(MDI)：MDI 的备用方式，手动数据输入。

(AUTO)：进入自动加工模式。

(ZERO)：回机床零点。

：在手动方式下，刀具单步移动的距离。1 为 0.001mm，10 为 0.01mm，100 为 0.1mm。将光标(或鼠标指针)置于旋钮上，单击鼠标左键即可选择相应方式。

6) 单步执行及机床空转开关

：每按一次则执行一段数控程序。

：按下此开关，可进行数控程序文件传输。

：按下此开关，各轴以固定的速度运动。

7) 数控程序运行控制开关(见图 1-38)

：程序复位。

：程序运行开始，模式选择旋钮在或位置时，此开关按下才有效；否则无效。

：程序运行停止，在数控程序运行中，按下此按钮，则程序停止运行。

8) 进给速度(F)调节旋钮

：调节数控程序运行中的进给速度，调节范围是 0～120%。将光标置于旋钮上，单击鼠标左键，转动旋钮至相应位置。

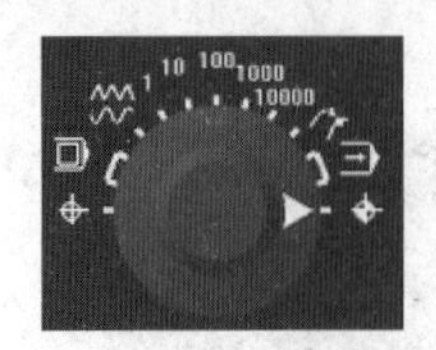


图1-37　模式选择旋钮

图1-38　程序运行控制开关

9) 机床主轴手动控制开关

：机床主轴手动控制开关，当模式选择旋钮在位置时，此开关按下才有效。

：控制机床主轴正转。

：手动关机床主轴。

：控制机床主轴反转。

10) 冷却液开关(COOL)

：按下此开关，冷却液开。

11) 在刀库中选刀(TOOL)

：按下此开关，刀架旋转，可实现换刀。

12) 驱动开关(DRIVE)

：按下此开关，驱动关闭，此时程序运行，机床不运动。

13) 手脉

：把光标置于手轮上，单击鼠标左键，手轮顺时针方向旋转，刀具往正方向移动；单击鼠标左键，手轮逆时针方向旋转，刀具往负方向移动。

14) 手动移动机床按钮(见图1-39)

手动移动机床按钮只有在手动方式下才有效。

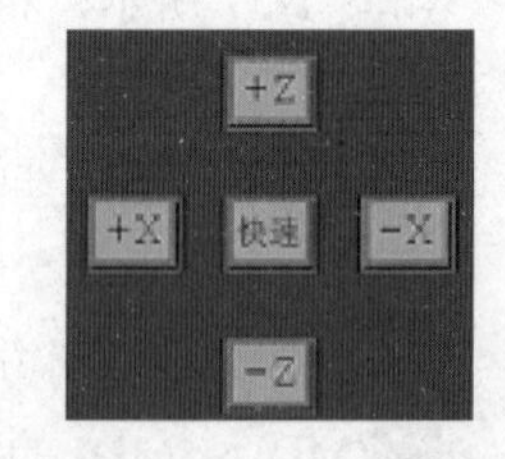


图1-39　手动移动机床按钮

**4．数控系统操作区**

在横向工具栏中单击窗口切换按钮后，数控系统操作键盘会出现在视窗的右上角，其左侧为数控系统显示屏，如图1-40所示。使用操作键盘并结合显示屏可以进行数控系统的操作。

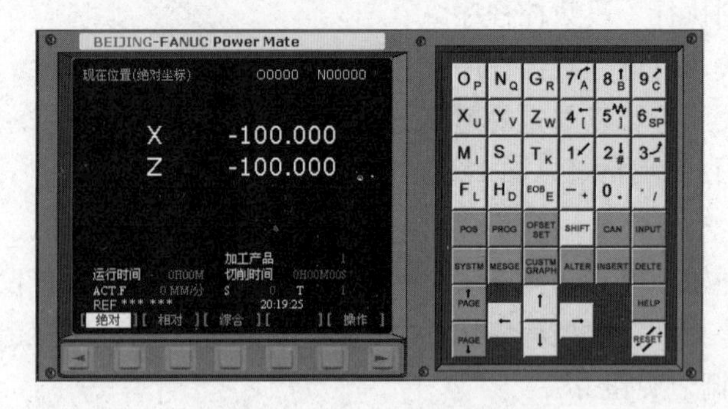


图1-40　数控系统操作区

1) 数字/字母键(见图 1-41)

例如，若要输入数字“7”，则单击 7A 按钮即可；若要输入字母“A”，则单击 SHIFT 按钮，然后单击 7A 按钮即可。

| 7A | 8B | 9C |
|---|---|---|
| 4[ | 5] | 6SP |
| 1, | 2# | 3= |
| -+ | 0. | ./ |

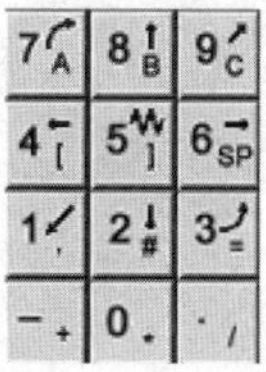

图 1-41　数字/字母键

2) 编辑键

ALTER：替代键，用输入域内的数据替代光标所在的数据。

INSRT：插入键，把输入域中的数据插入到当前光标之后的位置。

DELET：删除键，删除光标所在的数据；或者删除一个数控程序或者删除全部数控程序。

CAN：修改键，消除输入域内的数据。

EOB E：回车换行键，结束一行程序的输入并且换行。

3) 页面切换键

POS：位置显示页面。位置显示有 3 种方式，用 PAGE↑/PAGE↓(上下翻页)键选择。

PROG：数控程序显示与编辑页面。

OFSET SET：参数输入页面。按第一次进入坐标系设置页面，按第二次进入刀具补偿参数页面。进入不同的页面以后，用 PAGE↑/PAGE↓ 键切换。

4) 翻页键(PAGE)

↑PAGE：向上翻页。

PAGE↓：向下翻页。

5) 光标移动

←↑↓→：向上、下、左、右移动光标。

6) 输入键(INPUT)

INPUT：输入键，把输入域内的数据输入参数页面或者输入一个外部的数控程序。

## 1.6.3　数控车床仿真软件的基本操作

### 1．回参考点

(1) 将模式旋钮设在回参考点位置。

(2) 依次选择 +X 或 +Z，机床沿 *X*、*Z* 方向回参考点。

### 2．工件菜单

在如图 1-32 所示的界面中，单击纵向工具栏中的(工件大小设置)图标按钮，如图 1-42 所示。选择“工件大小”命令，则进入“设置毛坯尺寸”对话框，如图 1-43 所示。在“设置毛坯尺寸”对话框中，有 4 项功能。

图 1-42　工件大小设置

- 棒料或管料选择。
- 工件直径或长度尺寸定义。
- 夹具类型选择。
- 尾架及尾架半径定义。

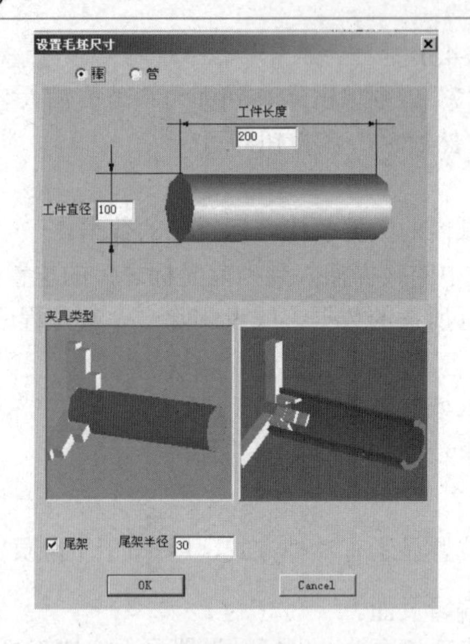


图 1-43 “设置毛坯尺寸”对话框

### 3．刀具原点设置

在图 1-32 所示界面中，单击纵向工具栏中的 (对刀)图标按钮，让刀具快速定位到工件上相关点的位置，如图 1-44 所示。

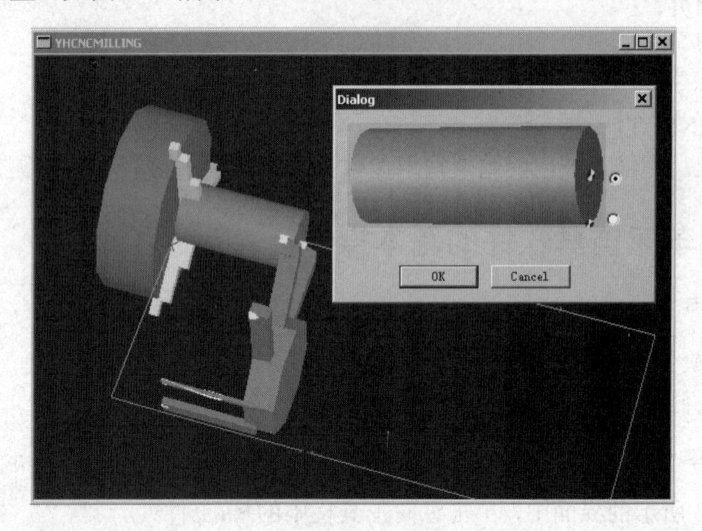


图 1-44 对刀

### 4．刀具设置

在图 1-32 所示界面中，单击纵向工具栏中的 (刀具库)图标按钮，弹出“添加刀具”对话框，则进入刀具设置状态，可从中进行刀具类型和刀片形状选择，如图 1-45 所示。

### 5．工件测量

在图 1-32 所示界面中，单击横向工具栏中的 (测量)图标按钮，则进入工件测量状态。

通过使用计算机键盘上的光标键以及单击各按钮，可以测量工件的尺寸及表面粗糙度，如图 1-46 所示。

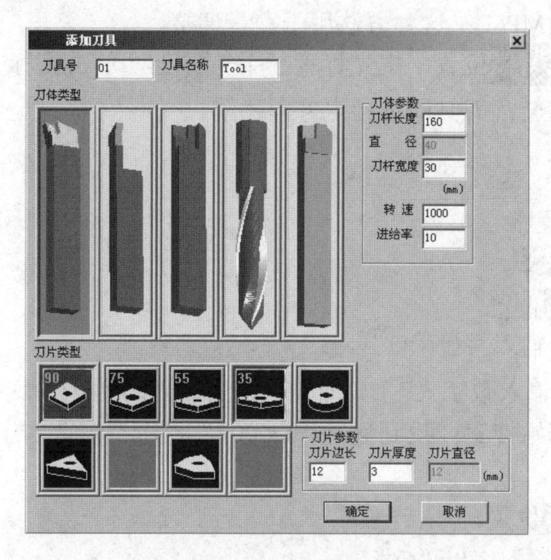


图 1-45　“添加刀具”对话框

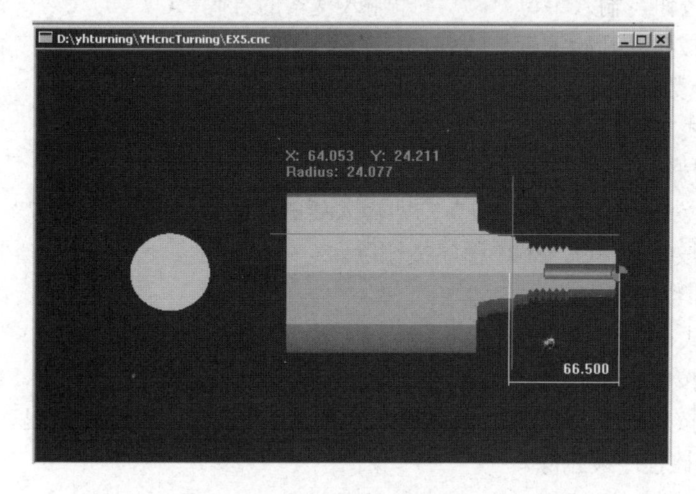


图 1-46　工件测量界面

## 6．移动

手动移动机床的方法有以下 3 种。

(1) 连续移动。这种方法用于较长距离的移动。

① 置模式旋钮在位置：。

② 单击按钮，按按钮，则刀具按指定方向移动，松开后停止运动。用旋钮可调节移动速度。

(2) 点动。这种方法用于微量调整，如用在对刀操作中。

① 置模式旋钮在位置：。

② 选择各轴，按按钮，每按一次，刀具移动一步。使用可调节每一步的移动距离。

(3) 操纵“手脉”(MPG)：这种方法用于微量调整。

置模式旋钮在位置，把光标置于手轮上，单击鼠标左键或右键，使手轮做顺时针或逆时针方向旋转，刀具即按指定方向移动。

**7．编辑数控程序**

1) 选择一个数控程序

有两种方法进行选择。

(1) 选择模式在位置。

① 单击按钮，输入字母“O”。

② 单击按钮，输入数字“7”，即输入搜索的号码“O7”。

③ 单击按钮开始搜索；找到后，“O0007”显示在屏幕右上角程序编号位置，NC程序显示在屏幕上。

(2) 选择模式在位置。

① 单击按钮，输入字母“O”。

② 单击按钮，输入字母“7”，即输入搜索的号码“O7”。

③ 单击按钮，开始搜索，“O0007”显示在屏幕右上角，NC程序显示在屏幕上。

2) 删除一个数控程序

(1) 选择模式在位置。

(2) 单击按钮，输入字母“O”。

(3) 单击按钮，输入数字“7”，即输入要删除的程序的号码“O7”。

(4) 单击按钮，“O7”NC程序被删除。

3) 删除全部数控程序

(1) 选择模式在位置。

(2) 单击按钮，输入“O9999”。

(3) 单击按钮，屏幕提示“此操作将删除所有登记程式，你确定吗？”，单击“是”按钮，则全部数控程序被删除。

4) 搜索一个指定的代码

一个指定的代码可以是一个字母或一个完整的代码，如“N0010”“M”“F”“G03”等。搜索在当前数控程序内进行。操作步骤如下。

在EDIT或MEM方式下，单击按钮，然后选择一个NC程序，输入需要搜索的字母或代码，单击按钮，在当前数控程序中搜索，光标停留在需搜索的字母或代码处。

5) 编辑NC程序(删除、插入、替换操作)

(1) 将模式选择旋钮旋至位置。

(2) 单击按钮。

(3) 输入被编辑的NC程序名，如“O7”，单击按钮即可编辑。

移动光标：

方法一：单击或按钮翻页，或单击或按钮移动光标。

方法二：用搜索一个指定代码方法移动光标。

输入数据：用光标单击数字/字母键，数据被输入到输入域。CAN按钮用于删除输入域内的数据。

6) 通过控制操作面板手工输入 NC 程序

(1) 将模式选择旋钮旋至位置。

(2) 单击PROG按钮，进入程序页面。

(3) 输入程序名，但不可以与已有程序名重复。

(4) 单击INSERT按钮，开始程序输入。

注意：每输完一段程序，单击EOB按钮，进行换行，再继续输入下一段程序。

7) 从外界导入 NC 程序

置模式开关在 EDIT 位置，单击PROG按钮，进入程序页面。输入一个新的程序名，单击INSRT按钮，进入程序输入界面。单击(打开)按钮，根据文档的路径打开文档。注意：文档的文件名后缀为.NC，文档保存类型为文本文档。

### 8．运行数控程序

1) 自动运行数控程序加工零件

(1) 置模式旋钮在位置。

(2) 选择一个数控程序。

(3) 单击数控程序运行控制开关中的按钮。

2) 试运行数控程序

试运行数控程序时，机床和刀具不切削零件，仅运行程序。

(1) 单击DRIVE按钮。

(2) 选择一个数控程序。

(3) 单击数控程序运行控制开关中的按钮。

3) 单步运行

(1) 单击SBK按钮。

(2) 数控程序运行过程中，每单击一次按钮执行一段数控程序。

### 9．工件坐标系设置

置开关在或方式，单击OFSET SET按钮，进入参数设定页面，单击“坐标系”对应的按钮，如图 1-47 所示。单击按钮，在“番号”为 00～06 之间切换，00～06 分别对应G54～G59。

### 10．输入刀具补偿参数

(1) 置模式开关在或方式。

(2) 单击OFSET SET按钮进入参数设定界面，单击“补正”对应的按钮，单击按钮选择补偿参数编号，输入补偿值到半径补偿 $R$ 中，如图 1-48 所示。

### 11．位置显示

单击POS按钮切换到位置显示界面，如图 1-49 所示。位置显示有 3 种方式，即绝对、相对、综合。

图 1-47　工件坐标系设置界面

图 1-48　刀具补偿几何参数

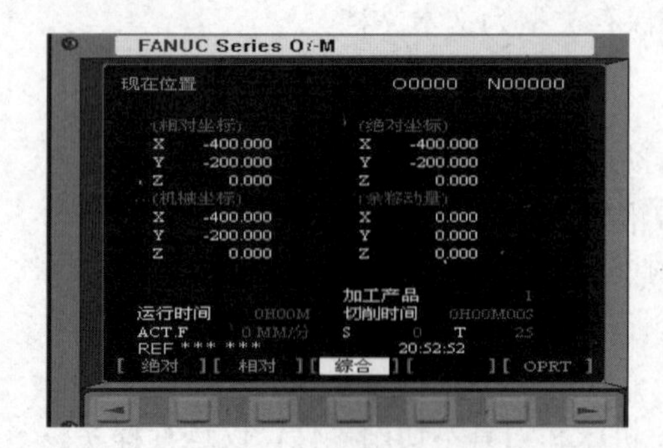


图 1-49　位置显示界面

1) 零件坐标系(绝对坐标系)位置

显示刀位点在当前零件坐标系中的位置。

2) 相对坐标系位置

显示操作者预先设定为零的相对位置。

3) 综合显示

同时显示当时刀位点在以下坐标系中的位置。

(1) 零件坐标系中的位置(ABSOLUTE)。

(2) 相对坐标系中的位置(RELATIVE)。

(3) 机床坐标系中的位置(MACHINE)。

12. MDI 手动数据输入

置模式开关在位置，单击PROG按钮，单击 MDI 对应的按钮，输入程序，单击INSERT按钮，再单击按钮即可。

## 1.6.4　数控车床仿真软件操作实例

本小节通过一个实例详细介绍数控车床的操作流程。

### 1. 编写数控加工程序

设毛坯是$\phi$44mm 的长棒料，要求编制出图 1-50 所示零件的数控加工程序。

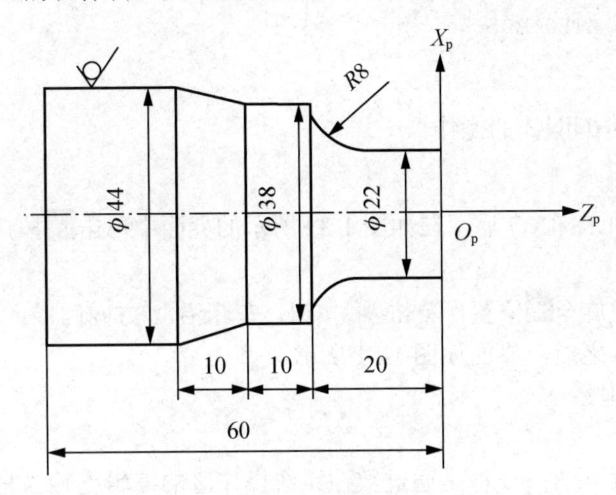


图 1-50　编程实例

1) 制定加工方案

(1) 车端面。

(2) 从右至左粗加工各面。

(3) 从右至左精加工各面。

(4) 切断。

2) 确定刀具

(1) 90° 外圆车刀 T1：用于粗、精车外圆。

(2) 切槽刀(3mm 宽)T2：用于切断。

3) 确定编程原点

设定编程原点在零件右端面中心处。

4) 编程

```
O5555
N001 G00 G97 G99 M03 S600;
N002 T0101;
N005 G00 X45 Z5;
N006 G71 U2 R1 ;
N007 G71 P008 Q012 U0.6 W0.3 F0.2 ;
N008 G00 X22;
N009 G01 W-17 ;
N010 G02 X38 W-8 R8 ;
N011 G01 W-10 ;
N012 X44 W-10 ;
N013 M03 S1000;
N014 G70 P008 Q012 F0.1 ;
N022 G00 X150;
N023 G00 Z150 T0202;
```

```
N024 G00 X45 Z-63;
N025 G01 X1 F0.1;
N026 G01 X45;
N027 G00 X150 Z150 M05;
N028 M30;
```

### 2. YHCNC-TURNING 的操作

1) 开机

进入 YHCNC-TURNING 后，在如图 1-32 所示的界面中单击按钮。

2) 回零

将模式选择旋钮旋至位置，单击按钮，车床沿 *X* 方向回零；单击按钮，车床沿 *Z* 方向回零。回零之后，界面如图 1-51 所示。

3) 编辑并调用程序

(1) 输入程序。

输入程序有两种方法：一种是通过数控系统操作区的编辑键输入程序；另一种是通过“写字板”或“记事本”输入程序。在此介绍第二种方法。

依次单击桌面上的“开始”→“程序”→“附件”→“记事本”或“写字板”菜单命令，在弹出的“记事本”中输入程序，如图 1-52 所示。

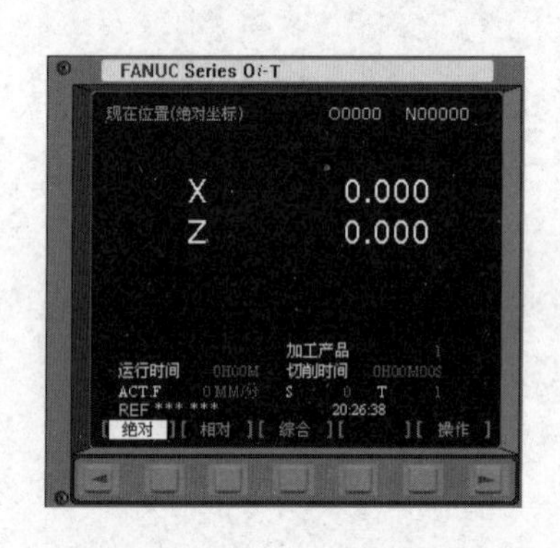


图 1-51 回零显示界面

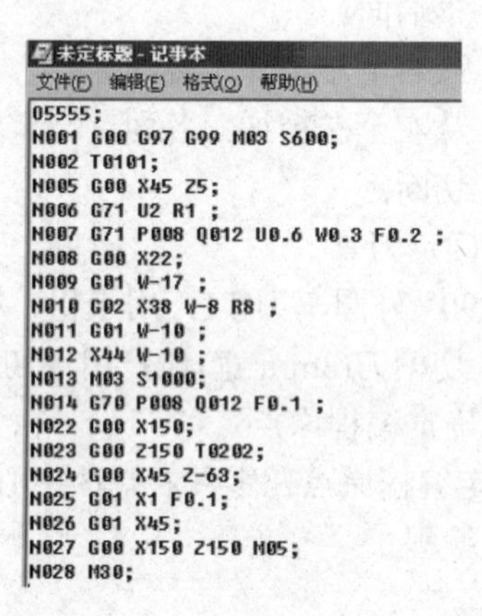
未定标题 - 记事本
文件(F) 编辑(E) 格式(O) 帮助(H)

```
O5555;
N001 G00 G97 G99 M03 S600;
N002 T0101;
N005 G00 X45 Z5;
N006 G71 U2 R1 ;
N007 G71 P008 Q012 U0.6 W0.3 F0.2 ;
N008 G00 X22;
N009 G01 W-17 ;
N010 G02 X38 W-8 R8 ;
N011 G01 W-10 ;
N012 X44 W-10 ;
N013 M03 S1000;
N014 G70 P008 Q012 F0.1 ;
N022 G00 X150;
N023 G00 Z150 T0202;
N024 G00 X45 Z-63;
N025 G01 X1 F0.1;
N026 G01 X45;
N027 G00 X150 Z150 M05;
N028 M30;
```

图 1-52 “记事本”界面

程序输入完成后，在“记事本”中选择“文件”→“保存”菜单命令。弹出图 1-53 所示对话框，将“保存类型”设置为“文本文档(*.txt)”，在“文件名”中输入“O5555.nc”，O5555 为文件名，由字母和数字组成，扩展名必须为“.nc”。

(2) 调用程序。

① 将模式选择旋钮旋至位置，按顺序依次单击 PROTECT、PROG 按钮，界面显示如图 1-54 所示。

② 在提示符“>”处输入程序号“O1234”，单击按钮，界面显示如图 1-55 所示。

③ 单击(打开)按钮，将“文件类型”改为“NC 代码文件(*.cnc;*.nc)”，如图 1-56 所示。在相应文件夹中找到 O5555.nc 文件，单击“打开”按钮，此时，程序被调入到数控系统中。

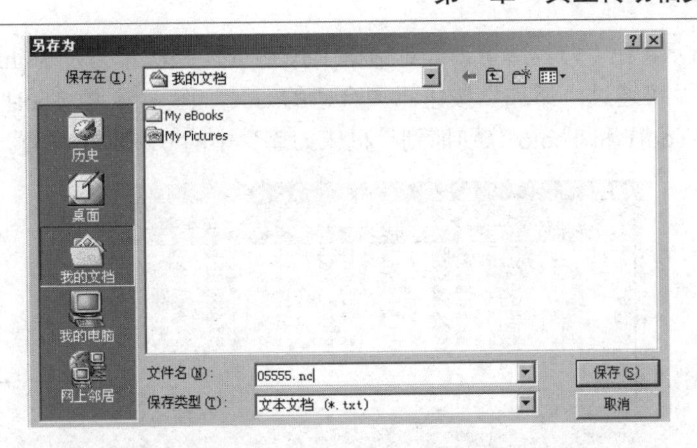


图 1-53　“另存为”对话框

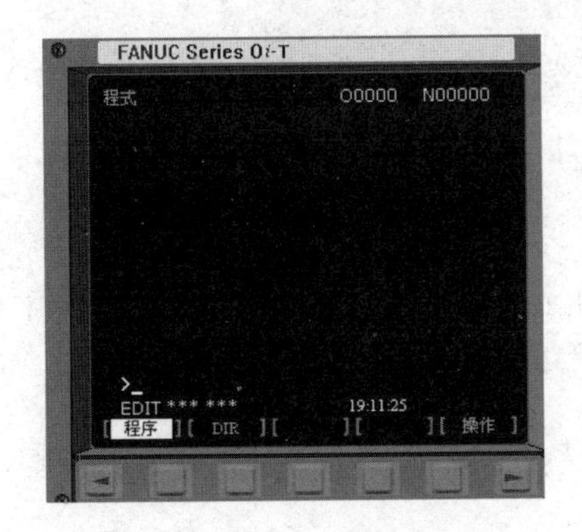


图 1-54　输入程序的界面

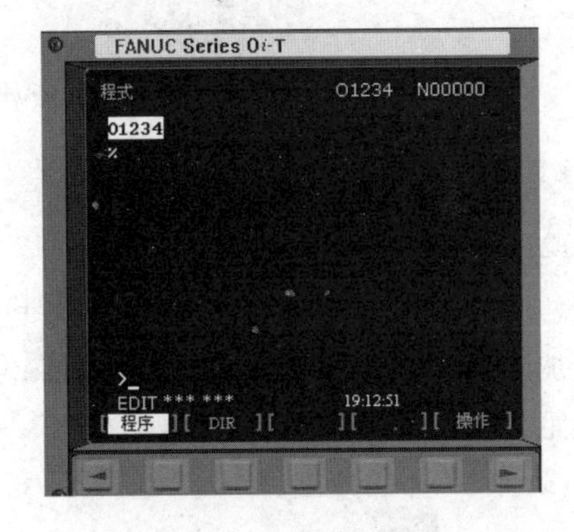


图 1-55　编辑程序的界面

4) 安装工件

单击按钮，选择“工件大小”命令，则进入设置毛坯尺寸界面。将“工件直径”改为 44，将“工件长度”改为 100，如图 1-57 所示，单击 OK 按钮即可。

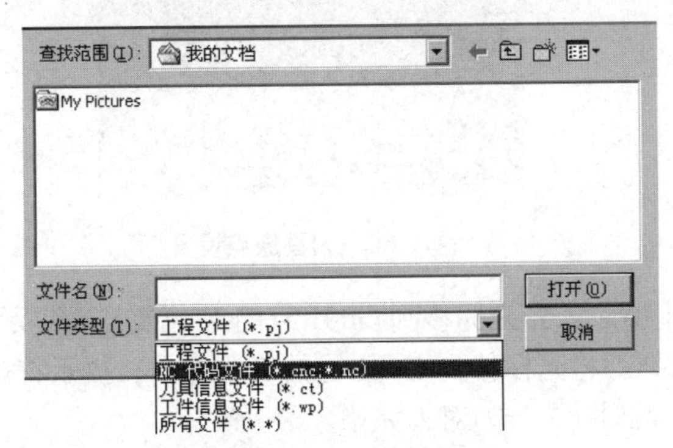


图 1-56　打开文件对话框

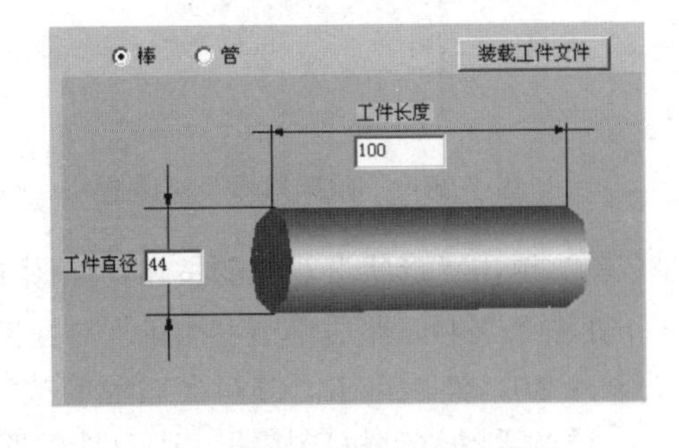


图 1-57　设置工件尺寸

5) 对刀

(1) 装刀。

该程序用了两把刀具，T1 为 90°外圆车刀，T2 为 3mm 宽的切槽刀。

如图 1-58 所示，在“刀具库管理”对话框中找到 90° 外圆车刀及 3mm 宽的切槽刀，若没有合适的刀具，可通过“添加”按钮添加合适的刀具。图 1-58 中 Tool1 和 Tool6 为该程序所需刀具。将 Tool1 和 Tool6 分别拖到“机床刀库”中的 01 和 02 位置，如图 1-59 所示。

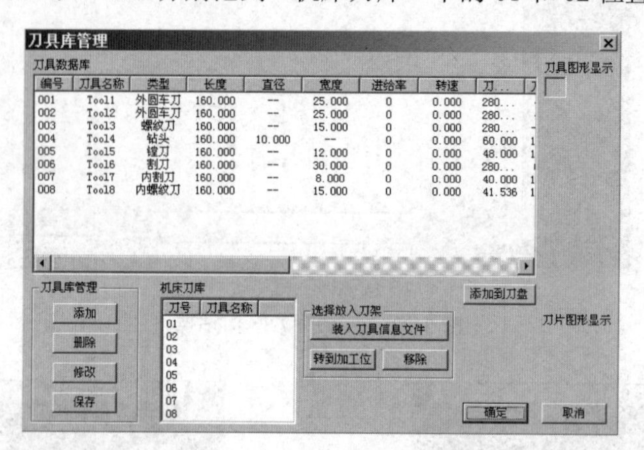


图 1-58 “刀具库管理”对话框

(2) 对刀。

在图 1-58 所示界面中，让光标选中 01 号刀，并单击“转到加工位”按钮，此时 1 号刀位于加工位。将模式选择旋钮旋至位置，单击按钮，界面显示如图 1-60 所示，单击“确定”按钮。

(3) 输入补偿数据。

① 单击按钮，然后单击“补正”对应的按钮，界面如图 1-61 所示，刀具磨损中 W001 号、W002 号中的 X、Z 均应为 0，若不为 0，应将其修改为 0。

图 1-59 “机床刀库”对话框

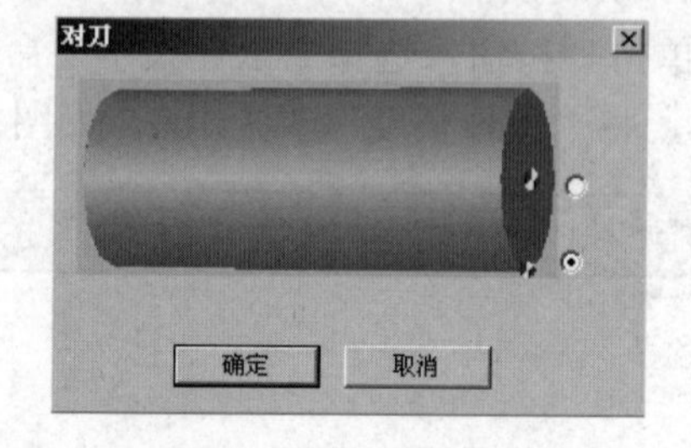


图 1-60 刀具原点设置

② 单击“形状”对应的按钮，如图 1-61 所示。将光标移到 G001 号的 X 位置，在提示符>处输入 X44，然后单击“测量”对应的按钮；将光标移到 G001 号的 Z 位置，在提示符>处输入 Z0，然后单击“测量”对应的按钮；此时，1 号刀对刀完毕。

通过手动移动机床按钮，让刀具远离工件。然后单击按钮，将 2 号刀位于加工位。

单击(对刀)按钮，界面如图 1-62 所示，单击“确定”按钮。

将光标移到 G002 号的 X 位置，在提示符>处输入 X44，然后单击“测量”对应的按钮；将光标移到 G002 号的 Z 位置，在提示符>处输入 Z0，然后单击“测量”对应的按钮；此时，2 号刀对刀完毕。

③ 让机床回零。

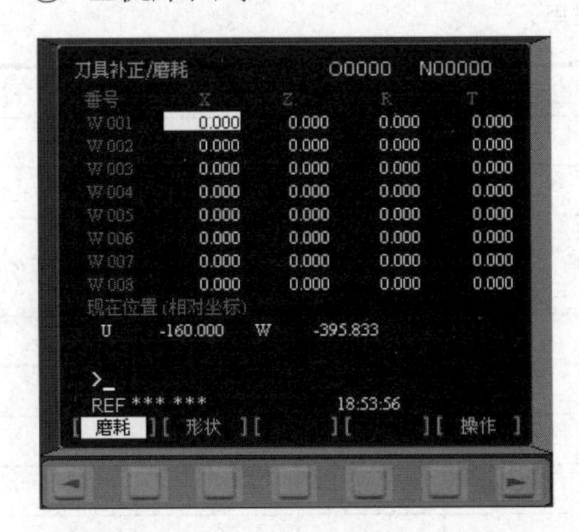


图 1-61　“刀具补正/磨耗”界面

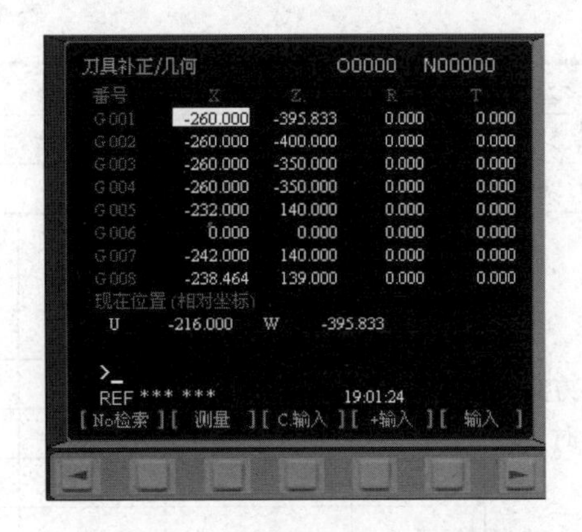


图 1-62　“刀具补正/几何”界面

6) 自动加工

将模式选择旋钮旋至位置，单击程序“运行开始”按钮，车床开始自动加工零件。

7) 测量工件

依次单击、按钮，对工件进行测量。

完成本章任务需填写的有关表格，如表 1-12～表 1-19 所示。

表 1-12　计划单

<table>
<tr><td>学习领域</td><td colspan="5">数控车床编程与零件加工</td></tr>
<tr><td>学习情境 1</td><td colspan="3">典型传动轴类零件的编程与加工</td><td>学时</td><td>24</td></tr>
<tr><td>计划方式</td><td colspan="5">小组讨论，学生计划，教师引导</td></tr>
<tr><td>序号</td><td colspan="4">实施步骤</td><td>使用资源</td></tr>
<tr><td></td><td colspan="4"></td><td></td></tr>
<tr><td></td><td colspan="4"></td><td></td></tr>
<tr><td></td><td colspan="4"></td><td></td></tr>
<tr><td></td><td colspan="4"></td><td></td></tr>
<tr><td></td><td colspan="4"></td><td></td></tr>
<tr><td></td><td colspan="4"></td><td></td></tr>
<tr><td>制订计划说明</td><td colspan="5"></td></tr>
<tr><td rowspan="3">计划评价</td><td>班级</td><td></td><td>第　组</td><td>组长签字</td><td></td></tr>
<tr><td>教师签字</td><td colspan="2"></td><td>日期</td><td></td></tr>
<tr><td colspan="5">评语：</td></tr>
</table>

表 1-13　决策单

| 学习领域 | 数控车床编程与零件加工 | | | | | | | |
|---|---|---|---|---|---|---|---|---|
| 学习情境 1 | 典型传动轴类零件的编程与加工 | | | | | 学时 | | 24 |
| 方案讨论 | | | | | | | | |
| 方案对比 | 组号 | 实现功能 | 方案可行性 | 方案合理性 | 实施难度 | 安全可靠性 | 经济性 | 综合评价 |
| | 1 | | | | | | | |
| | 2 | | | | | | | |
| | 3 | | | | | | | |
| | 4 | | | | | | | |
| | 5 | | | | | | | |
| | 6 | | | | | | | |
| 方案评价 | 评语： | | | | | | | |
| 班级 | | 组长签字 | | 教师签字 | | | 月　日 | |

表 1-14　材料、设备、工/量具清单

| 学习领域 | 数控车床编程与零件加工 | | | | | | |
|---|---|---|---|---|---|---|---|
| 学习情境 1 | 典型传动轴类零件的编程与加工 | | | | | 学时 | 24 |
| 类　型 | 序　号 | 名　称 | 作　用 | 数　量 | 型　号 | 使用前 | 使用后 |
| 所用设备 | 1 | 卧式数控车床 | 零件加工 | 6 | CK6140 | | |
| | 2 | 砂轮机 | 车刀刃磨 | 2 | SLJ50 | | |
| 所用材料 | 1 | 45 号钢 | 零件毛坯 | 6 | $\phi$40mm×100mm | | |
| 所用刀具 | 1 | 93° 外圆车刀 | 加工零件外形 | 6 | 20mm×20mm | | |
| | 2 | 切断刀 | 切断 | 6 | B4 | | |
| 所用量具 | 1 | 钢板尺 | 测量长度 | 6 | 150mm | | |
| | 2 | 游标卡尺 | 测量线性尺寸、轴径 | 6 | | | |
| | 3 | 外径千分尺 | 测量轴径 | 6 | | | |
| 附件 | 1 | $\delta$2、$\delta$1、$\delta$0.5、$\delta$0.2 系列垫刀片 | 调整刀具高度 | 各 6 片 | | | |
| 班级 | | | 第　组 | | 组长签字 | | |
| 教师签字 | | | | | 日期 | | |

表 1-15　实施单

| 学习领域 | 数控车床编程与零件加工 | | | |
|---|---|---|---|---|
| 学习情境 1 | 典型传动轴类零件的编程与加工 | | 学时 | 24 |
| 实施方式 | 学生自主学习，教师指导 | | | |
| 序　号 | 实施步骤 | 使用资源 | | |
| | | | | |
| | | | | |
| | | | | |
| | | | | |
| | | | | |
| | | | | |

实施说明：

| 班级 | | 第　组 | 组长签字 | |
|---|---|---|---|---|
| 教师签字 | | | 日期 | |

表 1-16　作业单

| 学习领域 | 数控车床编程与零件加工 | | | |
|---|---|---|---|---|
| 学习情境 1 | 典型传动轴类零件的编程与加工 | | 学时 | 24 |
| 作业方式 | 小组分析、个人解答，现场批阅，集体评判 | | | |
| 1 | 调用 G00、G01 指令进行如图 1-63 所示零件程序的编制，并在数控系统中进行校验。<br>要求：利用绝对坐标和增量坐标两种形式编程 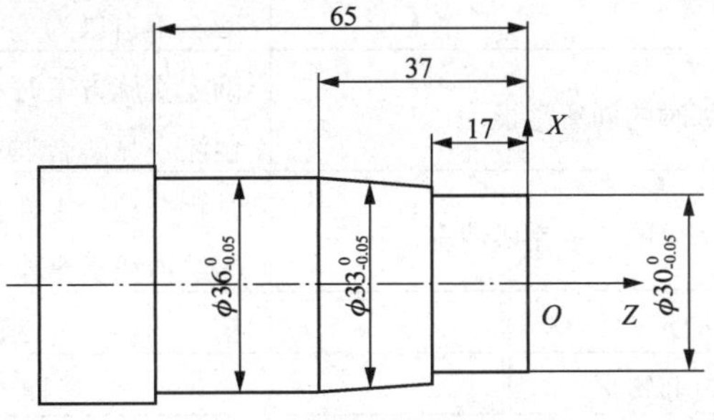<br>65　37　17　X<br>$\phi36^{0}_{-0.05}$　$\phi33^{0}_{-0.05}$　O　Z　$\phi30^{0}_{-0.05}$<br>图 1-63　加工图例 | | | |

作业解答：

| 作业评价 | 班级 | | 第　组 | 组长签字 | | |
|---|---|---|---|---|---|---|
| | 学号 | | 姓名 | | | |
| | 教师签字 | | 教师评分 | | 日期 | |
| | | | | | | |
| | | | | | | |
| | 评语： | | | | | |

表 1-17　检查单

| 学习领域 | 数控车床编程与零件加工 | | | |
|---|---|---|---|---|
| 学习情境1 | 典型传动轴类零件的编程与加工 | | 学时 | 24 |
| 序　号 | 检查项目 | 检查标准 | 学生自检 | 教师检查 |
| 1 | 典型传动轴加工的实施准备 | 准备充分、细致、周到 | | |
| 2 | 典型传动轴加工的计划实施步骤 | 实施步骤合理，有利于提高零件加工质量 | | |
| 3 | 典型传动轴加工的尺寸精度及表面粗糙度 | 符合图样要求 | | |
| 4 | 实施过程中工、量具摆放 | 定址摆放、整齐有序 | | |
| 5 | 实施前文具准备 | 学习所需文具准备齐全，不影响实施进度 | | |
| 6 | 教学过程中的课堂纪律 | 听课认真，遵守纪律，不迟到、不早退 | | |
| 7 | 实施过程中的工作态度 | 在工作过程中乐于参与，积极主动 | | |
| 8 | 上课出勤状况 | 出勤率达95%以上 | | |
| 9 | 安全意识 | 无安全事故发生 | | |
| 10 | 环保意识 | 垃圾分类处理，不对环境产生危害 | | |
| 11 | 合作精神 | 能够相互协作、相互帮助，不自以为是 | | |
| 12 | 实施计划时的创新意识 | 确定实施方案时不随波逐流，见解合理 | | |
| 13 | 实施结束后的任务完成情况 | 过程合理、工件合格，与组内成员合作良好 | | |

| 检查评价 | 班级 | | 第　组 | 组长签字 | |
|---|---|---|---|---|---|
| | 教师签字 | | 日期 | | |
| | 评语： | | | | |

表 1-18　评价单

| 学习领域 | 数控车床编程与零件加工 | | | | |
|---|---|---|---|---|---|
| 学习情境 1 | 典型传动轴类零件的编程与加工 | | | 学时 | 24 |
| 评价类别 | 项　目 | 子 项 目 | 个人评价 | 组内互评 | 教师评价 |
| 专业能力(60%) | 资讯(6%) | 搜集信息(3%) | | | |
| | | 引导问题回答(3%) | | | |
| | 计划(6%) | 计划可执行度(3%) | | | |
| | | 设备材料工、量具安排(3%) | | | |
| 专业能力(60%) | 实施(24%) | 工作步骤执行(6%) | | | |
| | | 功能实现(6%) | | | |
| | | 质量管理(3%) | | | |
| | | 安全保护(6%) | | | |
| | | 环境保护(3%) | | | |
| | 检查(4.8%) | 全面性、准确性(2.4%) | | | |
| | | 异常情况排除(2.4%) | | | |
| | 过程(3.6%) | 使用工具规范性(1.8%) | | | |
| | | 操作过程规范性(1.8%) | | | |
| | 结果(12%) | 结果质量(12%) | | | |
| | 作业(3.6%) | 完成质量(3.6%) | | | |
| 社会能力(20%) | 团结协作(10%) | 小组成员合作良好(5%) | | | |
| | | 对小组的贡献(5%) | | | |
| | 敬业精神(10%) | 学习纪律性(5%) | | | |
| | | 爱岗敬业、吃苦耐劳(5%) | | | |
| 方法能力(20%) | 计划能力(10%) | 考虑全面(5%) | | | |
| | | 细致有序(5%) | | | |
| | 决策能力(10%) | 决策果断(5%) | | | |
| | | 选择合理(5%) | | | |

| 评价评语 | 班级 | | 姓名 | | 学号 | | 总评 | |
|---|---|---|---|---|---|---|---|---|
| | 教师签字 | | 第　组 | 组长签字 | | | 日期 | |
| | 评语： | | | | | | | |

表 1-19　教学反馈单

| 学习领域 | 数控车床编程与零件加工 | | | | |
|---|---|---|---|---|---|
| 学习情境 1 | 典型传动轴类零件的编程与加工 | 学时 | 24 | | |
| 序　号 | 调查内容 | 是 | 否 | 理由陈述 | |
| 1 | 对任务书的了解是否深入、明了 | | | | |
| 2 | 是否清楚数控机床的类型以及数控机床加工特点 | | | | |
| 3 | 是否能熟练运用 G00、G01、G96、G97、G98、G99 及 M 辅助功能指令进行“典型传动轴加工”的编程 | | | | |
| 4 | 能否正确对刀 | | | | |
| 5 | 能否正确安排“典型传动轴加工”数控加工工艺 | | | | |
| 6 | 能否正确使用游标卡尺、外径千分尺并能正确读数 | | | | |
| 7 | 能否有效执行“6S”规范 | | | | |
| 8 | 小组间的交流与团结协作能力是否有所增强 | | | | |
| 9 | 同学的信息检索与自主学习能力是否有所增强 | | | | |
| 10 | 同学是否遵守规章制度 | | | | |
| 11 | 你对教师的指导满意吗 | | | | |
| 12 | 教学设备与仪器是否够用 | | | | |

你的意见对改进教学非常重要，请写出你的意见和建议

| 调查信息 | 被调查人签名 | | 调查时间 | |
|---|---|---|---|---|

# 第 2 章　成形面零件的编程与加工

本章的任务单、资讯单及信息单如表 2-1～表 2-3 所示。

表 2-1　任务单

<table>
<tr><td>学习领域</td><td colspan="3">数控车床编程与零件加工</td></tr>
<tr><td>学习情境 2</td><td>成形面零件的编程与加工</td><td>学时</td><td>16</td></tr>
<tr><td colspan="4">布置任务</td></tr>
<tr><td>学习目标</td><td colspan="3">(1) 学会利用准备功能指令 G02、G03、G71 进行成形面类零件加工程序的编制；<br>(2) 利用辅助功能指令 M03、M05、M30 进行成形面类零件加工程序的编制；<br>(3) 学会正确利用刀具半径补偿指令(G41、G42、G40)建立刀具补偿；<br>(4) 了解准备功能指令 G90、G94、G72、G73 的格式和作用；<br>(5) 正确理解成形面类零件加工走刀路线；<br>(6) 熟练掌握数控车床的对刀操作步骤；<br>(7) 能够根据成形面类零件的材料、形状及技术要求正确选择外圆车刀、端面车刀；<br>(8) 学会利用游标卡尺、专用量规正确检测成形面类零件外径尺寸、轴向尺寸及圆弧尺寸；<br>(9) 能够通过成形面类零件的安装掌握轴类零件的定位原则；<br>(10) 能够较熟练地进行数控车床的日常维护，记住维护要点；<br>(11) 在“成形面类零件加工”实操过程中进一步养成良好的职业习惯，树立安全生产的意识；<br>(12) 树立安全生产意识。<br>安全第一.mp4</td></tr>
<tr><td>任务描述</td><td colspan="3">1. 工作任务<br>完成如图 2-1 所示成形面类零件的加工<br>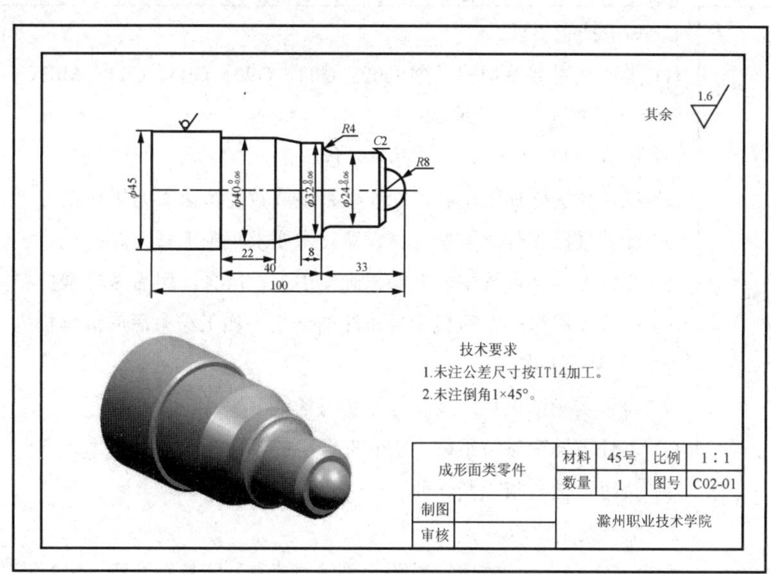
<br>图 2-1　成形面类零件</td></tr>
</table>

续表

<table>
<tr><td>任务描述</td><td colspan="6">2．完成主要工作任务<br>(1) 编制车削加工如图2-1所示成形面类零件的加工工艺；<br>(2) 进行如图2-1所示成形面类零件加工程序的编制；<br>(3) 完成成形面类零件车削加工</td></tr>
<tr><td>学时安排</td><td>资讯6学时</td><td>计划0.5学时</td><td>决策0.5学时</td><td>实施6学时</td><td>检查2学时</td><td>评价1学时</td></tr>
<tr><td>提供资料</td><td colspan="6">(1) 教材：余英良. 数控加工编程及操作. 北京：高等教育出版社，2005<br>(2) 教材：顾京. 数控加工编程及操作. 北京：高等教育出版社，2003<br>(3) 教材：宋放之. 数控工艺员培训教程. 北京：清华大学出版社，2003<br>(4) 教材：田萍. 数控加工工艺. 北京：高等教育出版社，2003<br>(5) 教材：唐应谦. 数控加工工艺学. 北京：劳动保障出版社，2000<br>(6) 教材：张信群. 公差配合与互换性技术. 北京：北京航空航天大学出版社，2006<br>(7) 教材：许德珠. 机械工程材料. 北京：高等教育出版社，2001<br>(8) 教材：吴桓文. 机械加工工艺基础. 北京：高等教育出版社，2005<br>(9) 教材：卢斌. 数控机床及其使用维修. 北京：机械工业出版社，2001<br>(10) GSK 980TDb车床CNC使用手册，2010<br>(11) FANUC数控系统车床编程手册，2005<br>(12) SINUMERIK 802D 操作编程——车床，2005<br>(13) CK6140型数控车床使用说明书，2010<br>(14) 中国模具网　http://www.mould.net.cn/<br>(15) 国际模具网　http://www.2mould.com/<br>(16) 数控在线　http://www.cncol.com.cn/Index.html<br>(17) 中国金属加工网　http://www.mw35.com/<br>(18) 中国机床网　http://www.jichuang.net/</td></tr>
<tr><td>对学生的要求</td><td colspan="6">1．知识技能要求<br>(1) 学会利用准备功能指令G02、G03、G90、G94、G71、M03、M05、M30进行成形面类零件加工程序的编制；<br>(2) 了解G72、G73指令的基本功能；<br>(3) 在任务实施加工阶段，能够熟练完成数控车床对刀操作；<br>(4) 能够根据零件的类型、材料及技术要求正确选择刀具；<br>(5) 在任务实施过程中，能够正确使用工、量具，用后做好维护和保养工作；<br>(6) 每天使用机床前对机床导轨注油一次，加工结束后应清理机床，做好机床使用基本维护和保养工作；<br>(7) 每天实操结束后，及时打扫实习场地卫生；<br>(8) 本任务结束时每组需上交6件合格的零件；<br>(9) 按时、按要求上交作业<br>2．生产安全要求<br>严格遵守安全操作规程，绝不允许违规操作。应特别注意：加工零件、刀具要夹紧可靠，夹紧工件后要立即取下夹盘扳手</td></tr>
</table>

续表

| | |
|---|---|
| 对学生的要求 | 3．职业行为要求<br>(1) 文具准备齐全；<br>(2) 工、量具摆放整齐；<br>(3) 着装整齐；<br>(4) 遵守课堂纪律；<br>(5) 具有团队合作精神 |

表 2-2　资讯单

| 学习领域 | 数控车床编程与零件加工 | | |
|---|---|---|---|
| 学习情境 2 | 成形面零件的编程与加工 | 学时 | 16 |
| 资讯方式 | 学生自主学习、教师引导 | | |
| 资讯问题 | (1) 准备功能指令 G02、G03、G90、G94、G71、G72、G73、G70 的作用及编程格式是什么？<br>(2) 刀具半径补偿指令(G41、G42、G40)格式、作用及如何正确使用刀具半径补偿？<br>(3) 如何利用循环指令加工图 2-1 所示成形面类零件？<br>(4) 怎样正确安排成形面类零件加工走刀路线？<br>(5) 材料 45 号钢调质处理切削加工时刀具材料的正确选择？<br>(6) 根据零件的类型、材料及技术要求如何正确选择刀具类型？<br>(7) 圆弧检测专用量具的精度是多少、如何正确使用？<br>(8) 工作准备充分有何必要性？<br>(9) 维护文件规定数控车床日常维护要点有哪些？<br>(10) 操作数控机床要树立哪些安全生产的意识？<br>(11) 在学生的学习训练中，沟通能力、合作精神能发挥怎样的重要作用？ | | |
| 资讯引导 | (1) 数控车床对刀过程参阅《GSK 980TDb 车床 CNC 使用手册》；<br>(2) 准备功能指令 G02、G03、G90、G94、G71、G72、G73、G70 的作用及编程格式，刀具半径补偿指令(G41、G42、G40)格式、作用参阅教材《数控加工编程及操作》(余英良主编，北京：高等教育出版社，2005)；<br>(3) 加工轴类零件的走刀路线、切削参数选取、刀具选择参阅教材《数控加工工艺》(田萍主编. 北京：电子工业出版社，2005)；<br>(4) 加工成形面零件所用刀具的选择参阅教材《机械加工手册》(北京：机械工业出版社，2006)；<br>(5) 圆弧专用量规的正确使用方法，对加工零件圆弧尺寸、形状进行正确检测参阅《圆弧专用量具使用说明书》；<br>(6) 数控车床的使用与维护参阅教材《数控机床及其使用维修》(卢斌主编. 北京：机械工业出版社，2001) | | |

表 2-3 信息单

| 学习领域 | 数控车床编程与零件加工 | | |
|---|---|---|---|
| 学习情境 2 | 成形面零件的编程与加工 | 学时 | 16 |
| 信息内容 | | | |

# 任务 2.1 简单成形面类零件的加工

在 GSK 980TDb 数控车床上加工如图 2-2 所示的零件，毛坯为$\phi$40mm 棒料。要求：车端面，精车外圆，切断。

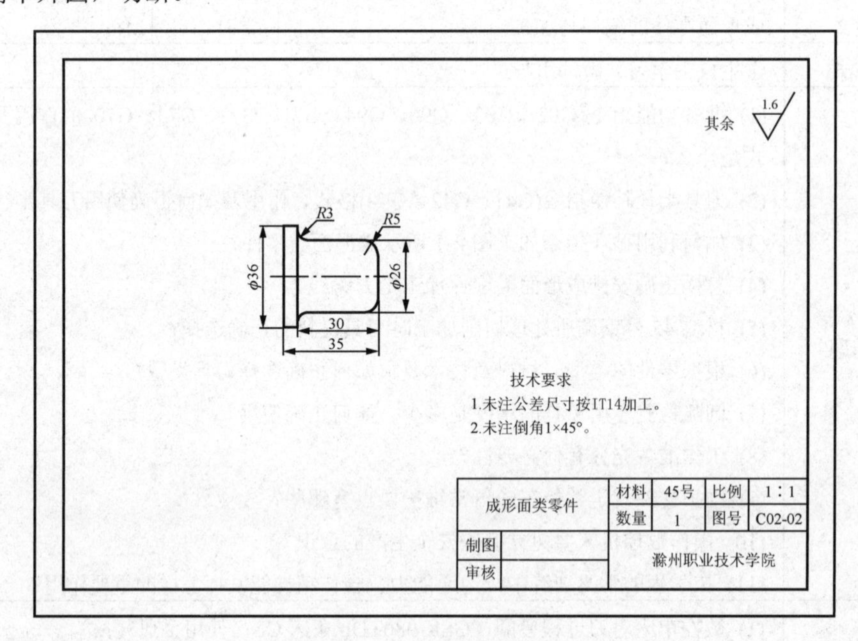


图 2-2 简单成形面类零件

### 1．根据零件图确定工件的装夹方式及加工工艺路线

以轴心线为工艺基准，用三爪自定心卡盘一次装夹完成加工，并取零件右端面中心为工件坐标系零点。其工艺路线如下。

(1) 车端面。

(2) 粗车外圆。

(3) 精车外圆。

(4) 切断。

### 2．刀具选择

(1) 90° 外圆车刀(用 T0101 指令)，车端面，粗加工外圆柱面。

(2) 35° 外圆车刀(用 T0202 指令)，精车外圆。

(3) 切断刀(用 T0303 指令)：宽度为 4mm。

### 3．切削用量确定

切削用量参见表 2-4 所列的数据。

表 2-4　切削用量表

| 加工内容 | 主轴转速 *S*/(r/min) | 进给速度 *F*/(mm/r) |
|---|---|---|
| 车端面 | 500 | 0.15 |
| 粗车外圆 | 500 | 0.15 |
| 精车外圆 | 800 | 0.08 |
| 切断 | 300 | 0.05 |

## 2.1.1　圆弧插补指令(G02、G03)

功能：使刀具从圆弧起点，按照给定的进给速率，沿圆弧移动到圆弧终点。其中，G02 为顺时针圆弧插补，G03 为逆时针圆弧插补。

圆弧的顺、逆方向的判断：沿与圆弧所在平面(如 *XOZ*)相垂直的另一坐标轴的正方向(如+*Y*)看去，顺时针方向为 G02，逆时针方向为 G03。图 2-3 所示为数控车床上圆弧的顺、逆方向。

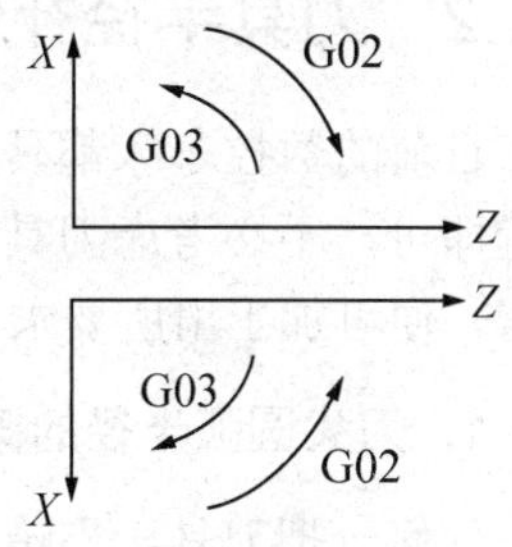


图 2-3　圆弧的顺、逆方向

圆弧加工编程(内嵌).mp4

格式：G02(G03)　X(U)__ Z(W)__ I__ K__ F__

或　　　G02(G03)　X(U)__ Z(W)__ R__ F__

说明：

(1) *X*(*U*)、*Z*(*W*)是圆弧终点坐标。

(2) *I*、*K* 分别是圆心相对圆弧起点的增量坐标，注意 *I* 为半径值编程。

(3) *R* 是圆弧半径，在数控车床编程中不带正负号。

(4) *F* 是进给速度。

**例 2-1**　顺时针方向圆弧插补，如图 2-4 所示。

(1) 绝对坐标方式。

```
G02 X64.5 Z-18.4 I15.7 K-2.5 F0.2;
或G02 X64.5 Z-18.4 R15.9 F0.2;
```

(2) 增量坐标方式。

```
G02 U32.3 W-18.4 I15.7 K-2.5 F0.2;
或G02 U32.3 W-18.4 R15.9 F0.2;
```

**例 2-2**　逆时针方向圆弧插补，如图 2-5 所示。

(1) 绝对坐标方式。

```
G03 X64.6 Z-18.4 I0 K-18.4 F0.2;
或G03 X64.6 Z-18.4 R18.4 F0.2;
```

(2) 增量坐标方式。

```
G03 U36.8 W-18.4 I0 K-18.4 F0.2;
或G03 U36.8 W-18.4 R18.4 F0.2;
```

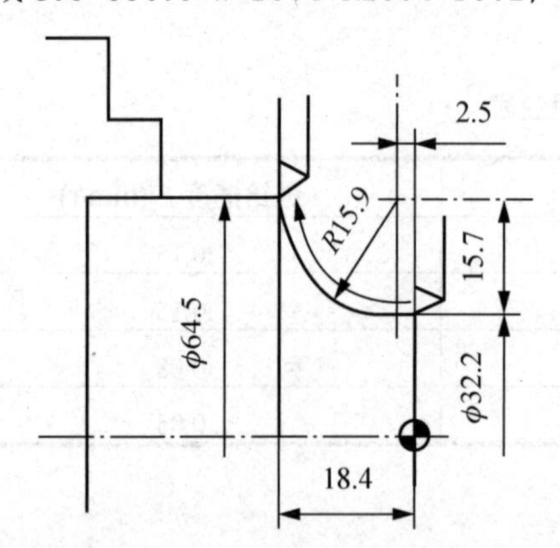


图 2-4 执行 G02 指令顺时针方向圆弧插补

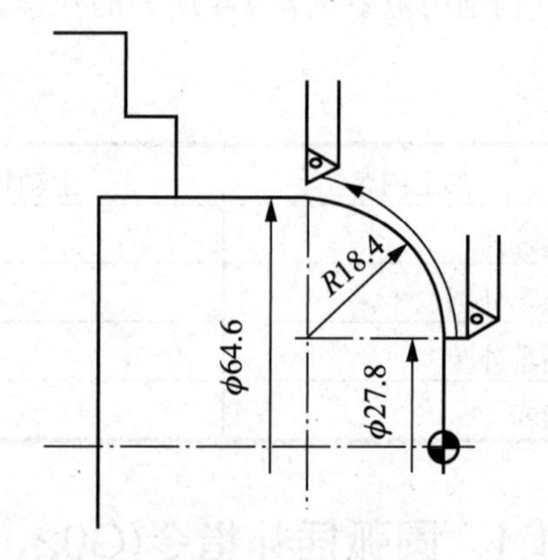


图 2-5 执行 G03 指令逆时针方向圆弧插补

## 2.1.2 刀具半径补偿指令(G41、G42、G40)

目前的数控车床都具备刀具半径自动补偿功能。编程时，只需按工件的实际轮廓尺寸编程即可，不必考虑刀具的刀尖圆弧半径的大小。加工时由数控系统将刀尖圆弧半径加以补偿，便可加工出所要求的工件。

### 1. 刀尖圆弧半径的概念

任何一把刀具，不论制造或刃磨得如何锋利，在其刀尖部分都存在一个刀尖圆弧，它的半径值是个难以准确测量的值。编程时，若以假想刀尖位置为切削点，则编程很简单。但任何刀具都存在刀尖圆弧，当车削外圆柱面或端面时，刀尖圆弧的大小并不起作用，但当车倒角、锥面、圆弧或曲面时，就将影响零件的加工精度，图 2-6 所示为以假想刀尖位置编程时的过切削及欠切削现象。

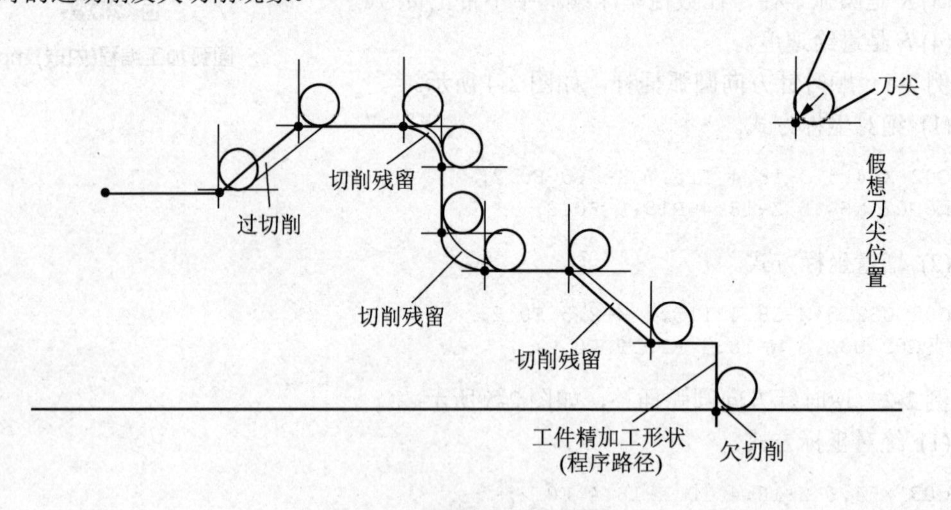


图 2-6 过切削及欠切削现象

编程时若以刀尖圆弧中心编程，可避免过切削和欠切削现象，但计算刀位点比较麻烦，并且如果刀尖圆弧半径值发生变化，还需改动程序。

数控系统的刀具半径补偿功能正是为解决这个问题所设定的。它允许编程者以假想刀尖位置编程，然后给出刀尖圆弧半径，由系统自动计算补偿值，生成刀具路径，完成对工件的合理加工。

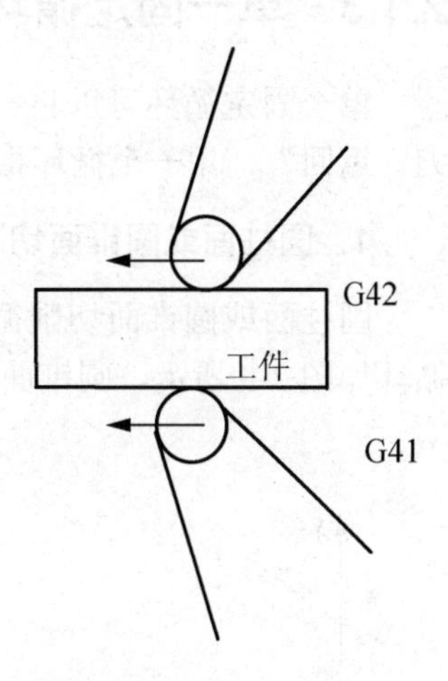


图 2-7　G41、G42 指令

### 2. 刀具半径补偿指令

指令：G41、G42、G40。

功能：G41 是刀具半径左补偿指令；G42 是刀具半径右补偿指令；G40 是取消刀具半径补偿指令。

图 2-7 表示了根据刀具与工件的相对位置及刀具的运动方向如何选用 G41 或 G42 指令。沿前进方向看上去，刀具在轮廓的左边即用 G41 指令，刀具在轮廓的右边即用 G42 指令。

格式：

| G41<br>G42<br>G40 | G01<br>G00 | X(U)__ Z(W)__ |
|---|---|---|

说明：

(1) 建立刀具半径补偿时，G41、G42、G40 必须与 G01 或 G00 指令连用，如果和 G02、G03 连用系统要报警。

(2) *X*(*U*)、*Z*(*W*)是 G01、G00 运动的目标点坐标。

注意：G41、G42 只能预读两段程序。

### 3. 刀具半径补偿量的设定

刀具半径补偿量可以通过数控系统的刀具补偿设定界面设定。T 指令要与刀具补偿编号相对应，并且要输入假想刀尖号。假想刀尖号是对不同形式刀具的一种编码，如图 2-8(a)所示，常用车刀的假想刀尖号如图 2-8(b)所示。

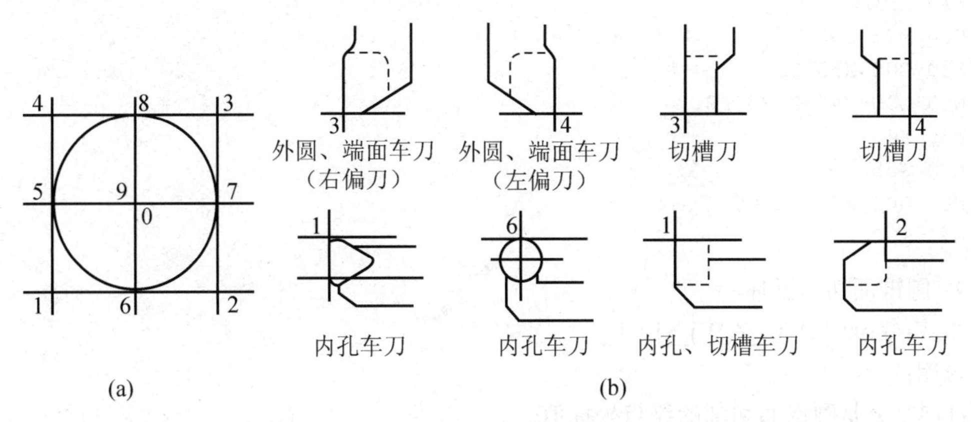


图 2-8　常用车刀的假想刀尖号

## 2.1.3 单一固定循环

单一固定循环可以将一系列连续加工动作，如“切入—切削—退刀—返回”，用一个循环指令完成，从而简化程序。

单一固定循环 G90、G94(内嵌).mp4

### 1. 圆柱面或圆锥面切削循环

圆柱面或圆锥面切削循环是一种单一固定循环，圆柱面单一固定循环如图 2-9 所示，圆锥面单一固定循环如图 2-10 所示。

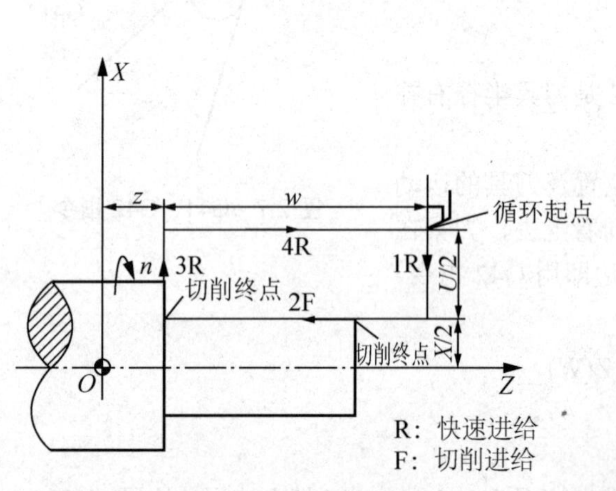


图 2-9 圆柱面切削循环

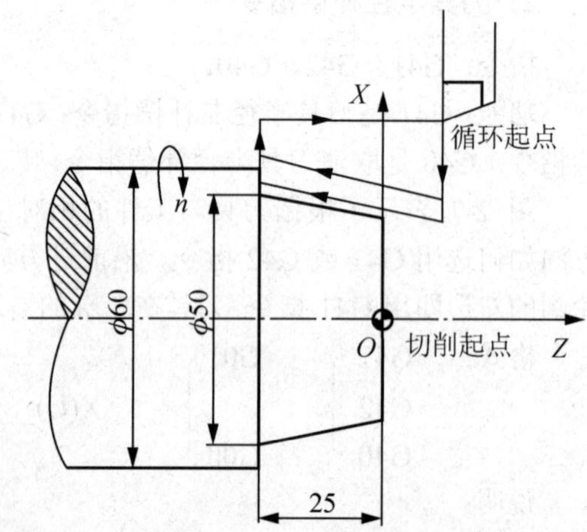


图 2-10 圆锥面切削循环

1) 圆柱面切削循环

格式：G90 X(U)__Z(W)__F__

说明：

(1) $X$、$Z$ 是圆柱面切削的终点坐标值。

(2) $U$、$W$ 是圆柱面切削的终点相对于循环起点坐标增量。

**例 2-3** 应用圆柱面切削循环功能加工如图 2-11 所示的零件。

```
N10  T0101
N20 M03 S500
N30 G00 X55 Z2
N50 G90 X45 Z-25 F0.2
N60 X40
N70 X35
N80 G00 X200 Z200
N90 M30
```

2) 圆锥面切削循环

格式：G90 X(U)__Z(W)__I__F__

说明：

(1) $X$、$Z$ 是圆锥面切削的终点坐标值。

(2) $U$、$W$ 是圆锥面切削的终点相对于循环起点的坐标。

(3) $I$ 是圆锥面切削的起点相对于终点的半径差。当切削起点的 $X$ 向坐标小于终点的 $X$ 向坐标时 $I$ 值为负；反之为正，如图 2-10 所示。

2．端面切削循环

端面切削循环是一种单一固定循环，适用于端面切削加工，如图 2-12 所示。

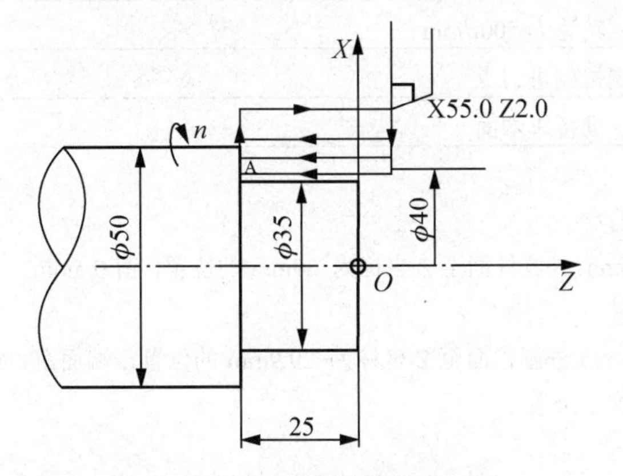


图 2-11　圆柱面切削循环功能

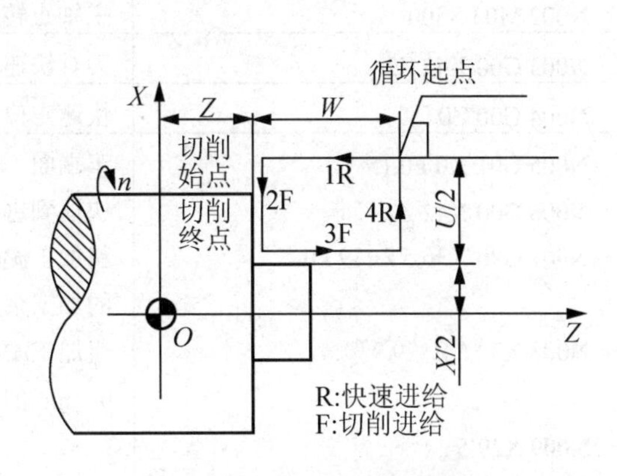


图 2-12　平面端面切削循环

1) 平面端面切削循环

格式：G94 X(U)__Z(W)__F__

说明：

(1) $X$、$Z$ 是端面切削的终点坐标值。

(2) $U$、$W$ 是端面切削的终点相对于循环起点的坐标增量。

2) 锥面端面切削循环

格式：G94 X(U)__Z(W)__K__F__

说明：

(1) $X$、$Z$ 是端面切削的终点坐标值。

(2) $U$、$W$ 是端面切削的终点相对于循环起点的坐标。

(3) $K$ 是端面切削的起点相对于终点在 $Z$ 轴方向的坐标分量。当起点 $Z$ 向坐标小于终点 $Z$ 向坐标时 $K$ 为负；反之为正，如图 2-13 所示。

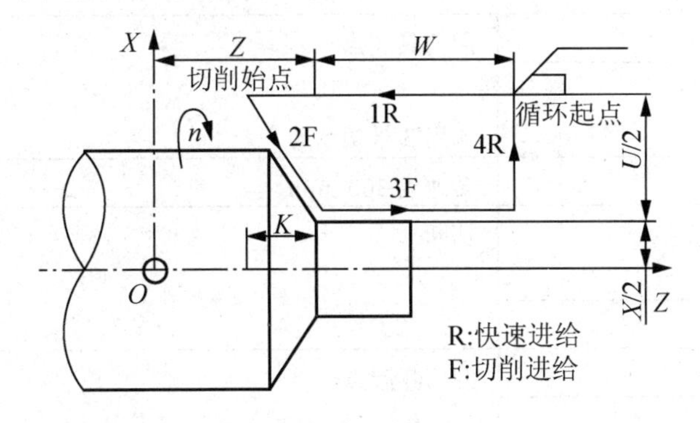


图 2-13　锥面端面切削循环

简单成形面类零件的编程如表 2-5 所示。

表 2-5　简单成形面类零件的编程

| 程　　序 | 说　　明 |
| --- | --- |
| O202 | 程序名 |
| N001 T0101 | 调用 1 号外圆刀 |
| N002 M03 S500 | 主轴正转，转速为 500r/min |
| N003 G00 X42 Z2 | 刀具快速定位到进刀点 |
| N004 G00 Z0 | 快速定位，准备车端面 |
| N005 G01 X0 F0.15<br>N006 G00 X42 Z2<br>N007 G90 X36.5 Z-39 F0.2<br>N008 X32.5 Z-29.9<br>N009 X29.5<br>N010 X26.5 | 车端面<br>快退到进刀点<br>粗加工$\phi$36mm 外圆柱面至 *Z* 坐标为-39mm 的位置，留 0.5mm 的加工余量<br>粗加工$\phi$26mm 外圆柱面至 *Z* 坐标为-29.9mm 的位置，端面留 0.1mm 的加工余量<br>三刀完成$\phi$26mm 外圆粗加工，留 0.5mm 的加工余量 |
| N011 G00 X150<br>Z150 | 回刀具换刀点<br>可以省略程序段号 |
| N012 T0202<br>N013 S800 M03 | 调用 2 号外圆刀<br>精加工主轴转速为 800r/min |
| N014 G00 X42 Z2.0<br>N015 G42 X16.0 | 刀具快速定位到进刀点<br>快进至 *X*16mm 的位置 |
| N016 G01 Z0 F0.1 | 精车外圆 |
| N017 G03 X26 Z-5 R5 | |
| N018 G01 Z-27 | |
| N019 G02 X32 Z-30 R3<br>N020 G01 X34<br>N021 G01 X36 Z-31 | |
| N022 G01 Z-39 | |
| N023 G00 G40 X150 | 回刀具起点 |
| N024 Z150<br>N025 T0303 | 调用 3 号切断刀 |
| N026 S300 M03 | 转速为 300r/min |
| N027 G00 Z-39<br>N028 G00 X41 | 切断 |
| N029 G01 X1 F0.05 | |
| N030 G00 X150 | 回刀具起点 |
| N031 Z150 | |
| N032 M05 | 主轴停转 |
| N033 M30 | 程序结束 |

# 任务 2.2　复杂成形面类零件的加工

加工如图 2-1 所示的形状略微复杂的成形面零件，粗加工用 G00、G01 或 G90 编程较为不便，用复合循环指令进行粗、精加工更加方便、快捷。

## 1. 外圆、内孔粗车复合循环指令(G71)

该指令适用于用圆柱棒料粗车阶梯轴的外圆或内孔需切除较多余量时的情况。

格式：

G71 U(Δd) R(e)

G71 P(ns)Q(nf)U(Δu)W(Δw)F(Δf)S(Δs) T(Δt)

G71 循环指令使用.mp4

说明：

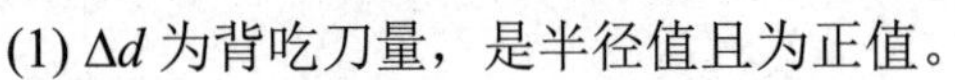

(1) Δ*d* 为背吃刀量，是半径值且为正值。

(2) *e* 为退刀量。

(3) ns 为精车开始程序段的程序段号。

(4) nf 为精车结束程序段的程序段号。

(5) Δ*u* 为 *X* 轴方向精加工余量，是直径值。

(6) Δ*w* 为 *Z* 轴方向精加工余量。

(7) Δ*f* 为粗车时的进给量。

(8) Δ*s* 为粗车时的主轴速度。

(9) Δ*t* 为粗车时的刀具。

(10) 在 G71 循环中，顺序号 ns～nf 之间程序段中的 F、S、T 功能都无效。但是在 G70 循环中 F、S、T 功能有效。

G71 指令的刀具循环路径如图 2-14 所示。在使用 G71 指令时，CNC 装置会自动计算出粗车的加工路径控制刀具完成粗车，且最后会沿着粗车轮廓 *A'B'*车削一刀，再退回至循环起点 *C* 完成粗车循环。

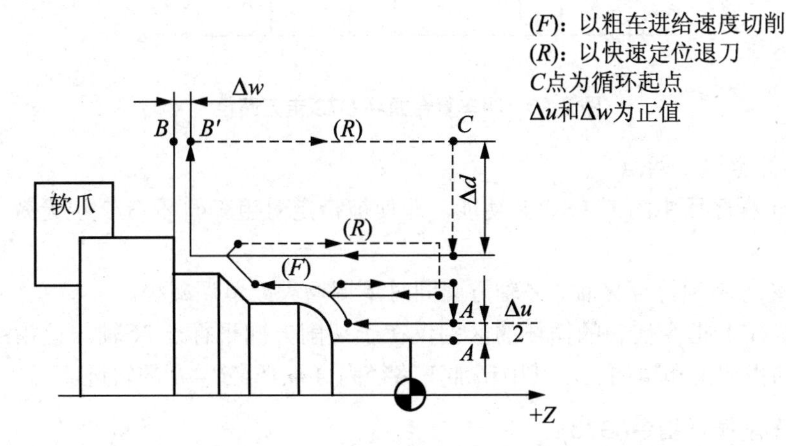


图 2-14　粗车复合循环 G71 走刀路径

使用 G71 指令应注意以下几点。

(1) 由循环起点 $C$ 到 $A$ 点只能用 G00 或 G01 指令，且不可有 $Z$ 轴方向移动指令。

(2) 车削的路径必须是单调增大或减小，即不可有内凹的轮廓外形。

(3) 当使用 G71 指令粗车内孔轮廓时，须注意$\Delta u$为负值。

**2．端面粗切循环指令(G72)**

端面粗切循环是一种复合固定循环。端面粗切循环适于 $Z$ 向余量小、$X$ 向余量大的棒料粗加工，如图 2-15 所示。

格式：

G72 W(Δd) R(e)

G72 P(ns) Q(nf) U(Δu) W(Δw) F(Δf) S(Δs) (Δt)

说明：

(1) $\Delta d$ 为背吃刀量。

(2) $e$ 为退刀量。

(3) ns 为精加工轮廓程序段中开始程序段的段号。

(4) nf 为精加工轮廓程序段中结束程序段的段号。

(5) $\Delta u$ 为 $X$ 轴向精加工余量。

(6) $\Delta w$ 为 $Z$ 轴向精加工余量。

(7) $\Delta f$、$\Delta s$、$\Delta t$ 的含义和粗车复合循环指令(G71)相同。

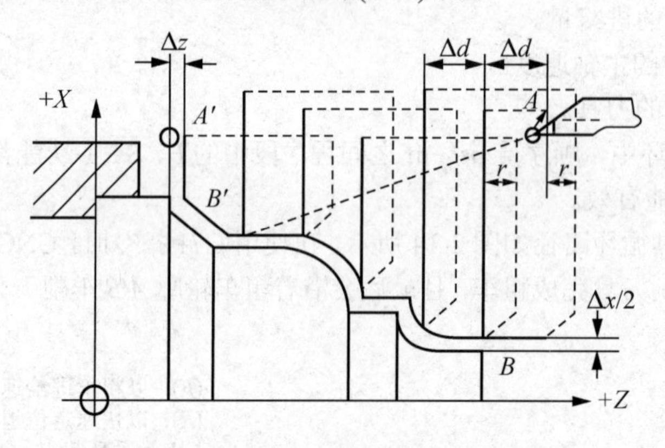


图 2-15　粗车复合循环 G72 走刀路径

编程时需注意以下两点。

(1) ns→nf 程序段中的 F、S、T 功能，即使被指定对粗车循环 G72 也无效，但在 G70 循环中有效。

(2) 零件轮廓必须符合 $X$ 轴、$Z$ 轴方向同时单调增大或单调减少。

该循环与 G71 指令代表的循环的区别仅在于切削方向平行于 X 轴。该指令执行，如图 2-14 所示的粗加工和精加工，其中精加工路径为 $A \to A' \to B' \to B$ 的轨迹。

**3．成形车削循环指令(G73)**

该指令只需指定精加工路线，系统会自动给出粗加工路线，适于车削铸造、锻造类毛坯或半成品，如图 2-16 所示。

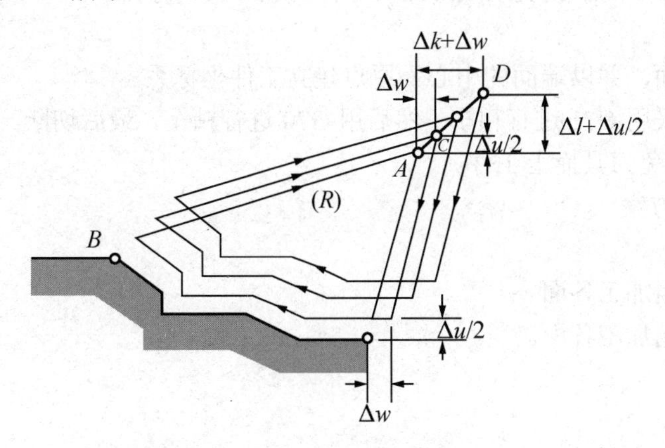


图 2-16　外圆封闭切削循环加工路线

格式：

G73 U(Δi) W(Δk) R(d)

G73 P(ns) Q(nf) U(Δu) W(Δw) F__ S__ T__

G73 循环指令的使用.mp4

说明：

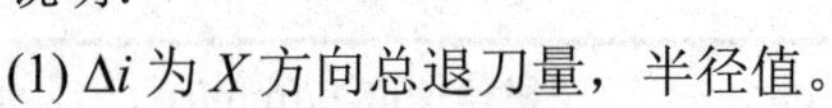

(1) $\Delta i$ 为 $X$ 方向总退刀量，半径值。

(2) $\Delta k$ 为 $Z$ 方向总退刀量。

(3) $d$ 为循环次数。

(4) ns 为指定精加工路线的第一个程序段的段号。

(5) nf 为指定精加工路线的最后一个程序段的段号。

(6) $\Delta u$ 为 $X$ 方向上的精加工余量，直径值。

(7) $\Delta w$ 为 $Z$ 方向上的精加工余量。

(8) 粗车过程中从程序段号 ns～nf 之间的任何 F、S、T 功能均被忽略，只有 G73 指令中指定的 F、S、T 功能有效。

#### 4．精加工循环指令(G70)

格式：G70 P(ns)Q(nf)

说明：

(1) ns 为精车开始程序段号。

(2) nf 为精车结束程序段号。

使用 G70 时应注意下列事项。

(1) 精车过程中的 F、S、T 在程序段号 ns～nf 间指定。

(2) 在 ns～nf 间精车的程序段中，不能调用子程序。

(3) 必须先使用 G71、G72 或 G73 指令后，才可使用 G70 指令。

(4) 精车时的 S 也可以在 G70 指令前换精车刀时同时指定。

(5) 在车削循环期间，刀尖半径补偿功能有效。

**例 2-4** 对图 2-1 所示较复杂成形面类零件的加工案例分析。

(1) 工艺分析。

① 先车出端面，并以端面的中心为原点建立工件坐标系。

② 该零件可采用 G71 进行粗车，然后用 G70 进行精车，最后切断。注意：退刀时先 $X$ 方向后 $Z$ 方向，以免刀具撞上工件。

(2) 确定工艺方案。

① 车端面。

② 从右至左粗加工各面。

③ 从右至左精加工各面。

④ 切断。

(3) 选择刀具。

① 外圆刀(用 T0101 指令)：车端面，粗车加工。

② 外圆刀(用 T0101 指令)：精车加工。

③ 切断刀(用 T0202 指令)：宽度为 4 mm，切断。

切削用量的确定，参见表 2-6 所列数据。

表 2-6 切削用量表

| 加工内容 | 主轴转速 $S$/(r/min) | 进给速度 $F$/(mm/r) |
|---|---|---|
| 粗车外圆 | 500 | 0.15 |
| 精车外圆 | 800 | 0.08 |
| 切断 | 300 | 0.05 |

### 5. 程序的编制

加工、模拟过程见学习情境 1。程序如表 2-7 所示。

表 2-7 程序编制

| 程　序 | 说　明 |
|---|---|
| O201 | 程序名 |
| N001 T0101 | 调用 1 号外圆刀 |
| N002 M03 S500 | 主轴正转，转速为 500r/min |
| N003 G00 X47 Z2 | 刀具快速定位到进刀点 |
| N004 G71 U1.5 R0.5 | 从右至左粗加工各面 |
| N005 G71 P6 Q15 U0.5 W0.1 F0.15 | 粗加工径向余量 0.5mm，轴向余量 0.1mm |
| N006 G00 G42 X0 S800 | 精加工循环起始程序段，精加工主轴转速为 800r/min |
| N007 G01 Z0 F0.08 | 精加工进给速度为 0.08mm/r |
| N008 G03 X16 Z-8 R8 | |
| N009 G01 X19.97 | |
| N010 X23.97 Z-10 | |
| N011 Z-29 | |

续表

| 程　　序 | 说　　明 |
|---|---|
| N012 G02 X31.97 Z-33 R4<br>N013 G01 W-8 | |
| N014 X39.97 Z-51<br>Z-73<br>N015 G40 X45 | |
| N016 G70 P6 Q15 | 精车外圆 |
| N017 G00 X150 | |
| N018 G00 Z150<br>T0202 | 回刀具换刀点 |
| N019 S300 M03 | 转速为 300r/min |
| N027 G00 Z-104<br>N028 G00 X46 | 切断 |
| N029 G01 X1 F0.05 | |
| N030 G00 X150 | 回刀具换刀点 |
| N031 Z150 | |
| N032 M05 | 主轴停转 |
| N033 M30 | 程序结束 |

完成本章任务需填制的有关表格见表 2-8～表 2-15。

表 2-8　计划单

| 学习领域 | 数控车床编程与零件加工 | | | | |
|---|---|---|---|---|---|
| 学习情境 2 | 成形面零件的编程与加工 | | | 学时 | 16 |
| 计划方式 | 小组讨论，学生计划，教师引导 | | | | |
| 序　号 | 实施步骤 | | | | 使用资源 |
| | | | | | |
| | | | | | |
| | | | | | |
| | | | | | |
| | | | | | |
| | | | | | |
| 制订计划说明 | | | | | |
| 计划评价 | 班级 | | 第　组 | 组长签字 | |
| | 教师签字 | | | 日期 | |
| | 评语： | | | | |

表2-9 决策单

| 学习领域 | 数控车床编程与零件加工 | | | | | | | |
|---|---|---|---|---|---|---|---|---|
| 学习情境2 | 成形面零件的编程与加工 | | | | | 学时 | 16 | |
| 方案讨论 | | | | | | | | |
| 方案对比 | 组号 | 实现功能 | 方案可行性 | 方案合理性 | 实施难度 | 安全可靠性 | 经济性 | 综合评价 |
| | 1 | | | | | | | |
| | 2 | | | | | | | |
| | 3 | | | | | | | |
| | 4 | | | | | | | |
| | 5 | | | | | | | |
| | 6 | | | | | | | |
| 方案评价 | 评语: | | | | | | | |
| 班级 | | 组长签字 | | 教师签字 | | | 月 日 | |

表2-10 材料、设备、工/量具清单

| 学习领域 | 数控车床编程与零件加工 | | | | | | |
|---|---|---|---|---|---|---|---|
| 学习情境2 | 成形面零件的编程与加工 | | | | | 学时 | 16 |
| 类 型 | 序 号 | 名 称 | 作 用 | 数 量 | 型 号 | 使用前 | 使用后 |
| 所用设备 | 1 | 卧式数控车床 | 零件加工 | 6 | CK6140 | | |
| | 2 | 砂轮机 | 车刀刃磨 | 2 | SLJ50 | | |
| 所用材料 | 1 | 45号钢 | 零件毛坯 | 6 | $\phi$45mm×110mm | | |
| 所用刀具 | 1 | 90°外圆车刀 | 加工零件外形 | 6 | 20mm×20mm | | |
| | 2 | 切断刀 | 切断 | 6 | B4 | | |
| 所用量具 | 1 | 钢板尺 | 测量长度 | 6 | 150mm | | |
| | 2 | 游标卡尺 | 测量线性尺寸、轴径 | 6 | 150mm | | |
| | 3 | 外径千分尺 | 测量轴径 | 6 | 25～40mm | | |
| | 4 | 圆弧检测专用量具 | 测量圆弧尺寸、形状 | 6 | $R$2mm～$R$40mm | | |
| 附件 | 1 | $\delta$2、$\delta$1、$\delta$0.5、$\delta$0.2系列垫刀片 | 调整刀具高度 | 各6片 | | | |
| 班级 | | | 第 组 | | 组长签字 | | |
| 教师签字 | | | | | 日期 | | |

表 2-11　实施单

| 学习领域 | 数控车床编程与零件加工 | | |
|---|---|---|---|
| 学习情境 2 | 成形面零件的编程与加工 | 学时 | 16 |
| 实施方式 | 学生自主学习，教师指导 | | |

| 序　号 | 实施步骤 | 使用资源 |
|---|---|---|
| | | |
| | | |
| | | |
| | | |
| | | |
| | | |

实施说明：

| 班级 | | 第　组 | 组长签字 | |
|---|---|---|---|---|
| 教师签字 | | | 日期 | |

表 2-12　作业单

| 学习领域 | 数控车床编程与零件加工 | | |
|---|---|---|---|
| 学习情境 2 | 成形面零件的编程与加工 | 学时 | 16 |
| 作业方式 | 小组分析、个人解答，现场批阅，集体评判 | | |

作业解答：利用 G71、G70 指令进行如图 2-17 所示零件的程序编制，并在数控系统中进行校验

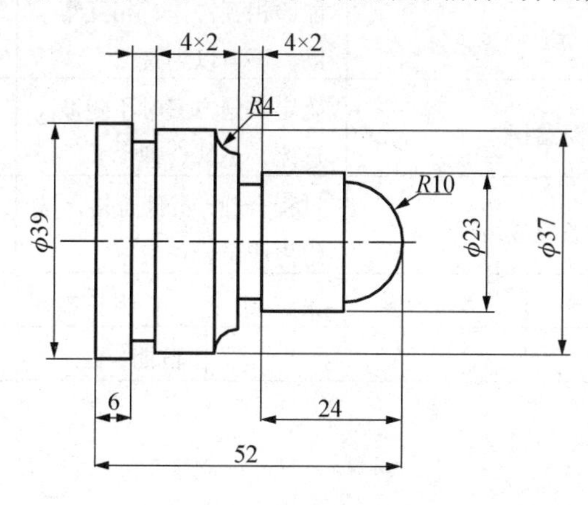


图 2-17　零件尺寸

| 作业评价 | 班级 | | 第　组 | 组长签字 | | |
|---|---|---|---|---|---|---|
| | 学号 | | 姓名 | | | |
| | 教师签字 | | 教师评分 | | 日期 | |
| | 评语： | | | | | |

表 2-13 检查单

| 学习领域 | 数控车床编程与零件加工 | | | |
|---|---|---|---|---|
| 学习情境 2 | 成形面零件的编程与加工 | | 学时 | 16 |
| 序 号 | 检查项目 | 检查标准 | 学生自检 | 教师检查 |
| 1 | 成形面类零件加工的实施准备 | 准备充分、细致、周到 | | |
| 2 | 成形面类零件加工的计划实施步骤 | 实施步骤合理，有利于提高零件加工质量 | | |
| 3 | 成形面类零件尺寸精度及表面粗糙度 | 符合图样要求 | | |
| 4 | 实施过程中工、量具摆放 | 定址摆放、整齐有序 | | |
| 5 | 实施前文具准备 | 学习所需文具准备齐全，不影响实施进度 | | |
| 6 | 教学过程中的课堂纪律 | 听课认真，遵守纪律，不迟到、不早退 | | |
| 7 | 实施过程中的工作态度 | 在工作过程中乐于参与，积极主动 | | |
| 8 | 上课出勤状况 | 出勤率达 95%以上 | | |
| 9 | 安全意识 | 无安全事故发生 | | |
| 10 | 环保意识 | 垃圾分类处理，不对环境产生危害 | | |
| 11 | 合作精神 | 能够相互协作、相互帮助，不自以为是 | | |
| 12 | 实施计划时的创新意识 | 确定实施方案时不随波逐流，见解合理 | | |
| 13 | 实施结束后的任务完成情况 | 过程合理、工件合格，与组内成员合作良好 | | |

| 检查评价 | 班级 | | 第 组 | 组长签字 | |
|---|---|---|---|---|---|
| | 教师签字 | | 日期 | | |
| | 评语： | | | | |

表 2-14　评价单

| 学习领域 | 数控车床编程与零件加工 | | | | |
| --- | --- | --- | --- | --- | --- |
| 学习情境 2 | 成形面零件的编程与加工 | | | 学时 | 24 |
| 评价类别 | 项　目 | 子项目 | 个人评价 | 组内互评 | 教师评价 |
| 专业能力(60%) | 资讯(6%) | 搜集信息(3%) | | | |
| | | 引导问题回答(3%) | | | |
| | 计划(6%) | 计划可执行度(3%) | | | |
| | | 设备材料工、量具安排 | | | |
| | 实施(24%) | 工作步骤执行(6%) | | | |
| | | 功能实现(6%) | | | |
| | | 质量管理(3%) | | | |
| | | 安全保护(6%) | | | |
| | | 环境保护(3%) | | | |
| | 检查(4.8%) | 全面性、准确性(2.4%) | | | |
| | | 异常情况排除(2.4%) | | | |
| | 过程(3.6%) | 使用工具规范性(1.8%) | | | |
| | | 操作过程规范性(1.8%) | | | |
| | 结果(12%) | 结果质量(12%) | | | |
| | 作业(3.6%) | 完成质量(3.6%) | | | |
| 社会能力(20%) | 团结协作(10%) | 小组成员合作良好(5%) | | | |
| | | 对小组的贡献(5%) | | | |
| | 敬业精神(10%) | 学习纪律性(5%) | | | |
| | | 爱岗敬业、吃苦耐劳(5%) | | | |
| 方法能力(20%) | 计划能力(10%) | 考虑全面(5%) | | | |
| | | 细致有序(5%) | | | |
| | 决策能力(10%) | 决策果断(5%) | | | |
| | | 选择合理(5%) | | | |

| 评价评语 | 班级 | | 姓名 | | 学号 | | 总评 | |
| --- | --- | --- | --- | --- | --- | --- | --- | --- |
| | 教师签字 | | 第　组 | 组长签字 | | | 日期 | |
| | 评语： | | | | | | | |

表2-15　教学反馈单

| 学习领域 | 数控车床编程与零件加工 | | | |
|---|---|---|---|---|
| 学习情境2 | 成形面零件的编程与加工 | 学时 | 24 | |
| 序号 | 调查内容 | 是 | 否 | 理由陈述 |
| 1 | 对任务书的了解是否深入、明了 | | | |
| 2 | 是否能熟练运用G02、G03、G71、G41、G42、G40及M辅助功能指令进行“成形面类零件加工”的加工编程 | | | |
| 3 | 能否正确对刀 | | | |
| 4 | 能否正确安排“成形面类零件加工”数控加工工艺 | | | |
| 5 | 能否了解圆弧专用量规的正确使用方法 | | | |
| 6 | 在加工实施过程中，是否能根据维修文件熟练进行机床的简单维护 | | | |
| 7 | 小组间的交流与团结协作能力是否有所增强 | | | |
| 8 | 同学的信息检索与自主学习能力是否有所增强 | | | |
| 9 | 同学是否遵守规章制度 | | | |
| 10 | 你对教师的指导满意吗 | | | |
| 11 | 在“成形面类零件”实施结束，所采用的评价方式是否科学合理 | | | |
| 12 | 教学设备与仪器是否够用 | | | |

你的意见对改进教学非常重要，请写出你的意见和建议

| 调查信息 | 被调查人签名 | | 调查时间 | |
|---|---|---|---|---|

# 第 3 章　带螺纹的轴类零件和轴套类零件的编程与加工

与任务 3.1 有关的任务单、资讯单及信息单如表 3-1～表 3-3 所示。

表 3-1　任务单

| 学习领域 | 数控车床编程与零件加工 | | |
|---|---|---|---|
| 学习情境 3 | 带螺纹的轴类零件的编程与加工 | 学时 | 12 |
| 布置任务 | | | |
| 学习目标 | (1) 学会利用准备功能指令 G32、G92、G76 进行螺纹加工程序的编制；<br>(2) 利用辅助功能指令 M03、M05、M30 进行螺纹加工程序的编制；<br>(3) 能够正确理解螺纹加工时升、降频距离，正确安排螺纹加工走刀路线；<br>(4) 了解准备功能指令 G90、G94、G72、G73 的格式和作用；<br>(5) 能够根据螺纹的尺寸正确选择切削用量，合理安排切削次数及加工余量；<br>(6) 掌握数控车床加工螺纹的对刀操作步骤；<br>(7) 能够根据加工带螺纹零件的材料、形状及技术要求正确选择外圆车刀、端面车刀和螺纹刀；<br>(8) 学会利用游标卡尺、螺纹专用量规正确检测带螺纹类零件外径尺寸、轴向尺寸及螺纹尺寸；<br>(9) 能够通过带螺纹类零件的安装掌握轴类零件的定位原则；<br>(10) 能够较熟练地进行数控车床的日常维护，记住维护要点；<br>(11) 在“螺纹加工”实操过程中进一步养成良好的职业习惯，树立安全生产的意识；<br>(12) 培养学生守正创新精神。<br>创新精神.mp4 | | |
| 任务描述 | 1. 工作任务<br>完成图 3-1 所示带螺纹的轴类零件的加工 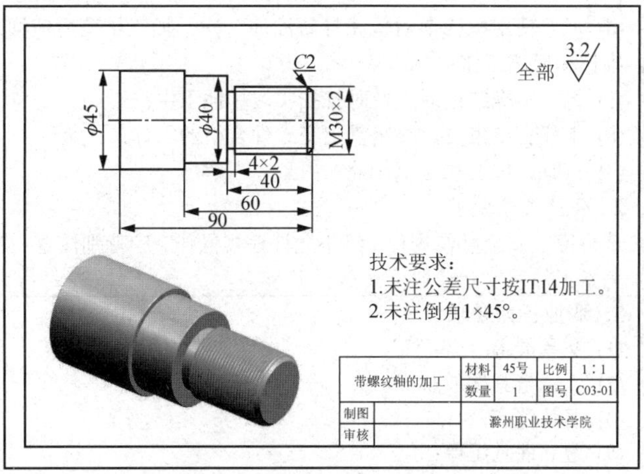<br>全部 3.2<br>技术要求：<br>1.未注公差尺寸按IT14加工。<br>2.未注倒角1×45°。<br>带螺纹轴的加工 材料 45号 比例 1∶1 数量 1 图号 C03-01<br>制图 审核 滁州职业技术学院<br>图 3-1　带螺纹的轴类零件 | | |

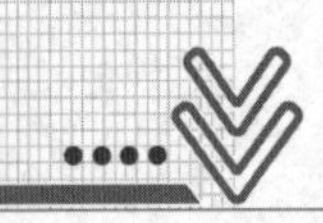



续表

<table>
<tr><td>任务描述</td><td colspan="6">2. 完成主要工作任务<br>(1) 编制车削加工如图 3-1 所示带螺纹的轴类零件的加工工艺；<br>(2) 进行如图 3-1 所示带螺纹的轴类零件加工程序的编制；<br>(3) 完成带螺纹的轴类零件车削加工</td></tr>
<tr><td>学时安排</td><td>资讯 4 学时</td><td>计划0.5 学时</td><td>决策 0.5 学时</td><td>实施 4 学时</td><td>检查 2 学时</td><td>评价 1 学时</td></tr>
<tr><td>提供资料</td><td colspan="6">(1) 教材：余英良. 数控加工编程及操作. 北京：高等教育出版社，2005<br>(2) 教材：顾京. 数控加工编程及操作. 北京：高等教育出版社，2003<br>(3) 教材：宋放之. 数控工艺员培训教程. 北京：清华大学出版社，2003<br>(4) 教材：田萍. 数控加工工艺. 北京：高等教育出版社，2003<br>(5) 教材：唐应谦. 数控加工工艺学. 北京：劳动保障出版社，2000<br>(6) 教材：张信群. 公差配合与互换性技术. 北京：北京航空航天大学出版社，2006<br>(7) 教材：许德珠. 机械工程材料. 北京：高等教育出版社，2001<br>(8) 教材：吴桓文. 机械加工工艺基础. 北京：高等教育出版社，2005<br>(9) 教材：卢斌. 数控机床及其使用维修. 北京：机械工业出版社，2001<br>(10) GSK 980TDb 车床 CNC 使用手册，2010<br>(11) FANUC 数控系统车床编程手册，2005<br>(12) SINUMERIK 802D 操作编程——车床，2005<br>(13) CK6140 型数控车床使用说明书，2010<br>(14) 中国模具网　http://www.mould.net.cn/<br>(15) 国际模具网　http://www.2mould.com/<br>(16) 数控在线　http://www.cncol.com.cn/Index.html<br>(17) 中国金属加工网　http://www.mw35.com/<br>(18) 中国机床网　http://www.jichuang.net/</td></tr>
<tr><td>对学生的要求</td><td colspan="6">1. 知识技能要求<br>(1) 学会利用准备功能指令 G32、G92、M03、M05、M30 进行带螺纹的轴类零件加工程序的编制；<br>(2) 了解 G76 的基本功能；<br>(3) 任务实施加工阶段，能够熟练完成数控车床对刀操作；<br>(4) 能够根据零件的类型、材料及技术要求正确选择刀具；<br>(5) 在任务实施过程中，能够正确使用工、量具，用后做好维护和保养工作；<br>(6) 每天使用机床前对机床导轨注油一次，加工结束后应清理机床，做好机床使用基本维护和保养工作；<br>(7) 每天实操结束后，及时打扫实习场地卫生；<br>(8) 本任务结束时，每组需上交 6 件合格的零件；<br>(9) 按时、按要求上交作业<br>2. 生产安全要求<br>严格遵守安全操作规程，绝不允许违规操作。应特别注意：加工零件、刀具要夹紧可靠，夹紧工件后要立即取下夹盘扳手</td></tr>
<tr><td>对学生的要求</td><td colspan="6">3. 职业行为要求<br>(1) 文具准备齐全；<br>(2) 工、量具摆放整齐；<br>(3) 着装整齐；<br>(4) 遵守课堂纪律；<br>(5) 具有团队合作精神</td></tr>
</table>

表 3-2　资讯单

<table>
<tr><td>学习领域</td><td colspan="3">数控车床编程与零件加工</td></tr>
<tr><td>学习情境 3</td><td>带螺纹的轴类零件的编程与加工</td><td>学时</td><td>12</td></tr>
<tr><td>资讯方式</td><td colspan="3">学生自主学习、教师引导</td></tr>
<tr><td>资讯问题</td><td colspan="3">(1) 准备功能指令 G32、G92、G76 的作用及编程格式是什么？<br>(2) 如何利用循环指令 G71 加工图 3-1 所示轴类零件？<br>(3) 加工带螺纹的轴类零件时，数控车床螺纹刀对刀操作步骤有哪些，操作要点是什么？<br>(4) 螺纹牙高如何计算，螺纹加工每刀切削深度如何安排？<br>(5) 材料 45 钢调质处理切削加工时刀具材料的正确选择？<br>(6) 根据零件的类型、材料及技术要求如何正确选择刀具类型？<br>(7) 螺纹检测专用量具的精度是多少，如何正确使用？<br>(8) 工作准备充分有何必要性？<br>(9) 文件规定数控车床日常维护要点有哪些？<br>(10) 操作数控机床要树立哪些安全生产的意识？<br>(11) 在学生的学习训练中，沟通能力、合作精神能发挥怎样的重要作用</td></tr>
<tr><td>资讯引导</td><td colspan="3">(1) 数控车床对刀过程参阅《GSK 980TDb 车床 CNC 使用手册》<br>(2) 准备功能指令 G32、G92、G76 作用及编程格式、作用参阅教材《数控加工编程及操作》(余英良主编. 北京：高等教育出版社，2005)<br>(3) 加工带螺纹的轴类零件的走刀路线、切削参数选取、刀具选择参阅教材《数控加工工艺》(田萍主编. 北京：电子工业出版社，2005)<br>(4) 加工带螺纹的轴类零件所用刀具的选择参阅教材《机械加工手册》(北京：机械工业出版社，2006)<br>(5) 螺纹专用量规的正确使用方法，对加工零件圆弧尺寸、形状进行正确检测参阅《螺纹专用量具使用说明书》<br>(6) 数控车床的使用与维护参阅教材《数控机床及其使用维修》(卢斌主编. 北京：机械工业出版社，2001)</td></tr>
</table>

表 3-3　信息单

<table>
<tr><td>学习领域</td><td colspan="3">数控车床编程与零件加工</td></tr>
<tr><td>学习情境 3</td><td>带螺纹的轴类零件的编程与加工</td><td>学时</td><td>12</td></tr>
<tr><td colspan="4">信息内容</td></tr>
</table>

# 任务3.1　带螺纹的轴类零件的加工

## 3.1.1　车螺纹指令(G32)

该指令用于车削等螺距直螺纹、锥螺纹。

格式：G32 X(U)__ Z(W)__ F__

说明：

(1) $X(U)$、$Z(W)$是螺纹终点坐标。

(2) $F$ 是螺纹螺距。

注意：

(1) 在车螺纹期间，进给速度倍率、主轴速度倍率无效(固定100%)。

(2) 车螺纹期间不要使用恒表面切削速度控制，而要使用G97。

(3) 车螺纹时，必须设置升频距离 $L_1$ 和降频距离 $L_2$，这样可避免因车刀升、降频而影响螺距的稳定，如图3-2所示。通常 $L_1$、$L_2$ 按下面公式计算，即

$$L_1=n\times p/400$$

$$L_2=n\times p/1800$$

式中：$n$ 为主轴转速；$p$ 为螺纹螺距。

由于以上公式所计算的 $L_1$、$L_2$ 是理论上所需的进退刀量，实际应用时一般取值比计算值略大。

(4) 因受机床结构及数控系统的影响，车螺纹时对主轴的转速有一定的限制，$n\leqslant(1200/p-K)$ ($p$ 为螺纹螺距，$K$ 为保险系数，一般 $K$ 取80)。

(5) 螺纹加工中的走刀次数和进刀量(背吃刀量)会直接影响螺纹的加工质量，车削螺纹时的走刀次数和背吃刀量可参考表3-4。

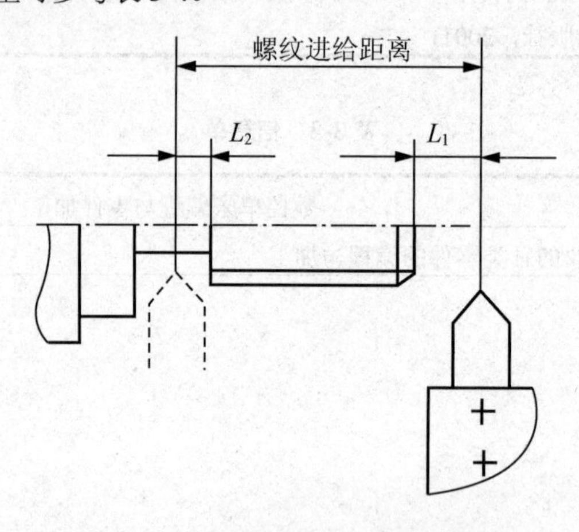


图3-2　螺纹加工升、降频示例

表 3-4　普通螺纹走刀次数和背吃刀量的参考表

| 普通螺纹　牙深=0.6495*p*　*p* 为螺纹螺距 | | | | | | | | |
|---|---|---|---|---|---|---|---|---|
| 螺　距 | | 1 | 1.5 | 2.0 | 2.5 | 3 | 3.5 | 4 |
| 牙　深 | | 0.649 | 0.974 | 1.299 | 1.624 | 1.949 | 2.273 | 2.598 |
| 走刀次数和背吃刀量 | 1 次 | 0.7 | 0.8 | 0.9 | 1.0 | 1.2 | 1.5 | 1.5 |
| | 2 次 | 0.4 | 0.6 | 0.6 | 0.7 | 0.7 | 0.7 | 0.8 |
| | 3 次 | 0.2 | 0.4 | 0.6 | 0.6 | 0.6 | 0.6 | 0.6 |
| | 4 次 | | 0.16 | 0.4 | 0.4 | 0.4 | 0.6 | 0.6 |
| | 5 次 | | | 0.1 | 0.4 | 0.4 | 0.4 | 0.4 |
| | 6 次 | | | | 0.15 | 0.4 | 0.4 | 0.4 |
| | 7 次 | | | | | 0.2 | 0.2 | 0.4 |
| | 8 次 | | | | | | 0.15 | 0.3 |
| | 9 次 | | | | | | | 0.2 |

**例 3-1**　如图 3-3 所示，用 G32 指令进行圆柱螺纹切削。

设定升频距离为 5mm，降频距离为 2mm。

螺纹牙底直径=大径−2×牙深=30−2×0.6495×2=27.4(mm)。

程序如下：

螺纹编程指令 G32.mp4

```
⋮
G00 X29.1 Z5;
G32 Z-42. F2;第一次车螺纹，背吃刀量为 0.9mm
G00 X32;
Z5;
X28.5;第二次车螺纹，背吃刀量为 0.6mm
G32 Z-42. F2;
G00 X32;
Z5;
X27.9;
G32 Z-42. F2;第三次车螺纹，背吃刀量为 0.6mm
G00 X32;
Z5;
X27.5;
G32 Z-42. F2;第四次车螺纹，背吃刀量为 0.4mm
G00 X32;
Z5;
X27.4;
G32 Z-42. F2;最后一次车螺纹，背吃刀量为 0.1mm
G00 X32;
Z5;
⋮
```

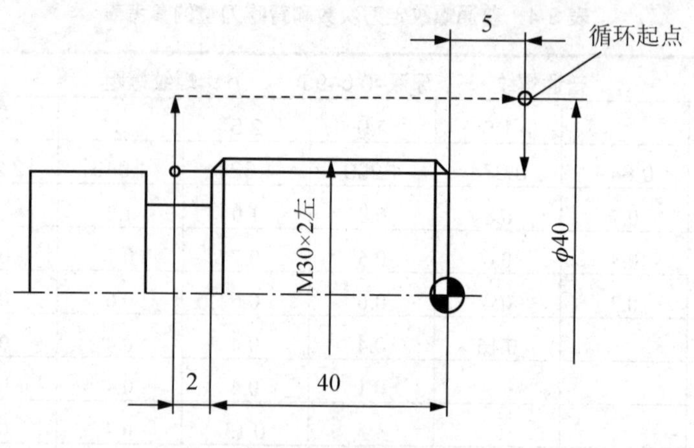


图 3-3　圆柱螺纹切削

## 3.1.2　螺纹切削单一循环指令(G92)

适用于对直螺纹和锥螺纹进行循环切削，每指定一次，螺纹切削自动进行一次循环。

1．直螺纹切削

格式：G92 X(U)___Z(W)___F__

其轨迹如图 3-4 所示。

2．锥螺纹切削

格式：G92 X(U)___Z(W)___R____F

其轨迹如图 3-5 所示。

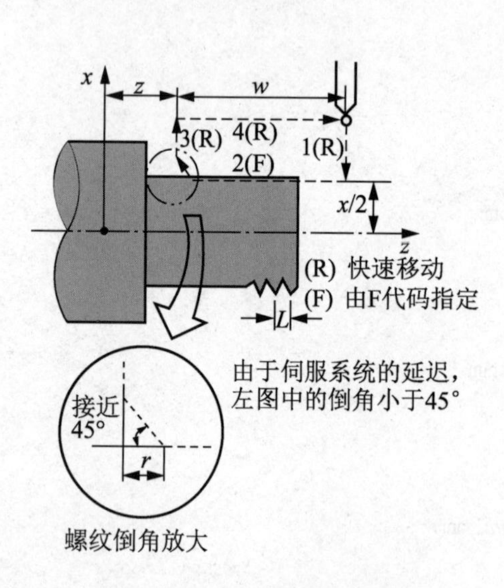


图 3-4　用 G92 车直螺纹示意图

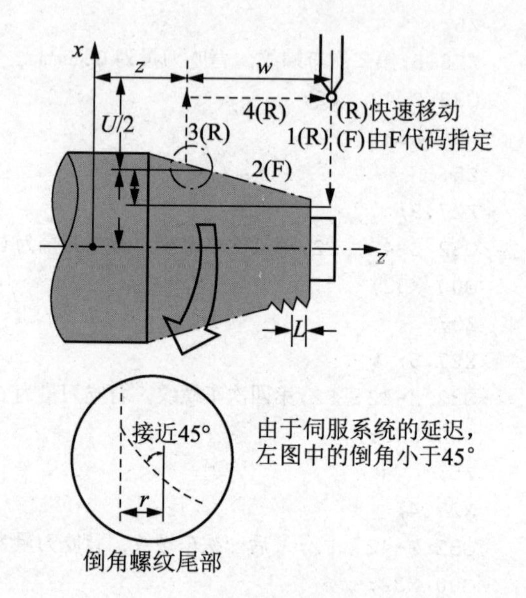


图 3-5　用 G92 车锥螺纹示意图

说明：

(1) G92 为模态 G 指令。

(2) $X$ 为切削终点 $X$ 轴绝对坐标，单位为 mm；$U$ 为切削终点与起点 $X$ 轴绝对坐标的差值，单位为 mm。

(3) $Z$ 为切削终点 $Z$ 轴绝对坐标，单位为 mm；$W$ 为切削终点与起点 $Z$ 轴绝对坐标的差值，单位为 mm。

(4) $R$ 为切削起点与切削终点 $X$ 轴绝对坐标的差值(半径值)，当 $R$ 与 $U$ 的符号不一致时，要求 $|R| \leqslant |U/2|$，单位为 mm。

(5) $F$ 为公制螺纹螺距，取值范围为 0.001～500 mm，$F$ 指令值执行后保持，可省略输入。

**例 3-2**　如图 3-3 所示，用 G92 指令编程。

```
⋮
G00 X40 Z5;刀具定位到循环起点
G92 X29.1 Z-42 F2;第一次车螺纹
X28.5;第二次车螺纹
X27.9;第三次车螺纹
X27.5;第四次车螺纹
X27.4;最后一次车螺纹
G00 X150 Z150;刀具回换刀点
⋮
```

螺纹编程指令 G92(内嵌).mp4

关于加工螺纹时的每次切入深度及切入次数，可参考表 3-1。

### 3.1.3　车螺纹复合循环指令(G76)

该指令用于多次自动循环车螺纹，数控加工程序中只需指定一次，并在指令中定义好有关参数，则能自动进行加工。车削过程中，除第一次车削深度外，其余各次车削深度自动计算，该指令的执行过程如图 3-6 所示。

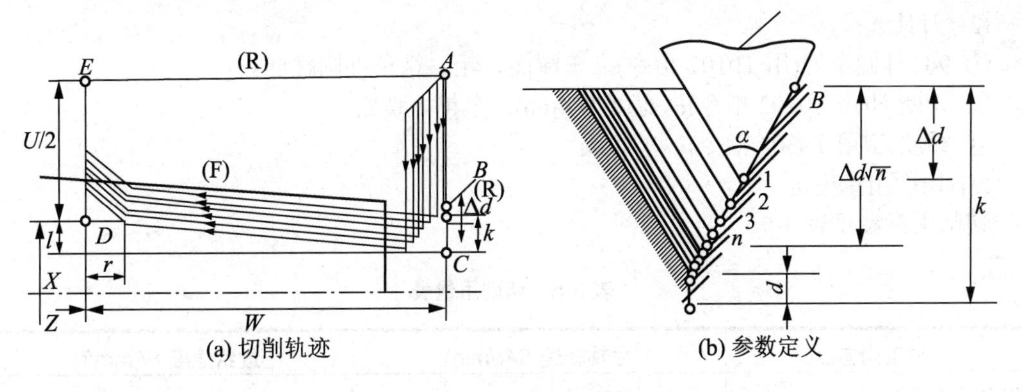


图 3-6　螺纹车削循环 G76 指令

G76 的编程需要同时使用两条指令定义。

格式：

```
G76 Pm r α QΔdmin Rd
G76 X(U)  Z(W)  Ri Pk QΔd FL
```

说明：

(1) $m$ 为精车重复次数，从 1～99，该参数为模态量。

(2) $r$ 为螺纹尾端倒角值，该值的大小可设置在 $0.0L$～$9.9L$ 之间，系数应为 0.1 的整数倍，用 00～99 之间的两位整数来表示，其中 $L$ 为螺距。该参数为模态量。

(3) $\alpha$为刀具角度，可从 80°、60°、55°、30°、29°、0°这 6 个角度中选择，用两位整数来表示，该参数为模态量。

(4) $m$、$r$、$\alpha$用地址 P 同时指定，如 $m$=2、$r$=1.2$L$、$\alpha$=60°表示为 P021260。

(5) $\Delta d_{\min}$ 是最小车削深度，用半径值编程。车削过程中每次的车削深度为($\Delta d\sqrt{n}-\Delta d\sqrt{n-1}$)，当计算深度小于这个极限值时，车削深度锁定在这个值。该参数为模态量。

(6) $d$ 是精车余量，用半径值编程，该参数为模态量。

(7) $X(U)$、$Z(W)$是螺纹终点坐标值。

(8) $i$ 是螺纹锥度值，用半径值编程。若 $R$=0，则为直螺纹。

(9) $k$ 是螺纹高度，用半径值编程。

(10) $\Delta d$ 是第一次车削深度，用半径值编程。

(11) $i$、$k$、$\Delta d$ 的数值应以无小数点形式表示。

(12) $L$ 是螺距。

**例 3-3** 在 FANUC-0i Mate-TB 数控车床上加工图 3-1 所示零件。要求：车外形，切槽，车螺纹。

(1) 根据零件图确定工件的装夹方式及加工工艺路线。

以不需要加工的$\phi$45mm 外圆为安装基准，并取零件右端面中心为工件坐标系零点。其工艺路线如下。

① 粗、精车螺纹轴的外形。

② 切槽$\phi$26mm。

③ 车 M30 螺纹。

④ 切断。

(2) 刀具选择。

① 90°外圆车刀(用 T0101 指令)，车端面，粗、精车外圆柱面。

② 切断刀(用 T0202 指令)：宽度为 4mm，车槽，切断。

③ 螺纹刀(用 T0303 指令)：车螺纹。

(3) 切削用量确定

切削用量参见表 3-5。

表 3-5 切削用量表

| 加工内容 | 主轴转速 $S$/(r/min) | 进给速度 $F$/(mm/r) |
|---|---|---|
| 粗车轴的外形 | 500 | 0.15 |
| 精车轴的外形 | 800 | 0.08 |
| 切槽$\phi$26mm | 300 | 0.05 |
| 车 M30 螺纹 | 300 | 2 |
| 切断 | 300 | 0.05 |

程序 1：用 G92 指令编程。

```
O3001                                    程序名
N001 T0101;                              调用 1 号外圆刀
N002 M03 S500;                           主轴正转，转速为 500r/min
N003 G00  Z2;                            刀具快速定位工件端面 2.0 位置
N004 G00 X47;                            快速定位进刀点位置
N005 G71 U1.5 R0.5;                      粗车轴的外形，径向余量为 0.5mm，轴向余量为 0.03mm
N006 G71 P7 Q11  U0.5 W0.03 F0.15;       粗加工进给率是 0.15mm/r
N007 G42 G00 X26 S800;                   精加工起始程序段，精加工转速为 800r/min
N008 G01 Z-40 F0.08;                     精加工进给率是 0.08mm/r
N009 X40;
N010 Z-60;
N011 G40 X45;                            精加工起始程序段
N012 G70 P7 Q11
N013 G00 X150;                           回刀具起点
N014 Z150;
N015 T0202;                              调用 2 号切槽刀
N016 M03 S300;                           转速为 300r/min
N017 G00 Z-40;
N018 G00 X41
N019 G01 X26 F0.05;                      切槽
N020 G00 X150;                           回刀具起点
N021 Z150;
N022 T0303;                              调用 3 号螺纹刀
N023 M03 S300;                           转速为 300r/min
N024 G00 X32 Z2;                         刀具定位到循环起点
N025 G92 X29.1 Z-38 F2;                  第一次车螺纹
N026 X28.5;                              第二次车螺纹
N027 X27.9;                              第三次车螺纹
N028 X27.5;                              第四次车螺纹
N029 X27.4;                              最后一次车螺纹
N030 G00 X150;
     Z150;                               刀具回换刀点
N031 T0202;                              调用 2 号切槽刀
N032 M03 S300;                           转速为 300r/min
N033 G00 Z-94;
N034 G00 X47
N035 G01 X0 F0.05;                       切槽
N036 G00 X150;                           回刀具起点
N037 Z150;
N038 M05;                                主轴停转
N039 M30;                                程序结束
```

程序 2：用 G76 指令编程。

```
O3002                                    程序名
N001 T0101;                              调用 1 号外圆刀
N002 M03 S500;                           主轴正转，转速为 500r/min
N003 G00  Z2;                            刀具快速定位工件端面 2.0 位置
N004 G00 X47;                            快速定位进刀点位置
N005 G71 U1.5 R0.5;                      粗车轴的外形，径向余量为 0.5mm，轴向余量为 0.03mm
N006 G71 P7 Q11  U0.5 W0.03 F0.15;       粗加工进给率是 0.15mm/r
N007 G42 G00 X26 S800;                   精加工起始程序段，精加工转速为 800r/min
```

```
N008 G01 Z-40 F0.08;              精加工进给率是 0.08mm/r
N009 X40;
N010 Z-60;
N011 G40 X45;                     精加工起始程序段
N012 G70 P7 Q11
N013 G00 X150;                    刀具回换刀点
N014 Z150;
N015 T0202;                       调用 2 号切槽刀
N016 M03 S300;                    转速为 300r/min
N017 G00 Z-40;
N018 G00 X41
N019 G01 X26 F0.05;               切槽
N020 G00 X150;                    刀具回换刀点
N021 Z150;
N022 T0303;                       调用 3 号螺纹刀
N023 M03 S300;                    转速为 300r/min
N024 G76 P020060 Q100 R0.1;       车螺纹
N025G76 X27.4 Z-32 P1300 Q400 F2
N026 G00 X150
Z150;                             刀具回换刀点
N027 T0202;                       调用 2 号切槽刀
N028 M03 S300;                    转速为 300r/min
N029 G00 Z-94;
N030 G00 X47
N031 G01 X0 F0.05;                切槽
N032 G00 X150;                    刀具回换刀点
N033 Z150;
N034 M05;                         主轴停转
N035 M30;                         程序结束
```

完成本任务需填写的有关表格如表 3-6～表 3-13 所示。

表 3-6　计划单

<table>
<tr><td>学习领域</td><td colspan="5">数控车床编程与零件加工</td></tr>
<tr><td>学习情境 3</td><td colspan="3">带螺纹的轴类零件的编程与加工</td><td>学时</td><td>12</td></tr>
<tr><td>计划方式</td><td colspan="5">小组讨论，学生计划，教师引导</td></tr>
<tr><td>序号</td><td colspan="4">实施步骤</td><td>使用资源</td></tr>
<tr><td></td><td colspan="4"></td><td></td></tr>
<tr><td></td><td colspan="4"></td><td></td></tr>
<tr><td></td><td colspan="4"></td><td></td></tr>
<tr><td></td><td colspan="4"></td><td></td></tr>
<tr><td>制订计划说明</td><td colspan="5"></td></tr>
<tr><td rowspan="3">计划评价</td><td>班级</td><td></td><td>第　组</td><td>组长签字</td><td></td></tr>
<tr><td>教师签字</td><td colspan="2"></td><td>日期</td><td></td></tr>
<tr><td colspan="5">评语：</td></tr>
</table>

表 3-7　决策单

| 学习领域 | 数控车床编程与零件加工 | | | | | | | |
|---|---|---|---|---|---|---|---|---|
| 学习情境 3 | 带螺纹的轴类零件的编程与加工 | | | | | 学时 | | 12 |
| 方案讨论 | | | | | | | | |
| | 组号 | 实现功能 | 方案可行性 | 方案合理性 | 实施难度 | 安全可靠性 | 经济性 | 综合评价 |
| 方案对比 | 1 | | | | | | | |
| | 2 | | | | | | | |
| | 3 | | | | | | | |
| | 4 | | | | | | | |
| | 5 | | | | | | | |
| | 6 | | | | | | | |
| 方案评价 | 评语： | | | | | | | |
| 班级 | | 组长签字 | | 教师签字 | | | 月　日 | |

表 3-8　材料、设备、工/量具清单

| 类　型 | 序　号 | 名　称 | 作　用 | 数　量 | 型　号 | 使用前 | 使用后 |
|---|---|---|---|---|---|---|---|
| 学习领域 | 数控车床编程与零件加工 | | | | | | |
| 学习情境 3 | 带螺纹的轴类零件的编程与加工 | | | | | 学时 | 12 |
| 所用设备 | 1 | 卧式数控车床 | 零件加工 | 6 | CK6140 | | |
| | 2 | 砂轮机 | 车刀刃磨 | 2 | SLJ50 | | |
| 所用材料 | 1 | 45 号钢 | 零件毛坯 | 6 | $\phi$45mm×110mm | | |
| 所用刀具 | 1 | 90°外圆车刀 | 加工零件外形 | 6 | 20mm×20mm | | |
| | 2 | 切断刀 | 切断 | 6 | B4 | | |
| | 3 | 60°外圆螺纹刀 | 加工螺纹 | 6 | 20mm×20mm | | |
| 所用量具 | 1 | 钢板尺 | 测量长度 | 6 | 150mm | | |
| | 2 | 游标卡尺 | 测量线性尺寸、轴径 | 6 | 150mm | | |
| | 3 | 外径千分尺 | 测量轴径 | 6 | 25～50mm | | |
| | 4 | 螺纹检测专用量具 | 测量螺纹尺寸、外形 | 6 | M30×2 | | |
| 附件 | 1 | $\delta$2、$\delta$1、$\delta$0.5、$\delta$0.2 系列垫刀片 | 调整刀具高度 | 各 6 片 | | | |
| 班级 | | | 第　组 | | 组长签字 | | |
| 教师签字 | | | | | 日期 | | |

表 3-9　实施单

| 学习领域 | 数控车床编程与零件加工 | | |
|---|---|---|---|
| 学习情境 3 | 带螺纹的轴类零件的编程与加工 | 学时 | 12 |
| 实施方式 | 学生自主学习，教师指导 | | |

| 序号 | 实施步骤 | 使用资源 |
|---|---|---|
| | | |
| | | |
| | | |
| | | |
| | | |
| | | |

实施说明：

| 班级 | | 第　组 | 组长签字 | |
|---|---|---|---|---|
| 教师签字 | | | 日期 | |

表 3-10　作业单

| 学习领域 | 数控车床编程与零件加工 | | |
|---|---|---|---|
| 学习情境 3 | 带螺纹的轴类零件的编程与加工 | 学时 | 12 |
| 作业方式 | 小组分析，个人解答，现场批阅，集体评判 | | |
| 1 | | | |

作业解答：利用 G71、G92、G76 指令进行图 3-7 所示零件加工程序编制

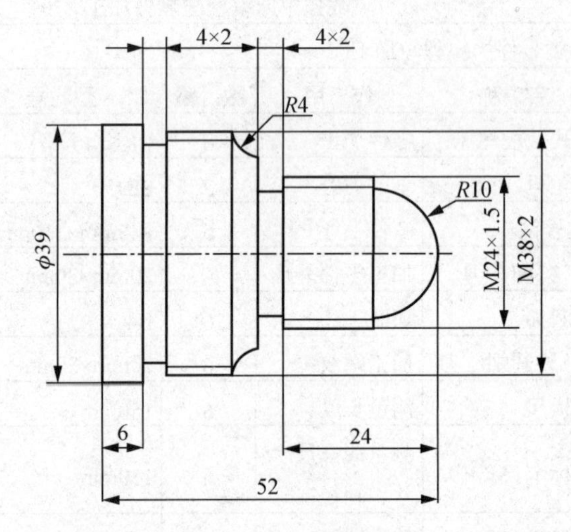


图 3-7　加工图样

| 作业评价 | 班级 | | 第　组 | 组长签字 | | |
|---|---|---|---|---|---|---|
| | 学号 | | 姓名 | | | |
| | 教师签字 | | 教师评分 | | 日期 | |
| | 评语： | | | | | |

表 3-11　检查单

| 学习领域 | 数控车床编程与零件加工 | | | |
|---|---|---|---|---|
| 学习情境 3 | 带螺纹的轴类零件的编程与加工 | | 学时 | 12 |
| 序　号 | 检查项目 | 检查标准 | 学生自检 | 教师检查 |
| 1 | 带螺纹的轴类零件加工的实施准备 | 准备充分、细致、周到 | | |
| 2 | 带螺纹的轴类零件加工的计划实施步骤 | 实施步骤合理，有利于提高零件加工质量 | | |
| 3 | 带螺纹的轴类零件尺寸精度及表面粗糙度 | 符合图样要求 | | |
| 4 | 实施过程中工具、量具摆放 | 定址摆放、整齐有序 | | |
| 5 | 实施前文具准备 | 学习所需文具准备齐全，不影响实施进度 | | |
| 6 | 教学过程中的课堂纪律 | 听课认真，遵守纪律，不迟到、不早退 | | |
| 7 | 实施过程中的工作态度 | 在工作过程中乐于参与，积极主动 | | |
| 8 | 上课出勤状况 | 出勤率达 95%以上 | | |
| 9 | 安全意识 | 无安全事故发生 | | |
| 10 | 环保意识 | 垃圾分类处理，不对环境产生危害 | | |
| 11 | 合作精神 | 能够相互协作、相互帮助，不自以为是 | | |
| 12 | 实施计划时的创新意识 | 确定实施方案时不随波逐流，见解合理 | | |
| 13 | 实施结束后的任务完成情况 | 过程合理、工件合格，与组内成员合作良好 | | |

| 检查评价 | 班级 | | 第　组 | 组长签字 | |
|---|---|---|---|---|---|
| | 教师签字 | | | 日期 | |
| | 评语： | | | | |

表3-12 评价单

| 学习领域 | 数控车床编程与零件加工 | | | | |
|---|---|---|---|---|---|
| 学习情境3 | 带螺纹的轴类零件的编程与加工 | | | 学时 | 12 |
| 评价类别 | 项 目 | 子 项 目 | 个人评价 | 组内互评 | 教师评价 |
| 专业能力(60%) | 资讯(6%) | 搜集信息(3%) | | | |
| | | 引导问题回答(3%) | | | |
| | 计划(6%) | 计划可执行度(3%) | | | |
| | | 设备材料工、量具安排(3%) | | | |
| | 实施(24%) | 工作步骤执行(6%) | | | |
| | | 功能实现(6%) | | | |
| | | 质量管理(3%) | | | |
| | | 安全保护(6%) | | | |
| | | 环境保护(3%) | | | |
| | 检查(4.8%) | 全面性、准确性(2.4%) | | | |
| | | 异常情况排除(2.4%) | | | |
| | 过程(3.6%) | 使用工具规范性(1.8%) | | | |
| | | 操作过程规范性(1.8%) | | | |
| | 结果(12%) | 结果质量(12%) | | | |
| | 作业(3.6%) | 完成质量(3.6%) | | | |
| 社会能力(20%) | 团结协作(10%) | 小组成员合作良好(5%) | | | |
| | | 对小组的贡献(5%) | | | |
| | 敬业精神(10%) | 学习纪律性(5%) | | | |
| | | 爱岗敬业、吃苦耐劳(5%) | | | |
| 方法能力(20%) | 计划能力(10%) | 考虑全面(5%) | | | |
| | | 细致有序(5%) | | | |
| | 决策能力(10%) | 决策果断(5%) | | | |
| | | 选择合理(5%) | | | |

| 评价评语 | 班级 | | 姓名 | | 学号 | | 总评 | |
|---|---|---|---|---|---|---|---|---|
| | 教师签字 | | 第 组 | 组长签字 | | | 日期 | |
| | 评语： | | | | | | | |

表 3-13　教学反馈单

| 学习领域 | 数控车床编程与零件加工 | | | |
|---|---|---|---|---|
| 学习情境 3 | 带螺纹的轴类零件的编程与加工 | 学时 | 12 | |
| 序　号 | 调查内容 | 是 | 否 | 理由陈述 |
| 1 | 对任务书的了解是否深入、明了 | | | |
| 2 | 是否能熟练运用 G32、G92、G76 及 M 辅助功能指令进行“带螺纹的轴类零件加工”的编程 | | | |
| 3 | 能否正确对刀 | | | |
| 4 | 能否正确安排“带螺纹的轴类零件加工”数控加工工艺 | | | |
| 5 | 能否了解螺纹专用量规的正确使用方法 | | | |
| 6 | 在加工实施过程中，是否能根据维修文件熟练进行机床的简单维护 | | | |
| 7 | 小组间的交流与团结协作能力是否有所增强 | | | |
| 8 | 同学的信息检索与自主学习能力是否有所增强 | | | |
| 9 | 同学是否遵守规章制度 | | | |
| 10 | 你对教师的指导满意吗 | | | |
| 11 | 在“带螺纹的轴类零件加工”实施结束，所采用的评价方式是否科学、合理 | | | |
| 12 | 新教学模式是否适应“带螺纹的轴类零件加工”这个教学情境 | | | |
| 你的意见对改进教学非常重要，请写出你的意见和建议 | | | | |
| 查信息 | 被调查人签名 | | 调查时间 | |

# 任务 3.2　轴套类零件的加工

与本任务有关的任务单、资讯单及信息单如表 3-14～表 3-16 所示。

表 3-14　任务单

| 学习领域 | 数控车床编程与零件加工 | | |
|---|---|---|---|
| 学习情境 4 | 轴套类零件的编程与加工 | 学时 | 12 |
| 布置任务 | | | |
| 学习目标 | (1) 轴套类零件加工程序编制方法(G71、G70、G90 指令编程方法)；<br>(2) 能够正确理解轴套类零件加工走刀路线，制订零件加工工艺方法；<br>(3) 能够根据轴套类零件加工尺寸正确选择切削用量，合理安排切削次数及加工余量；<br>(4) 掌握数控车床加工外形/内孔的对刀操作步骤；<br>(5) 能够根据加工轴套类零件的材料、形状及技术要求正确选择外圆车刀、端面车刀和内孔车刀；<br>(6) 学会利用游标卡尺、外径千分尺、内径量表正确检测轴套类零件外径尺寸、轴向尺寸及内孔尺寸；<br>(7) 能够通过轴套类零件的安装掌握轴类零件的定位原则； | | |

续表

<table>
<tr><td>学习目标</td><td colspan="6">(8) 能够较熟练地进行数控车床的日常维护，记住维护要点；<br>(9) 在“轴套类零件加工”实操过程中进一步养成良好的职业习惯，树立安全第一的意识</td></tr>
<tr><td>任务描述</td><td colspan="6">1. 工作任务<br>完成图 3-8 所示轴套类零件的加工<br>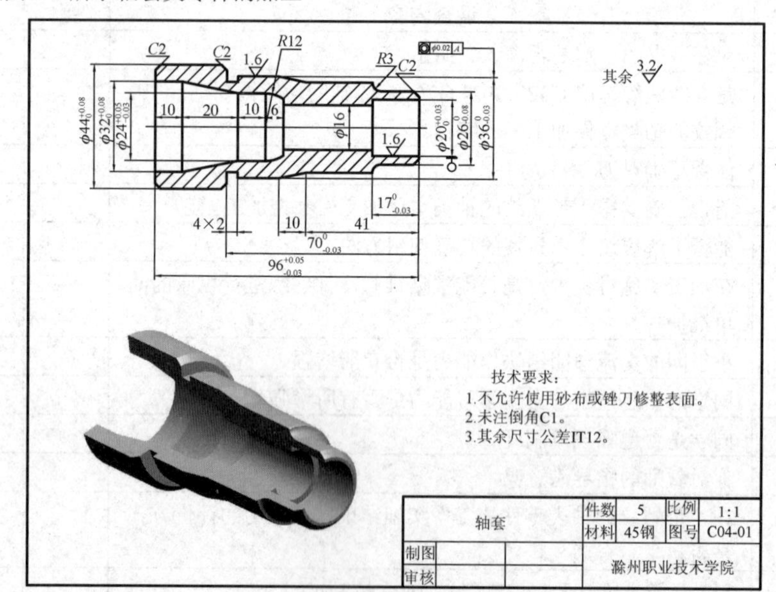<br><br>图 3-8　轴套类零件<br>2. 完成主要工作任务<br>(1) 编制车削加工如图 3-8 所示轴套类零件的加工工艺；<br>(2) 进行如图 3-8 所示轴套类零件加工程序的编制；<br>(3) 完成轴套类零件车削加工</td></tr>
<tr><td>学时安排</td><td>资讯 2 学时</td><td>计划 0.5 学时</td><td>决策 0.5 学时</td><td>实施 6 学时</td><td>检查 2 学时</td><td>评价 1 学时</td></tr>
<tr><td>提供资料</td><td colspan="6">(1) 教材：余英良. 数控加工编程及操作. 北京：高等教育出版社，2005<br>(2) 教材：顾京. 数控加工编程及操作. 北京：高等教育出版社，2003<br>(3) 教材：宋放之. 数控工艺员培训教程. 北京：清华大学出版社，2003<br>(4) 教材：田萍. 数控加工工艺. 北京：高等教育出版社，2003<br>(5) 教材：唐应谦. 数控加工工艺学. 北京：劳动保障出版社，2000<br>(6) 教材：张信群. 公差配合与互换性技术. 北京：北京航空航天大学出版社，2006<br>(7) 教材：许德珠. 机械工程材料. 北京：高等教育出版社，2001<br>(8) 教材：吴桓文. 机械加工工艺基础. 北京：高等教育出版社，2005<br>(9) 教材：卢斌. 数控机床及其使用维修. 北京：机械工业出版社，2001<br>(10) GSK 980TDb 车床 CNC 使用手册，2010<br>(11) FANUC 数控系统车床编程手册，2005<br>(12) SINUMERIK 802D 操作编程——车床，2005<br>(13) CK6140 型数控车床使用说明书，2010<br>(14) 中国模具网　http://www.mould.net.cn/<br>(15) 国际模具网　http://www.2mould.com/<br>(16) 数控在线　http://www.cncol.com.cn/Index.html<br>(17) 中国金属加工网　http://www.mw35.com/<br>(18) 中国机床网　http://www.jichuang.net/</td></tr>
</table>

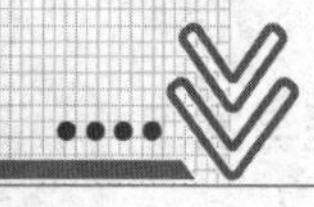

续表

| | |
|---|---|
| 对学生的要求 | 1.知识技能要求<br>(1) 学会利用准备功能指令 G90、G71、G72、G70、M03、M05、M30 进行轴套类零件加工程序的编制；<br>(2) 了解 G72 的基本功能；<br>(3) 项目实施加工阶段，能够熟练完成数控车床对刀操作；<br>(4) 能够根据零件的类型、材料及技术要求正确选择刀具；<br>(5) 项目实施过程中，能够正确使用工、量具，用后做好维护和保养工作；<br>(6) 每天使用机床前对机床导轨注油一次，加工结束后应清理机床，做好机床使用基本维护和保养工作；<br>(7) 每天实操结束后，及时打扫实习场地卫生；<br>(8) 本项目结束时每组需上交 6 件合格的零件；<br>(9) 按时、按要求上交作业。<br>2．生产安全要求<br>严格遵守安全操作规程，绝不允许违规操作。应特别注意：加工零件、刀具要夹紧可靠，夹紧工件后要立即取下夹盘扳手。<br>3．职业行为要求<br>(1) 文具准备齐全；<br>(2) 工、量具摆放整齐；<br>(3) 着装整齐；<br>(4) 遵守课堂纪律；<br>(5) 具有团队合作精神 |

表 3-15　资讯单

| 学习领域 | 数控车床编程与零件加工 | | |
|---|---|---|---|
| 学习情境 4 | 轴套类零件的编程与加工 | 学时 | 12 |
| 资讯方式 | 学生自主学习、教师引导 | | |
| 资讯问题 | (1) 准备功能指令 G71、G70、G90 的作用及编程格式是什么？<br>(2) 如何利用循环指令 G71 加工图 3-8 所示轴套类零件的加工？<br>(3) 如何制定轴套类零件的加工工艺？<br>(4) 加工带轴套类零件时，数控车床外形/内孔刀具对刀操作步骤有哪些，其操作要点是什么？<br>(5) 材料 45 钢调质处理切削加工时刀具材料的正确选择？<br>(6) 根据零件的类型、材料及技术要求如何正确选择刀具类型？<br>(7) 内径量表的精度是多少，如何正确使用？<br>(8) 工作准备充分有何必要性？<br>(9) 维护文件规定数控车床日常维护要点有哪些？<br>(10) 操作数控机床要树立哪些安全生产意识？<br>(11) 在学生的学习训练中，沟通能力、合作精神能发挥怎样的重要作用？ | | |
| 资讯引导 | (1) 数控车床对刀过程参阅《GSK 980TDb 车床 CNC 使用手册》；<br>(2) 准备功能指令 G90、G71、G70、G72 作用及编程格式、作用参阅教材《数控加工编程及操作》(余英良主编. 北京：高等教育出版社，2005)；<br>(3) 加工轴套类零件的走刀路线、切削参数选取、刀具选择参阅教材《数控加工工艺》(田萍主编. 北京：电子工业出版社，2005)；<br>(4) 加工轴套类零件所用刀具的选择参阅教材《机械加工手册》(北京：机械工业出版社，2006)；<br>(5) 内径量表的正确使用方法，对加工零件圆弧尺寸、形状进行正确检测参阅《螺纹专用量具使用说明书》；<br>(6) 数控车床的使用与维护参阅教材《数控机床及其使用维修》(卢斌主编. 北京：机械工业出版社，2001) | | |

表 3-16　信息单

| 学习领域 | 数控车床编程与零件加工 | | |
|---|---|---|---|
| 学习情境 4 | 轴套类零件的编程与加工 | 学时 | 12 |
| 信息内容 | | | |

轴套类零件是车削加工中最常见的零件，也是各类机械上常见的零件，在机器上占有较大比例，通常起支撑、导向、连接及轴向定位等作用，如导向套、固定套、轴承套等。套类零件一般由外圆、内孔、端面、台阶和沟槽等组成，这些表面不仅有形状精度、尺寸精度和表面粗糙度的要求，而且对位置精度也有要求。套类零件的加工工艺根据其功用、结构形状、材料和热处理及尺寸大小的不同而异。就其结构形状来划分，大体可以分为短套和长套两大类。它们在加工中，其装夹方法和加工方法都有很大的差别，以下主要介绍短套类。

## 3.2.1　轴套类零件的特点

(1) 零件的主要表面为同轴度要求较高的内、外回转表面。

(2) 零件壁厚较薄，易变形。

(3) 长度一般大于直径。

(4) 当用作旋转轴轴颈的支承时，在工作中承受径向力和轴向力。

(5) 用于油缸或缸套时主要起导向作用。

轴套类零件的加工编程(上)内嵌.mp4

## 3.2.2　车床上加工孔的方法

### 1．钻孔

利用钻头将工件钻出孔的方法称为钻孔。钻孔的公差等级在 IT10 以下，表面粗糙度为 *Ra*12.5μm，多用于粗加工孔。在车床上钻孔如图 3-9 所示，工件装夹在卡盘上，钻头安装在尾架套筒锥孔内。钻孔前先车平端面，并车出一个中心坑或先用中心钻钻中心孔作为引导。钻孔时，摇动尾架手轮，使钻头缓慢进给，注意经常退出钻头排屑。钻孔进给不能过猛，以免折断钻头。钻钢料时应加切削液。

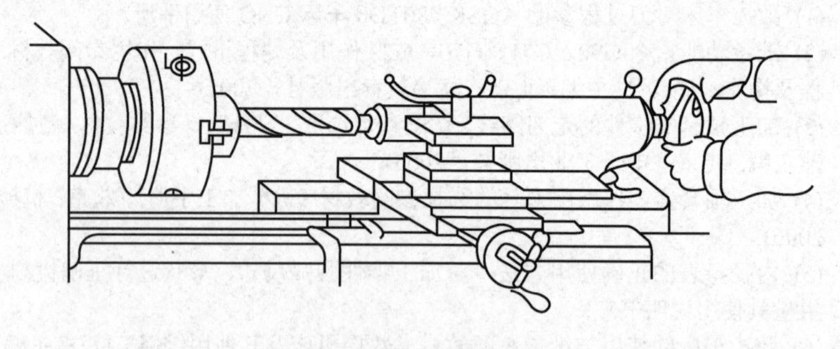

图 3-9　在车床上钻孔

钻孔注意事项如下。

(1) 起钻时进给量要小，待钻头头部全部进入工件后才能正常钻削。

(2) 钻钢件时，应加冷却液，防止因钻头发热而退火。

(3) 钻小孔或钻较深孔时，由于铁屑不易排出，必须经常退出排屑；否则会因铁屑堵塞而使钻头“咬死”或折断。

(4) 钻小孔时，车头转速应选择快些，钻头的直径越大，钻速应越慢。

(5) 当钻头将要钻通工件时，由于钻头横刃首先钻出，因此轴向阻力大减，这时进给速度必须减慢；否则钻头容易被工件卡死，造成锥柄在床尾套筒内打滑而损坏锥柄和锥孔。

2．镗孔

在车床上对工件的孔进行车削的方法叫作镗孔(又叫作车孔)，镗孔可以作粗加工，也可以作精加工。镗孔分为镗通孔和镗不通孔，如图 3-10 所示。镗通孔基本上与车外圆相同，只是进刀和退刀方向相反。粗镗和精镗内孔时也要进行试切和试测，其方法与车外圆相同。注意：通孔镗刀的主偏角为 45°～75°，不通孔车刀主偏角大于 90°。

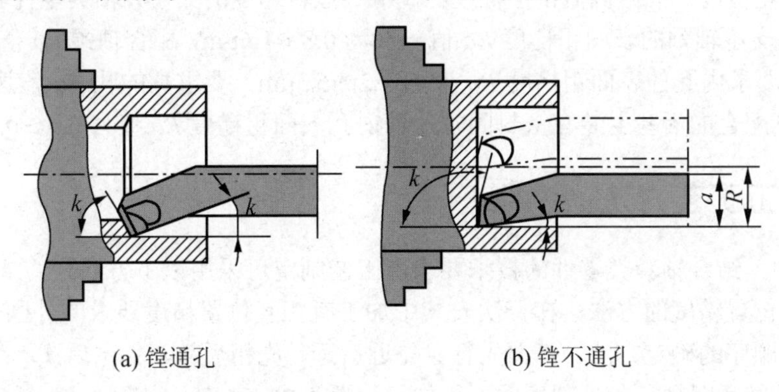


(a) 镗通孔　　(b) 镗不通孔

图 3-10　镗孔

## 3.2.3　车内孔时的质量分析

1．尺寸精度达不到要求

(1) 孔径大于要求尺寸。原因是镗孔刀安装不正确，刀尖不锋利，小拖板下面转盘基准线未对准“0”线，孔偏斜、跳动，测量不及时。

(2) 孔径小于要求尺寸。原因是刀杆细造成“让刀”现象、塞规磨损或选择不当、绞刀磨损以及车削温度过高。

2．几何精度达不到要求

(1) 内孔呈多边形。原因是车床齿轮咬合过紧，接触不良，车床各部间隙过大造成的，薄壁工件装夹变形也会使内孔呈多边形。

(2) 内孔有锥度。原因是主轴中心线与导轨不平行，使用小拖板时基准线不对、切削量过大或刀杆太细造成“让刀”现象。

(3) 表面粗糙度达不到要求。原因是刀刃不锋利、角度不正确、切削用量选择不当、冷却液不充分。

## 3.2.4　一般轴套类零件的技术要求

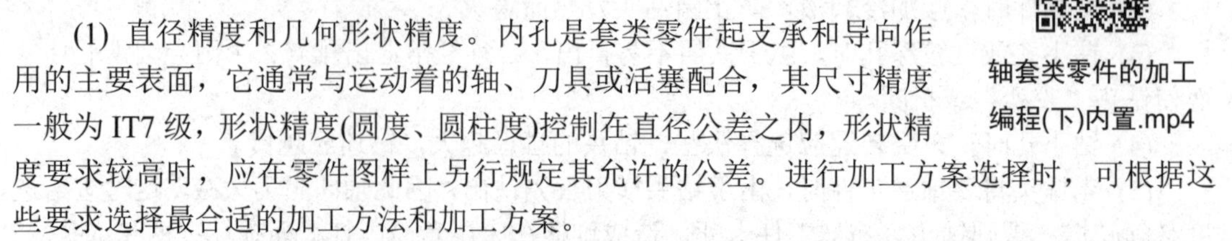

轴套类零件的加工编程(下)内置.mp4

(1) 直径精度和几何形状精度。内孔是套类零件起支承和导向作用的主要表面，它通常与运动着的轴、刀具或活塞配合，其尺寸精度一般为 IT7 级，形状精度(圆度、圆柱度)控制在直径公差之内，形状精度要求较高时，应在零件图样上另行规定其允许的公差。进行加工方案选择时，可根据这些要求选择最合适的加工方法和加工方案。

(2) 相互位置精度。轴类零件中的配合轴颈(装配传动件的轴颈)对于支承轴颈的同轴度是其相互位置精度的普遍要求。普通精度的轴，配合轴颈对支承轴颈的径向圆跳动一般为 0.01～0.03 mm，高精度轴为 0.001～0.005mm。此外，内、外圆之间的用轴度一般为 0.01～0.05mm，孔轴线与端面的垂直度一般取 0.02～0.05mm，轴向定位端面与轴心线垂直度等。这就要求在一次安装中尽量加工出所有表面与端面。

(3) 表面粗糙度。根据机器精密程度的高低、运转速度的大小，轴类零件表面粗糙度要求也不相同。支承轴颈的表面粗糙度 *Ra* 值一般为 0.8～1.6μm，配合轴颈 *Ra* 值一般为 1.6～3.2μm，一般要求内孔的表面粗糙度 *Ra* 值为 3.2～6.3μm，要求高的孔 *Ra* 值达到 0.8μm 以上，若与油缸配合的活塞上装有密封圈时，其内孔表面粗糙度 *Ra* 值为 0.4～0.8μm。

## 3.2.5　加工工艺方法

在加工中，结合轴套类零件的技术要求，工艺制定可采用以下方法。

(1) 保证位置精度的方法。在一次安装中加工有相互位置精度要求的外圆表面与端面。

(2) 加工顺序的确定方法。基面先行、先近后远、先粗后精、先主后次、先内后外，即先车出基准外圆后粗精车各外圆表面，再加工次要表面。

(3) 刀具的选择。车削轴套类零件外轮廓时，应选主偏角 90° 或 90° 以上的外圆车刀。

切槽刀则根据所加工零件槽宽选择，保证在刀具刚性允许的情况下一把刀具加工出所有槽。中心钻用于孔加工的预制精确定位，引导麻花钻进行孔加工，减少误差。中心钻是用于轴类等零件端面上的中心孔加工。选择切削轻快、排屑好的钻具。中心钻有两种形式：A 型(不带护锥的中心钻)、B 型(带护锥的中心钻)。加工直径 *d*=1～10mm 的中心孔时，通常采用不带护锥的中心钻(A 型)；工序较长、精度要求较高的工件，为了避免 60° 定心锥被损坏，一般采用带护锥的中心锥(B 型)。根据零件的形状、精度选择相应尺寸的钻头。通孔镗刀的主偏角为 45°～75°，不通孔车刀主偏角大于 90°。

(4) 切削用量的选择。在保证加工质量和刀具耐用度的前提下，充分发挥机床性能和刀具切削性能，使切削效率最高、加工成本最低。

粗、精加工时切削用量的选择原则如下。

① 粗加工时切削用量的选择原则。首先尽可能大地选取背吃刀量；其次要根据机床动力和刚性等限制条件，尽可能大地选取进给量；最后根据刀具耐用度确定最佳的切削速度。

② 精加工时切削用量的选择原则。首先根据粗加工后的余量确定背吃刀量；其次根据已加工表面的表面粗糙度要求选取较小的进给量；最后在保证刀具耐用度的前提下，尽可能选取较高的切削速度。

(5) 量具的选用。数控车削中常用的量具有游标卡尺、外径千分尺、百分表。游标卡尺是一种中等精度的量具，可测量外径、内径、长度、宽度和深度等尺寸。可选择用来检测精度要求较低的外圆及槽。

(6) 工件零点。工件零点是人为设定的，从理论上讲，工件零点选在任何位置都是可以的，但实际上为编程方便以及使各尺寸较为直观，数控车床工件零点一般都设在主轴中心线与工件右端面的交点处。

(7) 走刀路线。

① 首先按已定工步顺序确定各表面加工进给路线的顺序。

② 所定进给路线应能保证工件轮廓表面加工后的精度和表面粗糙度要求。

③ 寻求最短加工路线(包括空行程路线和切削路线)，减少行走时间以提高加工效率。

④ 要选择工件在加工时变形小的路线，对横截面积小的细长零件或薄壁零件应采用分几次走刀加工到最后尺寸或对称去余量法安排进给路线。

⑤ 注意换刀点的安排。

**例 3-4**　在 FANUC-0i Mate-TB 数控车床上加工图 3-8 所示零件。要求：车外形，切槽，镗孔。

(1) 根据零件图确定工件的装夹方式及加工工艺路线。

① 以$\phi$45mm 外圆为安装基准，并取零件右端面中心为工件坐标系零点。其工艺路线如下。

a. 光端面。

b. 打中心孔。

c. 打$\phi$16mm 的底孔。

d. 粗镗$\phi$20mm 的孔。

e. 粗车右端轴的外形。

f. 精镗$\phi$20mm 的孔。

g. 精车右端轴的外形。

h. 切槽。

② 调头装夹，以$\phi$32mm 外圆为安装基准，并取零件右端面中心为工件坐标系零点。其工艺路线如下。

a. 光端面，取轴向到尺寸。

b. 粗镗左端的孔。

c. 粗车左端$\phi$44mm 轴的外形。

d. 精镗左端的孔。

e. 精车左端$\phi$44mm 轴的外形。

(2) 刀具选择。

① 90° 外圆车刀 T0101，车端面，粗、精车外圆柱面。

② 切断刀 T0202：宽 4mm，车槽。

③ 内孔镗刀 T0303：粗、精内孔。

(3) 切削用量确定。

切削用量参见表 3-17。

表 3-17　切削用量表

| 加工内容 | 主轴转速 $S$/(r/min) | 进给速度 $F$/(mm/r) |
|---|---|---|
| 车端面 | 500 | 手动进给 |
| 打中心孔 | 1500 | 手动进给 |
| 打底孔 | 300 | 手动进给 |
| 粗车轴的外形 | 500 | 0.15 |
| 精车轴的外形 | 800 | 0.08 |
| 粗镗轴的内孔 | 500 | 0.15 |
| 精镗轴的内孔 | 800 | 0.08 |
| 切断 | 300 | 0.05 |

(4) 程序编制。

学生自己独立完成。

完成本任务需填写的表格如表 3-18～表 3-25 所示。

表 3-18　计划单

| **学习领域** | 数控车床编程与零件加工 | | | | |
|---|---|---|---|---|---|
| **学习情境 4** | 轴套类零件编程与加工 | | | **学时** | 12 |
| **计划方式** | 小组讨论，学生计划，教师引导 | | | | |
| **序　号** | **实施步骤** | | | | **使用资源** |
| | | | | | |
| | | | | | |
| | | | | | |
| | | | | | |
| | | | | | |
| | | | | | |
| | | | | | |
| | | | | | |
| | | | | | |
| **制订计划说明** | | | | | |
| **计划评价** | 班级 | | 第　组 | 组长签字 | |
| | 教师签字 | | | 日期 | |
| | 评语： | | | | |

表 3-19　决策单

| 学习领域 | 数控车床编程与零件加工 | | | | | | | |
|---|---|---|---|---|---|---|---|---|
| 学习情境 4 | 轴套类零件的编程与加工 | | | | | 学时 | | 12 |
| 方案讨论 | | | | | | | | |
| | 组号 | 实现功能 | 方案可行性 | 方案合理性 | 实施难度 | 安全可靠性 | 经济性 | 综合评价 |
| 方案对比 | 1 | | | | | | | |
| | 2 | | | | | | | |
| | 3 | | | | | | | |
| | 4 | | | | | | | |
| | 5 | | | | | | | |
| | 6 | | | | | | | |
| 方案评价 | 评语： | | | | | | | |
| 班级 | | 组长签字 | | 教师签字 | | | 月　日 | |

表 3-20　材料、设备、工/量具清单

| 学习领域 | 数控车床编程与零件加工 | | | | | | |
|---|---|---|---|---|---|---|---|
| 学习情境 4 | 轴套类零件的编程与加工 | | | | | 学时 | 12 |
| 类　型 | 序号 | 名　称 | 作　用 | 数量 | 型　号 | 使用前 | 使用后 |
| 所用设备 | 1 | 卧式数控车床 | 零件加工 | 6 | CK6140 | | |
| | 2 | 砂轮机 | 车刀刃磨 | 2 | SLJ50 | | |
| 所用材料 | 1 | 45 号钢 | 零件毛坯 | 6 | $\phi$45mm×110mm | | |
| 所用刀具 | 1 | 90° 外圆车刀 | 加工零件外形 | 6 | 20mm×20mm | | |
| | 2 | 切断刀 | 切断 | 6 | B4 | | |
| | 3 | 镗刀 | 加工内孔 | 6 | 20mm×20mm | | |
| | 4 | 中心钻 | 加工中心孔 | 6 | $\phi$5mm | | |
| | 5 | $\phi$16mm 莫氏锥柄钻头 | 加工零件底孔 | 6 | $\phi$16mm | | |
| 所用量具 | 1 | 钢板尺 | 测量长度 | 6 | 150mm | | |
| | 2 | 游标卡尺 | 测量线性尺寸、轴径 | 6 | 150mm | | |
| | 3 | 外径千分尺 | 测量轴径 | 6 | 25～50mm | | |
| | 4 | 百分表(带磁力表座) | 测量形位公差 | 6 | 0.01mm | | |
| | 5 | 内径量表 | 测量内孔尺寸 | 6 | 20～30mm | | |

续表

| 类　型 | 序　号 | 名　称 | 作　用 | 数　量 | 型　号 | 使用前 | 使用后 |
|---|---|---|---|---|---|---|---|
| 附件 | 1 | $\delta2$、$\delta1$、$\delta0.5$、$\delta0.2$ 系列垫刀片 | 调整刀具高度 | 各6片 | | | |
| 班级 | | 第　组 | | 组长签字 | | | |
| 教师签字 | | | | 日期 | | | |

表3-21　实施单

| 学习领域 | 数控车床编程与零件加工 | | |
|---|---|---|---|
| 学习情境4 | 轴套类零件的编程与加工 | 学时 | 12 |
| 实施方式 | 学生自主学习，教师指导 | | |
| 序　号 | 实施步骤 | 使用资源 | |
| | | | |
| | | | |
| | | | |
| 实施说明： | | | |
| 班级 | | 第　组 | 组长签字 |
| 教师签字 | | | 日期 |

表3-22　作业单

| 学习领域 | 数控车床编程与零件加工 | | |
|---|---|---|---|
| 学习情境4 | 轴套类零件的编程与加工 | 学时 | 12 |
| 作业方式 | 小组分析，个人解答，现场批阅，集体评判 | | |
| 1 | | | |

作业解答：利用G71进行图3-11所示零件加工程序编制

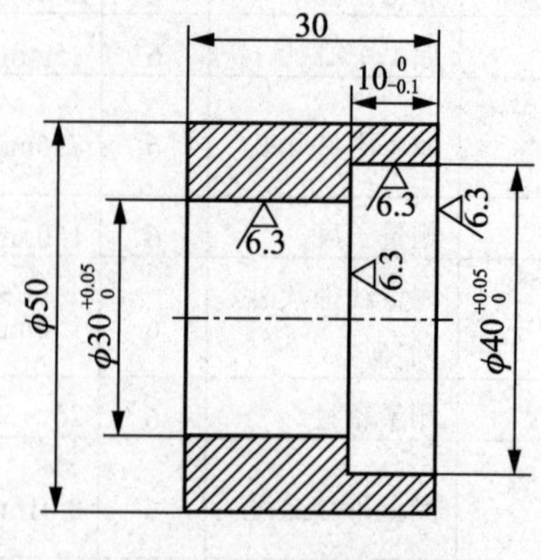


图3-11　加工的零件

续表

| 作业评价 | 班级 | | 第　组 | 组长签字 | | |
|---|---|---|---|---|---|---|
| | 学号 | | 姓名 | | | |
| | 教师签字 | | 教师评分 | | 日期 | |
| | 评语： | | | | | |

表 3-23　检查单

| 学习领域 | | 数控车床编程与零件加工 | | | |
|---|---|---|---|---|---|
| 学习情境 4 | | 轴套类零件的编程与加工 | | 学时 | 12 |
| 序号 | 检查项目 | | 检查标准 | 学生自检 | 教师检查 |
| 1 | 轴套类零件加工的实施准备 | | 准备充分、细致、周到 | | |
| 2 | 轴套类零件加工的计划实施步骤 | | 实施步骤合理，有利于提高零件加工质量 | | |
| 3 | 轴套类零件尺寸精度及表面粗糙度 | | 符合图样要求 | | |
| 4 | 实施过程中工、量具摆放 | | 定址摆放、整齐有序 | | |
| 5 | 实施前文具准备 | | 学习所需文具准备齐全，不影响实施进度 | | |
| 6 | 教学过程中的课堂纪律 | | 听课认真，遵守纪律，不迟到、不早退 | | |
| 7 | 实施过程中的工作态度 | | 在工作过程中乐于参与，积极主动 | | |
| 8 | 上课出勤状况 | | 出勤率达 95%以上 | | |
| 9 | 安全意识 | | 无安全事故发生 | | |
| 10 | 环保意识 | | 垃圾分类处理，不对环境产生危害 | | |
| 11 | 合作精神 | | 能够相互协作、相互帮助，不自以为是 | | |
| 12 | 实施计划时的创新意识 | | 确定实施方案时不随波逐流，见解合理 | | |
| 13 | 实施结束后的任务完成情况 | | 过程合理、工件合格，与组内成员合作良好 | | |

| 检查评价 | 班级 | | 第　组 | 组长签字 | |
|---|---|---|---|---|---|
| | 教师签字 | | | 日期 | |
| | 评语： | | | | |

表 3-24　评价单

| 学习领域 | 数控车床编程与零件加工 | | | | |
|---|---|---|---|---|---|
| 学习情境 4 | 轴套类零件的编程与加工 | | | 学时 | 12 |
| 评价类别 | 项　目 | 子项目 | 个人评价 | 组内互评 | 教师评价 |
| 专业能力(60%) | 资讯(6%) | 搜集信息(3%) | | | |
| | | 引导问题回答(3%) | | | |
| | 计划(6%) | 计划可执行度(3%) | | | |
| | | 设备材料工、量具安排(3%) | | | |
| | 实施(24%) | 工作步骤执行(6%) | | | |
| | | 功能实现(6%) | | | |
| | | 质量管理(3%) | | | |
| | | 安全保护(6%) | | | |
| | | 环境保护(3%) | | | |
| | 检查(4.8%) | 全面性、准确性(2.4%) | | | |
| | | 异常情况排除(2.4%) | | | |
| | 过程(3.6%) | 使用工具规范性(1.8%) | | | |
| | | 操作过程规范性(1.8%) | | | |
| | 结果(12%) | 结果质量(12%) | | | |
| | 作业(3.6%) | 完成质量(3.6%) | | | |
| 社会能力(20%) | 团结协作(10%) | 小组成员合作良好(5%) | | | |
| | | 对小组的贡献(5%) | | | |
| | 敬业精神(10%) | 学习纪律性(5%) | | | |
| | | 爱岗敬业、吃苦耐劳(5%) | | | |
| 方法能力(20%) | 计划能力(10%) | 考虑全面(5%) | | | |
| | | 细致有序(5%) | | | |
| | 决策能力(10%) | 决策果断(5%) | | | |
| | | 选择合理(5%) | | | |
| 评价评语 | 班级 | 姓名 | 学号 | 总评 | |
| | 教师签字 | 第　组 | 组长签字 | 日期 | |
| | 评语： | | | | |

表 3-25　教学反馈单

| 学习领域 | 数控车床编程与零件加工 | | | |
|---|---|---|---|---|
| 学习情境 4 | 轴套类零件的编程与加工 | 学时 | 12 | |
| 序　号 | 调查内容 | 是 | 否 | 理由陈述 |
| 1 | 对任务书的了解是否深入、明了 | | | |
| 2 | 是否能熟练运用 G90、G71、G70 及 M 辅助功能指令进行“轴套类零件加工”的编程 | | | |
| 3 | 能否正确对刀 | | | |
| 4 | 能否正确安排“轴套类零件加工”数控加工工艺 | | | |
| 5 | 能否了解“内径量表”的正确使用方法 | | | |
| 6 | 在加工实施过程中，是否能根据维修文件熟练进行机床的简单维护 | | | |
| 7 | 小组间的交流与团结协作能力是否有所增强 | | | |
| 8 | 同学的信息检索与自主学习能力是否有所增强 | | | |
| 9 | 同学是否遵守规章制度 | | | |
| 10 | 你是否对教师的指导满意 | | | |
| 11 | 在“轴套类零件加工”实施结束后所采用的评价方式是否科学、合理 | | | |
| 12 | 新教学模式是否适应“轴套类零件加工”这个教学情境 | | | |

你的意见对改进教学非常重要，请写出你的意见和建议

| 调查信息 | 被调查人签名 | | 调查时间 | |
|---|---|---|---|---|

# 第 4 章　直方槽的编程与加工

本章的任务单、资讯单及信息单如表 4-1～表 4-3 所示。

表 4-1　任务单

| 学习领域 | 数控铣削编程与零件加工 | | |
|---|---|---|---|
| 学习情境 5 | 直方槽的编程与加工 | 学时 | 24 |
| 布置任务 | | | |
| 学习目标 | (1) 认识数控铣床，掌握数控铣床的组成、分类及加工特点；<br>(2) 正确理解机床坐标系、机床原点、工件坐标系、工件原点，正确设置工件坐标系，掌握数控铣床对刀过程；<br>(3) 掌握铣床程序的组成；<br>(4) 掌握数控铣床编程特点；<br>(5) 学会利用准备功能指令 G00、G01 和辅助功能指令 M03、M05、M30 以及 S、T、F 指令进行典型直方槽零件的编程；<br>(6) 正确理解典型直方槽的编程与加工走刀路线；<br>(7) 掌握数控铣床加工典型直方槽的操作步骤；<br>(8) 了解常用零件材料 45 钢的切削加工性能；<br>(9) 能够根据零件的类型、材料及技术要求正确选择刀具；<br>(10) 学会利用游标卡尺、外径千分尺和深度尺正确检测直线外形平面类零件外形尺寸；<br>(11) 学会简单维护数控铣床；<br>(12) 在“典型直方槽的编程与加工”实操过程中进一步形成良好的工作习惯，树立安全生产的意识<br>(13) 培养学生爱国主义精神，增强民族自豪感。<br>培养学生爱国主义精神.mp4 | | |
| 任务描述 | 1. 工作任务<br>完成图 4-1 所示直方槽零件的加工。 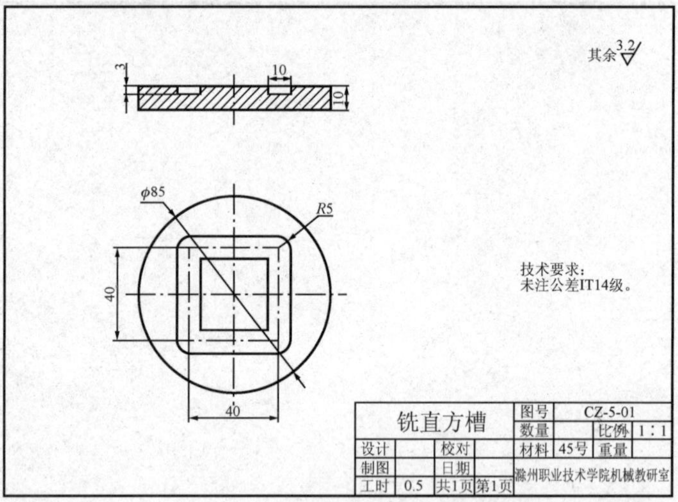<br>图 4-1　直方槽 | | |

续表

<table>
<tr><td>任务描述</td><td colspan="6">2. 完成主要工作任务<br>(1) 编制铣削图 4-1 所示直方槽类零件的加工工艺；<br>(2) 进行图 4-1 所示直方槽类零件加工程序的编制；<br>(3) 完成直方槽类零件的铣削加工</td></tr>
<tr><td>学时安排</td><td>资讯 8 学时</td><td>计划 1 学时</td><td>决策 1 学时</td><td>实施 12 学时</td><td>检查 1 学时</td><td>评价 1 学时</td></tr>
<tr><td>提供资料</td><td colspan="6">(1) 教材：余英良. 数控加工编程及操作. 北京：高等教育出版社，2005<br>(2) 教材：顾京. 数控加工编程及操作. 北京：高等教育出版社，2003<br>(3) 教材：宋放之. 数控工艺员培训教程. 北京：清华大学出版社，2003<br>(4) 教材：田萍. 数控加工工艺. 北京：高等教育出版社，2003<br>(5) 教材：唐应谦. 数控加工工艺学. 北京：劳动保障出版社，2000<br>(6) 教材：张信群. 公差配合与互换性技术. 北京：北京航空航天大学出版社，2006<br>(7) 教材：许德珠. 机械工程材料. 北京：高等教育出版社，2001<br>(8) 教材：吴桓文. 机械加工工艺基础. 北京：高等教育出版社，2005<br>(9) 教材：卢斌. 数控机床及其使用维修. 北京：机械工业出版社，2001<br>(10) FANUC31i 铣床操作维修手册，2010<br>(11) FANUC31i 数控系统铣床编程手册，2010<br>(12) SIEMENS 802D 铣床编程手册，2010<br>(13) SIEMENS 802D 铣床操作维修手册，2010<br>(14) 中国模具网　http://www.mould.net.cn/<br>(15) 国际模具网　http://www.2mould.com/<br>(16) 数控在线　http://www.cncol.com.cn/Index.html<br>(17) 中国金属加工网　http://www.mw35.com/<br>(18) 中国机床网　http://www.jichuang.net/</td></tr>
<tr><td>对学生的要求</td><td colspan="6">1. 知识技能要求<br>(1) 认识数控铣床，掌握数控铣床的组成、分类及加工特点；<br>(2) 正确理解机床坐标系、工件坐标系，正确设置工件坐标系，熟练掌握数控铣床对刀过程；<br>(3) 掌握数控铣床编程特点；<br>(4) 学会利用准备功能指令 G00、G01、G96、G97、G98、G99 和辅助功能指令 M03、M05、M30 以及 S、T、F 指令进行典型直方槽的编程；<br>(5) 任务实施加工阶段，能够操作数控铣床加工典型直方槽类零件；<br>(6) 能够根据零件的类型、材料及技术要求正确选择刀具；<br>(7) 在任务实施过程中，能够正确使用工具、量具，用后做好维护和保养工作；<br>(8) 每天使用机床前对机床导轨注油一次，加工结束后应清理机床，做好机床使用基本维护和保养工作；<br>(9) 每天实操结束后，及时打扫实习场地卫生；<br>(10) 本任务结束时每组需上交 6 件合格的零件；<br>(11) 按时、按要求上交作业。<br>2. 生产安全要求<br>严格遵守安全操作规程，绝不允许违规操作。应特别注意：加工零件、刀具要夹紧可靠，夹紧工件后要立即取下夹盘扳手<br>3. 职业行为要求<br>(1) 文具准备齐全；<br>(2) 工、量具摆放整齐；<br>(3) 着装整齐；<br>(4) 遵守课堂纪律；<br>(5) 具有团队合作精神</td></tr>
</table>

表 4-2　资讯单

| 学习领域 | 数控铣削编程与零件加工 | | |
|---|---|---|---|
| 学习情境 5 | 直方槽的编程与加工 | 学时 | 24 |
| 资讯方式 | 学生自主学习、教师引导 | | |
| 资讯问题 | (1) 认识什么是数控铣床、数控铣床和普通铣床的区别？<br>(2) 数控铣床由几个部分组成，如何分类，其加工特点是什么？<br>(3) 什么是机床坐标系、机床原点、工件坐标系、工件原点，如何正确设置工件坐标系，如何正确对刀？<br>(4) 数控铣床程序由哪几个部分组成？<br>(5) 准备功能指令 G00、G01 的作用及编程格式是什么？<br>(6) 辅助功能 M 指令及 T、F、S 指令在程序中起什么作用？<br>(7) 怎样正确安排典型直方槽的编程与加工走刀路线？<br>(8) 常用平面零件材料 45 钢切削加工性能如何？<br>(9) 根据零件的类型、材料及技术要求如何正确选择刀具？<br>(10) 对于数控粗、精铣如何正确选择合理的切削用量？<br>(11) 如何正确选择游标卡尺、外径千分尺、深度尺并正确使用？<br>(12) 怎样进行数控铣床简单维护，维护数控铣床要点有哪些？<br>(13) 操作数控机床要树立哪些安全生产意识？<br>(14) 6S 是什么，在生产中如何养成 6S 习惯？ | | |
| 资讯引导 | (1) 数控机床、数控机床的组成、分类及加工特点参阅教材《数控加工编程及操作》(余英良主编. 北京：高等教育出版社，2005)；<br>(2) 机床坐标系、机床原点、工件坐标系、工件原点，正确设置工件坐标系参阅教材《数控加工编程及操作》(余英良主编. 北京：高等教育出版社，2005)；<br>(3) 数控铣床对刀过程参阅《S1354-B 铣床 CNC 使用手册》；<br>(4) 铣床程序的组成、数控铣床编程特点参阅教材《数控加工编程及操作》(余英良主编. 北京：高等教育出版社，2005)；<br>(5) 准备功能指令 G00、G01 的作用及编程格式，辅助功能 M 指令及 T、F、S 指令的作用参阅教材《数控加工编程及操作》(余英良主编. 北京：高等教育出版社，2005)；<br>(6) 数控铣削工艺参阅教材《数控加工编程及操作》(余英良主编. 北京：高等教育出版社，2005)；<br>(7) 零件材料 45 钢的切削加工性能参阅教材《机械工程材料》(许德珠主编. 北京：高等教育出版社，2001)；<br>(8) 游标卡尺、外径千分尺、深度尺的正确使用方法，对检测直线外形类零件外径尺寸正确检测参阅教材《公差配合与互换性技术》(张信群主编. 北京：北京航空航天大学出版社，2006)；<br>(9) 数控铣床的使用与维护参阅教材《数控机床及其使用维修》(卢斌主编. 北京：机械工业出版社，2001) | | |

表 4-3　信息单

| 学习领域 | 数控铣削编程与零件加工 | | |
|---|---|---|---|
| 学习情境 5 | 直方槽的编程与加工 | 学时 | 24 |
| 信息内容 | | | |

# 任务 4.1　认识数控铣床

## 4.1.1　数控铣床的功能及加工对象

认识数控铣床(内嵌).mp4

数控铣床的种类很多，不同的数控铣床的功能也不完全相同，其功能大致可分为一般功能和特殊功能。一般功能是指各类数控铣床都具有的功能，如各种固定循环功能、刀具半径补偿功能、点位控制功能、直线控制功能和轮廓控制功能等。特殊功能则是指数控铣床在增加了一定的特殊装置或附件后，才具有的一些特殊功能，如自动交换工作台功能、刀具长度补偿功能、靠模加工功能、自适应功能、断刀报警功能等。

与数控镗铣类加工中心相比，数控铣床除了没有刀库和自动换刀功能外，其他的结构和功能都与镗铣类加工中心基本相同，可以对各种工件进行钻孔、扩孔、锪孔、铰孔、镗孔的加工及攻螺纹等，但是数控铣床的最主要功能还是进行铣削类加工。

### 1．适合于数控铣床加工的零件

1) 周期性重复生产的零件

某些机械产品的市场需求具有一定的周期性和季节性，若采用专机生产则经济效益太差；采用普通设备则加工效率低，质量又难以保证。而采用数控铣床完成首件(批)加工后，该零件的加工程序和相关的生产信息都可以保存下来，当下一批同样产品再生产时，只需要很短的准备时间，使得生产周期大大缩短。

2) 高精度零件

有些设备上的关键部件，需求量小，但要求其精度高、一致性好。而数控铣床本身所具有的高精度正好可以满足产品要求，同时由于整个生产加工过程完全由程序自动控制，从而避免了人为因素的干扰，保证了同一批产品的质量一致性。

3) 形状复杂的零件

多轴联动的应用以及各种 CAD/CAM 技术的不断成熟与完善，使得被加工零件的形状复杂程度可以大大提高。另外，DNC 加工(在线加工)方式的使用使复杂零件的自动加工变得更加容易和方便。

4) 具有合适批量的零件

数控铣床适合中、小批量的生产加工，甚至是单件生产。

### 2．数控铣床的主要加工对象

1) 平面类工件

加工平行、垂直于水平面或者加工面与水平面的夹角为定角度的工件，则称为平面类工件。其特点是：各个需加工面必须是平面或者可以展开为平面。

2) 曲面类工件

如果待加工面是空间曲面的工件，则属于曲面类零件。它的特点是：待加工面不能展开为平面，但同时加工面又始终与铣刀为点接触。一般采用三坐标联动数控铣床来加工曲面类工件。

3) 角度变化类工件

当加工面与水平面的夹角是连续性变化的工件时，就称为角度变化类工件。该类零件多为航天航空设备上的零件。其特点是：加工面不能展开为平面，而且在加工过程中，加工面与铣刀接触的一瞬间为一条直线。一般情况下，最好采用四坐标、五坐标联动的数控铣床进行摆角加工。

## 4.1.2 数控铣床的分类

数控铣床根据结构和功能的不同，可以分为许多种类，一般常根据主轴方向的不同分为以下 3 类。

### 1. 立式数控铣床

立式数控铣床是数控铣床中应用范围最广、数量最多的一种。从数控系统所控制的坐标数量来看，立式数控铣床多采用三坐标数控系统，可以进行三轴联动加工，也可以实现两轴或者两轴半(NC 装置只能同时控制两个轴的移动，而第三轴只能做等距离周期性移动)控制。如果主轴能够绕 *X*、*Y*、*Z* 轴中的一个或者两个轴做出一定的摆角加工，则称为四坐标或者五坐标立式数控铣床。当然，数控铣床可控轴数越多，特别是可联动轴数越多，则机床的功能就越强大，加工范围就越广，可加工对象就越多。但同时也使得对 NC 装置的要求更高，编程的难度随之增大，机床的结构更加复杂，设备价格也就越高。因此，三坐标数控系统在立式数控铣床上应用最为普遍。

*X*、*Y*、*Z* 轴的移动也随机床的规格不同而有所区别。一般情况下，小型数控立式铣床 *X*、*Y*、*Z* 轴的移动都由工作台来完成；主运动由主轴来完成。其结构和运动方式与普通升降台式铣床相类似。中型数控立式铣床的 *X* 轴和 *Y* 轴的移动通常由工作台完成，而且工作台也能进行手动升降；主轴不仅完成主运动，同时还要完成 *Z* 轴的运动。大型数控立式铣床由于必须具有较大行程、较高的刚性，而且要尽量减小体积，所以通常采用龙门架移动式结构。龙门架沿床身做纵向(*X* 轴)移动；主轴在龙门架的横向(*Y* 轴)和垂直溜板上(*Z* 轴)移动。图 4-2 即为五坐标龙门式数控铣床的结构示意图。

在某些情况下，为了扩大立式数控铣床的功能、加工范围、加工对象和提高加工效率，也可以依靠给立式数控铣床增加数控转盘、自动交换工作台、增加靠模等方式来实现。

### 2. 卧式数控铣床

卧式数控铣床的结构设计和普通卧式铣床相同，即其主轴轴线平行于水平面。同时卧式数控铣床为了增强其加工功能、扩大加工范围，通常都采用数控转盘或者万能数控转盘的方式来实现四轴或者五轴加工。

卧式数控铣床与立式数控铣床相比较，其优势在于在增加了数控转盘以后，通过一次工件装夹，就可以对工件的所有侧面进行加工，即“四面加工”，如果增加了万能数控转盘，则可以通过适当调整万能数控转盘，从而将工件上呈现不同角度或者空间角度的加工面转换成水平面来加工，这样就可以大大提高加工效率，节省很多成形铣刀和专用夹具。特别适合于箱体类零件的加工。但在价格方面，同等规格的卧式数控铣床要高于立式数控铣床。卧式数控铣床的结构示意图如图 4-3 所示。

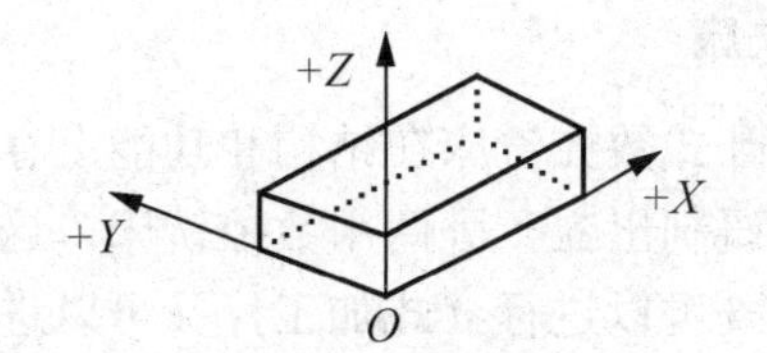


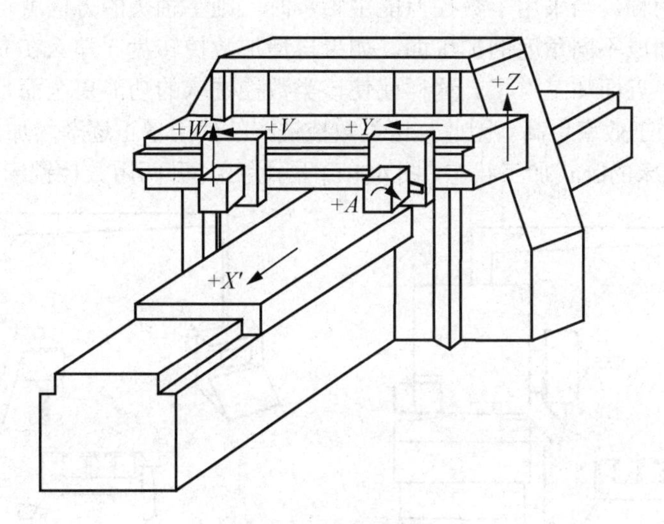


图 4-2　龙门式数控铣床

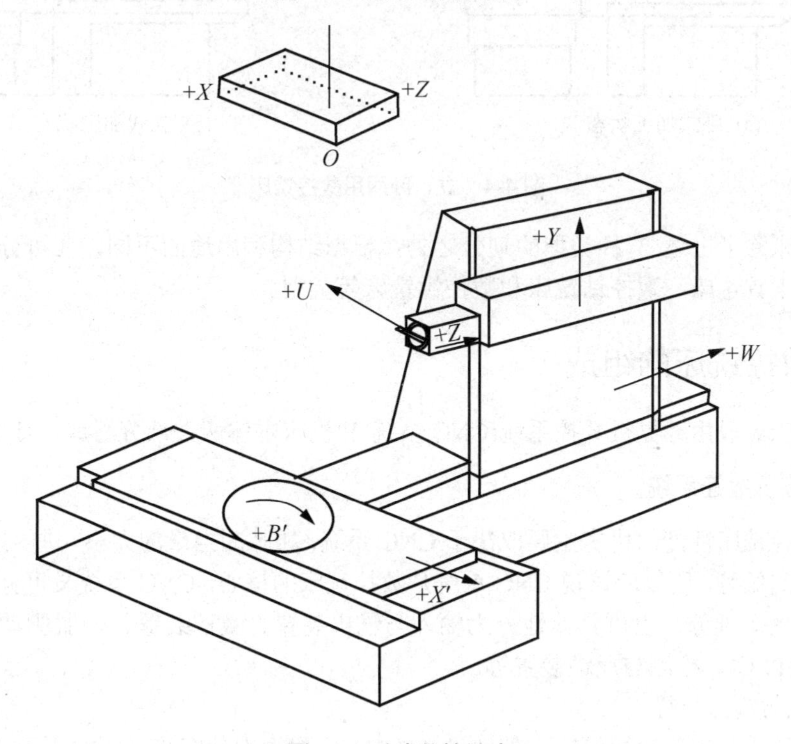


图 4-3　卧式数控铣床

3．立、卧两用数控铣床

由于立式数控铣床和卧式数控铣床在结构和功能上存在着一定的区别，为了综合两种数控铣床的优点，便成功研制出立、卧两用数控铣床。这类铣床的主轴方向可以变换为水平与垂直两种方式，所以既可以进行立式加工，又可以进行卧式加工。主轴方向的变换方式有手动和自动两种。当采用了数控万能主轴头时，则主轴头的方向就可以任意变换，进而加工出与水平面成不同角度的加工面。如果再增加数控转盘，那么在立、卧两用数控铣床上就可以实现“五面加工”了。这样就使该类数控铣床的功能更全面，适用范围更广，加工对象更多，加工效率更高。因此，这类数控铣床的使用量正逐渐增加。图4-4(a)所示为立、卧两用数控铣床的卧式加工状态，图4-4(b)所示为立、卧两用数控铣床的立式加工状态。

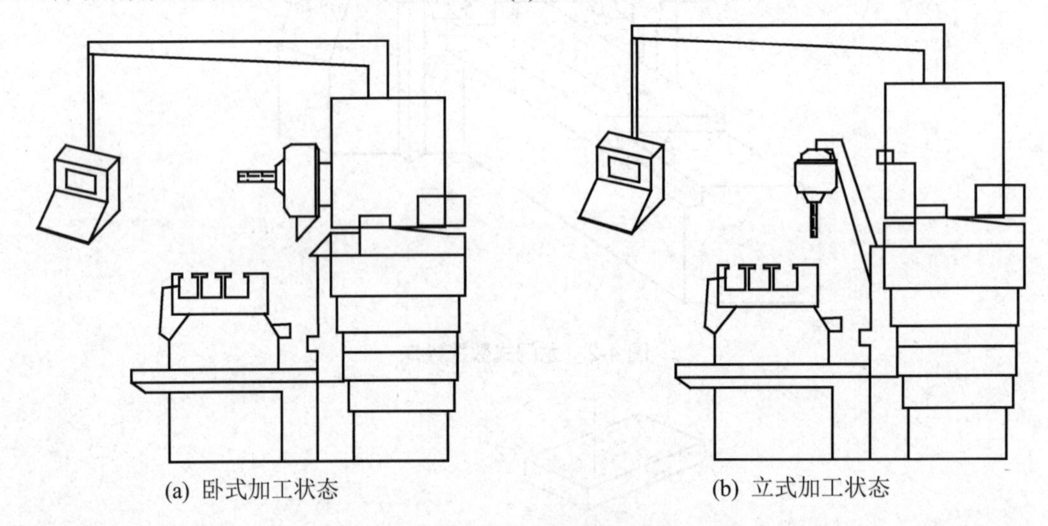

(a) 卧式加工状态　　(b) 立式加工状态

图4-4　立、卧两用数控铣床

数控铣床除了上述3种类型的划分之外，根据结构和用途的不同，还可分为数控仿形铣床、数控工具铣床、数控钻铣床和数控镗铣床等类型。

## 4.1.3　数控铣床的组成

数控铣床一般由计算机数控系统(CNC系统)和机床本体两大部分组成，如图4-5所示。

### 1．计算机数控系统

一台数控铣床性能的优劣主要取决于CNC系统，如脉冲当量的大小、进给速度的高低、检测精度的高低等，所以应该说CNC系统是数控铣床的核心。CNC系统又可分为硬件设备和数控软件两个部分，也可具体地分为输入与输出装置、数控装置、伺服驱动装置、可编程序控制器(PLC)、检测与反馈装置等。

1) 输入与输出装置

输入与输出装置是数控铣床与外部设备的接口。根据零件图编制的加工信息(程序)必须通过输入装置输送到机床数控系统后，数控系统才能根据程序控制机床的运动，从而加工出满足图纸要求的零件；机床内存中的程序也可以通过输出装置传送到不同的存储介质上。

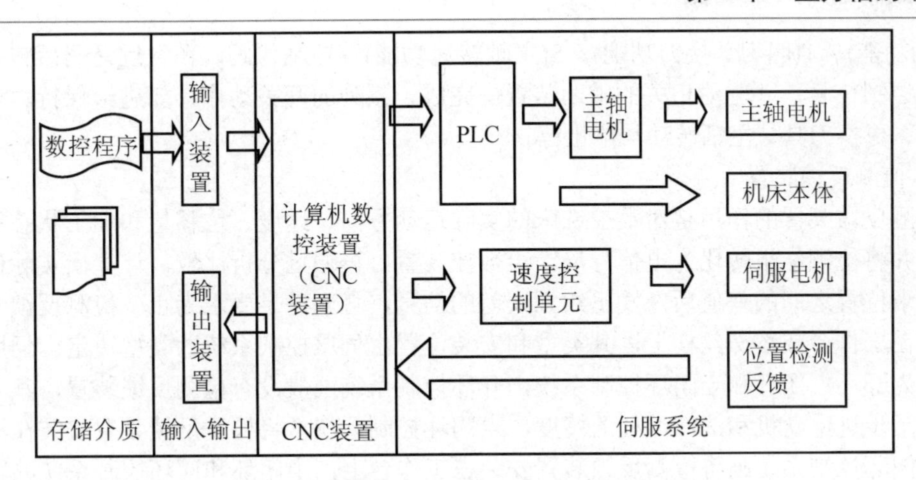


图 4-5　数控铣床的组成

由于编制好的加工程序一般都存放在穿孔纸带、磁盘、磁带、光盘上，所以常用的典型输入装置有纸带阅读机、磁带机、磁盘驱动器等。

手动数据输入方式(Manual Data Input，MDI)和程序编辑方式(EDIT)也是常用的输入方式。操作人员可以直接在 NC 装置的控制面板上利用键盘输入、编辑、修改程序和发送各种命令，同时可利用显示器显示各项操作是否正确。

目前，RS-232C 串行通信接口也应用得越来越广泛。

2) 数控装置

数控装置是数控铣床的核心，现代的数控铣床都采用计算机数控装置(CNC 装置)。它主要包括微处理器(CPU)、存储器、各种接口电路、CRT 显示器、键盘等。它的作用是接收外部所输入的信息(程序)后，通过各种插补运算得到最优化的刀具或工作台的运动轨迹，并将信号输出到执行元件(伺服元件、驱动元件)上，最终加工出合格的工件。可以把数控装置的作用概括为 3 点，即输入、轨迹插补运算、位置控制。

3) 伺服驱动装置

伺服驱动装置包括伺服驱动电机、各种伺服驱动元件和执行机构，是整个数控系统的执行部分。其中，伺服元件的主要作用是接收来自数控装置的进给指令，经过放大和变换后再输送给驱动装置，这样由数控装置发出的微弱信号就变成了大功率信号。根据接收指令形式的不同可以将伺服单元分为模拟式和脉冲式，根据电源种类的不同又将其分为直流伺服单元和交流伺服单元。驱动装置将放大后的指令信号转换成各种机械运动，主要是刀具和工作台之间的相对运动。

一台数控铣床的程序运行完全是依靠伺服驱动装置来完成的，因此伺服驱动装置是数控铣床的重要组成部分。可以这样说，一台数控铣床功能的强弱主要由数控装置决定，而其性能的好坏则主要取决于它的伺服驱动装置。

4) 可编程序控制器(PLC)

数控铣床的自动控制是由 CNC 系统和 PLC 共同完成的。其中 CNC 系统主要完成与数字运算和管理方面有关的工作，包括轨迹插补运算、译码和编辑加工程序等。PLC 是专门应用于工业环境的以微处理器为基础的通用型自动控制装置。它的主要作用是解决各种工业设备中的逻辑关系和开关量的控制，但没有轨迹运算与控制的功能，如 PLC 可以接收

M(辅助功能)、T(叫刀、换刀功能)、S(主轴转速功能)等控制代码，在经过译码后转换为相对应的控制信号，并驱动相关的辅助装置去完成一系列的开关动作，如进给保持、切削液的开关、更换刀具、主轴转动与停止等。

5) 检测反馈装置

检测反馈装置的作用是对数控铣床的实际运动方向、速度、位移量和加工状态等加以检测，并将检测结果转化为电信号反馈给数控装置，再通过分析比较，计算出实际位置与指令要求位置之间的差值后，发出纠正误差的信号，直到满足要求为止。检测反馈装置通常安装在工作台或滚珠丝杠上，其类型和安装位置由伺服控制系统的类型决定。伺服系统一般分为开环、闭环和半闭环控制系统，开环控制系统一般没有检测反馈装置，其系统精度取决于步进电动机和滚珠丝杠的精度，半闭环控制系统常将检测反馈装置安装在滚珠丝杠上，闭环控制系统则将检测反馈装置安装在工作台上，半闭环和闭环控制系统的精度由检测反馈装置的精度来决定。常用的位置检测元件有磁栅、光栅、感应同步器等。

#### 2．机床本体

机床本体是加工运动的实际机械部件，是数控铣床的主体，主要包括基础部件(床身、立柱、底座)、主运动部件(主轴)、进给运动部件(工作台、刀架)以及冷却、润滑、转位等部件。

机床本体不但要完成数控装置所控制的各种运动，而且还要承受包括切削力在内的各种力，所以机床本体必须具有良好的几何精度、足够的刚度、比较小的热变形、低的摩擦阻力，才能保证数控铣床的加工精度。

数控铣床的机床本体与普通铣床相比具有以下特点。

(1) 采用高性能主轴部件及传动机构。

(2) 机械结构具有较高刚度和耐磨性，热变形小。

(3) 采用了更多的高精度传动部件，如滚动导轨、静压导轨、滚珠丝杠等。

### 4.1.4 主轴传动系统的要求

随着各项技术的不断发展，现代数控铣床对主轴传动系统也提出了更多、更高的要求。

#### 1．具有更大的调速范围

数控铣床为了能在加工中选用合理的切削用量，从而获得最高的生产效率、加工精度和表面质量，就必须具有更大的调速范围。数控铣床的主轴变速是由程序指令控制的，要求能在较宽的范围内实现无级调速，减少了中间环节，简化了主轴箱。一般要求达到1∶(100～1000)的恒转矩调速范围、1∶10 的恒功率调速范围，而且能够实现四象限驱动功能。

#### 2．主轴输出功率大

为了满足生产加工的要求，数控铣床的主轴在整个速度范围内都必须能提供切削所需的功率，如果能达到主轴电机的最大输出功率则更好，也就是恒功率范围要宽。但由于主轴电动机在低速阶段均为恒转矩输出，因此为了满足数控铣床低速时强力切削的要求，常采用分段无级变速的方法，即在低速时采用机械减速装置，以提高输出转矩。

### 3. 具有较高的刚度和精度

数控铣床的加工精度与其主传动系统的精度密切相关，因此必须提高主轴传动件的制造精度和刚度，齿轮、齿面经过调频感应加热淬火以增加耐磨性；最后一级采用斜齿轮传动，使传动平稳；采用高精度的轴承、合理的支承跨距，以提高主轴组件的刚性。

### 4. 具有良好的抗震性和热稳定性

数控铣床在加工过程中，由于断续切削、加工余量不均匀、运动部件不平衡和切削过程中的自振等原因所引起的冲击力或者交变力的影响，使主轴产生振动，从而影响加工精度和表面粗糙度，甚至可能破坏刀具或主传动系统中的零件。同时主传动系统的发热又使其中所有的零部件产生热变形，降低传动效率，破坏零部件之间的相对位置精度和运动精度，从而造成加工误差。因此，主轴组件要有较高的固有频率，实现动平衡，并保持合适的配合间隙，而且要进行循环润滑等。

主轴传动系统除了以上要求之外，还有主轴定向准停控制、主轴旋转与坐标轴进给的同步、恒线速度切削等控制要求。

## 4.1.5　主传动的变速方式

数控铣床常用的主传动变速方式有以下两种。

### 1. 具有变速齿轮的主传动

这是大、中型数控铣床经常采用的一种变速方式。它通过几级齿轮降速，以增大输出扭矩，从而满足主轴输出扭矩特性的要求。

### 2. 利用调速电动机变速的主传动

调速电动机直接驱动的主传动就是用电动机来直接带动主轴旋转，这种方式进一步简化了主轴和主轴箱体的结构，提高了主轴部件的刚度，但同时却使主轴的输出转矩减小，而且电动机发热又会对主轴的精度产生较大的影响。根据主轴电动机的类别不同，又分为直流主轴调速和交流主轴调速两种。

最近几年来，又出现了一种新型的内装式电动机主轴，即主轴与电动机的转子合为一个整体。它的优点是主轴部件结构紧凑、惯量小、重量轻，因此提高了机床主轴的启动和停止的响应特性，而且更有利于控制机床的振动和噪声。但这种类型的主轴传动方式也有一个很大的缺点，那就是主轴电动机高速运转时所产生的热量会使主轴产生热变形。因此在使用这种主轴传动方式时，必须解决好其温度控制和冷却这两大关键问题。图 4-6 所示为内装式电动机主轴驱动系统。

数控铣床除了运用以上所介绍的主轴传动系统之外，还有一种主轴分段无级变速及控制系统也常用于数控铣床上。一般的主轴无级调速机构，虽然能够大大简化主轴箱的结构，但是却会经常造成在低速阶段其输出转矩不能满足大力切削所要求的转矩。因此要想在整个速度范围内实现无级调速，就必须选用大输出功率的主轴电动机，这样就使得主轴电动机和驱动装置在体积、重量、成本上都要大大增加，同时也降低了运行的效率。为了更好地解决以上问题，有些数控铣床就采用了主轴分段无级变速控制系统，即采用 1～4 挡齿轮变速与电动机无级变速相结合的方式，这样既满足低速时的转矩要求，又满足了主轴最高转速的要求。一般在数控系统的参数区设置M41、M42、M43、M44这4个转速挡。

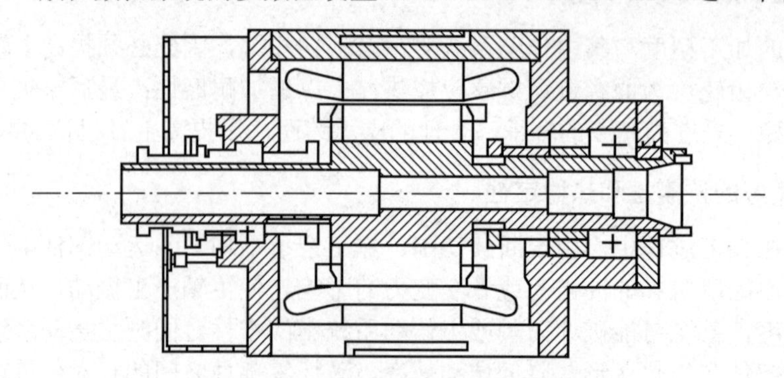

图4-6 内装式电动机主轴驱动系统

## 4.1.6 数控铣床对进给系统机械传动装置的基本要求

### 1. 高的定位精度和传动精度

数控铣床是通过预先编制好的程序对工件进行自动加工的，在加工过程中不可能用手动操作去调整和补偿各种因素对加工精度的影响，所以机械传动装置的定位精度和传动精度最直接地影响零件的加工精度，也最直接地反映出产品的质量。为了保证机械传动装置的定位精度和传动精度，在数控铣床的设计和制造过程中，常通过在进给系统中加入减速齿轮(减小脉冲当量)，将滚珠丝杠预紧，消除齿轮、蜗轮等传动件之间的间隙等方法来达到这一目的。

### 2. 减小各运动部件的惯量

在数控自动加工过程中，要想确保加工精度，就必须要求各进给运动部件能够迅速启动和停止，也就是对外部信号的反应要灵敏，所以数控铣床在满足传动的强度和刚度条件下，应尽量减小运动件的惯量。

### 3. 减小各运动件的摩擦力

只有减小了运动件的摩擦(如主轴的升降、工作台的直线移动和丝杠传动等)，才能消除爬行，长期确保数控铣床的加工精度，提高系统的稳定性。

### 4. 要有适当的阻尼

由于阻尼一方面可以增强系统的稳定性，另一方面阻尼又会降低伺服系统的快速响应特性，所以对于阻尼的选择一定要适当。

### 5. 高的稳定性

一个自动控制系统性能的好坏首先取决于其稳定性，稳定性是进给伺服系统正常工作的最基本条件，如当外部负载变化时机床不能产生共振、低速进给切削时不能出现爬行现象等。但系统的稳定性又与系统的惯性、刚性、阻尼和增益等有着密切关系，只有适当选择各项参数，才能使整个系统达到最佳的工作性能。

6．较长的使用寿命

数控铣床的使用寿命是指保持机床定位精度和传动精度的时间，也就是各传动部件保持其原有制造精度的能力。要想使数控铣床获得较长的使用寿命，就必须合理选择各传动件的材料、热处理方法和加工工艺，同时还要采用适当的润滑方式和一定的防护措施。

## 4.1.7　进给系统机械传动装置的典型结构

滚珠丝杠螺母副是将回转运动与直线运动相互转换的新型理想传动装置，它是在具有螺旋槽的丝杠和螺母之间装有滚珠，属于螺旋传动机构的一种新形式。滚珠丝杠螺母副与传统的滑动丝杠螺母副相比，具有系统刚度高、运动平稳、传动精度高、耐磨性好、使用寿命长等特点。

根据滚珠循环方式的不同，可以将滚珠丝杠螺母副分为外循环式和内循环式两种，其结构如图 4-7 所示。

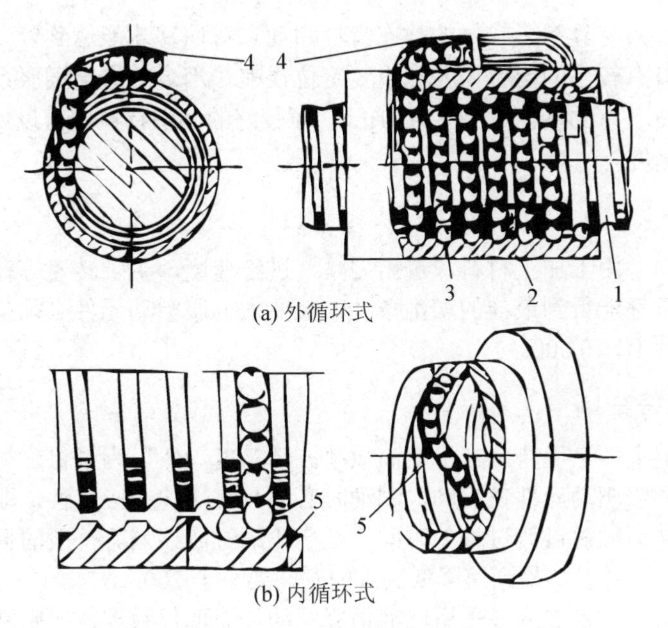


图 4-7　滚珠丝杠螺母副的结构

1—丝杠；2—螺母；3—滚珠；4—回珠管；5—反向器

滚珠丝杠螺母副的工作原理是：在丝杠和螺母上都加工有弧形螺旋槽，当把它们装在一起时就形成了螺旋通道，并且滚道内填满滚珠。当丝杠相对于螺母旋转时，两者就产生了轴向位移，而滚珠则可以沿着滚道移动。内循环式与外循环式最主要的区别是内循环式的滚珠在循环过程中始终与滚道相接触，而外循环式的滚珠则在螺母体内和体外做循环运动。

滚珠丝杠螺母副的传动间隙是轴向间隙，当丝杠反向转动时，将会产生空回误差，从而影响其传动精度和轴向精度。一般采用预紧的方法来减小轴向间隙，保证反向传动时的传动精度和轴向精度。常用的预紧方法有以下几种。

(1) 双螺母螺纹式预紧。

(2) 双螺母垫片式预紧。

(3) 双螺母齿差式预紧。

(4) 弹簧式自动预紧。

(5) 单螺母变位导程式预紧。

### 4.1.8 数控铣床对进给系统伺服驱动元件的基本要求

数控系统所发出的各种控制指令，必须通过进给系统的伺服驱动元件才能驱动机械执行元件(如滚珠丝杠等)，最终实现精确的进给运动。所以它的性能决定了数控铣床的许多性能，如定位精度、最高移动速度、轮廓跟随精度等。因此，数控铣床对伺服驱动元件提出了以下要求。

#### 1. 高精度

伺服驱动元件只有具有了较好的静态特性和动态特性，才能达到较高的定位精度，从而保证数控铣床具有较小的定位误差和重复定位误差，当今的进给伺服系统的分辨率可高达 1μm 或者 0.1μm，有的甚至达到了 0.01μm。而较好的动态特性则可以保证数控铣床具有较高的轮廓跟随精度。

#### 2. 宽调速

在数控加工中，由于加工材料、选用刀具、进给速度、主轴转速等存在着很大差别，要想在任何情况下都能得到最佳的切削条件，就要求伺服驱动元件必须具有足够宽的调速范围，一般要达到 1∶10 000。

#### 3. 快速响应特性

数控加工的很大一个优势就在于其高效率、高精度，所以为了保证加工精度和提高生产效率，就要求伺服驱动元件在启动、制动时必须具有快速响应特性，即加、减速时的加速度要足够大，从而缩短过渡过程的时间、减小轮廓过渡误差。一般的伺服驱动元件在速度从零增加到最高速或者从最高速降低到零的时间要小于 200ms。

对于较早时期的数控铣床多采用电液伺服驱动，而现代数控铣床则基本上都采用了全电气伺服驱动元件。全电气伺服驱动元件主要包括各类步进电动机、直流伺服电动机和交流伺服电动机等，其中又以交流伺服电动机各项综合性能最优，应用也最为广泛。

## 任务 4.2 认识数控机床的坐标系

### 4.2.1 机床坐标系的确定

#### 1. 机床相对运动的规定

在机床上，始终认为工件静止，而刀具是运动的。这样编程人员在不考虑机床上工件与刀具具体运动的情况下，就可以依据零件图样，确定机床的加工过程。

**2．机床坐标系的规定**

在数控机床上，机床的动作是由数控装置来控制的，为了确定数控机床上的成形运动和辅助运动，必须先确定机床上运动位移和运动方向，这就需要通过坐标系来实现，这个坐标系称为机床坐标系。

标准机床坐标系中 *X*、*Y*、*Z* 坐标轴的相互关系用右手笛卡儿坐标系决定。

(1) 伸出右手的大拇指、食指和中指，并互为 90°，则大拇指代表 *X* 轴方向，食指代表 *Y* 轴方向，中指代表 *Z* 轴方向。

(2) 大拇指的指向为 *X* 坐标轴的正方向，食指的指向为 *Y* 坐标轴的正方向，中指的指向为 *Z* 坐标轴的正方向。

(3) 围绕 *X*、*Y*、*Z* 坐标轴旋转的坐标分别用 *A*、*B*、*C* 表示，根据右手螺旋定则，大拇指的指向为 *XYZ* 坐标系中任意轴的正向，则其余四指的旋转方向即为旋转坐标轴 *A*、*B*、*C* 的正向。

**3．运动方向的规定**

增大刀具与工件距离的方向即为各坐标轴的正方向。

## 4.2.2　坐标轴方向的确定

**1．*Z* 坐标**

*Z* 坐标的运动方向是由传递切削动力的主轴所决定的，即平行于主轴轴线的坐标轴即为 *Z* 坐标轴，*Z* 坐标轴的正向为刀具离开工件的方向。

如果机床上有几个主轴，则选择一个垂直于工件装夹平面的主轴方向为 *Z* 坐标轴方向；如果主轴能够摆动，则选择垂直于工件装夹平面的方向为 *Z* 坐标轴方向；如果机床无主轴，则选择垂直于工件装夹平面的方向为 *Z* 坐标轴方向。

**2．*X* 坐标**

*X* 坐标平行于工件的装夹平面，一般在水平面内。确定 *X* 轴的方向时，要考虑以下两种情况。

(1) 如果工件做旋转运动，则刀具离开工件的方向为 *X* 坐标轴的正方向。

(2) 如果刀具做旋转运动，则分为两种情况： *Z* 坐标水平时，观察者沿刀具主轴向工件看时，+*X* 运动方向指向右方；*Z* 坐标垂直时，观察者面对刀具主轴向立柱看时，+*X* 运动方向指向右方。

**3．*Y* 坐标**

在确定 *X*、*Z* 坐标轴的正方向后，可以根据 *X* 和 *Z* 坐标的方向，按照右手直角坐标系来确定 *Y* 坐标轴的方向。

## 4.2.3　机床原点的设置

机床原点是指在机床上设置的一个固定点，即机床坐标系的原点，如图 4-8 所示。它在机床装配、调试时就已确定下来，是数控机床进行加工运动的基准参考点。

在数控铣床上，将机床原点设定在 X、Y、Z 坐标轴的正方向极限位置上。

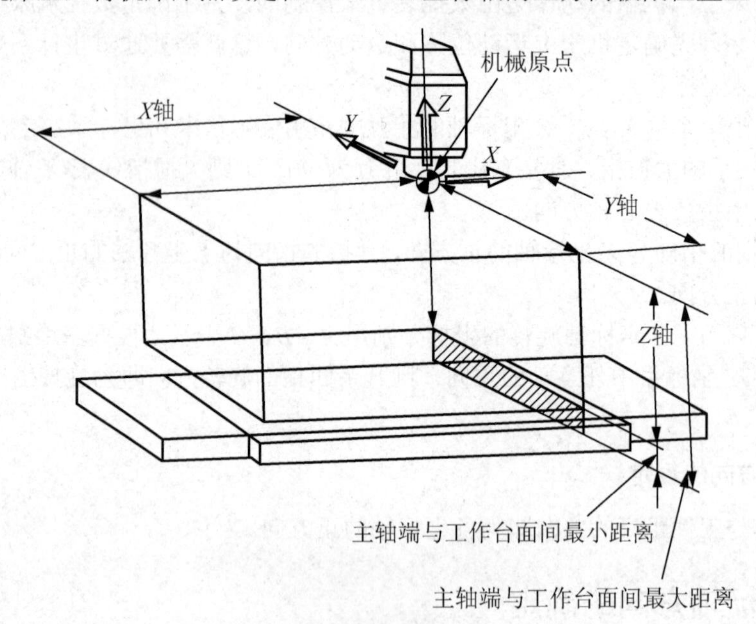


图 4-8　数控铣床的原点

数控机床开机时，必须先确定机床原点，而确定机床原点的运动就是刀架返回参考点的操作，这样通过确认参考点，就确定了机床原点。只有机床参考点被确认后，刀具(或工作台)移动才有基准。

## 4.2.4　编程坐标系

编程坐标系是编程人员根据零件图样及加工工艺等建立的坐标系。

编程坐标系一般供编程使用，确定编程坐标系时不必考虑工件毛坯在机床上的实际装夹位置。

编程原点是根据加工零件图样及加工工艺要求选定的编程坐标系的原点。

编程原点应尽量选择在零件的设计基准或工艺基准上，编程坐标系中各轴的方向应该与所使用的数控机床相应的坐标轴方向一致。

## 4.2.5　工件坐标系

工件坐标系是指以确定的加工原点为基准所建立的坐标系。

工件原点也称为编程原点，是指零件被装夹好后，相应的编程原点在机床坐标系中的位置，工件原点设置如图 4-9 所示。

在加工过程中，数控机床是按照工件装夹好后所确定的加工原点位置和程序要求进行加工的。编程人员在编制程序时，只要根据零件图样就可以选定编程原点、建立编程坐标系、计算坐标数值，而不必考虑工件毛坯装夹的实际位置。对于加工人员来说，则应在装夹工件、调试程序时，将编程原点转换为加工原点，并确定加工原点的位置，在数控系统中给予设定(即给出原点设定值)，设定加工坐标系后就可根据刀具当前位置，确定刀具起始点的坐标值。在加工时，工件各尺寸的坐标值都是相对于加工原点而言的，这样数控机床才能按照准确的加工坐标系位置开始加工。

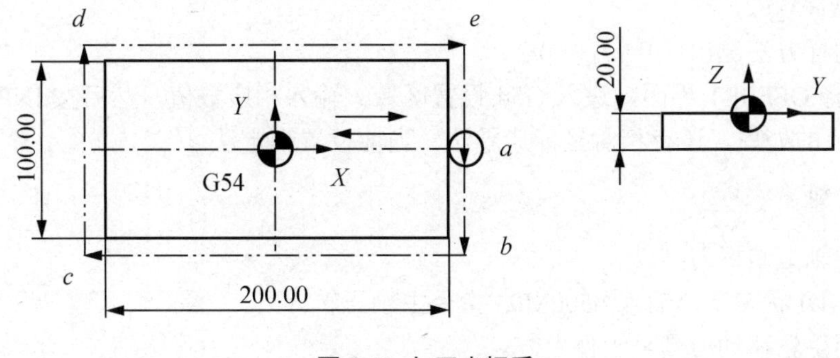


图 4-9　加工坐标系

机床原点与工件原点的关系如图 4-10 所示。

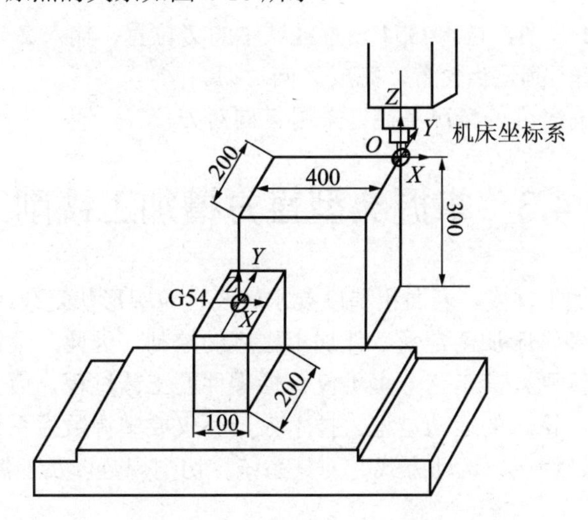


图 4-10　机床坐标系与工件坐标系

## 4.2.6　对刀

确定工件原点在机床坐标系中的位置称为对刀，即刀位点和编程原点重合时，编程原点相对于机床原点的偏置量。数控铣床对刀有多种方法，即刀具对刀、机械寻边器对刀、光电寻边器对刀等，但基本操作过程是一致的。下面以刀具对刀为例说明对刀的具体步骤。

### 1. 对 *X*、*Y* 轴

(1) 在主轴上装好对刀工具。

(2) 在 MDI 状态下，输入 S500M03 主轴正转。

(3) 选择快速倍率到达工件 *X* 轴方向一侧。

(4) 利用手轮降 *Z* 轴，让刀具低于工件上表面 5mm 左右，再靠近工件，直至碰到工件为止。

(5) 记下 $X$ 轴机械坐标 $X_1$。

(6) 抬起刀具，高于工件上表面 10～20mm，移动到工件另一侧。

(7) 用同样方法，测出 $X$ 轴机械坐标 $X_2$。

(8) $X=(X_1+X_2)/2$。

(9) 用同样方法测出：$Y=(Y_1+Y_2)/2$。

(10) 选择 OFFSET 界面，进入 G54 设置区域，输入相应数值，然后按 INPUT 键。

对于数值的处理，还有相对坐标清零法、当前位置设定法。

#### 2．对 Z 轴

(1) 在主轴上装好刀具。

(2) 在 MDI 状态下，输入 S500M03 指令主轴正转。

(3) 利用手轮移动刀具至工件上方。

(4) 降 $Z$ 轴，靠近工件，直至碰到工件为止。

(5) 关闭手轮。

(6) 选择 OFFSET 界面，进入 G54 设置区域中的 $Z$ 位置，输入 $Z_0$，然后按测量键。

(7) 打开手轮，抬刀到适当位置，完成 $Z$ 向对刀。

对于 $Z$ 向对刀，有条件的情况下最好采用 $Z$ 向对刀仪。

## 任务 4.3　掌握典型直方槽加工铣削工艺

数控铣削适合于加工精度、表面粗糙度要求较高，轮廓形状复杂或难以控制尺寸平面、曲面类零件。由于数控铣床加工是受零件加工程序的控制，因此，数控铣削工艺与普通铣床的工艺规程有较大区别，其工艺方案不仅包括零件的工艺过程，而且要包括走刀路线、切削用量、刀具尺寸、铣床的运动过程。技术人员不仅要掌握数控系统的编程指令，还要熟悉数控铣床的性能、特点、运动方式、刀具系统、切削规范以及工件的装夹方法。

### 4.3.1　零件数控铣削加工方案的拟定

零件数控铣削加工方案的拟定是制订铣削工艺规程的重要内容之一，其主要内容包括选择各加工表面的加工方法、安排工序的先后顺序、确定刀具的走刀路线等。技术人员应根据从生产实践中总结出来的一些综合性工艺原则，结合现场的实际生产条件，提出几种方案，通过对比分析，从中选择最佳方案。

#### 1．拟定工艺路线

1) 加工方法的选择

直方槽类零件的结构形状虽然是多种多样的，但它们都是由平面、竖直侧面等组成。每一种表面都有多种加工方法，实际选择时应结合零件的加工精度、表面粗糙度、材料、结构形状、尺寸及生产类型等因素全面考虑。

2) 加工顺序的安排

在选定加工方法后，接下来就是划分工序和合理安排工序的顺序。零件的加工工序通常包括切削加工工序、热处理工序和辅助工序。合理安排好切削加工、热处理和辅助工序的顺序，并解决好工序间的衔接问题，可以提高零件的加工质量、生产效率，降低加工成本。

在数控铣床上加工零件，应按工序集中的原则划分工序，安排零件铣削加工顺序一般遵循下列原则。

(1) 先粗后精。

按照粗铣→半精铣→精铣的顺序进行，逐步提高零件的加工精度。粗铣将在较短的时间内将工件表面的大部分加工余量切掉，这样既提高了金属切除率，又满足了精铣余量均匀性要求。若粗铣后所留余量的均匀性满足不了精加工的要求时，则要安排半精铣，以便使精加工的余量小而均匀。精铣时，刀具沿着零件的轮廓一次走刀完成，以保证零件的加工精度。

(2) 先近后远。

这里所说的远与近，是按加工部位相对于换刀点的距离大小而言的。通常在粗加工时，离换刀点近的部位先加工，离换刀点远的部位后加工，以便缩短刀具移动距离、减少空行程时间，并且有利于保持坯件或半成品件的刚性，改善其切削条件。

(3) 内外交叉。

对既有内表面(内型、内腔)又有外表面的零件，安排加工顺序时，应先粗加工内外表面，然后精加工内外表面。

加工内外表面时，通常先加工内型和内腔，然后加工外表面。原因是控制内表面的尺寸和形状较困难，刀具刚性相应较差，刀尖(刃)的耐用度易受切削热的影响而降低，以及在加工中清除切屑较困难等。

(4) 刀具集中。

刀具集中即用一把刀加工完相应各部位，再换另一把刀加工相应的其他部位，以减少空行程和换刀时间。

(5) 基面先行。

用作精基准的表面应优先加工出来，原因是作为定位基准的表面越精确，装夹误差就越小。

#### 2. 确定走刀路线

走刀路线是指刀具从起刀点开始运动起，直至返回该点并结束加工程序所经过的路径，包括切削加工的路径及刀具引入、切出等非切削空行程。

1) 刀具引入、切出

在数控铣床上进行加工时，尤其是精铣时，要妥当考虑刀具的引入、切出路线，尽量使刀具沿轮廓的切线方向引入、切出，以免因切削力突然变化而造成弹性变形，致使光滑连接轮廓上产生表面划伤、形状突变或滞留刀痕等疵病。

2) 确定最短的空行程路线

确定最短的走刀路线，除了依靠大量的实践经验之外，还应善于分析，必要时可辅以一些简单计算。

在手工编制较复杂轮廓的加工程序时，编程者(特别是初学者)有时将每一刀加工完后的刀具通过执行“回零”(即返回换刀点)指令，使其返回到换刀点位置，然后再执行后续程序。

这样会增加走刀路线的距离，从而大大降低生产效率。因此，在不换刀的前提下，执行退刀动作时应不用“回零”指令。安排走刀路线时应尽量缩短前一刀终点与后一刀起点间的距离，方可满足走刀路线为最短的要求。

3) 确定最短的切削进给路线

切削进给路线短，可有效地提高生产效率，降低刀具的损耗。在安排粗加工或半精加工的切削进给路线时，应同时兼顾被加工零件的刚性及加工的工艺性等要求，不要顾此失彼。

## 4.3.2 铣刀的类型及选用

### 1．铣刀的类型

数控铣削用的铣刀一般分为3类，即尖形铣刀、圆弧形铣刀和成形铣刀。图4-11所示为几种常见的铣刀类型。

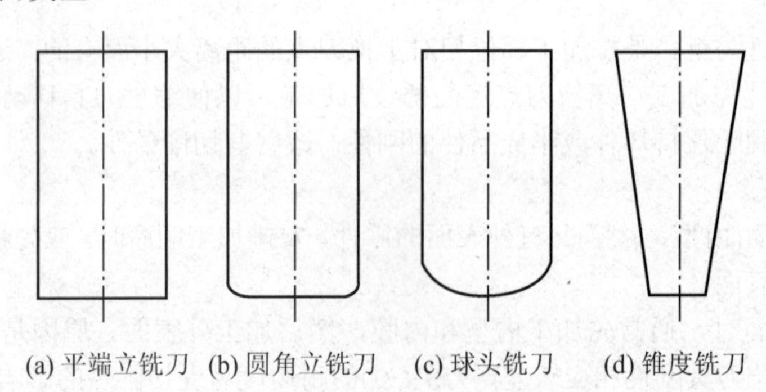

(a) 平端立铣刀 (b) 圆角立铣刀 (c) 球头铣刀 (d) 锥度铣刀

图4-11 铣刀类型

### 2．在选择刀具类型时应遵循的原则

1) 根据被加工零件的表面形状选择刀具

对于较大的平面，可采用面铣刀或较大直径的平端立铣刀(有时简称为平端铣刀、端铣刀或平铣刀)；对凸形表面，粗加工时一般选择平端立铣刀(参见图4-11(a))或圆角立铣刀(参见图 4-11(b))，但在精加工时宜选择圆角立铣刀(有时简称为圆角铣刀)，这是因为圆角立铣刀的几何条件比平端立铣刀好；对于凹形表面，在半精加工和精加工时，应选择球头铣刀(参见图4-11(c))，以得到好的表面质量，但在粗加工时宜选择平端立铣刀或圆角立铣刀，这是因为球头铣刀切削条件较差，加工效率也明显低于平端立铣刀或圆角立铣刀；对带拔模斜度的型面，宜选用锥度铣刀(参见图4-11(d))，虽然采用平端立铣刀通过分层也可以加工斜面，但表面质量会明显降低，也会使加工路径变长而影响加工效率，同时会加大刀具的磨损而影响加工的精度。

2) 根据被加工型面曲率的大小选择刀具

在精加工时，所用最小刀具的半径应不大于被加工零件上的内轮廓圆角半径，尤其是在拐角加工时，应选用半径小于拐角处圆角半径的刀具，并以圆弧插补的方式进行加工，这样可以避免采用直线插补而出现过切现象，并且在内拐角处要适当降低切削速度，以减小对刀具的径向冲击。目前，许多CAM软件都具有这样的功能，如UG、MasterCAM-X、Pro/E等。在粗加工时，考虑到尽可能采用大直径刀具的原则，一般选择的刀具半径较大，这时需要考虑的是粗加工后所留余量是否会给半精加工或精加工刀具造成过大的切削负荷，因为较大直径的刀具在零件轮廓拐角处会留下更多的余量，这往往是精加工过程中出现切削力的急剧变化而使刀具损坏或裁刀的直接原因。所以在粗加工中采用大直径铣刀切削时，一定要注意选择合适的切削方法和走刀路径，尽量使留给下道工序的加工余量均匀。

3) 根据从大到小的原则选择刀具

数控加工中的零件一般都包含有多种类型的曲面，因此在加工时一般不可能选择一把刀具就完成整个零件的加工。往往需要更换多把刀具，在选择铣刀直径时，应根据从大到小的原则选择。即先选择直径尽可能大的铣刀将能够进行的粗加工全部操作完毕，再换直径小一些的刀具进行半精加工和精加工。这样可以减少换刀次数，提高加工效率。

无论是粗加工还是精加工，都应尽可能选择大直径的刀具，因为刀具直径越小，加工路径越长，造成加工效率降低，同时刀具的磨损会造成加工质量的明显差异。

4) 粗加工尽可能选择圆角立铣刀

圆角立铣刀的刀尖圆角是可以根据实际的加工条件进行改变的一种铣削刀具，在粗加工时选择圆角铣刀有以下优点。

(1) 圆角立铣刀在切削中可以在刀刃与工件接触的 0°～90°范围内具有比较连续的切削力变化规律，这不仅能够提高加工质量，而且可以大大延长刀具的使用寿命。

(2) 在粗加工时选用圆角立铣刀，与球头铣刀相比具有良好的切削条件，与平端立铣刀相比可以留下较为均匀的半精加工或精加工余量，如图 4-12 所示，从图中的仿真切削效果能明显看出，采用圆角立铣刀的加工余量要远小于采用平端立铣刀的加工余量，显然这一点对后续的加工是非常有利的。

(a) 平端立铣刀

(b) 圆角立铣刀

图 4-12　平端立铣刀与圆角立铣刀粗加工后余量比较

## 4.3.3　数控铣削刀具的基本要求

数控加工具有高转速、高进给和自动加工的特点，这就对数控铣削刀具提出了很多要求，主要有以下两个方面。

### 1. 铣刀刚性要好

为了提高生产效率，数控铣削常采用大的切削用量，而大的切削用量使刀具受力增大，这就要求铣刀具有很好的刚性。同时，为了适应数控铣床在自动加工过程中难以调整切削用量的特点，在粗加工中，工件各处的加工余量相差是很悬殊的，通用铣床在遇到这种情况时很容易采取手工分层铣削的方式加以解决，而数控铣削就必须按程序规定的走刀路线切削，遇到余量大时无法像通用铣床那样通过手动方式改变进给速度，除非在编程时能够预先考虑到，否则铣刀就必须返回原点，采用改变切削面高度或加大刀具半径补偿值的方法从头开始加工。但这样就会造成余量少的地方经常走空刀，从而降低了生产效率，如刀具刚性较好就完全可以解决这个问题。另外，在通用铣床上加工时，如果刀具的刚性差，也容易从振动、手感、声音等方面及时发现并适时调整切削用量加以弥补，但数控铣削多在一个封闭的空间中进行，而且操作人员也不可能一直监控着机床的加工情况，所以在出现大的加工余量时就很难及时调整切削用量。

2．铣刀的耐用度要高

在数控加工中，当一把铣刀加工的内容很多时，如刀具的耐用度差则磨损较快，这样就会影响工件的表面质量与加工精度，而且会增加换刀所引起的调刀与对刀次数，多次对刀所引起的误差也会使工件表面留下接刀刀痕，从而使工件的表面质量降低。而且当刀具磨损而换刀后，就使得原程序中断，也就必须对原加工程序进行修改，程序的修改也是比较复杂和浪费时间的。

除上述两个主要方面外，数控铣削刀具还应满足以下要求。

(1) 互换性要好，便于快速换刀。

(2) 切削性能稳定；刀具的尺寸便于调整，以减少换刀调整时间。

(3) 刀具应能可靠地断屑或卷屑，以利于切屑的排除。

(4) 刀具要系列化、标准化，以利于编程和刀具管理。

总之，根据被加工工件材料的种类、热处理状态、切削性能及加工余量，选择刚性好、耐用度高的铣刀，是充分发挥数控铣床的生产效率和获得较高加工质量的前提。

### 4.3.4 选择数控铣削刀具的原则

选择数控铣削刀具主要应遵循以下 4 项原则，即效率原则、精度原则、稳定性原则、经济性原则等。这几项原则之间又是相互关联而并非彼此孤立的。

在粗加工的条件下，一般都会采用效率优先原则。在这一阶段，要快速去除工件毛坯上的加工余量，快速接近工件完工尺寸时的“净尺寸”状态，这是考虑刀具选择及加工参数的第一要素。

但在精加工的条件下，最重要的是保证加工精度和表面质量。所以精加工时应该采用精度优先原则，即首先保证加工的尺寸精度、表面粗糙度和表面质量。

### 4.3.5 选择数控铣削刀具时应考虑的主要因素

数控铣削刀具在选择时应考虑以下因素：被加工工件的材料、性能，如金属、非金属、硬度、刚度、塑性、韧性及耐磨性等；加工工艺类别；粗加工、半精加工、精加工和超精加工等；工件的几何形状、加工余量、零件的技术经济指标等；刀具能承受的切削用量；辅助因数，如操作间断时间、振动、电力波动或程序突然中断等。

## 4.3.6 铣削刀具的选择

在选择数控铣削刀具时主要从刀具材料、刀具参数、刀具类型这 3 个方面来考虑。

### 1．刀具材料

在选择刀具材料时要考虑的因素是多方面的，但其中最主要的因素是工件材料，针对不同的工件材料应选择适合的刀具材料。

刀具材料的进步是数控铣削加工技术进步的决定性因素之一。在高转速、高进给切削时，产生的切削热和对刀具的磨损比采用普通速度切削时要高得多。当切削速度提高时，工具钢材料的刀尖往往会因无法承受切削高温而发生烧蚀或急剧磨损；另一种主要刀具材料是硬质合金，虽然其主要成分为 WC 或 TiC 等硬质碳化物，但因为是采用铁系金属作为结合剂，所以一般也难以承受高速切削产生的高温；超硬材料金刚石在 700℃左右则会发生氧化。因此，数控铣削刀具的材料与普通切削刀具材料有着很大的区别。它对刀具材料有更高的要求，主要有：①高硬度、高强度；②耐磨性好；③韧性好、抗冲击能力强；④高的热硬性和化学稳定性；⑤抗热冲击能力强；⑥高稳定性。

目前使用的刀具材料大致可分为 7 种，见表 4-4。从表 4-4 中可以看出，能够同时满足以上要求的刀具材料目前是没有的，只有通过一定的方法将几种材料有机地结合起来，才能形成综合性能非常好的数控铣削刀具。

表 4-4　7 种刀具材料的性能和应用范围

| 刀具材料 | 优　点 | 缺　点 | 应　用 |
|---|---|---|---|
| 高速钢 | 抗冲击能力强、通用性好 | 切削速度低、耐磨性差 | 低速、小功率、断续切削 |
| 硬质合金 | 抗冲击能力强、通用性最好 | 切削速度不高 | 大多数材料的粗、精加工 |
| 涂层硬质合金 | 中速切削性能好 | 切削速度只能在中速范围内 | 大多数材料的粗、精加工 |
| 金属陶瓷 | 通用性很好、中速切削性能好 | 切削速度只能在中速范围内、抗冲击能力差 | 钢、铸铁、不锈钢、铝合金 |
| 陶瓷 | 硬度高、耐磨性好 | 强度、韧性差 | 钢和铸铁的精加工 |
| 立方氮化硼 | 高热硬性、高强度、高抗热冲击性 | 不能切硬度低于 45HRC 的材料、成本高 | 硬度在 45～70HRC 的材料 |
| 聚晶金刚石 | 高速性能好、高耐磨性 | 抗冲击能力差、切削铁质金属化学稳定性差 | 高速切削有色金属和非金属材料 |

### 2．刀具参数

不同类型的铣削刀具具有不同的刀具参数，在此仅以面铣刀和立铣刀为例来说明刀具参数的选择。

1) 面铣刀主要参数选择

(1) 标准可转位面铣刀直径通常在$\phi$16～630mm 之间，粗铣时铣刀直径选大的，精铣时铣刀直径选小的。

(2) 依据工件材料和刀具材料及加工性质来确定其几何参数。

铣削加工通常选前角小的铣刀，强度、硬度高的材料选负前角，工件材料硬度不大的选大后角、硬的选小后角，粗齿铣刀选小后角、细齿铣刀取大后角，铣刀刃的倾角通常为−5°～−15°，主偏角为 45°～90°。

2) 立铣刀主要参数选择

精加工铣刀的端刃圆角半径 $r$ 应与零件图一致；粗加工铣刀在留有加工余量的前提下，可取 $r$=0，这是因为 $r$ 越大，铣刀端刃铣削平面的能力越差，加工效率也就越低。同时，在保证刀具刚性的条件下，铣刀刃长度不宜太大。一般情况下，为减少走刀次数、提高生产效率及保证铣刀刚性，在允许的前提下应尽量选择直径较大、刀长较小的铣刀；否则会使振动加剧、让刀量增大。当工件凹轮廓转接处半径 $R$ 较小且工件侧壁最大高度 $H$ 较大时，选择的铣刀一般较细长，此时刀具刚性较差，加工较困难，因此需要采用多把铣刀顺序加工。

### 3. 刀具类型

为了减少换刀时间和方便对刀，便于实现机械加工的标准化，数控铣削加工时，应尽量采用机夹刀和机夹刀片，机夹刀片常采用可转位铣刀。这种铣刀就是把经过研磨的可转位多边形刀片用夹紧组件夹在刀杆上。铣刀在使用过程中，一旦切削刃磨钝后，通过刀片的转位即可用新的切削刃继续切削，只有当多边形刀片所有的刀刃都磨钝后才需要更换刀片。

1) 刀片材质的选择

常见刀片材料有高速钢、硬质合金、涂层硬质合金、陶瓷、立方氮化硼和金刚石等，其中应用最多的是硬质合金和涂层硬质合金刀片。选择刀片材质的主要依据是被加工工件的材料、被加工表面的精度、表面质量要求、切削载荷的大小以及切削过程有无冲击和振动等。

2) 可转位铣刀的选用

由于刀片的形式多种多样，并采用多种刀具结构和几何参数，因此可转位铣刀的品种越来越多，使用范围很广。下面介绍与刀片选择有关的几个问题。

(1) 刀片的紧固方式。

在国家标准中，一般紧固方式有上压式(代码为 C)、上压与销孔夹紧(代码为 M)、销孔夹紧(代码为 P)和螺钉夹紧(代码为 S)4 种。但这仍没有包括可转位铣刀所有的夹紧方式，而且各刀具商所提供的产品并不一定包括了所有的夹紧方式，因此选用时要查阅产品样本。

(2) 刀片外形的选择。

刀片外形与加工的对象、刀具的主偏角、刀尖角和有效刃数等有关。一般外圆铣削常用 80°凸三边形(W 型)、四方形(S 型)和 80°棱形(C 型)刀片。仿形加工常用 55°(D 型)、35°(V 型)菱形和圆形(R 型)刀片，如图 4-13 所示。90°主偏角常用三角形(T 型)刀片。不同的刀片形状有不同的刀尖强度，一般刀尖角越大，刀尖强度越大；反之亦然。圆刀片(R 型)刀尖角最大，35°菱形刀片(V 型)刀尖角最小。在选用时，应根据加工条件恶劣与否，按重、中、轻切削有针对性地选择。在机床刚性、功率允许的条件下，大余量、粗加工应选用刀尖角较大的刀片；反之，机床刚性和功率小、小余量、精加工时宜选用较小刀尖角的刀片。

图 4-13　常用刀片外形

### 4.3.7　数控铣削加工对刀具系统的要求

在数控切削加工时，由于离心力和振动的影响，刀具系统的高精度、动平衡和结构安全性就更加重要，这就要求解决好刀具与刀柄、刀柄与机床主轴的连接问题，可以看出刀柄是连接机床主轴和刀具的，所以刀柄是一个关键部件，是由它来传递动力和精度的。

#### 1．高速切削刀具系统必须满足的要求

1) 高度安全性

作为应用于数控高速切削加工的刀具系统，其结构必须具有高度安全性，以防止刀具高速回转时刀片飞出，并保证旋转刀片在 2 倍于最高转速时不破裂。

2) 高的系统刚性

刀具系统的静、动刚性是影响加工精度及切削性能的重要因素，刀具系统刚性不足将导致刀具系统振动或倾斜，使加工精度和加工效率降低。同时，系统振动又会使刀具磨损加剧，从而降低刀具和机床使用寿命。

3) 高的系统精度

系统精度包括系统定位夹持精度与刀具重复定位精度以及良好的精度保持性，只有具备以上精度要求的刀具系统，才能保证在高速加工中整个系统的静态和动态稳定性，从而满足高速、高精度加工工件的要求。

4) 优异的动平衡性

保证数控高速切削加工刀具系统的动平衡性能是非常重要的。由理论力学知识可知，离心力 $F$ 是与转速的平方成正比的，当刀具系统动平衡性能较差时，高速旋转的刀具会产生很大的离心力，从而引起刀杆弯曲并产生振动，其结果将使被加工零件质量降低，甚至导致刀具损坏。

5) 高的互换性

对模块式刀具系统而言，需要刀具系统具有更高的灵活性，以便通过调整或组装迅速适应不同零件的加工需要。此外，刀具与机床的接口应采用相同的刀柄系统，以减少不必要的库存，提高设备利用率。

6) 高效性

刀具系统必须具备高质量、高使用寿命的刀具，以满足高速、高效加工工件的要求。目前数控高速切削加工中常用的刀柄形式有传统 7∶24 锥度刀柄、Big-plus 刀柄、HSK 刀柄和 KM 刀柄等。

#### 2．7∶24 锥度的刀具系统

目前市场上应用最为普遍的是 7∶24 锥度的刀具系统(如 ISO、BT 等)，其结构如图 4-14 所示。

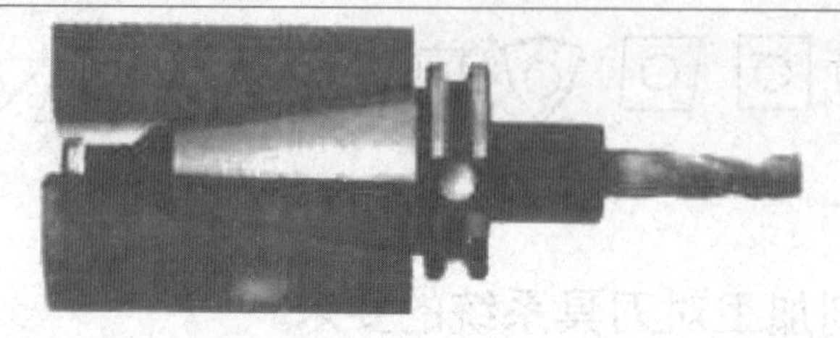

图 4-14　7∶24 锥度刀具系统

标准 7∶24 锥度的刀具系统有许多优点：①不自锁，可实现快速换刀；②刀柄的锥体在拉杆轴向拉力的作用下，能够与主轴的内锥面紧紧地接触，实心的锥体在主轴内锥孔中直接支承刀具，减少了刀具的悬伸量，提高了刚性；③只有一个锥角尺寸要加工到很高的精度，因此成本低、使用可靠。

多年来，7∶24 锥度的刀具系统一直应用得非常广泛，但在数控高速切削加工中，它就暴露出很多不足之处。

(1) 刚性不足。因为它仅仅是利用刀柄锥体与主轴内锥孔进行定位，而不能实现内锥面和主轴端面的同时定位，这样在主轴端面与刀柄法兰端面之间就有着较大的间隙，这就要求拉杆必须产生足够大的拉力，这对换刀是不利的，对主轴前轴承也有不良影响。

(2) 轴向尺寸不稳定。主轴锥孔在高速转动时由于离心力的作用会增大，这就使刀具轴向尺寸发生变化，如图 4-15 所示。

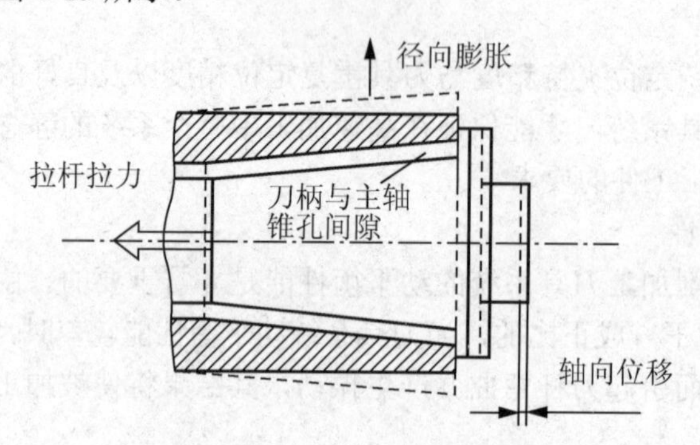


图 4-15　7∶24 刀柄系统主轴锥孔扩张

(3) 径向尺寸不稳定。在高速的作用下主轴的前端锥孔由于离心力的作用会膨胀，膨胀量的大小随着旋转半径与转速的增大而增大，而标准的 7∶24 实心刀柄膨胀量较小，在拉杆拉力的作用下，刀具的轴向位移会发生改变(见图 4-15)，由于间隙的增大，会造成刀柄在主轴锥孔内的摆动，这种现象会加快主轴锥孔前端的磨损，从而使自动换刀的重复定位精度不稳定。而且当主轴停止转动后，主轴的前端锥孔在弹性力的作用下将恢复原状而相对收缩，实心的锥柄仍然在拉杆轴向拉力的作用下不能退出而被抱死，又造成刀具换刀时刀柄脱开主轴锥孔十分困难。

(4) 由于刀柄锥度较大、锥柄较长，所以不利于快速换刀和机床的小型化。

针对 7∶24 锥度刀具系统的不足，日本大昭和精机公司开发了一种基于 7∶24 锥度刀具系统的“Big-plus”刀柄。该系统仍采用 7∶24 锥柄，与现有的 7∶24 刀柄是完全兼容的，它主要是将传统 7∶24 锥柄的主轴端面与刀柄法兰端面之间的间隙量分配给主轴和刀柄各一半，通过加长主轴和加厚刀柄法兰尺寸的方法实现了刀柄锥体与主轴锥孔、主轴端面与刀柄法兰端面之间的同时接触，从而显著提高了工作稳定性。

### 3．HSK 刀柄系统

随着数控高速切削加工技术的发展和应用，传统的 7∶24 锥度实心长柄(BT 刀柄)暴露出在进行高速切削时的许多弱点，取而代之的是以 HSK 为代表的高速切削刀柄。HSK(德文 Hohl Schaf Kegel 的缩写)刀柄是德国阿亨工业大学机床研究所专门为高速机床主轴开发研制的一种双面夹紧工具柄，它是双面夹紧工具柄中最具有代表性的刀柄形式。HSK 刀柄已于 1996 年列入德国 DIN 标准。HSK 双面定位型空心刀柄是一种典型的 1∶10 短锥面刀具系统。HSK 刀柄由锥面(径向)和法兰端面(轴向)共同实现与主轴的刚性连接，由锥面实现刀具与主轴之间的同轴度，锥柄的锥度为 1∶10。HSK 刀柄系统有 6 种结构形式，如图 4-16 所示。

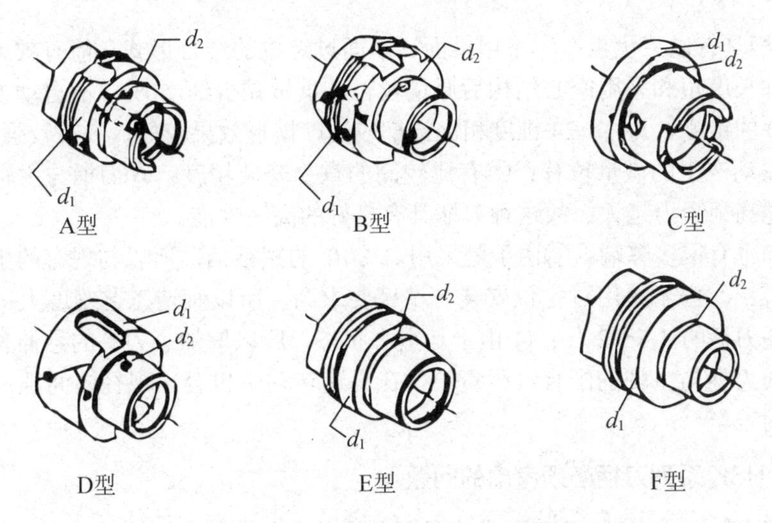


图 4-16　HSK 型刀柄的结构形式

不同类型的 HSK 刀柄具有不同的性能和应用领域，表 4-5 所列为各类型 HSK 刀柄应用对比。

表 4-5　各类型 HSK 刀柄应用对比

| 接口形式 | A | B | C | D | E | F |
|---|---|---|---|---|---|---|
| 主轴工艺性 | 较差 | 一般 | 较差 | 一般 | 好 | 好 |
| 刀具普及性 | 好 | 较差 | 一般 | 较差 | 好 | 较差 |
| 换刀形式 | 自动、手动 | | 手动 | | 自动、手动 | 自动、手动 |
| 应用领域 | 重金属切削、较重负荷 | | | | 有色金属、较轻负荷 | 木工机械 |

当刀柄在机床主轴上安装时，空心短锥柄与主轴锥孔能完全接触，能起到较好定心作用。此时，HSK 刀柄法兰盘与主轴端面之间还存在约 0.1mm 的间隙。在拉紧机构作用下，拉杆的向右移动使其前端的锥面将弹性夹爪径向胀开，同时夹爪的外锥面作用在空心短锥柄内孔的 30° 锥面上，使空心短锥柄产生弹性变形。这一方面使刀柄外锥面紧紧贴合在主轴

内锥孔面上，另一方面使刀柄法兰盘端面与主轴端面靠紧，实现了刀柄与主轴锥面和主轴端面同时定位和夹紧的功能，如图 4-17 所示。

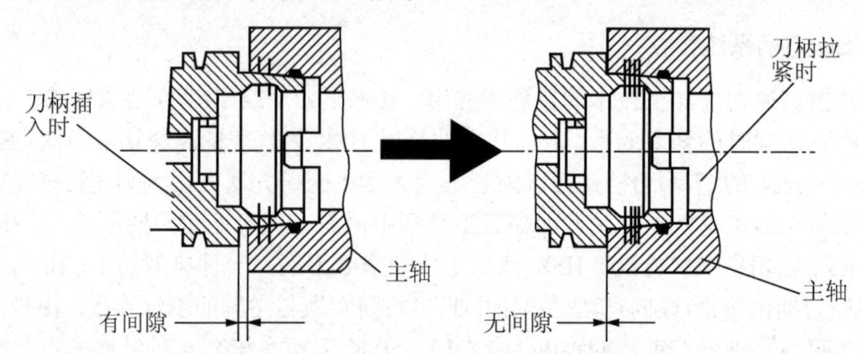


图 4-17　HSK 刀柄与主轴连接结构与工作原理

HSK 刀柄具有以下优点：①采用锥面、端面过定位的结合形式，能有效地提高结合刚度；②因锥部长度短和采用空心结构后质量较轻，重量减少约 50%，故自动换刀动作快；③采用 1∶10 的锥度，与 7∶24 锥度相比锥部较短，楔形效果较好，故有较强的抗扭能力，且能抑制因振动产生的微量位移；④有比较高的重复安装精度；⑤刀柄与主轴间由扩张爪锁紧，转速越高锁紧力越大，故这种刀柄具有良好的高速性能。

这种结构也有很多弊端：①由于是采用 1∶10 的短锥柄，所以与现有的主轴端面结构和刀柄不兼容；②由于采用过定位安装，精度要求高，所以制造工艺难度大；③成本高，其价格是普通刀柄的 1.5～2 倍；④由于是空心状态，所以增加了刀具的悬伸长度，降低了刚性；⑤由于刀柄与主轴的配合过盈量小，在高速转动中也会出现径向间隙；⑥受损后修复重磨比较困难。

### 4．选用 HSK 系列刀柄必须考虑的问题

数控机床主轴选用 HSK 接口形式的刀柄必须考虑主轴最高转速、拉刀力、所需传递的最大转矩、刀具及配套件的普及程度等多个因素。

1) 最高转速的选择

有关研究表明，在转速高达一定程度时，主轴孔比 HSK 刀柄胀得更大，主轴和刀柄之间的夹紧配合仍有可能被放松，接触端面也有出现间隙的趋势，从而使主轴孔径向约束刀柄的能力丧失。刀柄允许的最大转速定义为使刀柄丧失定位或应力超过材料允许应力的转速。

2) 传递扭矩和承受弯矩能力的选择

刀柄的最大传递扭矩指刀柄在保持相当精度的情况下，工作时所允许传递的最大扭矩。最大弯矩指作用在刀具上的径向力使刀柄法兰端面的一侧开始分离时刀柄所承受的弯矩值。两者均与刀柄类型、规格和拉刀力有关，弯矩同时受刀柄材料和制造工艺的影响。在确定高速主轴承载能力时，一般可只考虑最大允许扭矩值。

3) 型号的选择

HSK 形式的刀柄在德国已有 10 多年的研究和使用经验，而国内尚处在试验阶段。即使在国外，机床上所见高速主轴的配套刀柄也多为 HSK-A 和 HSK-E 两种普及型。因此，在

确定机床主轴的 HSK 刀柄接口类型时，选用普及型将有助于主轴用户选配刀具。同时，还可降低测量器具和关键配套件的成本。从使主轴加工工艺性好和降低配套主轴加工成本来看，E、F 型最好，B、D 型次之，A、C 型较差。

5．KM 刀柄系统

KM 刀柄是美国肯纳(Kennametal，又译肯纳金属)公司与德国怀迪尔(Widia，又译威迪亚)公司于 1987 年联合开发出来的，是与 HSK 刀柄并存的 1∶10 短锥空心柄，其结构如图 4-18 所示。

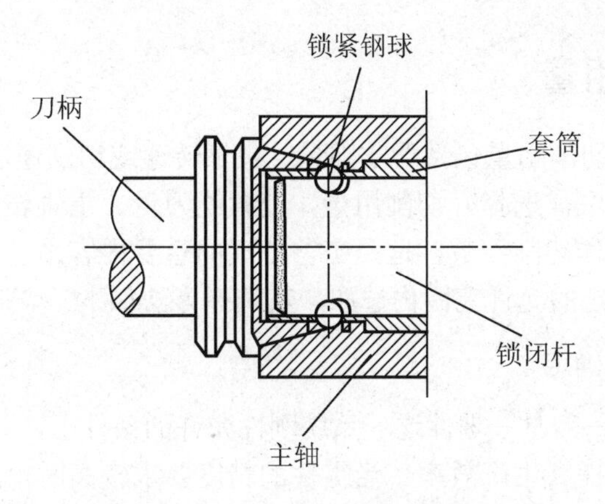


图 4-18　KM 刀柄与主轴连接结构

KM 刀柄首次提出了端面与锥面双面定位原理。KM 刀柄也采用了 1∶10 短锥配合，配合长度短，仅为标准 7∶24 锥柄相近规格长度的 1/3，部分解决了端面与锥面同时定位而产生的干涉问题。另外，KM 刀柄与主轴锥孔间的配合过盈量较高(0.02～0.05mm)，可达 HSK 刀柄结构的 2～5 倍，其连接刚度比 HSK 刀柄还要高。同时，与其他类型的空心锥柄连接相比，相同法兰外径采用的锥柄直径较小，因而主轴锥孔在高速旋转时扩张小，高速性能好。表 4-6 给出了 BT、HSK、KM 刀柄系统的结构与性能比较。

表 4-6　BT、HSK、KM 刀柄系统的结构与性能比较

| 刀柄型号 | BT40 | HSK-63B | KM6350 |
|---|---|---|---|
| 刀柄结构及主要尺寸 | φ63.00 φ44.45 | φ63.00 φ38.00 | φ63.00 φ40.00 |
| 锁紧机构 | 拉紧力 | 拉紧力 | 拉紧力 |
| 柄部结构特征 | 7∶24 实心 | 1∶10 空心 | 1∶10 空心 |
| 结合及定位部位 | 锥面 | 锥面+端面 | 锥面+端面 |

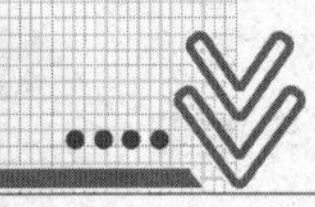


续表

| 刀柄型号 | BT40 | HSK-63B | KM6350 |
|---|---|---|---|
| 传力机构 | 弹性套筒 | 弹性套筒 | 钢球 |
| 拉紧力/kN | 12.1 | 3.5 | 11.2 |
| 锁紧力/kN | 12.1 | 10.5 | 33.5 |
| 过盈量/μm | | 3～10 | 10～25 |
| 动刚度/(N/μm) | 8.3 | 12.5 | 16.7 |

## 4.3.8 选择切削用量

数控铣削加工中的切削用量包括背吃刀量、主轴转速或切削速度、进给速度或进给量。在编制加工程序的过程中，选择好切削用量，使背吃刀量、主轴转速和进给速度三者之间能互相适应，以形成最佳切削参数，这是工艺处理的重要内容之一。切削用量应结合铣削加工的特点，在机床给定的允许范围内选取，其选择方法如下。

### 1. 背吃刀量($a_p$)的确定

在铣床主体—夹具—刀具—零件这一系统刚性允许的条件下，尽可能选取较大的背吃刀量，以减少走刀次数，提高生产效率。当零件的精度要求较高时，应考虑留出精铣余量，常取0.1～0.5mm。

### 2. 主轴转速的确定

主轴转速的确定应根据零件上被加工部位的直径，并按零件和刀具的材料及加工性质等条件所允许的切削速度来确定。在实际生产中，主轴转速可用下式计算，即

$$n=1000v_c/(\pi d)$$

式中：$n$为主轴转速(r/min)；$v_c$为切削速度(m/min)；$d$为零件待加工表面的直径(mm)。

在确定主轴转速时，首先需要确定其切削速度(见表4-7)，而切削速度又与背吃刀量和进给量有关。

切削速度又称为线速度，是指铣刀切削刃上某一点相对于待加工表面在主运动方向上的瞬时速度。

如何确定加工时的切削速度，除了参考表4-7列出的数值外，主要根据实践经验进行确定。

### 3. 进给速度的确定

进给速度是指在单位时间里，刀具沿进给方向移动的距离(mm/min)。有些数控铣床规定可以选用以进给量(mm/r)表示的进给速度。

进给速度的大小直接影响表面粗糙度的值和铣削效率，因此应在保证表面质量的前提下选择较高的进给速度。一般应根据零件的表面粗糙度、刀具及工件材料等因素，查阅切削用量手册选取。需要说明的是，切削用量手册给出的是每转进给量，因此要根据$v_f$=$fn$计算进给速度。

表 4-7　切削速度参考表

| 零件材料 | 刀具材料 | $a_p$/mm | | | |
|---|---|---|---|---|---|
| | | 0.38～0.13 | 2.40～0.38 | 4.70～2.40 | 9.50～4.70 |
| | | $f$/(mm/r) | | | |
| | | 0.13～0.05 | 0.38～0.13 | 0.76～0.38 | 1.30～0.76 |
| | | $v_c$/(m/min) | | | |
| 低碳钢 | 高速钢 | — | 70～90 | 45～60 | 20～40 |
| | 硬质合金 | 215～365 | 165～215 | 120～165 | 90～120 |
| 中碳钢 | 高速钢 | — | 45～60 | 30～40 | 15～20 |
| | 硬质合金 | 130～165 | 100～130 | 75～100 | 55～75 |
| 灰铸铁 | 高速钢 | — | 35～45 | 25～35 | 20～25 |
| | 硬质合金 | 135～185 | 105～135 | 75～105 | 60～75 |
| 黄铜 | 高速钢 | — | 85～105 | 70～85 | 45～70 |
| 青铜 | 硬质合金 | 215～245 | 185～215 | 150～185 | 120～150 |
| 铝合金 | 高速钢 | 105～150 | 70～105 | 45～70 | 30～45 |
| | 硬质合金 | 215～300 | 135～215 | 90～135 | 60～90 |

表 4-8～表 4-10 所列为几种常用铣刀的切削参数。

表 4-8　平铣刀的切削参数

| 刀具直径 | 种　类 | 参　数 | 切削参数 | 底刃切削 | 侧刃切削 | |
|---|---|---|---|---|---|---|
| E20 | 焊接式铣刀 | 4 | $A_a$/mm | 不提倡底刃切削 | 40 | |
| E20 | 焊接式铣刀 | 4 | $A_r$/mm | 不提倡底刃切削 | 0.2 | |
| E20 | 焊接式铣刀 | 4 | $F$/(mm/min) | 不提倡底刃切削 | 180 | |
| E20 | 焊接式铣刀 | 4 | $S$/(r/min) | 不提倡底刃切削 | 400 | |
| E20 | 焊接式铣刀 | 4 | 寿命/min | 不提倡底刃切削 | — | |
| E20 | 焊接式铣刀 | 4 | 金属去除率 | 不提倡底刃切削 | — | |
| E12 | 合金 | 2 | $A_a$/mm | 0.2 | 18 | |
| E12 | 合金 | 2 | $A_r$/mm | 12 | 0.2 | |
| E12 | 合金 | 2 | $F$/(mm/min) | 1200 | 400 | |
| E12 | 合金 | 2 | $S$/(r/min) | 1500 | 800 | |
| E12 | 合金 | 2 | 寿命/min | 50 | 60 | |
| E12 | 合金 | 2 | 金属去除率 | 2.88 | 1.44 | |
| E12 | 高速涂层 | 2 | $A_a$/mm | 0.2 | 18 | |
| E12 | 高速涂层 | 2 | $A_r$/mm | 11 | 0.24 | |
| E12 | 高速涂层 | 2 | $F$/(mm/min) | 2000 | 1200 | |
| E12 | 高速涂层 | 2 | $S$/(r/min) | 2000 | 5000 | |
| E12 | 高速涂层 | 2 | 寿命/min | 60 | 120 | |
| E12 | 高速涂层 | 2 | 金属去除率 | 4.4 | 5.184 | |

表 4-9 球头铣刀的切削参数

| 刀具直径 | 种 类 | 切削参数 | 粗加工 | 半精加工 0.15 | 精加工 0.002 | 精加工 0.003 | 精加工 0.005 | 精加工 0.008 |
|---|---|---|---|---|---|---|---|---|
| B16R8 | 球飞刀 | $A_a$/mm | — | 1 | 0.35 | 0.44 | 0.56 | 0.7 |
| B16R8 | 球飞刀 | $A_r$/mm | — | 1 | 0.35 | 0.44 | 0.56 | 0.7 |
| B16R8 | 球飞刀 | $F$/(mm/min) | — | 1000 | 1400 | 1400 | 1400 | 1400 |
| B16R8 | 球飞刀 | $S$/(r/min) | — | 2000 | 3200 | 3200 | 3200 | 3200 |
| B16R8 | 球飞刀 | 寿命/min | — | 90 | 90 | 120 | 90 | 120 |
| B16R8 | 球飞刀 | $A_a$/mm | — | 1 | 0.35 | 0.44 | 0.56 | 0.7 |
| B16R8 | 球飞刀 | $A_r$/mm | — | 1 | 0.35 | 0.44 | 0.56 | 0.7 |
| B16R8 | 球飞刀 | $F$/(mm/min) | — | 2000 | 3500 | 3500 | 3500 | 3500 |
| B16R8 | 球飞刀 | $S$/(r/min) | — | 4500 | 8000 | 8000 | 8000 | 8000 |
| B16R8 | 球飞刀 | 寿命/min | — | | | | | |

表 4-10 飞刀的切削参数

| 刀具直径 | 种 类 | 切削参数 | 粗加工 | 精加工 | 平面加工 | 备 注 | 加工材料 |
|---|---|---|---|---|---|---|---|
| E80R8 | 飞刀 | $A_a$(切深)/mm | 1.2 | — | 0.5 | 刀长 170 | 45 号钢 |
| E80R8 | 飞刀 | $A_r$(切宽)/mm | 50 | — | 32 | 刀长 170 | 45 号钢 |
| E80R8 | 飞刀 | $F$/(mm/min) | 1800 | — | 400 | 刀长 170 | 45 号钢 |
| E80R8 | 飞刀 | $S$/(r/min) | 1000 | — | 1000 | 刀长 170 | 45 号钢 |
| E80R8 | 飞刀 | 寿命/min | 480 | — | 480 | 刀长 170 | 45 号钢 |
| E63R8 | 飞刀 | $A_a$(切深)/mm | 1.2 | 0.3 | 0.2 | 刀长在 200 以下 | 45 号钢 |
| E63R8 | 飞刀 | $A_r$(切宽)/mm | 38 | 0.5 | 23.5 | 刀长在 200 以下 | 45 号钢 |
| E63R8 | 飞刀 | $F$/(mm/min) | 2400 | 1600 | 500 | 刀长在 200 以下 | 45 号钢 |
| E63R8 | 飞刀 | $S$/(r/min) | 1200 | 1400 | 1200 | 刀长在 200 以下 | 45 号钢 |
| E63R8 | 飞刀 | 寿命/min | 600 | 600 | — | 刀长在 200 以下 | 45 号钢 |
| E52R6 | 飞刀 | $A_a$(切深)/mm | 1 | 0.3 | 0.2 | 刀长在 200 以下 | 45 号钢 |
| E52R6 | 飞刀 | $A_r$(切宽)/mm | 32.5 | 0.5 | 20 | 刀长在 200 以下 | 45 号钢 |
| E52R6 | 飞刀 | $F$/(mm/min) | 2600 | 1600 | 500 | 刀长在 200 以下 | 45 号钢 |
| E52R6 | 飞刀 | $S$/(r/min) | 1150 | 1400 | 1400 | 刀长在 200 以下 | 45 号钢 |
| E52R6 | 飞刀 | 寿命/min | 360 | 360 | — | 刀长在 200 以下 | 45 号钢 |

表 4-11 所列为几种常用金属材料的切削参数。

表 4-11　常用金属材料的切削参数

| 工件材料 | 刀具直径/mm | 切削深度/mm | 转速/(r/min) | 切削速度/(mm/min) | 切削深度/mm | 转速/(r/min) | 切削速度/(mm/min) | 切削深度/mm | 转速/(r/min) | 切削速度/(mm/min) |
|---|---|---|---|---|---|---|---|---|---|---|
| 45 号钢 | 12 | 0.4 | 3200 | 2000 | 0.15 | 3200 | 800 | 0.1 | 3200 | 2000 |
| | 10 | 0.35 | 3600 | 2000 | 0.15 | 3600 | 800 | 0.1 | 3600 | 2000 |
| | 8 | 0.3 | 4200 | 1800 | 0.1 | 4200 | 800 | 0.1 | 4200 | 2000 |
| | 6 | 0.25 | 5600 | 1800 | 0.1 | 5600 | 800 | 0.1 | 5600 | 2000 |
| | 4 | 0.2 | 8000 | 1800 | 0.1 | 8000 | 1000 | 0.08 | 8000 | 1800 |
| 淬火料 | 12 | 0.25 | 2650 | 1200 | 0.1 | 2650 | 600 | 0.1 | 2650 | 1400 |
| | 10 | 0.25 | 3200 | 1200 | 0.1 | 3200 | 600 | 0.1 | 3200 | 1400 |
| | 8 | 0.2 | 4000 | 1200 | 0.1 | 4000 | 600 | 0.1 | 4000 | 1400 |
| | 6 | 0.18 | 5300 | 1200 | 0.1 | 5300 | 600 | 0.1 | 5300 | 1400 |
| | 4 | 0.15 | 8000 | 1200 | 0.08 | 8000 | 800 | 0.08 | 8000 | 1400 |
| 红铜 | 12 | 0.8 | 5300 | 4000 | 0.15 | 5300 | 1200 | 0.1 | 5300 | 2200 |
| | 10 | 0.7 | 6400 | 4000 | 0.15 | 6400 | 1200 | 0.1 | 6400 | 2200 |
| | 8 | 0.6 | 7200 | 4000 | 0.1 | 7200 | 1200 | 0.1 | 7200 | 2200 |
| | 6 | 0.5 | 8000 | 4000 | 0.1 | 8000 | 1200 | 0.1 | 8000 | 2200 |
| | 4 | 0.3 | 9000 | 3600 | 0.1 | 9000 | 1200 | 0.08 | 9000 | 2500 |
| | 2 | 1 | 3600 | 2500 | 0.15 | 5300 | 1200 | 0.1 | 5300 | 2500 |
| 铝合金 | 10 | 1 | 3600 | 2500 | 0.15 | 6400 | 1200 | 0.1 | 6400 | 2500 |
| | 8 | 0.8 | 4200 | 2500 | 0.1 | 7200 | 1200 | 0.1 | 7200 | 2500 |
| | 6 | 0.6 | 5600 | 3000 | 0.1 | 8000 | 1200 | 0.1 | 8000 | 2500 |
| | 4 | 0.4 | 8000 | 3000 | 0.1 | 9000 | 1200 | 0.08 | 9000 | 3000 |

## 4.3.9　确定装夹方法

### 1．定位基准的选择

在数控铣削中，应尽量让零件在一次装夹下完成大部分甚至全部表面的加工。对于平面类零件，通常以零件自身的底面作定位基准。

### 2．常用铣削夹具和装夹方法

在数控铣床上装夹工件时，应使工件相对于铣床工作台有一个确定的位置，并且在工件受到各种外力的作用下，仍能保持其既定位置。常用的装夹方法见表 4-12。

表 4-12　数控铣床常用的装夹方法

| 序　号 | 装夹方法 | 特　点 | 适用范围 |
|---|---|---|---|
| 1 | 三爪卡盘 | 夹紧力较小，夹持工件时一般不需要找正，装夹速度较快 | 适于装夹中小型圆柱形、正三边形或正六边形工件 |

续表

| 序　号 | 装夹方法 | 特　点 | 适用范围 |
|---|---|---|---|
| 2 | 平口钳 | 方便、快捷，但夹持范围不大，夹持工件时需要找正 | 适于装夹小型长方体类零件 |
| 3 | 圆盘工作台 | 可转位加工 | 适于装夹比较规则的内外圆弧面类零件 |
| 4 | 直接在工作台上装夹 | 比较灵活 | 适于单件或不规则零件 |
| 5 | 角铁和V形铁 | 提高刚性 | 薄板类零件 |
| 6 | 专用夹具 | 适用于批量生产 | 形状复杂零件 |
| 7 | 组合夹具 | 可长期、重复使用 | 形状复杂零件 |
| 8 | 分度头 | 可长期、重复使用 | 齿轮、花键 |

## 4.3.10　典型直方槽的工艺分析

下面以如图4-1所示的直方槽为例，介绍平面类零件的加工工艺分析。

### 1．分析零件图样

该零件由圆柱形、正方形直方槽等表面组成。所有加工面均为IT14，表面粗糙度为*Ra*3.2μm，所以技术要求不是很高；该零件材料为45钢，切削加工性能较好，尺寸标注齐全。

### 2．加工方案的拟定

该零件的加工工艺过程见表4-13。

表4-13　中间轴的加工工艺过程

| 工序号 | 工序名称 | 工序内容 | 加工设备 | 设备型号 |
|---|---|---|---|---|
| 1 | 粗铣 | *Z*向余量0.1mm | 数控铣床 | 1354-B |
| 2 | 精铣 | 保证表面粗糙度值*Ra*3.2μm | 数控铣床 | 1354-B |

1) 确定装夹方案

用三爪卡盘下端夹紧，在安装中要注意保持上表面水平、工件上表面高于卡爪15mm。

2) 刀具选择

将所选定的刀具参数填入表4-14所列的数控加工刀具卡片中，以便于编程和操作管理。

表4-14　直方槽数控加工刀具卡片

<table>
<tr><td colspan="2">产品名称或代号</td><td colspan="2">直方槽</td><td colspan="2">零件名称</td><td>直方槽</td><td colspan="2">零件图号</td><td>CL-01</td></tr>
<tr><td></td><td>刀具号</td><td colspan="2">刀具规格名称</td><td>数　量</td><td colspan="2">加工表面</td><td colspan="2">刀尖半径/mm</td><td>备　注</td></tr>
<tr><td></td><td>T01</td><td colspan="2">直径10mm平铣刀</td><td>1</td><td colspan="2">粗、精铣，保证IT14级、Ra3.2μm</td><td colspan="2">0</td><td></td></tr>
<tr><td></td><td>××</td><td>审核</td><td>××</td><td>批准</td><td>××</td><td colspan="2">年　月　日</td><td>共1页</td><td>第1页</td></tr>
</table>

3) 确定切削用量

(1) 切削深度。粗铣时，切削深度为 2.9mm；精铣时，切削深度为 0.1mm。

(2) 主轴转速。粗铣时，主轴转速为 800r/min；精铣时，主轴转速为 1500r/min。

(3) 进给速度。粗铣时，进给速度为 300mm/min；精铣时，进给速度为 100mm/min。

**3．走刀路径的安排**

根据直方槽外形，从任意一直线边的中点下刀，沿直方槽中心线走刀。

# 任务 4.4　认识数控铣床程序的结构

## 4.4.1　加工程序的一般格式

**1．程序开始符、结束符**

程序开始符、结束符是同一个字符。ISO 代码中是%，EIA 代码中是 EP。书写时要单列一段。

**2．程序名**

程序名有两种形式：一种是英文字母 O 和 1～4 位正整数组成；另一种是由英文字母开头，字母数字混合组成的。一般要求单列一段。

**3．程序主体**

程序主体是由若干个程序段组成的。每个程序段一般占一行。

**4．程序结束指令**

程序结束指令可以用 M02 或 M30。一般要求单列一段。

```
%                                          // 开始符
O1000                                      // 程序名
N10 G00 G54 X50 Y30 M03 S3000  ⎫
N20 G01 X88.1 Y30.2 F500 T02 M08 ⎬         // 程序主体
N30 X90                         ⎪ …
N300 M30                        ⎭
%                                          // 结束符
```

## 4.4.2　程序段格式

一个程序由若干个程序段构成，而一个程序段由若干个字构成，字是地址符加阿拉伯数字构成，地址符用拉丁字母表示，字是构成程序的最小组成单元。程序段一般采用可变地址程序段格式，即在同一个程序段中字的排列无严格的顺序要求。字-地址可变程序段格式的编排顺序通常如下：

**N_ G__ X_Y_F_ S_T_M_;**

### 4.4.3 字的类型

一个程序段由若干个字构成，字的类型主要有以下 7 种。

1. 顺序号字(N)

顺序号又称程序段号或程序段序号。顺序号位于程序段之首，由顺序号字 N 和后续数字组成。顺序号字 N 是地址符，后续数字一般为 1～4 位的正整数。数控加工中的顺序号实际上是程序段的名称，与程序执行的先后次序无关。数控系统不是按顺序号的次序来执行程序，而是按照程序段编写时的排列顺序逐段执行。

顺序号的作用：对程序的校对和检索修改；作为条件转向的目标，即作为转向目的程序段的名称。有顺序号的程序段可以进行复归操作，这是指加工可以从程序的中间开始，或回到程序中断处开始。

一般使用方法：编程时将第一程序段冠以 N10，以后以间隔 10 递增的方法设置顺序号，这样，在调试程序时，如果需要在 N10 和 N20 之间插入程序段时，就可以使用 N11、N12 等。

2. 准备功能字(G)

准备功能字的地址符是 G，又称为 G 功能或 G 指令，是用于建立机床或控制系统工作方式的一种指令，后续数字一般为两位正整数。G 指令分模态、非模态指令，模态指令是指程序段中一旦指定了该指令，在此之后的程序段中一直有效，直到有同组指令替代它或撤销它为止。非模态指令只在本程序段中有效。

3. 尺寸字

尺寸字用于确定机床上刀具运动终点的坐标位置。

其中，第一组 X、Y、Z、U、V、W、P、Q、R 用于确定终点的直线坐标尺寸；第二组 A、B、C、D、E 用于确定终点的角度坐标尺寸；第三组 I、J、K 用于确定圆弧轮廓的圆心坐标尺寸。在一些数控系统中，还可以用 P 指令指定暂停时间、用 R 指令指定圆弧的半径等。

多数数控系统可以用准备功能字来选择坐标尺寸的制式，如 FANUC 诸系统可用 G21/G22 来选择公制单位或英制单位，也有些系统用系统参数来设定尺寸制式。采用米制时，一般单位为 mm，如 X100 指令的坐标单位为 100mm。当然，一些数控系统可通过参数来选择不同的尺寸单位。

4. 进给功能字(F)

进给功能字的地址符是 F，又称为 F 功能或 F 指令，用于指定切削的进给速度。对于铣床，F 可分为每分钟进给和主轴每转进给两种，对于其他数控机床，一般只用每分钟进给。F 指令在螺纹切削程序段中常用来指定螺纹的导程。

5．主轴转速功能字(S)

主轴转速功能字的地址符是 S，又称为 S 功能或 S 指令，用于指定主轴转速。单位为 r/min。对于具有恒线速度功能的数控铣床，程序中的 S 指令用来指定铣削加工的线速度数。

6．刀具功能字(T)

刀具功能字的地址符是 T，又称为 T 功能或 T 指令，用于指定加工时所用刀具的编号。对于数控铣床，其后的数字还兼作指定刀具长度补偿和刀尖半径补偿用。

7．辅助功能字(M)

辅助功能字的地址符是 M，后续数字一般为 1～2 位正整数，又称为 M 功能或 M 指令，用于指定数控机床辅助装置的开关动作。

8．程序段结束符

它写在每一个程序段末尾，表示程序段结束。书面和显式表达一般用“;”，数控机床操作面板上用“EOB”代替“;”。

# 任务 4.5　直方槽的编程

## 4.5.1　主轴转速功能设定指令(G96、G97)

主轴转速功能有恒线速度控制和恒转速控制两种指令方式，并可限制主轴最高转速。

1．主轴速度以恒线速度设定(单位为 m/min)

格式：G96 S__

该指令用于铣削端面或工件直径变化较大的场合。采用此功能，可保证当工件直径变化时，主轴的线速度不变，从而保证切削速度不变，提高了加工质量。

2．主轴速度以转速设定(单位为 r/min)

格式：G97 S__

该指令用于铣削螺纹或工件直径变化较小的场合。采用此功能，可设定主轴转速并取消恒线速度控制。

## 4.5.2　F 进给功能设定指令(G98、G99)

1．每分钟进给量(G98)(单位为 mm/min)(见图 4-19)

格式：G98　F300

说明：G98 设定的进给量是数控铣床的初始状态。

2．每转进给量(G99)(单位为 mm/r)(见图 4-20)

格式：G99

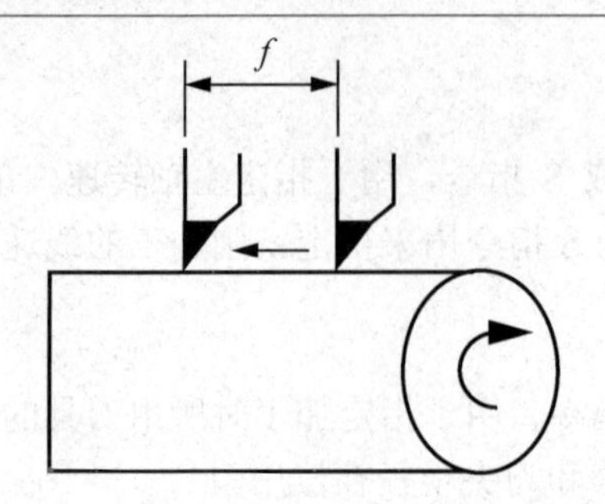


图 4-19　G98 设定每分钟进给量(mm/min)

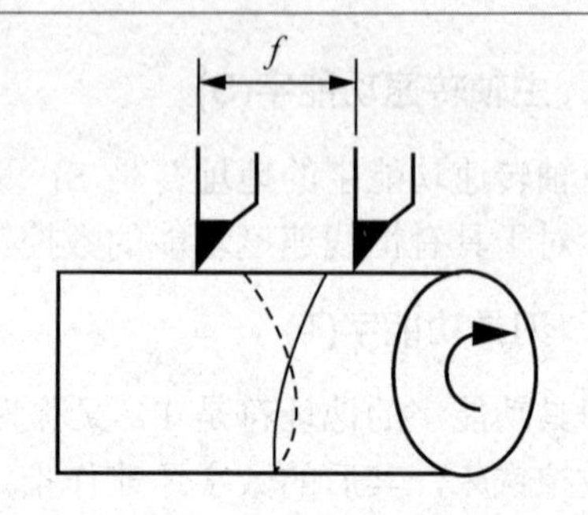


图 4-20　G99 设定每转进给量(mm/r)

## 4.5.3　T 功能

功能：该指令可指定刀具。

格式：T □□

说明：

(1) 前两位表示刀具序号(0～99)。

(2) 刀具的序号可以与刀盘上的刀位号相对应。

(3) 刀具补偿包括形状补偿和磨损补偿。

(4) 刀具序号和刀具补偿号不必相同，但为了方便，通常使保持它们一致。

(5) 取消刀具补偿的 T 指令格式为：T00 或 T□□00。

## 4.5.4　M 功能

M00：程序暂停，可用 NC 启动命令(CYCLE START)使程序继续运行。

M01：计划暂停，与 M00 作用相似，但 M01 可以用机床“任选停止按钮”选择是否有效。

M03：主轴正向旋转。

M04：主轴反向旋转。

M05：主轴旋转停止。

M08：冷却液开。

M09：冷却液关。

M30：程序停止，程序复位到起始位置，数控系统处于准备好状态。

M02：程序停止，光标处于程序尾，数控系统处于未准备好状态。

## 4.5.5　快速点定位运动指令(G00)

在数控加工中，为了提高加工效率，经常需要进行一些快速移动至某一点，G00 指令就是用于刀具从当前点快速移动至加工前的起刀点，在加工结束时再快速离开工件。特别要强调的是，一般只有在刀具处于非切削状态时才能采用 G00 方式，即刀具和工件不接触的情况下，而且 G00 也只是快速到达指定点，其运动轨迹由具体的数控系统来决定，一般有图 4-21 所示的 4 种轨迹，最常用的是第四种运动轨迹。

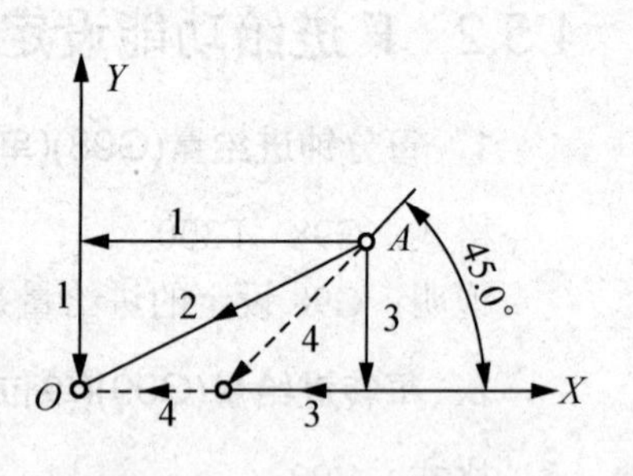


图 4-21　G00 快速点定位

格式：G00 X__　Y__　Z__;

**例 4-1**　G90　G00　X0　Y0；如图 4-21 所示，从 *A* 点快速移动至 *O* 点。

进给速度 F 对 G00 无效。

### 4.5.6　直线插补指令(G01)

功能：使刀具以给定的进给速度从当前点出发，按给定的进给速率沿直线插补到目标点位置。

格式：G01 X__Y__ Z__ F__

说明：

(1) *X*、*Y*、*Z*：表示目标点的位置。

(2) *F*：进给速度。

**例 4-2**　如图 4-22 所示，刀具从 *O* 点以 G01 方式运动到 *B* 点，程序段如下：

```
G01 X100.0 Y50.0 F100;
```

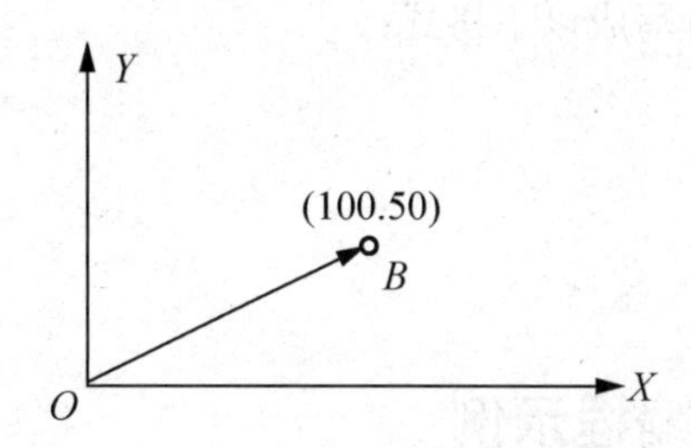


图 4-22　执行 G01 指令进行直线插补

### 4.5.7　绝对坐标和相对坐标指令(G90、G91)

用来表示刀具和工作台的移动方式。绝对坐标 G90 下的各坐标值均表示在某个工作坐标系中的终点坐标值，如 G90 G54 G00 X200.0 Y150.0;就表示从当前点快速移动至工作坐标系 G54 中的 *B* 点，如图 4-23 所示；相对坐标 G91 下的各坐标值则表示刀具或工作台的相应坐标轴方向的实际位移量，要从 *A* 点移动至 *B* 点，则相应的程序段为 G91 X100.0 Y50.0;。

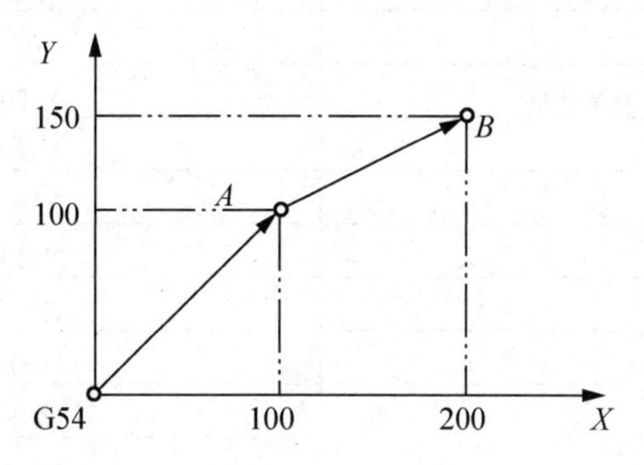


图 4-23　绝对坐标与相对坐标

需要说明的是，G90 指令必须在某个工作坐标系下起作用，而 G91 指令则不需要。

**例 4-3**　G90 与 G91 的区别示例。

```
G90  G54 G00 X100.0  Y100.0;
G91  G00  X100.0  Y50.0;
```

## 4.5.8 暂停指令(G04)

功能：该指令可使刀具做短时间的停顿。

格式：G04 X(U)___

或 G04 P__

说明：

(1) *X* 指定时间，单位为 s，允许带小数点。

(2) *P* 指定时间，单位为 ms，不允许带小数点。

(3) *U* 指定主轴转过转数，单位为 r，暂停的时间为 *U*/*n*，*n* 为主轴转速。

应用场合：铣削槽或钻孔时，为使槽底或孔底得到准确的尺寸精度及光滑的加工表面，在加工到槽底或孔底时，应暂停适当时间。

**例 4-4** 若要暂停 1s，可写成以下格式：

```
G04 X1.0;
```

或

```
G04 P1000;
```

## 4.5.9 直方槽类零件编程示例

以图 4-1 所示的直方槽为例，介绍直方槽类零件的编程，毛坯直径为 $\phi$85mm。

**例 4-5** 如图 4-1 所示的直方槽编程如表 4-15 所示。

表 4-15 图 4-1 的直方槽编程

<table>
<tr><td>%</td><td>Y-20.0</td></tr>
<tr><td>O1000</td><td>X0</td></tr>
<tr><td>G21</td><td>M03 S1500</td></tr>
<tr><td>M03 S800</td><td>G01 Z-3.0 F50</td></tr>
<tr><td>G90 G54 G00 X0 Y-20.0</td><td>X-20.0 F150</td></tr>
<tr><td>Z100.0 M08</td><td>Y20.0</td></tr>
<tr><td>Z2.0</td><td>X20.0</td></tr>
<tr><td>G01 Z-2.9 F50</td><td>Y-20.0</td></tr>
<tr><td>X-20.0 F300</td><td>X0</td></tr>
<tr><td>Y20.0</td><td>G00 Z100.0</td></tr>
<tr><td rowspan="4">X20.0</td><td>M05</td></tr>
<tr><td>M09</td></tr>
<tr><td>M30</td></tr>
<tr><td>%</td></tr>
</table>

# 任务 4.6　掌握直方槽数控铣削加工操作

## 4.6.1　数控铣床(加工中心)仿真软件系统的进入和退出

### 1．进入数控铣床(加工中心)仿真软件

打开计算机，单击或双击图标，进入数控仿真系统，如图 4-24 所示。单击“Fanuc 数控铣仿真”文字，即进入 FANUC 数控铣床仿真操作主界面。

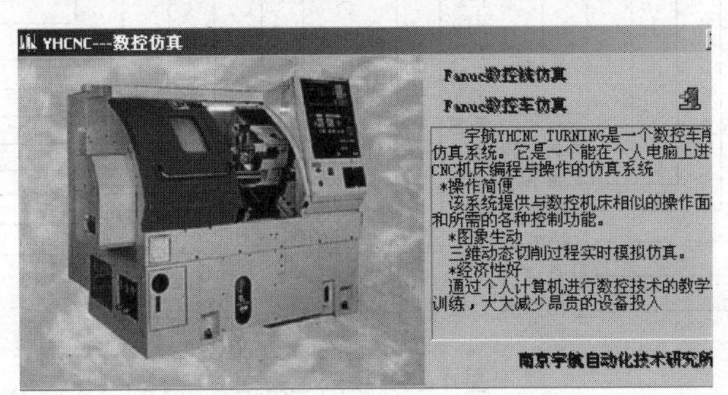


图 4-24　系统软件进入

### 2．退出数控铣床仿真软件

单击屏幕右上方的图标按钮，则退出数控铣床仿真系统。

## 4.6.2　数控铣床仿真软件的工作窗口

数控铣床仿真软件的工作窗口分为标题栏、菜单栏、工具栏、机床显示区、机床操作面板区、数控系统操作区，如图 4-25 所示。

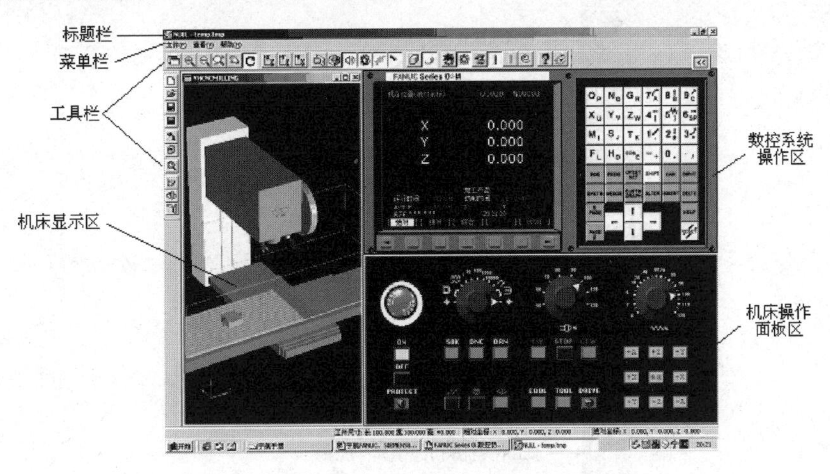


图 4-25　FANUC 数控仿真系统的工作窗口

1．菜单栏

菜单栏包含“文件”“查看”“帮助”三大菜单。

2．工具栏

1) 横向工具栏

横向工具栏如图 4-26 所示。

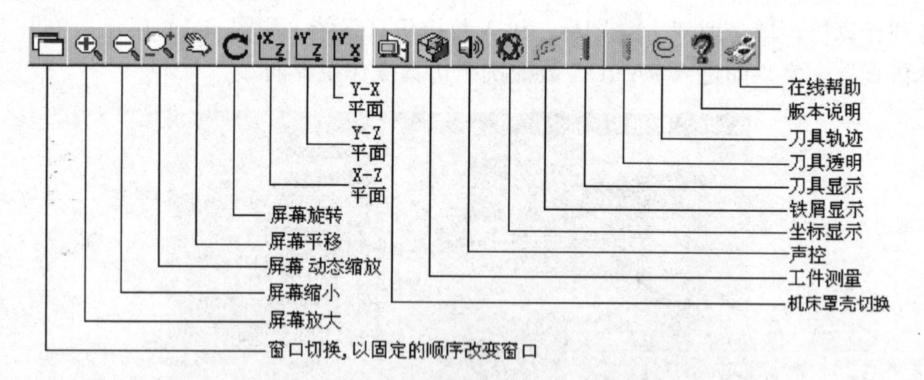


图 4-26　横向工具栏

2) 纵向工具栏

纵向工具栏如图 4-27 所示。

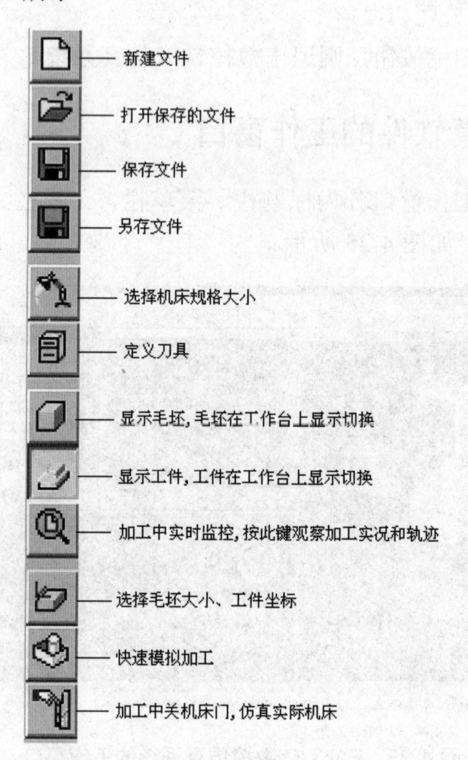


图 4-27　纵向工具栏

### 3．常用工具条说明

(1) [icon]：选择机床规格大小。可设置工件、刀具路径的显示颜色。

(2) [icon]：刀具的定义。

① 添加刀具(见图 4-28)。输入刀具编号→输入刀具名称→选择刀具类型(可选择端铣刀、球头刀、圆角刀、钻头、镗刀)→定义刀具参数(定义直径、刀杆长度、转速、进给率)→单击“确定”按钮，即可添加到刀具管理库。

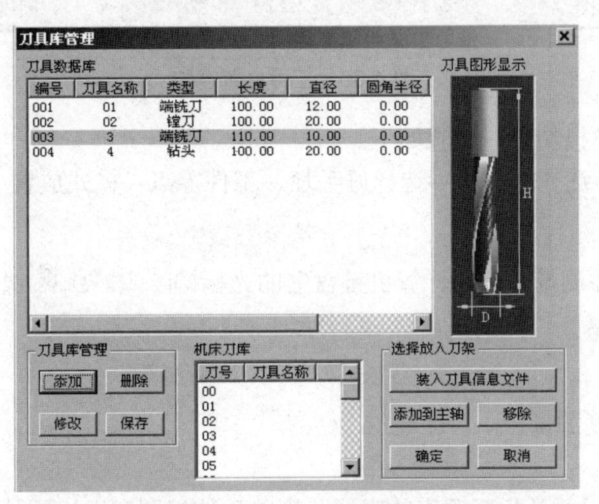


图 4-28　“刀具库管理”对话框

② 添加到主轴(见图 4-29)。在“刀具数据库”里选择所需刀具，如 01 刀→按住鼠标左键，将刀具拖曳到“机床刀库”中→添加到主轴上，单击“确定”按钮。

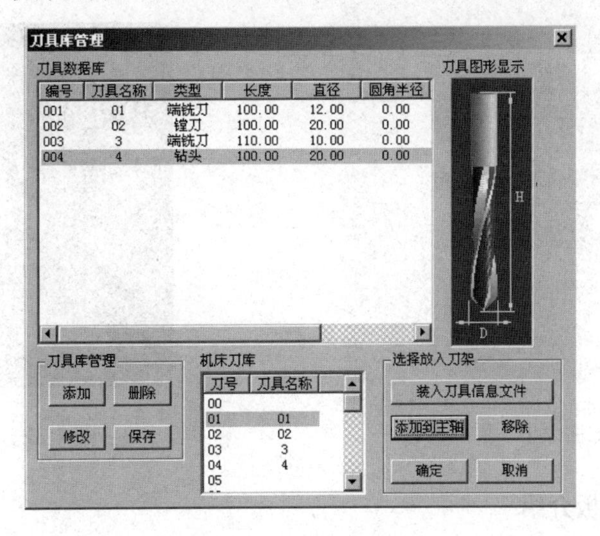


图 4-29　刀具库添加

(3) [icon]:选择 [工件放置 工件大小、原点]。

① 选择工件放置，其界面如图 4-30 所示。选择 $X$ 方向放置位置→选择 $Y$ 方向放置位置→选择放置角度位置。

② 设置毛坯大小、工件坐标(见图 4-31)，步骤如下。

定义毛坯长、宽、高→选择更换加工原点、更换工件→选择工件夹具→用基准芯棒测量工件零点。

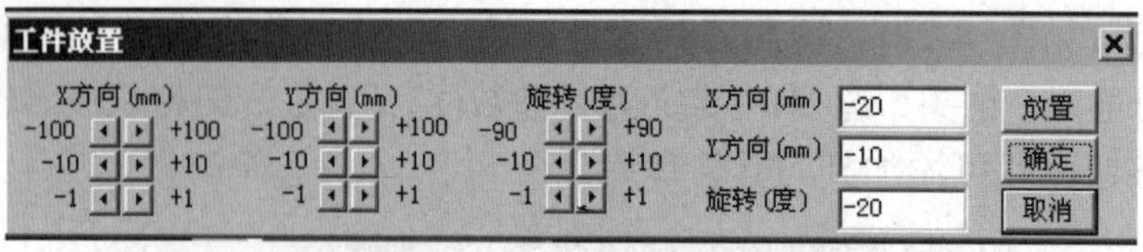

图 4-30 工件放置调整

(4) ：快速模拟加工，步骤如下。

用 EDIT 编程→选择好刀具→选择好毛坯、工件零点→模式放置 AUTO→按键进行快速模拟加工。

(5) ：工件测量。可用计算机键盘上的光标键选择测量尺寸。

：点定位测量。

：长度测量。

：表面粗糙度测量。

：关闭测量。

如图 4-32 所示，两条相互垂直的直线分别表示俯视图和右视图的剖切位置，测量时注意选择适当的位置。

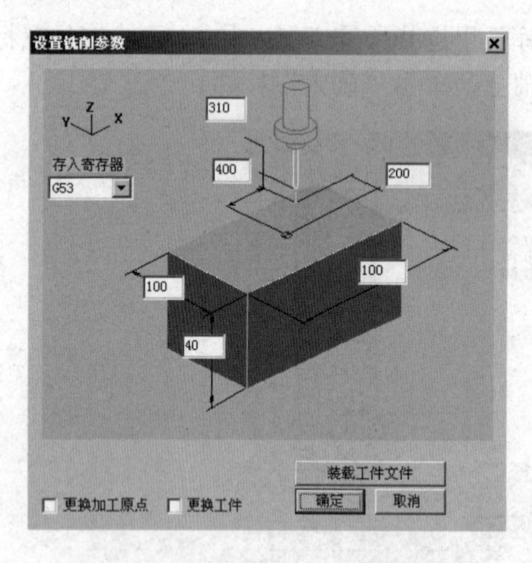


图 4-31 工件大小、原点设置

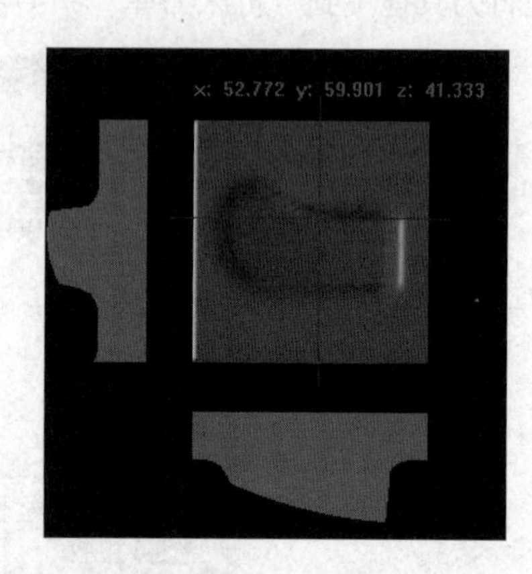


图 4-32 工件测量

## 4．机床操作面板介绍

机床操作面板位于窗口的右下侧，如图 4-33 所示。其主要用于控制机床的运动和选择机床运行状态，由模式选择旋钮、数控程序运行控制开关等多个部分组成，每一部分的详细说明如下。

：模式选择旋钮。将光标置于旋钮上，单击鼠标左键，转动旋钮选择工作方式。

(EDIT)：用于直接通过操作面板输入数控程序和编辑程序。

图 4-33　机床操作面板

(MDI)：手动数据输入。

(AUTO)：进入自动加工模式。

：JOG 手动方式，手动连续移动台面或者刀具。

：MDI 手动数据输入的备用键。

：回机床参考点。

快速：快速手轮方式移动台面或刀具。

：程序运行开始；模式选择旋钮只有在“AUTO”和“MDI”位置时按下有效，其余时间按下无效。

：程序复位。

：程序运行停止，在数控程序运行中，按下此按钮停止程序运行。

CW、CCW：手动开机床，使主轴正、反转。

STOP：手动关机床主轴。

：手动移动机床台面按钮。

：进给速度(F)调节旋钮。调节数控程序运行中的进给速度倍率。

：在手动方式下刀具单步移动的距离。1 为 0.001mm，10 为 0.01mm，100 为 0.1mm。将光标置于旋钮上，按下鼠标左键选择。

：主轴速度调节旋钮。用于调节主轴速度，调节范围为 0～120%。

：手脉。把光标置于手轮上，按下鼠标左键，手轮顺时针方向转动，机床往正方向移动；按下鼠标左键，手轮逆时针方向转动，机床往负方向移动。

SBK：单步执行开关。每按一次执行一条数控指令。

DNC：DNC 在用 232 电缆线连接个人计算机和数控机床时，进行数控程序文件传输。

DRN：机床空转。按下时各轴以固定的速度运动。

PROTECT：机床锁开关。置于“ON”位置，机床不动，可编辑程序。

TOOL：在刀库中选刀。按下时可在刀库中选刀。

：冷却液开关。按下时冷却液开。

：驱动开关。驱动关，程序运行，机床不运动。

：机床开。

：机床关。

### 4.6.3 数控铣床仿真软件基本操作

在“视图”下拉菜单或者浮动菜单中选择“控制面板切换”命令后，数控系统操作键盘会出现在视窗的右上角，其左侧为数控系统显示屏，如图 4-34 所示。

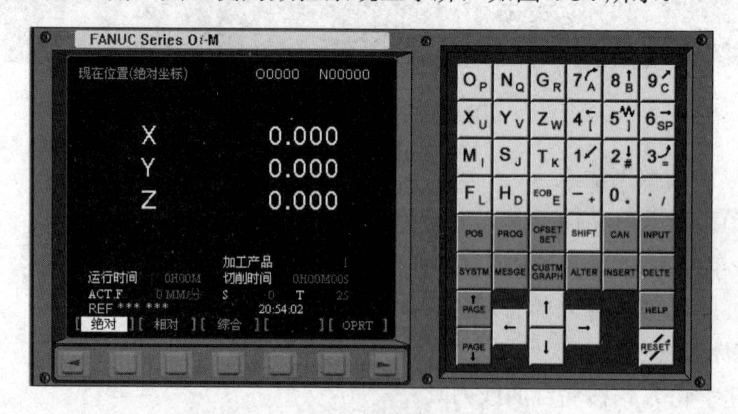

图 4-34 数控系统操作键盘的显示屏

#### 1. 编辑键

：替代键。用输入的数据替代光标所在的数据。

：删除键。删除光标所在的数据，或者删除一个数控程序。

：插入键。把输入域中的数据插入到当前光标之后的位置。

：修改键。消除输入域内的数据。

：回车换行键。结束一行程序的输入并且换行。

#### 2. 页面切换键

：数控程序显示与编辑页面。

：位置显示页面，位置显示有 3 种方式，用键翻页选择。

：参数输入页面，按此键第一次进入坐标系设置页面，按此键第二次进入刀具补偿参数页面。进入不同的页面以后，用键切换。

#### 3. 输入键

：输入键。把输入域内的数据输入参数页面或输入一个外部的数控程序。

4．输出键

：输出键。把当前数控程序输出到计算机。

5．翻页键(PAGE)

：向下或向上翻页。

6．光标移动(CURSOR)

：向下或向上、向左或向右移动光标。

7．数字/字母键

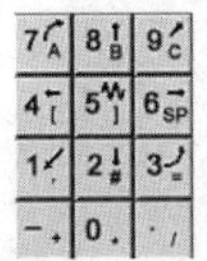

例如，若要输入数字 7，则单击按钮(这种按钮也可称为“键”)即可；若要输入字母“A”，则先单击按钮，然后再单击按钮即可。

8．编辑数控程序

1) 选择一个数控程序

有两种方法进行选择。

(1) 选择模式在位置。

① 单击按钮，输入字母 O。

② 单击按钮，输入数字 7，即输入搜索的号码 O7。

③ 单击按钮开始搜索；找到后，O0007 显示在屏幕右上角程序编号位置，NC 程序显示在屏幕上。

(2) 选择模式在位置。

① 单击按钮，输入字母 O。

② 单击按钮，输入数字 7，即输入搜索的号码 O7。

③ 单击按钮，开始搜索，“O0007”显示在屏幕右上角，NC 程序显示在屏幕上。

2) 删除一个数控程序

(1) 选择模式在位置。

(2) 单击按钮，输入字母 O。

(3) 单击按钮，输入数字 7，即输入要删除的程序号码 O7。

(4) 单击按钮，O7NC 程序被删除。

3) 删除全部数控程序

(1) 选择模式在位置。

(2) 单击按钮，然后输入 O9999。

(3) 单击DELET按钮，屏幕提示“此操作将删除所有登记程式，你确定吗？”，单击“是”按钮，则全部数控程序被删除。

4) 搜索一个指定的代码

一个指定的代码可以是一个字母或一个完整的代码，如N0010、M、F、G03等。搜索在当前数控程序内进行。操作步骤如下。

在EDIT或MEM方式下，单击PROG按钮，然后选择一个NC程序，输入需要搜索的字母或代码，单击↓按钮，在当前数控程序中搜索，光标停留在需搜索的字母或代码处。

5) 编辑NC程序(删除、插入、替换操作)

(1) 将模式选择旋钮旋至⊕位置。

(2) 单击PROG按钮。

(3) 输入被编辑的NC程序名，如O7，单击INSRT按钮即可进行编辑。

移动光标：

方法一：单击↑PAGE按钮或PAGE↓按钮进行翻页，单击↑按钮或↓按钮移动光标。

方法二：用搜索一个指定代码的方法移动光标。

输入数据：单击数字/字母键，数据被输入到输入域。单击CAN按钮，删除输入域内的数据。

6) 通过控制操作面板手工输入NC程序

(1) 将模式选择旋钮旋至⊕位置。

(2) 单击PROG按钮，进入程序页面。

(3) 输入程序名，但不可与已有程序名重复。

(4) 单击INSERT按钮，开始程序输入。

**注意**：每输完一段程序，单击EOB E按钮，进行换行，再继续输入下一段程序。

7) 从外界导入NC程序

将模式开关置于EDIT，单击PROG按钮，进入程序页面。输入一个新的程序名，单击INSRT按钮进入程序输入界面。单击按钮，根据文档的路径打开文档(注意：文档的文件名后缀为.NC，文档保存类型为文本文档)。

### 9. 运行数控程序

1) 自动运行数控程序加工零件

(1) 将模式旋钮置于位置。

(2) 选择一个数控程序。

(3) 单击数控程序运行控制开关中的按钮。

2) 试运行数控程序

试运行数控程序时，机床和刀具不切削零件，仅运行程序。

(1) 单击DRIVE按钮。

(2) 选择一个数控程序。

单击数控程序运行控制开关中的按钮。

(3) 单步运行。

① 单击按钮。

② 数控程序运行过程中，每单击一次按钮，计算机会执行一段数控程序。

### 10．输入零件原点参数

将开关置于 EDIT 或 AUTO，单击按钮进入参数设定页面，如图 4-35 所示。按“工件”用 PAGE：单击和按钮可在 No1～No3 坐标系页面和 No4～No6 坐标系页面之间切换，No1～No6 分别对应 G54～G59。用 CURSOR：单击和按钮选择坐标系。输入地址字(X/Y/Z)和数值到输入域。方法参考“输入数据”操作，单击按钮，把输入域中间的内容输入到所指定的位置。

### 11．输入刀具补偿参数

将模式选择旋钮置于 EDIT 或 AUTO，单击按钮进入参数设定页面，如图 4-36 所示。单击“补正”对应的按钮，移动光标到对应位置，输入相应的补偿值到长度补偿 H 或半径补偿 D 中。

图 4-35 工件坐标系页面

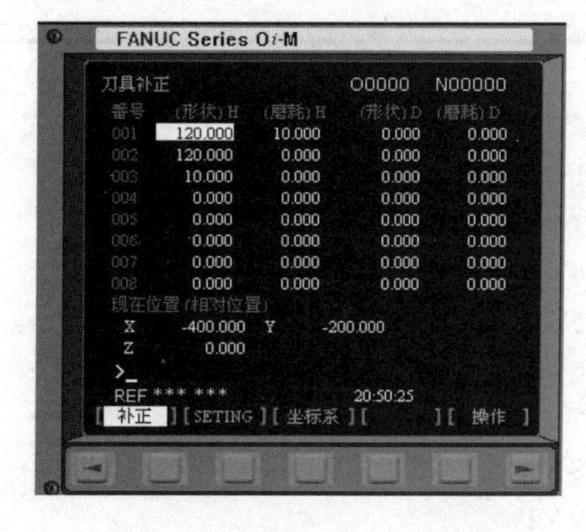


图 4-36 输入刀具补偿参数

### 12．MDI 手动数据输入

将模式选择旋钮置于 MDI 位置，单击按钮，选择“MDI”方式，输入程序后单击按钮，程序编写完成后，单击数控程序运行控制开关中的按钮运行。

## 4.6.4 数控铣床的仿真软件操作实例

本节以一个实例来介绍数控铣床编程模拟的操作过程。

**例 4-6** 如图 4-37 所示槽形，进给速度设为 $F$=100mm/min，主轴转速 $S$=1000r/min，槽深为 3mm，试编写程序并模拟加工。

根据图形要求，选择工件尺寸为 120mm×100mm，刀具选择 $\phi$8mm 的端铣刀，设置工件零点如图 4-37 所示。其程序如表 4-16 所示。

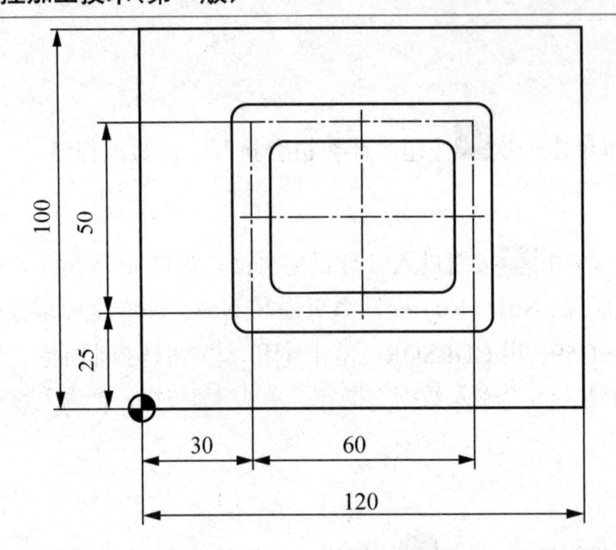

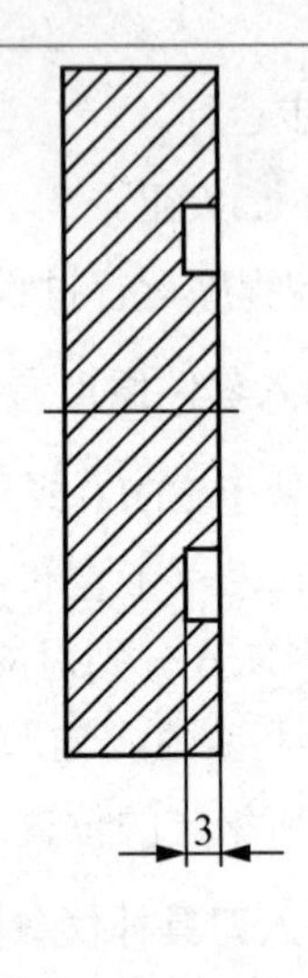


图 4-37　模拟加工实例

表 4-16　例 4-6 的程序编制

| 程　　序 | 说　　明 |
|---|---|
| O5555 | 程序名 |
| N1 G90 G54 G00 X0 Y0 | 设置工件零点处于 *O* 点 |
| N3 M03 S1000 | 主轴正转，转速为 1000r/min |
| N4　Z50 | 快进至安全距离 |
| N5 G00 X30 Y25 Z2 | 刀具快速降至(30,25,2) |
| N6 G01 Z-3 F50 | 刀具进刀至深 3mm 处 |
| N7 Y75.0 F100 | 直线插补 |
| N8 X90 | 直线插补 |
| N9 Y25 | 直线插补 |
| N10 X30 | 直线插补 |
| N11 G00 Z200 | 刀具 *Z* 向快退 |
| N12 X0 Y0 | 刀具回起刀点 |
| N13 M05 | 主轴停转 |
| N14 M30 | 程序结束 |

其操作步骤如下。

### 1. 开机

进入 YHCNC-TURNING 之后，在图 4-38 中单击按钮开启机床。

### 2. 回零

系统提示“请回机床参考点”，单击+X按钮，铣床沿 *X* 方向回零；单击+Y按钮，铣床沿 *Y* 方向回零；单击+Z按钮，铣床沿 *Z* 方向回零。回零之后，界面如图 4-38 所示。

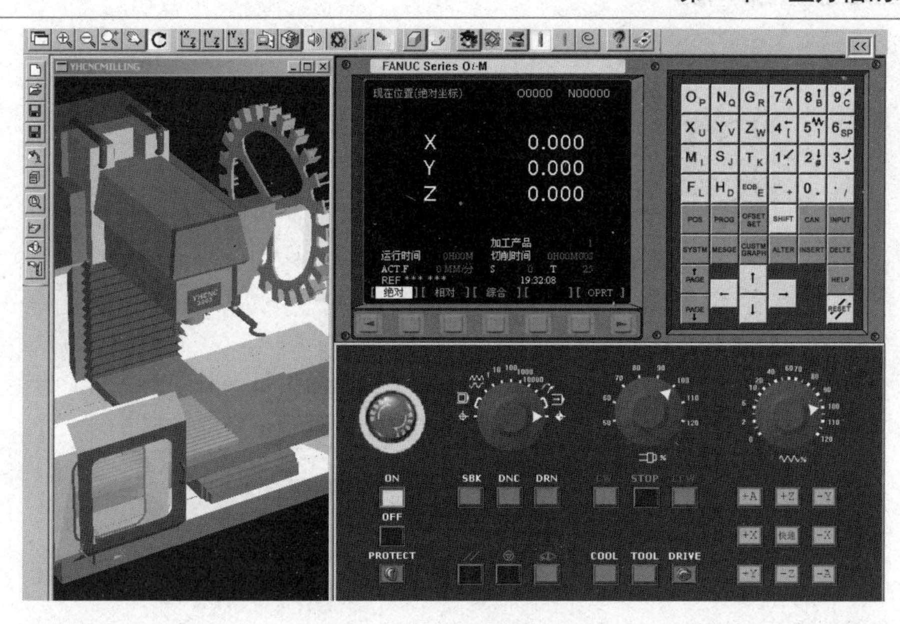


图 4-38　机床回零点显示

## 3．程序编辑

1) 程序输入，方法有以下两种。

方法一：可通过数控系统操作区的编辑键直接输入程序。

方法二：通过“写字板”或“记事本”输入程序。

下面仅介绍第二种方法。

从桌面上依次单击“开始”→“程序”→“附件”→“写字板”或“记事本”菜单命令，在打开的“记事本”文档中将程序输入。在“记事本”中输入的界面如图 4-39 所示。

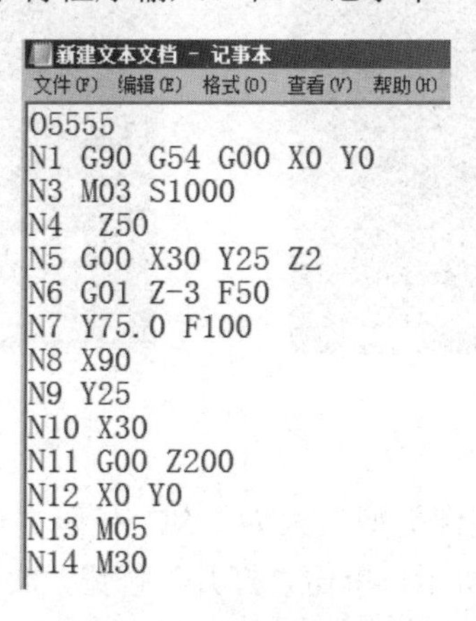
新建文本文档 - 记事本
文件(F)　编辑(E)　格式(O)　查看(V)　帮助(H)

```
O5555
N1 G90 G54 G00 X0 Y0
N3 M03 S1000
N4  Z50
N5 G00 X30 Y25 Z2
N6 G01 Z-3 F50
N7 Y75.0 F100
N8 X90
N9 Y25
N10 X30
N11 G00 Z200
N12 X0 Y0
N13 M05
N14 M30
```

图 4-39　“记事本”界面

程序输入完成后，在“记事本”中选择“文件”→“保存”菜单命令，在弹出的图 4-40 所示对话框中，将“保存类型”设置为“文本文档”，在“文件名”中输入“O5555.nc”，文件名由拼音和数字组成，后缀名必须为“.nc”。

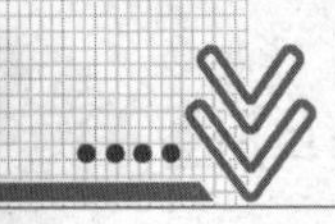

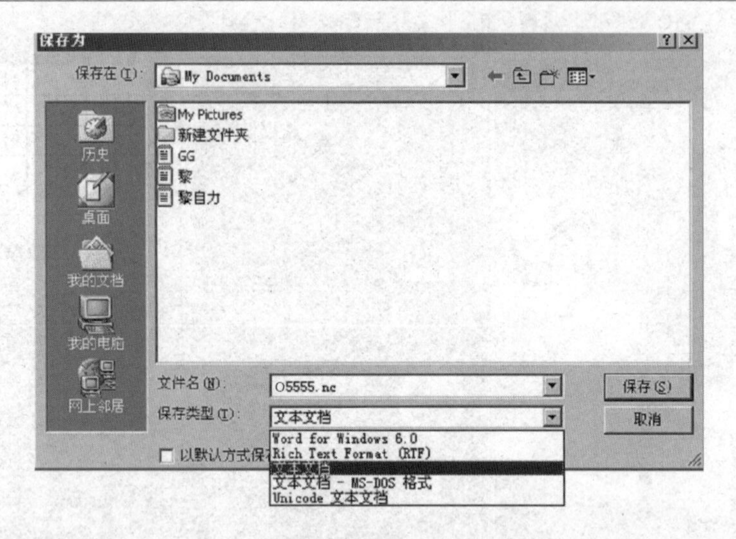


图 4-40 保存程序

2) 调用程序

(1) 将模式选择旋钮旋至编辑键，打开程序锁，单击按钮，单击 DIR 按钮，显示本仿真软件的所有程序名，如图 4-41 所示。

(2) 在提示符>处输入程序名 O5555，单击按钮，如图 4-42 所示。

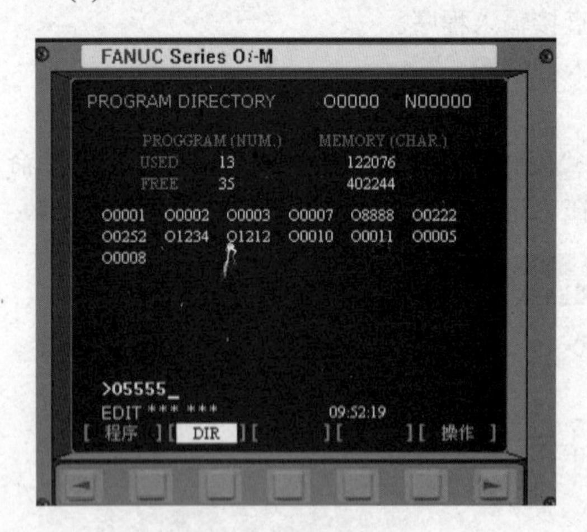


图 4-41 新建程序名

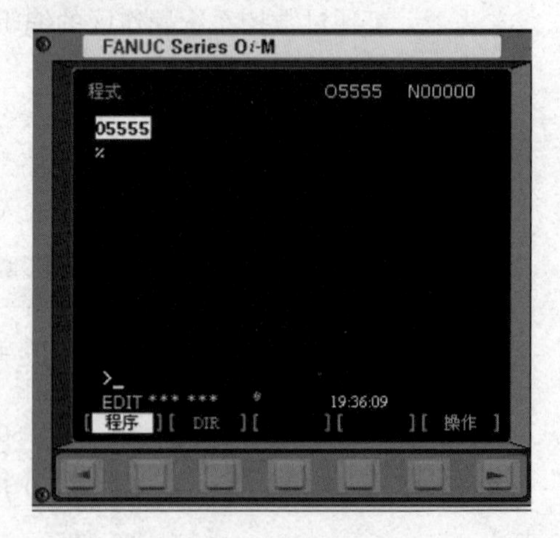


图 4-42 程序输入

(3) 单击按钮，将“文件类型”改为“NC 代码文件(*.cnc;*.nc)”，在相应文件夹中找到 5555 文件，如图 4-43 所示，单击“打开”按钮，此时，程序被调入到数控系统中。

4. 刀具选择

单击刀具选择工具条，选择所需刀具，放置在机床刀库中，刀号与程序中使用的刀号必须一致，如图 4-44 所示。

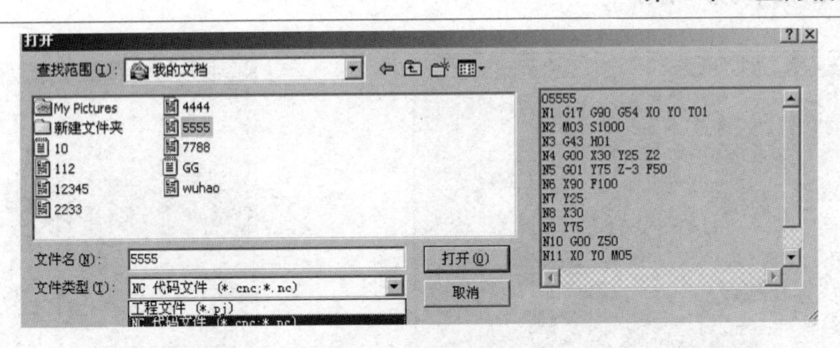

图 4-43 打开程序

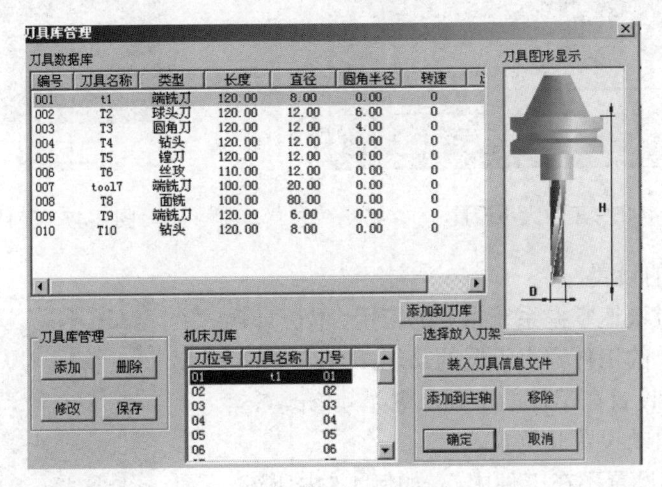

图 4-44 刀具选择

## 5．毛坯确定

单击“毛坯选择”按钮，在弹出的菜单中选择“工件大小、原点”命令，如图 4-45 所示，显示工件设置图形，实例中工件为 X120，Y100。工件大小设置如图 4-46 所示。注意：最后要选中“更换工件”复选框。

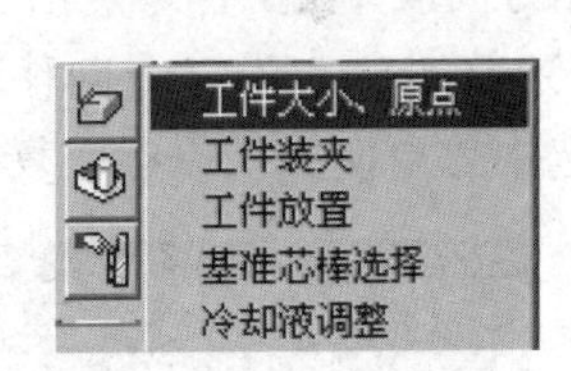


图 4-45 工件菜单

## 6．工件装夹

单击“毛坯选择”按钮，在弹出的菜单中选择“工件装夹”命令，初学者为避免加工过程中刀具碰到夹具，尽量采用工艺板装夹，如图 4-47 所示。

## 7．参数设置

参数设置主要包括两个方面。

1) 刀具参数的设置

单击OFSET SET按钮，单击“补正”对应的按钮，出现的界面如图 4-48 所示，通过光标键移动到参数修改位置。其中，H 为刀具长度，D 为刀具半径。注意：输入的参数应与所用刀具号的相关参数一致。磨耗值需设为 0。

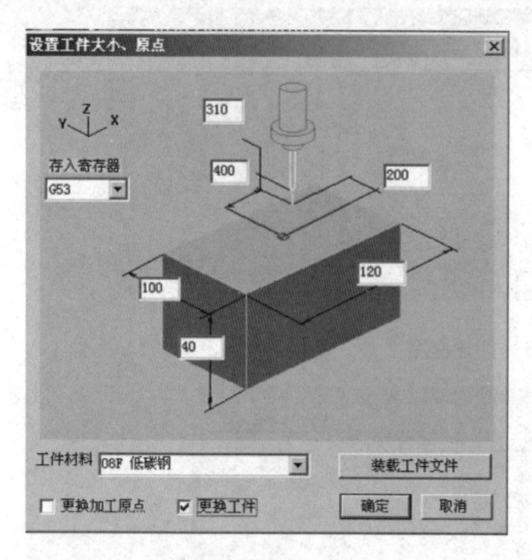


图4-46　工件大小设置

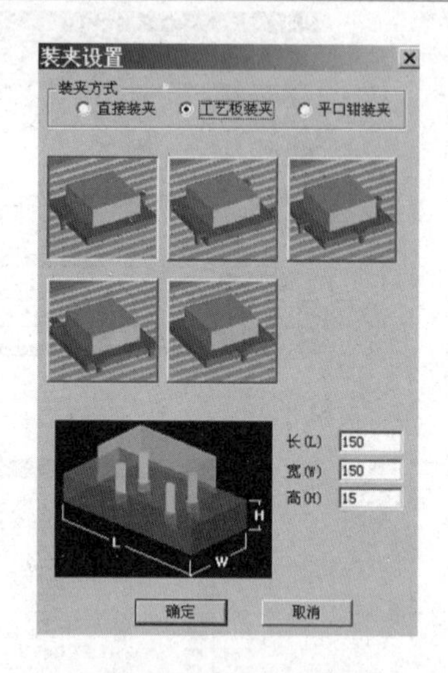


图4-47　工件装夹设置

2) 工件零点的设置

为方便初学者快速掌握系统指令的应用，本仿真软件提供了一种简单的工件零点设置的功能，方法如下。

(1) 工件零点设置在工件的中心，则无须修改G54中的参数，系统自动设置此位置。

(2) 工件零点设置不在工件中心，如例4-5中所述，则单击存入寄存器中的G54，如图4-49所示，对工件零点进行设置。其中，*Z*方向取+15(工艺板装夹的高度)，*X*方向取−60(工件零点沿*X*方向移动的距离)，*Y*方向取−50(工件零点沿*Y*方向移动的距离)，如图4-50所示。选中“更换加工原点”复选框即可。

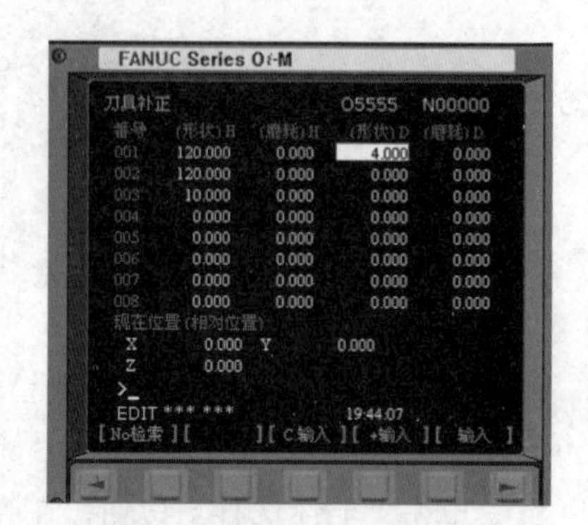


图4-48　刀具参数设置

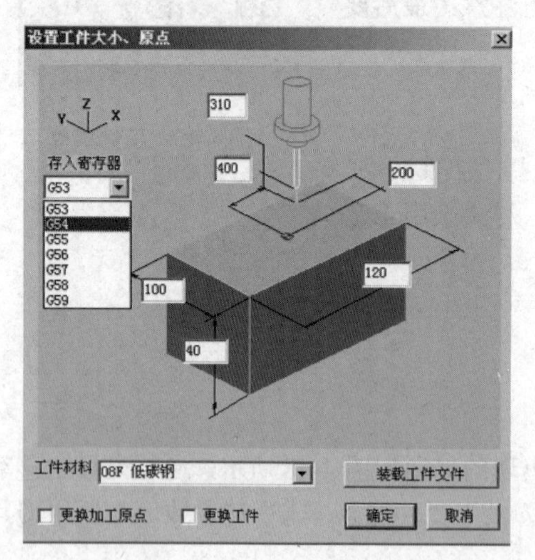


图4-49　工件零点设置

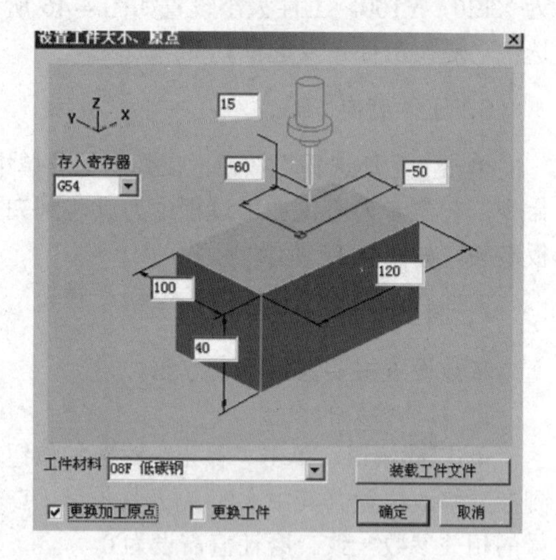


图4-50　工件零点偏移

8．模拟加工

将工件、刀具安装好，刀具参数和工件零点设置好后，即可进行模拟加工。首先将模式选择旋钮置于 MEM 位置，调出待加工程序，为清楚每一程序段机床所执行的动作，可单击“单段执行”按钮，然后单击“循环启动”按钮，即可观察程序运行中机床加工零件的过程。实例加工的图形如图 4-51 所示。

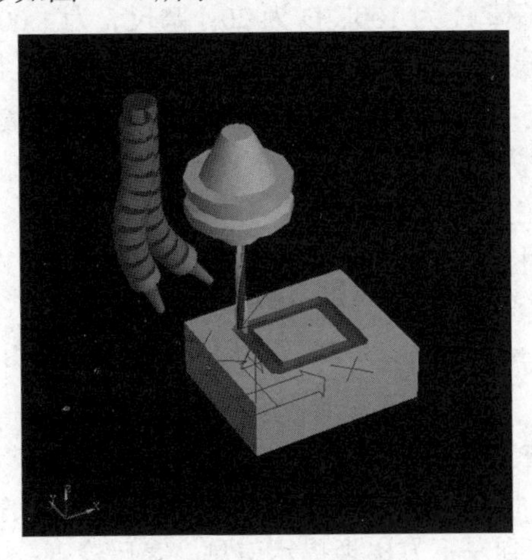

图 4-51　模拟加工显示

9. 工件测量

模拟加工后，单击“测量”按钮，再单击“长度测量”按钮。为“测量退出”按钮，如图 4-52 所示。

**注意**：侧视图和俯视图是通过调整主视图中的不同剖切位置而得到的。

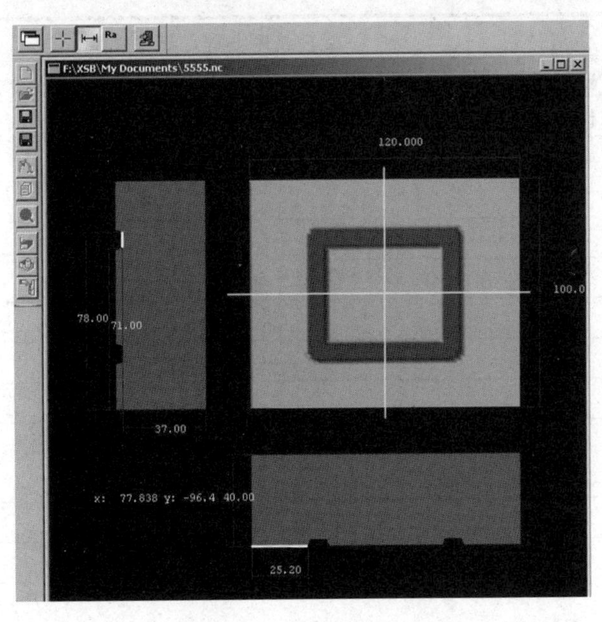


图 4-52　工件长度测量

10．实际对刀

现介绍一种用基准芯棒来确定工件零点的方法。

(1) *Z*向对刀(零点设在工件上表面)。

将模式按钮置于 JOG 状态→单击工件参数设定→设置工件大小、原点→更改毛坯尺寸→单击“工件参数设定”按钮→工件装夹→工艺板装夹→单击“工件参数设定”按钮→基准芯棒选择→基准芯棒 H 为 100、D 为 20；塞尺 *h* 为 1.00mm→确定→将工件移至主轴正下方，移动 *Z* 轴，将模式按钮分别置于 1000、100、10、1 状态，移动 *Z* 轴，直到左下方出现提示信息“塞尺检查：合适”为止→单击POS按钮→综合，读出 *Z* 机械坐标，并将 *Z*−101 得到一计算值 *Z*→单击OFSET SET按钮→坐标系，将计算值 *Z* 输入 G54 的 *Z* 坐标。

(2) *X*向对刀(零点设在工件左下角)。

将模式按钮置于 JOG 状态→将芯棒移至工件左侧方，将模式按钮分别置于 1000、100、10、1 状态，移动 *X* 轴，直到左下方出现提示信息“塞尺检查：合适”为止，单击POS按钮→综合，读出 *X* 机械坐标，并将 *X*+11 得到一计算值 *X*→单击OFSET SET按钮→坐标系，将计算值 *X* 输入 G54 的 *X* 坐标。

(3) *Y*向对刀(零点设在工件左下角)。

将模式按钮置于 JOG 状态→将芯棒移至工件前侧，将模式按钮分别置于 1000、100、10、1 状态，移动 *Y* 轴，直到左下方出现提示信息“塞尺检查：合适”为止，单击POS按钮→综合，读出 *Y* 机械坐标，并将 *Y*+11 得到一计算值 *Y*→单击OFSET SET按钮→坐标系，将计算值 *Y* 输入 G54 的 *Y* 坐标。

(4) 单击“工件参数设定”按钮→卸下测量芯棒。

完成本章任务需填写的有关表格如表 4-17～表 4-24 所示。

表 4-17　计划单

<table>
<tr><td>学习领域</td><td colspan="5">数控铣削编程与零件加工</td></tr>
<tr><td>学习情境 5</td><td colspan="3">直方槽的编程与加工</td><td>学时</td><td>24</td></tr>
<tr><td>计划方式</td><td colspan="5">小组讨论，学生计划，教师引导</td></tr>
<tr><td>序　号</td><td colspan="4">实施步骤</td><td>使用资源</td></tr>
<tr><td></td><td colspan="4"></td><td></td></tr>
<tr><td></td><td colspan="4"></td><td></td></tr>
<tr><td></td><td colspan="4"></td><td></td></tr>
<tr><td></td><td colspan="4"></td><td></td></tr>
<tr><td></td><td colspan="4"></td><td></td></tr>
<tr><td></td><td colspan="4"></td><td></td></tr>
<tr><td>制订计划说明</td><td colspan="5"></td></tr>
<tr><td rowspan="3">计划评价</td><td>班级</td><td></td><td>第　组</td><td>组长签字</td><td></td></tr>
<tr><td>教师签字</td><td colspan="2"></td><td>日期</td><td></td></tr>
<tr><td colspan="5">评语：</td></tr>
</table>

表 4-18　决策单

| 学习领域 | 数控铣削编程与零件加工 | | | | | | | |
|---|---|---|---|---|---|---|---|---|
| 学习情境 5 | 直方槽的编程与加工 | | | | | 学时 | | 24 |
| 方案讨论 | | | | | | | | |
| | 组号 | 实现功能 | 方案可行性 | 方案合理性 | 实施难度 | 安全可靠性 | 经济性 | 综合评价 |
| 方案对比 | 1 | | | | | | | |
| | 2 | | | | | | | |
| | 3 | | | | | | | |
| | 4 | | | | | | | |
| | 5 | | | | | | | |
| | 6 | | | | | | | |
| 方案评价 | 评语： | | | | | | | |
| 班级 | | 组长签字 | | 教师签字 | | | 月　日 | |

表 4-19　材料、设备、工/量具清单

| 学习领域 | 数控铣削编程与零件加工 | | | | | | |
|---|---|---|---|---|---|---|---|
| 学习情境 5 | 直方槽的编程与加工 | | | | | 学时 | 24 |
| 类　型 | 序　号 | 名　称 | 作　用 | 数　量 | 型　号 | 使用前 | 使用后 |
| 所用设备 | 1 | 立式数控铣床 | 零件加工 | 6 | S1354-B | | |
| | 2 | 三爪卡盘 | 装夹工件 | 6 | | | |
| 所用材料 | 1 | 45 钢 | 零件毛坯 | 6 | $\phi$85mm | | |
| 所用刀具 | 1 | 平铣刀 | 加工零件外形 | 6 | $\phi$10mm | | |
| 所用量具 | 1 | 深度尺 | 测量深度 | 6 | 150mm | | |
| | 2 | 游标卡尺 | 测量线性尺寸 | 6 | | | |
| | 3 | 外径千分尺 | 测量线性尺寸 | 6 | | | |
| 附件 | 1 | $\delta$2、$\delta$5、$\delta$10、$\delta$30 系列垫块 | 调整工件高度 | 若干 | | | |
| 班级 | | | 第　组 | | 组长签字 | | |
| 教师签字 | | | | | 日期 | | |

表4-20　实施单

| 学习领域 | 数控铣削编程与零件加工 | | |
|---|---|---|---|
| 学习情境5 | 直方槽的编程与加工 | 学时 | 24 |
| 实施方式 | 学生自主学习，教师指导 | | |
| 序　号 | 实施步骤 | | 使用资源 |
| | | | |
| | | | |
| | | | |
| | | | |

实施说明：

| 班级 | | 第　组 | 组长签字 | |
|---|---|---|---|---|
| 教师签字 | | | 日期 | |

表4-21　作业单

| 学习领域 | 数控铣削编程与零件加工 | | |
|---|---|---|---|
| 学习情境5 | 直方槽的编程与加工 | 学时 | 24 |
| 作业方式 | 小组分析，个人解答，现场批阅，集体评判 | | |
| 1 | 利用G00、G01进行图4-53所示零件程序编制，并在数控系统中进行校验。要求：利用绝对坐标和增量坐标两种形式编程<br><br>图4-53　加工图例 | | |

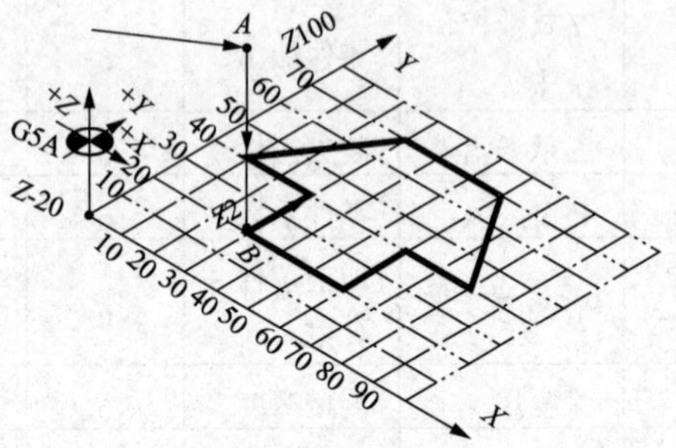

作业解答：

| 作业评价 | 班级 | | 第　组 | 组长签字 | | |
|---|---|---|---|---|---|---|
| | 学号 | | 姓名 | | | |
| | 教师签字 | | 教师评分 | | 日期 | |
| | | | | | | |
| | | | | | | |
| | 评语： | | | | | |

表 4-22　检查单

| 学习领域 | 数控铣削编程与零件加工 | | | |
|---|---|---|---|---|
| 学习情境 5 | 直方槽的编程与加工 | | 学时 | 24 |
| 序　号 | 检查项目 | 检查标准 | 学生自检 | 教师检查 |
| 1 | 典型直方槽加工的实施准备 | 准备充分、细致、周到 | | |
| 2 | 典型直方槽加工的计划实施步骤 | 实施步骤合理，有利于提高零件加工质量 | | |
| 3 | 典型直方槽加工的尺寸精度及表面粗糙度 | 符合图样要求 | | |
| 4 | 实施过程中工、量具摆放 | 定址摆放、整齐有序 | | |
| 5 | 实施前工具准备 | 学习所需文具准备齐全，不影响实施进度 | | |
| 6 | 教学过程中的课堂纪律 | 听课认真，遵守纪律，不迟到、不早退 | | |
| 7 | 实施过程中的工作态度 | 在工作过程中乐于参与，积极主动 | | |
| 8 | 上课出勤状况 | 出勤率达 95%以上 | | |
| 9 | 安全意识 | 无安全事故发生 | | |
| 10 | 环保意识 | 垃圾分类处理，不对环境产生危害 | | |
| 11 | 合作精神 | 能够相互协作、相互帮助，不自以为是 | | |
| 12 | 实施计划时的创新意识 | 确定实施方案时不随波逐流，见解合理 | | |
| 13 | 实施结束后的任务完成情况 | 过程合理、工件合格，与组内成员合作良好 | | |
| 检查评价 | 班级 | | 第　组 | 组长签字 |
| | 教师签字 | | 日期 | |
| | 评语： | | | |

表4-23 评价单

<table>
<tr><td>学习领域</td><td colspan="5">数控铣削编程与零件加工</td></tr>
<tr><td>学习情境5</td><td colspan="3">直方槽的编程与加工</td><td>学时</td><td>24</td></tr>
<tr><td>评价类别</td><td>项 目</td><td>子项目</td><td>个人评价</td><td>组内互评</td><td>教师评价</td></tr>
<tr><td rowspan="15">专业能力<br>(60%)</td><td rowspan="2">资讯(6%)</td><td>搜集信息(3%)</td><td></td><td></td><td></td></tr>
<tr><td>引导问题回答(3%)</td><td></td><td></td><td></td></tr>
<tr><td rowspan="2">计划(6%)</td><td>计划可执行度(3%)</td><td></td><td></td><td></td></tr>
<tr><td>设备材料工、量具安排(3%)</td><td></td><td></td><td></td></tr>
<tr><td rowspan="5">实施(24%)</td><td>工作步骤执行(6%)</td><td></td><td></td><td></td></tr>
<tr><td>功能实现(6%)</td><td></td><td></td><td></td></tr>
<tr><td>质量管理(3%)</td><td></td><td></td><td></td></tr>
<tr><td>安全保护(6%)</td><td></td><td></td><td></td></tr>
<tr><td>环境保护(3%)</td><td></td><td></td><td></td></tr>
<tr><td rowspan="2">检查(4.8%)</td><td>全面性、准确性(2.4%)</td><td></td><td></td><td></td></tr>
<tr><td>异常情况排除(2.4%)</td><td></td><td></td><td></td></tr>
<tr><td rowspan="2">过程(3.6%)</td><td>使用工具规范性(1.8%)</td><td></td><td></td><td></td></tr>
<tr><td>操作过程规范性(1.8%)</td><td></td><td></td><td></td></tr>
<tr><td>结果(12%)</td><td>结果质量(12%)</td><td></td><td></td><td></td></tr>
<tr><td>作业(3.6%)</td><td>完成质量(3.6%)</td><td></td><td></td><td></td></tr>
<tr><td rowspan="4">社会能力<br>(20%)</td><td rowspan="2">团结协作<br>(10%)</td><td>小组成员合作良好(5%)</td><td></td><td></td><td></td></tr>
<tr><td>对小组的贡献(5%)</td><td></td><td></td><td></td></tr>
<tr><td rowspan="2">敬业精神<br>(10%)</td><td>学习纪律性(5%)</td><td></td><td></td><td></td></tr>
<tr><td>爱岗敬业、吃苦耐劳(5%)</td><td></td><td></td><td></td></tr>
<tr><td rowspan="4">方法能力<br>(20%)</td><td rowspan="2">计划能力<br>(10%)</td><td>考虑全面(5%)</td><td></td><td></td><td></td></tr>
<tr><td>细致有序(5%)</td><td></td><td></td><td></td></tr>
<tr><td rowspan="2">决策能力<br>(10%)</td><td>决策果断(5%)</td><td></td><td></td><td></td></tr>
<tr><td>选择合理(5%)</td><td></td><td></td><td></td></tr>
<tr><td rowspan="3">评价评语</td><td colspan="5">班级 | | 姓名 | | 学号 | | 总评 | </td></tr>
<tr><td colspan="5">教师签字 | | 第 组 | 组长签字 | | 日期 | </td></tr>
<tr><td colspan="5">评语：</td></tr>
</table>

表 4-24　教学反馈单

| 学习领域 | 数控铣削编程与零件加工 | | | |
|---|---|---|---|---|
| 学习情境 5 | 直方槽的编程与加工 | 学时 | 24 | |
| 序　号 | 调查内容 | 是 | 否 | 理由陈述 |
| 1 | 对任务书的了解是否深入、明了 | | | |
| 2 | 是否清楚数控机床的类型、数控机床加工特点 | | | |
| 3 | 是否能熟练运用 G00、G01 及 M 辅助功能指令进行“典型直方槽加工”的编程 | | | |
| 4 | 能否正确对刀 | | | |
| 5 | 能否正确安排“典型直方槽加工”数控加工工艺 | | | |
| 6 | 能否正确使用游标卡尺、外径千分尺并能正确读数 | | | |
| 7 | 能否有效执行“6S”规范 | | | |
| 8 | 小组间的交流与团结协作能力是否有所增强 | | | |
| 9 | 同学的信息检索与自主学习能力是否有所增强 | | | |
| 10 | 同学是否遵守规章制度 | | | |
| 11 | 你对教师的指导满意吗 | | | |
| 12 | 教学设备与仪器是否够用 | | | |
| 你的意见对改进教学非常重要，请写出你的意见和建议 | | | | |
| 调查信息 | 被调查人签名 | | 调查时间 | |

# 第 5 章　圆弧槽的编程与加工

本章的任务单、资讯单及信息单如表 5-1～表 5-3 所示。

表 5-1　任务单

<table>
<tr><td>学习领域</td><td colspan="3">数控铣削编程与零件加工</td></tr>
<tr><td>学习情境 6</td><td>圆弧槽的编程与加工</td><td>学时</td><td>12</td></tr>
<tr><td colspan="4">布置任务</td></tr>
<tr><td>学习目标</td><td colspan="3">(1) 学会准备功能指令 G17、G18、G19；<br>(2) 学会各种坐标系设定指令 G54、G92、G52；<br>(3) 学会准备功能指令 G02、G03；<br>(4) 学会准备功能指令 G41、G42、G40；<br>(5) 学会辅助功能指令 M00、M01、M02、M07、M08、M09、M17、M33；<br>(6) 掌握数控铣床(SIEMENS 系统)的对刀过程；<br>(7) 掌握铣床程序的组成；<br>(8) 正确理解典型圆弧槽的编程与加工走刀路线；<br>(9) 掌握数控铣床加工典型圆弧槽的操作步骤；<br>(10) 学会利用圆弧规正确检测圆弧尺寸；<br>(11) 进一步掌握数控铣床常见故障的维修方法；<br>(12) 进一步加强安全生产意识；<br>(13) 提升学生自信自立的信心。<br>自信自立.mp4</td></tr>
<tr><td>任务描述</td><td colspan="3">1. 工作任务<br>完成如图 5-1 所示圆弧槽零件的加工<br>
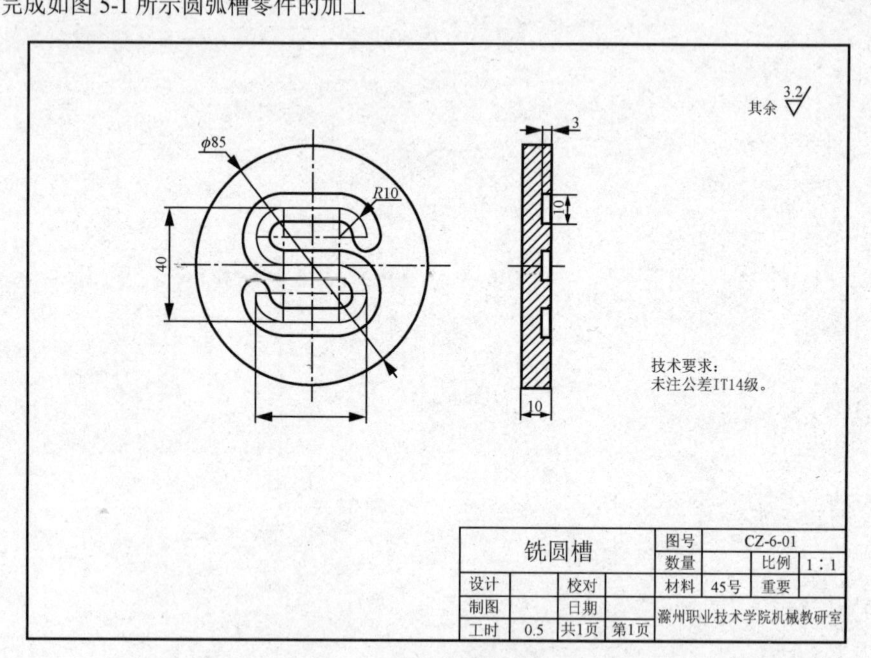

图 5-1　圆弧槽</td></tr>
</table>

续表

<table>
<tr><td>任务描述</td><td colspan="6">2. 完成主要工作任务<br>(1) 编制铣削加工如图 5-1 所示圆弧槽的加工工艺；<br>(2) 进行如图二所示圆弧槽加工程序的编制；<br>(3) 完成圆弧槽的铣削加工</td></tr>
<tr><td>学时安排</td><td>资讯 4 学时</td><td>计划0.5 学时</td><td>决策0.5 学时</td><td>实施 6 学时</td><td>检查0.5 学时</td><td>评价0.5 学时</td></tr>
<tr><td>提供资料</td><td colspan="6">(1) 教材：余英良. 数控加工编程及操作. 北京：高等教育出版社，2005<br>(2) 教材：顾京. 数控加工编程及操作. 北京：高等教育出版社，2003<br>(3) 教材：宋放之. 数控工艺员培训教程. 北京：清华大学出版社，2003<br>(4) 教材：田萍. 数控加工工艺. 北京：高等教育出版社，2003<br>(5) 教材：唐应谦. 数控加工工艺学. 北京：劳动保障出版社，2000<br>(6) 教材：张信群. 公差配合与互换性技术. 北京：北京航空航天大学出版社，2006<br>(7) 教材：许德珠. 机械工程材料. 北京：高等教育出版社，2001<br>(8) 教材：吴桓文. 机械加工工艺基础. 北京：高等教育出版社，2005<br>(9) 教材：卢斌. 数控机床及其使用维修. 北京：机械工业出版社，2001<br>(10) FANUC31i 铣床操作维修手册，2010<br>(11) FANUC31i 数控系统铣床编程手册，2010<br>(12) SIEMENS 802D 铣床编程手册，2010<br>(13) SIEMENS 802D 铣床操作维修手册，2010<br>(14) 中国模具网　http://www.mould.net.cn/<br>(15) 国际模具网　http://www.2mould.com/<br>(16) 数控在线　http://www.cncol.com.cn/Index.html<br>(17) 中国金属加工网　http://www.mw35.com/<br>(18) 中国机床网　http://www.jichuang.net/</td></tr>
<tr><td>对学生的要求</td><td colspan="6">1. 知识技能要求<br>(1) 熟练掌握数控铣床(SIEMENS)的对刀过程；<br>(2) 掌握各种坐标系设定指令；<br>(3) 掌握数控铣床编程特点；<br>(4) 学会利用准备功能指令 G17、G18、G19、G02、G03 和辅助功能指令 M00、M01、M02、M07、M08、M09、M17、M33 以及 S、T、F 指令进行典型圆弧槽的编程与加工程序的编制；<br>(5) 任务实施加工阶段，能够操作数控铣床加工典型圆弧槽；<br>(6) 能够根据零件的类型、材料及技术要求正确选择刀具；<br>(7) 在任务实施过程中，能够正确使用工、量具，用后做好维护和保养工作；<br>(8) 每天使用机床前对机床导轨注油一次，加工结束后应清理机床，做好机床使用基本维护和保养工作；<br>(9) 每天实操结束后，及时打扫实习场地卫生；<br>(10) 本任务结束时每组需上交 6 件合格的零件；<br>(11) 按时、按要求上交作业。<br>2. 生产安全要求<br>严格遵守安全操作规程，绝不允许违规操作。应特别注意：加工零件、刀具要夹紧可靠，夹紧工件后要立即取下夹盘扳手<br>3. 职业行为要求<br>(1) 文具准备齐全；<br>(2) 工、量具摆放整齐；<br>(3) 着装整齐；<br>(4) 遵守课堂纪律；<br>(5) 具有团队合作精神</td></tr>
</table>

表 5-2　资讯单

| 学习领域 | 数控铣削编程与零件加工 | | |
|---|---|---|---|
| 学习情境 6 | 圆弧槽的编程与加工 | 学时 | 12 |
| 资讯方式 | 学生自主学习、教师引导 | | |
| 资讯问题 | (1) 认识 SIEMENS 数控铣床的组成是什么？<br>(2) 能否熟悉 SIEMENS 数控系统的典型操作界面？<br>(3) 能否熟练掌握数控铣床(SIEMENS)的对刀过程？<br>(4) 能否熟练掌握数控铣床(SIEMENS)的加工过程？<br>(5) 能够运用各种坐标系设定指令？<br>(6) 准备功能指令 G17、G18、G19 的作用是什么？<br>(7) 准备功能指令 G02、G03 的作用及编程格式是什么？<br>(8) 辅助功能指令 M00、M01、M02、M07、M08、M09、M17、M33 的作用是什么，并进一步熟悉各种对刀工具。<br>(9) 怎样正确安排典型圆弧槽的编程与加工走刀路线？<br>(10) 根据零件的类型、材料及技术要求如何正确选择刀具？<br>(11) 对于数控粗、精铣，如何正确选择合理的切削用量？<br>(12) 如何正确选择游标卡尺、外径千分尺、深度尺、圆弧规并正确使用？<br>(13) 数控铣床常见故障如何处理？<br>(14) SIEMENS 数控系统与 FANUC 数控系统在操作上有哪些区别 | | |
| 资讯引导 | (1) 数控铣床对刀过程参阅《S1354-B 铣床 CNC 使用手册》；<br>(2) 铣床程序的组成，数控铣床编程特点参阅教材《数控加工编程及操作》(余英良主编. 北京：高等教育出版社，2005)；<br>(3) 各种坐标系设定方法；<br>(4) 准备功能指令 G17、G18、G19、G02、G03 的作用及编程格式，辅助功能 M 指令及 T、F、S 指令的作用参阅教材《数控加工编程及操作》(余英良主编. 北京：高等教育出版社，2005)；<br>(5) 数控铣削工艺参阅教材《数控加工编程及操作》(余英良主编. 北京：高等教育出版社，2005)；<br>(6) 游标卡尺、外径千分尺、深度尺、圆弧规的正确使用方法，对检测圆弧外形类零件外径尺寸正确检测参阅教材《公差配合与互换性技术》(张信群主编. 北京：北京航空航天大学出版社，2006)；<br>(7) 数控铣床的使用与维护参阅教材《数控机床及其使用维修》(卢斌主编. 北京：机械工业出版社，2001) | | |

表 5-3　信息单

| 学习领域 | 数控铣削编程与零件加工 | | |
|---|---|---|---|
| 学习情境 6 | 圆弧槽的编程与加工 | 学时 | 12 |
| 信息内容 | | | |

# 任务 5.1　掌握常用数控铣削指令

## 5.1.1　加工平面选择指令(G17、G18、G19)

在三坐标数控机床上进行加工时，如进行圆弧插补(G02、G03)，要规定加工所在的平面，使用相应的 G 功能就可以选择加工平面。

如图 5-2 所示，使用 G17 指令，选择 *XY* 平面；使用 G18 指令，选择 *ZX* 平面；使用 G19 指令，选择 *YZ* 平面。

也就是从第三轴的正方向向负方向所看到的平面，如 *XY* 平面是从第三轴(*Z* 轴)的正方向往负方向所看到的平面。

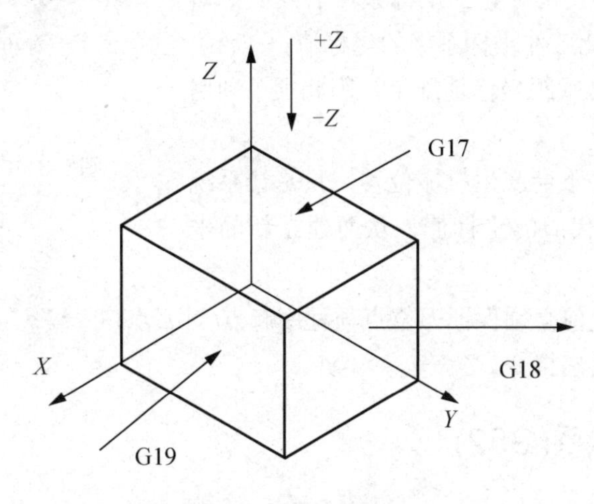


图 5-2　加工平面选择

## 5.1.2　坐标系设定指令

### 1. 工作坐标系选择指令(G54~G59)

通常数控机床可设置 6 个工作坐标系，依次使用 G54～G59 指令，这些坐标系都存储在数控机床的内部存储器中，工作坐标系设定好后，当再次开机时工作坐标系和工作坐标系中的值依然存在，在数控程序中可以任意选用其中之一来使用。

6 个工作坐标系都是以机床原点作为参考点，工作坐标系中的值分别以各自与机床原点的偏移量来表示，在程序运行之前必须提前输入到数控机床的 OFFSET 中，工作坐标系中的值不写在程序中。

G54 指令的设置原则如下。

(1) 工件原点应选在工件图样的尺寸基准上。这样可以直接用图纸标注的尺寸作为编程点的坐标值，以减少数据换算的工作量。

(2) 能使工件方便地装夹、测量和检验。

(3) 尽量选在尺寸精度、光洁度比较高的工件表面，这样可以提高工件的加工精度和同一批零件的一致性。

(4) 对于有对称几何形状的零件，工件原点最好选在对称中心点上。

2．工作坐标系设定指令G92

在使用绝对坐标指令进行编程时，也可以在程序中预先设定工作坐标系，使用G92指令就可以确定当前工作坐标系，但是该工作坐标系在机床重新开机时消失。

格式：G92　X__　Y__　Z__;

例如，G92　X120　Y100　Z100；如图5-3所示，将距刀具当前点在$X$、$Y$、$Z$轴方向上分别为120、100、100点设为工作坐标系G92的原点。

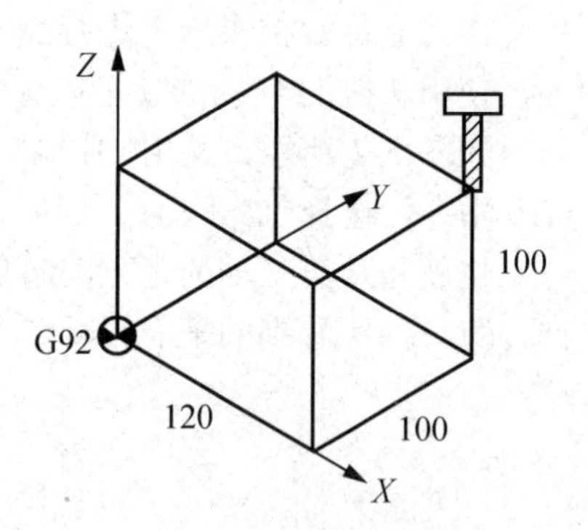

图5-3　G92设定工作坐标系

使用G92指令时要注意以下5点。

(1) 一旦执行 G92 指令建立坐标系，后续的绝对值指令坐标位置都是此工件坐标系中的坐标值。

(2) G92指令后必须跟坐标地址字，因此须单独用一个程序段指定。

(3) 执行此指令并不会产生机械位移，只是让系统内部用新的坐标值取代旧的坐标值，从而建立新的坐标系。

(4) 执行此指令之前必须保证刀位点与程序起点(对刀点)符合。

(5) 该指令为非模态指令。

## 5.1.3　局部坐标系(G52)

使用局部坐标系指令(G52)相当于在原工作坐标系中设立一个子坐标系，这样可以方便编程，但要注意局部坐标系的设立同时影响了原工作坐标系(使用G54～G59指令)。

格式：G52　X__　Y__;

局部坐标系也是在程序中设立的。

**例5-1**　如图5-4所示的走刀轨迹是与以下程序所对应的。

```
O0100;
G90 G54 G00 X0 Y0 ;        至A点
X50.0 Y150.0 ;             至B点
G52 X100.0 Y50.0 ;         本程序段只是设立G52，而没有轴的移动
G90 G54 X50.0 Y50.0 ;      至C点，因为已经将原G54移至G52处
G55 X50.0 Y100.0  ;        至D点，因为在G55中也设立了G52，同时将原G55移至G52处
G52 X0 Y0 ;                本程序段取消了G52，也没有轴的移动
G54 X0 Y0 ;                回A点
M30 ;
```

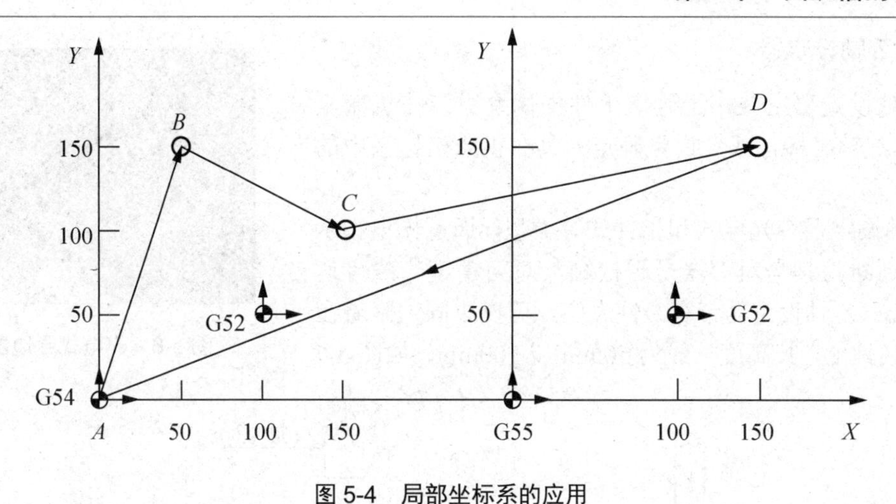


图 5-4　局部坐标系的应用

## 5.1.4　各种对刀工具的使用

### 1. 寻边器

寻边器主要用于确定工件坐标系原点在机床坐标系中的 X、Y 值，也可以测量工件的简单尺寸。

寻边器有机械式和光电式等类型，其中以光电式较为常用。机械式寻边器结构为上、下两圆柱，一端夹紧在主轴上，另一端用来碰工件，其对刀原理是：当主轴转动时，利用离心力作用使上、下两端不同轴，两圆柱面上各有一条光线，调整寻边器与工件的距离，使两条光线重合，则得到对刀正确位置。光电式寻边器的测头一般为 10mm 的钢球，用弹簧拉紧在光电式寻边器的测杆上，碰到工件时可以退让，并将电路导通，发出光信号，通过光电式寻边器的指示和机床坐标位置，即可得到被测表面的坐标位置。图 5-5 所示为机械式寻边器，图 5-6 所示为光电式寻边器。

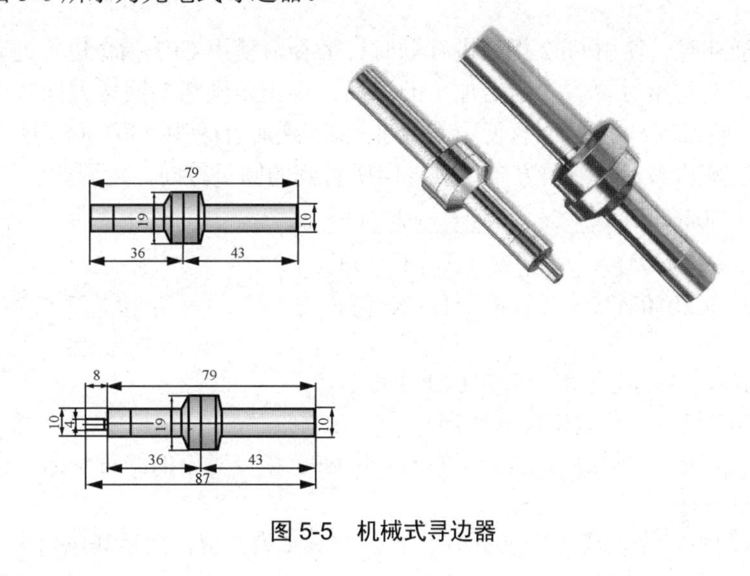


图 5-5　机械式寻边器

2．Z轴设定器

图5-6　光电式寻边器

*Z*轴设定器主要用于确定工件坐标系原点在机床坐标系的*Z*轴坐标，或者说是确定刀具在机床坐标系中的高度。

*Z*轴设定器有光电式和指针式等类型，通过光电指示或指针判断刀具与对刀器是否接触，对刀精度一般可达0.005mm。*Z*轴设定器带有磁性表座，可以牢固地附着在工件或夹具上，其高度一般为50mm或100mm，如图5-7所示。

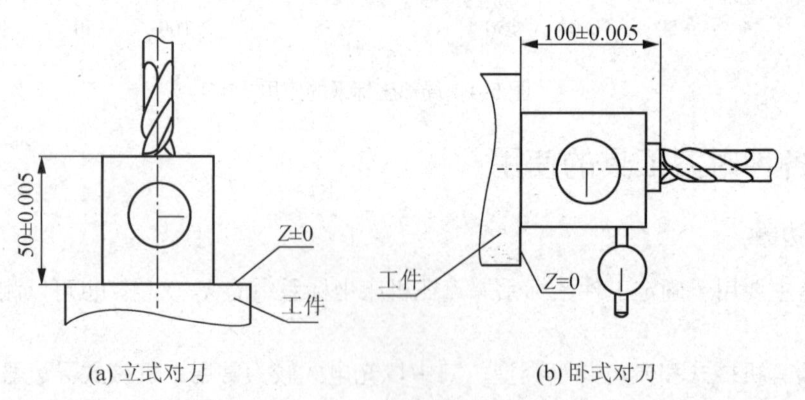


图5-7　*Z*轴对刀仪

# 任务5.2　圆弧编程指令(G02、G03)及相关辅助功能指令

## 5.2.1　圆弧插补功能指令(G02、G03)

进行圆弧插补时，使用G02指令进行顺时针插补，使用G03指令进行逆时针插补。当刀具进行圆弧插补进给时要首先指定加工的平面，再指定圆弧的回转方向。在一个确定平面内，圆弧的回转方向只有顺时针(使用G02指令)和逆时针(使用G03指令)两种方式。圆弧方向的确定方法是从第三轴的正方向往负方向所看到的圆弧转向，见图5-8。

格式：G17 G02(G03) X__ Y__ R__(I__ J__) F__;

G18 G02(G03) X__ Z__ R__(I__ K__) F__;

G19 G02(G03) Y__ Z__ R__(J__ K__) F__;

说明：

(1) G17(G18、G19)指令用于确定加工平面。

(2) G02(G03)指令用于确定圆弧转向。

(3) *X*、*Y*、*Z*表示圆弧终点坐标，可以采用G90指令对应的绝对坐标，也可采用G91指令对应的增量坐标。

(4) *R*表示圆弧半径，当圆弧包角小于180°时，*R*为正值，而当其包角大于180°时，*R*为负值。

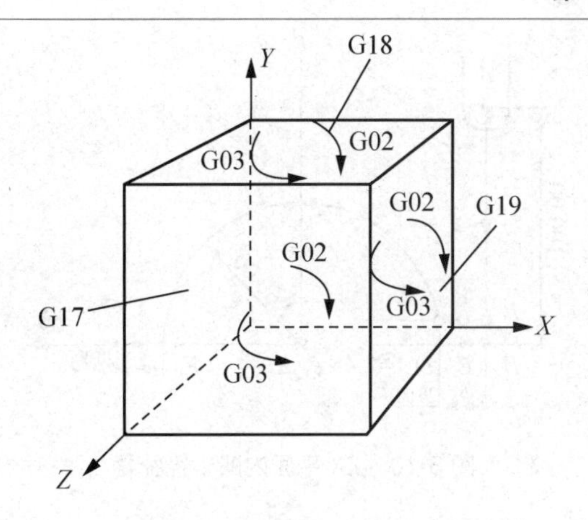


图 5-8　圆弧顺、逆方向判定

(5) *I*、*J*、*K* 分别表示从圆弧起点到圆心的矢量在 *X*、*Y*、*Z* 轴方向上的分矢量，各分矢量与相应坐标轴正方向同向则为正值；否则为负值。*I* 对应的是 *X* 轴上的矢量，*J* 对应的是 *Y* 轴上的矢量，*K* 对应的是 *Z* 轴上的矢量，如图 5-9 所示。

(6) *F* 表示进给速度。

加工平面选择指令在有些数控系统和机床上也可省略不写，在数控铣床上，系统默认加工平面为 G17 指令对应的平面，所以当圆弧在 G17 指令对应的平面时，G17 指令可以省略，但如果圆弧在其他加工平面时，则必须在程序段中指出加工平面。

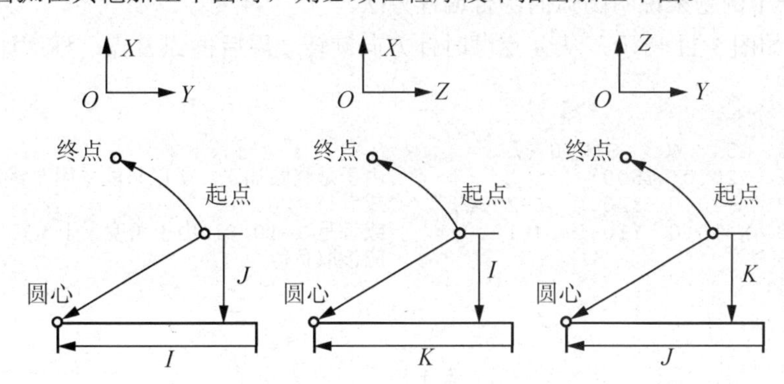


图 5-9　*I*、*J*、*K* 的判定

**例 5-2**　使用半径为 10mm 的球头立铣刀加工如图 5-10 所示的圆弧，将铣刀的编程控制点设在球心。

程序如下。

```
O0001;
N10 G90 G54 G18 G00 M03 S1000;        定义 G18 指令对应的平面为加工平面
N20 X-80. 0 Z100.0;                   刀具球心在 B 点上方 100mm(点)处
N30 Z10. 0;                           刀尖到 B 点，刀中心到 b 点
N40 G01 G42 X-60.0 D01 F100;          从+Y 向-Y 看，应该是右补偿(G42)
N50 G03 X60.0 I60.0;                  从+Y 向-Y 看，应该是 G03 指令对应的方向
```

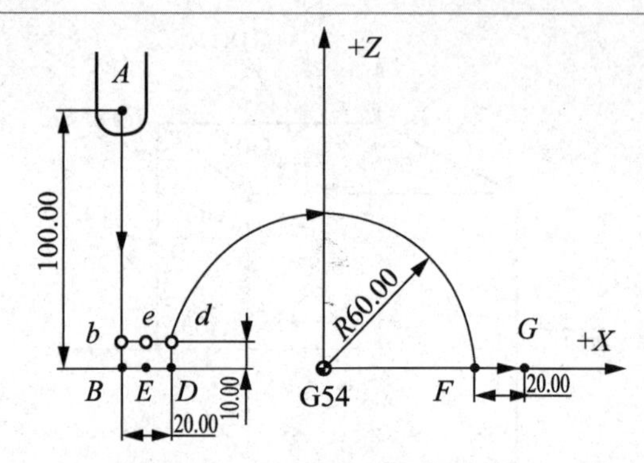


图 5-10　ZX 平面内的半径补偿

对于圆弧编程要注意以下几点。

(1) 对于同一圆弧在同一程序段中的编程，半径 $R$ 和分矢量 $I$、$J$、$K$ 不能共用，而只能选择其中的一种，具体的选择要由图纸的条件来确定，在数控编程中要灵活运用。

(2) 对于整圆的编程必须采用 $I$、$J$、$K$，而不能采用 $R$。

(3) 对于非整圆的编程既可以采用 $R$，也可以采用 $I$、$J$、$K$。

(4) 对于圆心角大于 180° 的圆弧，半径 $R$ 取负值，如 $R$-10。

(5) 在 SIEMENS 数控系统中，圆弧编程时用“CR=”来表示圆弧半径，如 CR=10 就表示圆弧半径为 10mm。

下面用一个例题来说明圆弧的综合编程方法。

**例 5-3**　如图 5-11 所示，从 $A$ 点顺时针方向旋转一周后再到 $B$ 点，程序如下。

```
O0100;
⋮
N10  G90  G54  M03  S1000  ;
N20  G02  I20.0  F500;                  由于是整圆加工，所以只能采用 I 编程
N30  G03  X-20.0  Y20.0  I-20.0;        或者是 R20.0
N40  G03  X-10.0  Y10.0  J-10.0;        或者是 R-10.0，由于角度大于 180°，所以 R
                                        应该取负值
N50  M05;
N60  M30;
```

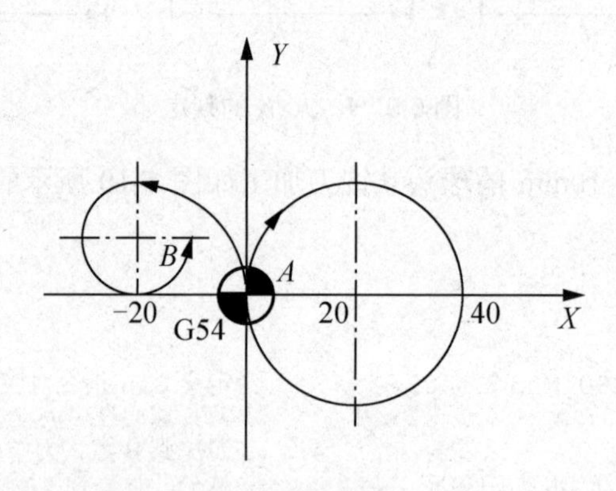


图 5-11　圆弧插补

## 5.2.2　自动返回机床机械原点指令(G28)

机床机械原点是指各移动轴正向移动的极限位置，数控机床在开机后的回零操作(ZERO)就是指返回机床机械原点，在加工程序运行结束后也经常要自动返回机床机械原点。利用 G28 指令可以让机床自动返回任一轴或所有轴的机械原点，而且可以指定经过一个中间点。

格式：G28　X__　Y__　Z__ ；

例如，如图 5-12 所示，分别对应了 3 种回零方式，程序分别对应如下。

图 5-12(a) ——→ G91　G28　Z0；　　从当前点直接返回机械原点

图 5-12(b) ——→ G90　G28　Z0；　　从当前点先向下运动至 $Z_0$ 后再返回机械原点

图 5-12(c) ——→ G91　G28　X-100.0　从当前点 *A* 先经过 *B* 点(中间点)

Y-100.0　Z150.0；　　后再返回机械原点

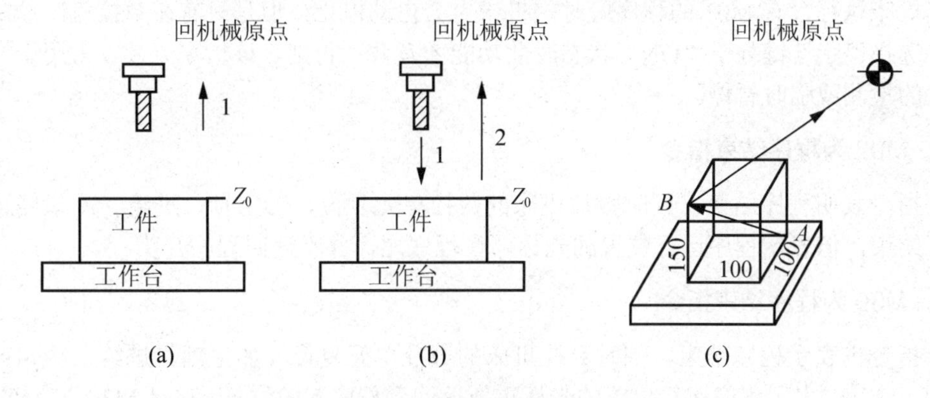


图 5-12　G28 自动返回机械原点的 3 种方式

说明：

(1) G91 G28 Z0; 由于是 G91 指令确定的方式，所以刀具经过距当前点为 $Z_0$ 的中间点返回机械原点，也就是从当前点直接返回机械原点。

(2) G90 G28 Z0; 由于是 G90 指令确定的方式，所以刀具要先经过该工作坐标系中的 $Z_0$(即图中的工件上表面)后再返回机械原点。

(3) G90 G28 X__　Y__　Z__ ；表示刀具要先经过以工作坐标系为参考的中间点后再返回机械原点，容易出现问题，所以一般不采用。

(4) G91 G28 X0 Y0 Z0; 表示 3 个移动轴同时返回机械原点，但是为了防止刀具在返回机械原点的过程中与工件、夹具等发生干涉，因此一般也不采用。

常用的自动返回机械原点的方式如下。

数控铣床、加工中心：G91　G28　Z0；　　　　先回 *Z* 轴

G91　G28　X0　Y0；　　再回 *X*、*Y* 轴

数控车床：　G91　G28　U0　T00；　　　　先回 *X* 轴

G91　G28　W0；　　　　　　　再回 *Z* 轴

**注意：** *在使用 G28 指令前，必须先取消刀具半径补偿(对应的指令为 G40)。*

在自动返回机械原点后再取消刀具长度补偿(对应的指令为 G49)。

### 5.2.3 辅助功能指令(M)

M 功能(又称为辅助功能)是用来控制机床各种辅助动作和开关状态的，如冷却液的开与关、主轴的转动与停止、程序结束、程序暂停等。在同一个程序段中只能有一个 M 代码。

#### 1．M00 为程序停止指令

当机床执行含有 M00 的程序段时，机床会自动停止。一般用于在加工过程中想使机床暂停以便进行其他一些相关工作(如工件检测、调整、排屑等)，使用了 M00 指令后，只有再重新启动程序，才能继续执行 M00 以下的程序。

#### 2．M01 为选择停止指令

当机床执行含有 M01 的程序段时，机床也会自动停止，但是只有在数控机床控制面板上的“选择停止”键处于“ON”状态时此功能才有效；否则，该指令无效。常用于一些关键尺寸的检测或临时暂停。

#### 3．M02 为程序结束指令

该指令表明程序结束，同时数控机床的数控单元复位，如主轴、进给、冷却停止，表示加工结束，但表示程序运行位置的光标停在程序尾，并不返回程序开头。

#### 4．M30 为程序结束指令

该指令也表示程序结束，同时数控机床的数控单元复位，如主轴、进给、冷却停止，表示加工结束，表示程序运行位置的光标重新返回到程序起始位置。这是 M30 与 M02 的最主要区别。

#### 5．M03 为主轴正转指令

对于数控铣床和加工中心来说，M03 是指从主轴+*Z* 方向往-*Z* 方向(即从主轴头向工作台方向)看，主轴顺时针方向转动。

对于数控车床来说，M03 是指卡盘(-*Z*)向尾座(+*Z*)看，主轴顺时针方向转动。

#### 6．M04 为主轴反转指令

对于数控铣床和加工中心来说，M04 是指从主轴+Z 方向往-*Z* 方向(即从主轴头向工作台方向)看，主轴逆时针方向转动。

对于数控车床来说，M04 是指卡盘(-*Z*)向尾座(+*Z*)看，主轴逆时针方向转动。

#### 7．M05 为主轴停转指令

该指令表示主轴停止转动，当执行到含有 M05 的程序段时，是在执行完该程序段其他所有指令后再执行 M05 指令。

主轴转动一般采用 M03，因为常用刀具都是右刀刃切削。当主轴转向由 M03 转为 M04 时，不需要用 M05 来使主轴停转。用 S 指令设定主轴转速后，执行 M03 或 M04 指令，主轴转速并不是立即达到 S 指令所设定的转速，而是有一个短暂的加速过程。

**8．M06 为换刀指令**

该指令常用于加工中心刀库的自动换刀。

**9．M07、M08 指令**

这两个指令均是指切削液自动开启，具体的使用方法由不同的系统和不同的数控机床生产厂家决定。

**10．M09 为切削液关闭指令**

执行该指令使切削液关闭。

**11．M19 为主轴定向停止指令**

可以使主轴准停在预定的角度位置上。

**12．M98 为调用子程序指令**

一个程序如果以程序号 O 开头，而以 M99 结束，那么这个程序就是子程序，子程序是相对于主程序而言的。在手工编程中，经常要进行分层切削，这样每一层的编程轨迹都是相同的，只是半径补偿值或者长度补偿值不同，所以就可以将相同的编程轨迹编为一个子程序，根据需要进行多次调用，子程序的有效利用可以大大简化程序并且缩短程序检查时间。子程序还可以进行多次、多重调用，最多可达四重。调用子程序用 M98 指令，写在主程序中。主程序与子程序的结构关系如图 5-13 所示。

格式：M98　P__　L__ ；

说明：M98 表示调用子程序，P 后是子程序号，L 后表示子程序调用次数。

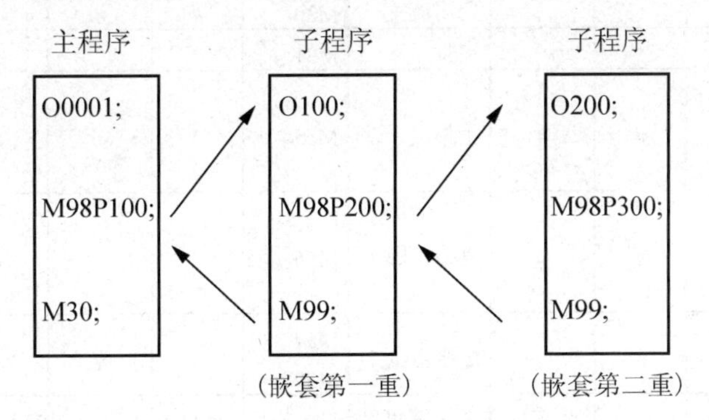


图 5-13　主程序与子程序的结构关系

**13．M99 为子程序结束指令**

M99 表示子程序结束，写在子程序的最后一个程序段。

主要 M 代码功能见表 5-4。

表 5-4　主要 M 代码功能

| 代码 | 功能开始时间 | | 功能保持到被取消或被其他指令代替 | 功能仅在本程序段中有效 | 功能 | 代码 | 功能开始时间 | | 功能保持到被取消或被其他指令代替 | 功能仅在本程序段中有效 | 功能 |
|---|---|---|---|---|---|---|---|---|---|---|---|
| | 与同程序段其他指令同时开始 | 在同程序段其他指令结束后开始 | | | | | 与同程序段其他指令同时开始 | 在同程序段其他指令结束后开始 | | | |
| M00 | | * | | * | 程序停止 | M11 | # | # | * | | 松开 |
| M01 | | * | | * | 选择停止 | M12 | # | # | # | # | 不指定 |
| M02 | | * | | * | 程序结束 | M13 | * | | * | | 主轴顺时针方向，切屑液开 |
| M03 | * | | * | | 主轴顺时针方向 | M14 | * | | * | | 主轴逆时针方向，切屑液开 |
| M04 | * | | * | | 主轴顺时针方向 | M15 | * | | | * | 正运动 |
| M05 | | * | * | | 主轴停止 | M16 | * | | | * | 负运动 |
| M06 | # | # | | * | 换刀 | M17~M18 | # | # | # | # | 不指定 |
| M07 | * | | * | | 2 号切屑液开 | M19 | | * | * | | 主轴定向停止 |
| M08 | * | | * | | 1 号切屑液开 | M20~M29 | # | # | # | # | 永不指定 |
| M09 | | * | * | | 切屑液关 | M30 | # | # | | * | 纸带结束 |
| M10 | # | # | * | | 夹紧 | M31 | * | * | | * | 互锁旁路 |
| M32~M35 | # | # | # | # | 不指定 | M55 | * | | # | | 刀具直线位移，位置 1 |
| M36 | * | | # | | 进给范围 1 | M56 | * | | # | | 刀具直线位移，位置 2 |
| M37 | * | | # | | 进给范围 2 | M57~M59 | # | # | # | # | 不指定 |
| M38 | * | | # | | 主轴速度范围 1 | M60 | | * | | * | 更换工件 |
| M39 | * | | # | | 主轴速度范围 2 | M61 | * | | | | 工件直线位移，位置 1 |
| M40~M45 | # | # | # | # | 如有需要作为齿轮换挡，此处不指定 | M62 | * | | * | | 工件直线位移，位置 2 |

续表

| 代码 | 功能开始时间 | | 功能保持到被取消或被其他指令代替 | 功能仅在本程序段中有效 | 功能 | 代码 | 功能开始时间 | | 功能保持到被取消或被其他指令代替 | 功能仅在本程序段中有效 | 功能与同程序段其他指令同时开始 |
|---|---|---|---|---|---|---|---|---|---|---|---|
| | 与同程序段其他指令同时开始 | 在同程序段其他指令结束后开始 | | | | | 与同程序段其他指令同时开始 | 在同程序段其他指令结束后开始 | | | |
| M46~M47 | # | # | # | # | 不指定 | M63~M70 | # | # | # | # | 不指定 |
| M48 | | * | * | | 注销 M49 | M71 | * | | * | | 工件角度位移，位置 1 |
| M49 | * | | # | | 进给率修正旁路 | M72 | * | | * | | 工件角度位移，位置 2 |
| M50 | * | | # | | 3 号切屑液开 | M73~M89 | # | # | # | # | 不指定 |
| M51 | * | | # | | 4 号切屑液开 | M90~M99 | # | # | # | # | 永不指定 |
| M52~M54 | # | # | # | # | 不指定 | | | | | | |

注：① #号表示：如选作特殊用途，必须在程序中说明。*号表示不同 M 指令的对应功能。

② M90~M99 可指定为特殊用途。

## 5.2.4　示例

以如图 5-1 所示的圆弧槽为例，介绍圆弧槽类零件的编程，毛坯直径为$\phi$85mm。

**例 5-4**　如图 5-1 所示的圆弧槽的编程如表 5-5 所示。

表 5-5　如图 5-1 所示的圆弧槽的编程

| | |
|---|---|
| % | G02 Y20.0 J10.0; |
| O2000; | G01 X10.0 ; |
| M03 S1000; | G02 X20.0 Y10.0 R10.0; |
| G90 G54 G00 X20.0 Y10.0; | M03 S1500; |
| Z100.0 M08; | G01 Z-3.0 F50; |
| Z2.0; | G03 X10.0 Y20.0 R10.0 F100; |
| G01 Z-1.5 F50; | G01 X-10.0; |
| G03 X10.0 Y20.0 R10.0 F200; | G03 Y0 J-10.0; |
| G01 X-10.0; | G01 X10.0; |
| G03 Y0 J-10.0; | G02 Y-20.0 J-10.0; |

续表

| | |
|---|---|
| G01 X10.0; | G01 X-10.0; |
| G02 Y-20.0 J-10.0; | G02 X-20.0 Y-10.0 R10.0; |
| G01 X-10.0; | G00 Z100.0; |
| G02 X-20.0 Y-10.0 R10.0; | M05; |
| G01 Z-2.9 F50; | M09; |
| G03 X-10.0 Y-20.0 R10.0 F200; | G91 G28 Z0; |
| G01 X10.0; | G91 G28 X0 Y0; |
| G03 Y0 J10.0; | M30; |
| G01 X-10.0 ; | % |

# 任务 5.3　掌握标准 SIEMENS 数控系统的使用

数控系统有很多种类，国际上先进的数控系统有日本的 FANUC 系统和德国的 SIEMENS 系统，国内有广州数控系统和华中数控系统，其中广州数控系统和华中数控系统的操作界面和使用方法与 FANUC 比较相似，在任务 5.1 中已经作了详细的说明，而 SIEMENS 数控系统与其他系统有较大的差别，所以在此利用 SinuTrain SINUMERIK 软件说明 SIEMENS 数控铣床的基本操作和加工方法。

## 5.3.1　启动 SinuTrain SINUMERIK 软件

选择菜单中的“程序”→SinuTrain SINUMERIK Operate 2.6.1→ SinuTrain 命令；或者双击桌面上的 SinuTrain 图标，弹出如图 5-14 所示的界面。

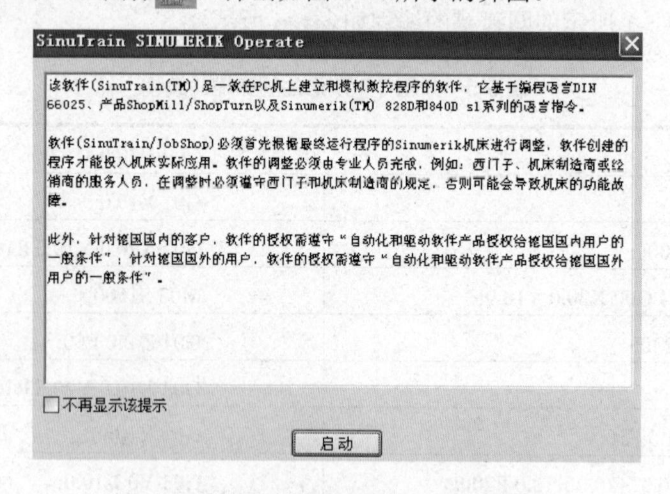


图 5-14　启动 SinuTrain SINUMERIK 软件

单击“启动”按钮，显示如图 5-15 所示的界面。

图 5-15　“启动”后的界面

## 5.3.2　创建机床

向导程序可以简化机床的创建工作。

可以用下列 3 种方式创建机床。

- 借助模板新建机床，基础是所提供的车床和铣床的标准配置。
- 借助已有机床配置新建机床，基础是 SinuTrain - 机床列表的选择列表中由用户所创建的机床配置。
- 借助导入的机床配置新建机床，基础是由用户导入和修改的机床配置。

下面以标准配置创建机床为例说明创建机床的步骤。

(1) 单击 新建 图标按钮，打开“机床配置的向导程序”对话框。选中“采用模板新建机床配置”单选按钮，如图 5-16 所示。

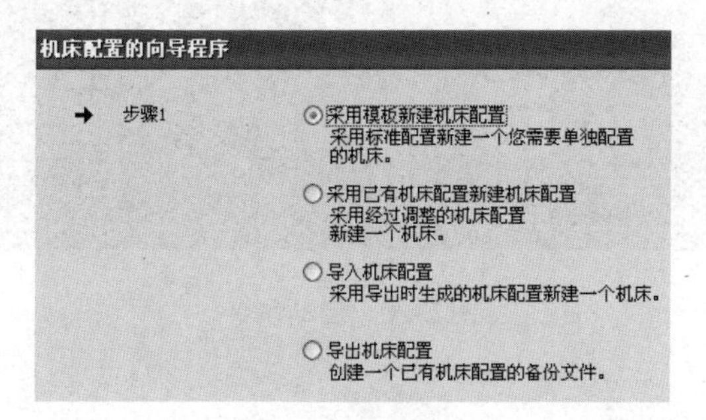


图 5-16　向导程序

(2) 单击“下一步”按钮，如图 5-17 所示。

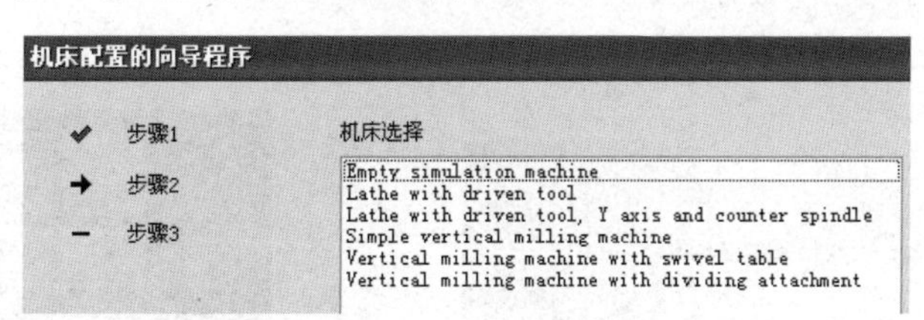


图 5-17　机床选择

(3) 在“机床选择”列表框中选择合适的机床后，单击“下一步”按钮，如图 5-18 所示。

(4) 选择需要的设置(一般、语言和分辨率)，并输入机床名称和可能有的简要说明，确定语言并选择机床界面的分辨率。

(5) 单击“完成”按钮，新建的机床即被添加到机床配

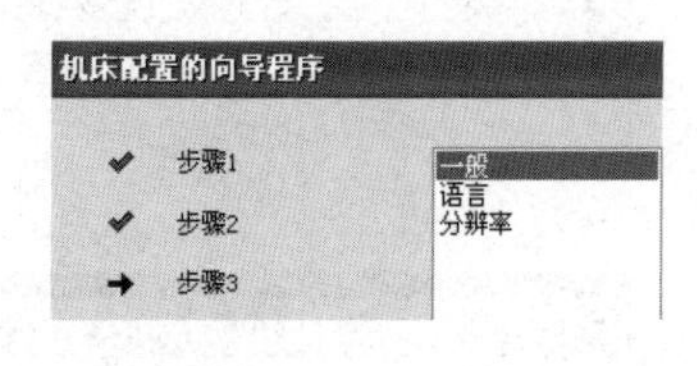


图 5-18　设置机床

置列表中，如图 5-19 所示。

| 加 工 | 描述 | 工艺 |
|---|---|---|
| Vertical milling mac... | SP1-spindle (main sp... | 铣 削 |

图 5-19　添加后的机床列表

也可以利用“删除”按钮，来删除机床配置列表中的机床。

## 5.3.3　启动机床

单击“启动”按钮，弹出图 5-20 所示界面。

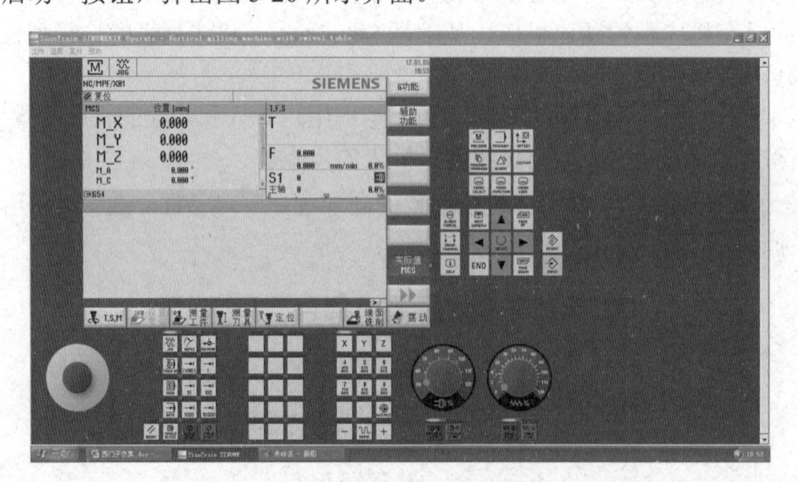

图 5-20　启动命令

## 5.3.4　面板说明

(1) 显示区，如图 5-21 所示。

根据不同的控制功能，显示区的界面是不同的。

(2) 控制功能键，如图 5-22 所示。

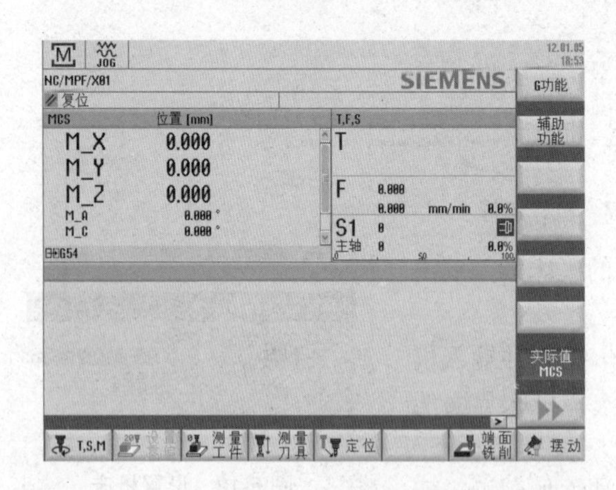


图 5-21　显示区

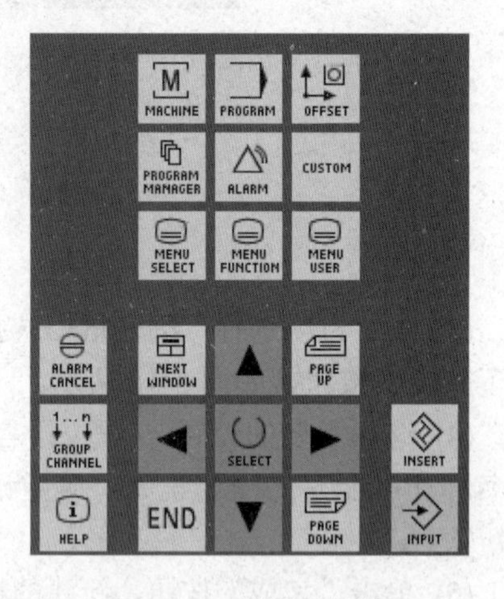


图 5-22　控制功能键

各主要控制功能键说明如下。

单击“加工”按钮，对应界面如图 5-21 所示。

单击“程序”按钮，对应界面如图 5-23 所示。

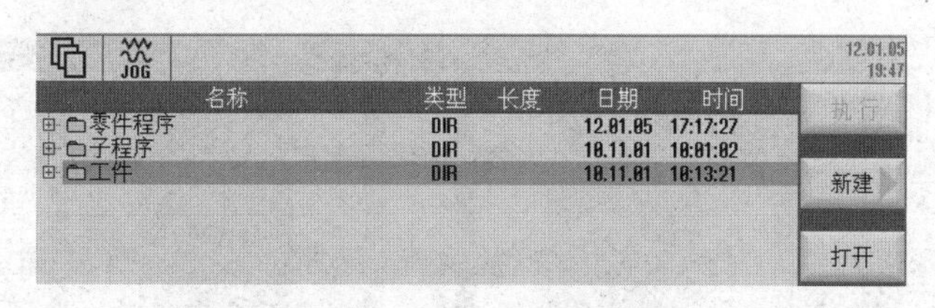


图 5-23　程序信息对应界面

单击“零点偏移”按钮，对应界面如图 5-24 所示。

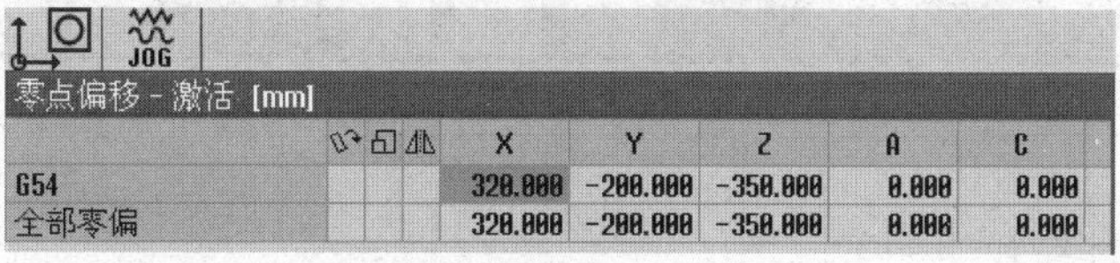

零点偏移 - 激活 [mm]

| | X | Y | Z | A | C |
|---|---|---|---|---|---|
| G54 | 320.000 | -200.000 | -350.000 | 0.000 | 0.000 |
| 全部零偏 | 320.000 | -200.000 | -350.000 | 0.000 | 0.000 |

图 5-24　偏移信息对应界面

单击“报警”按钮，对应界面如图 5-25 所示。

图 5-25　报警信息对应界面

单击“菜单选择”按钮，对应界面如图 5-26 所示。

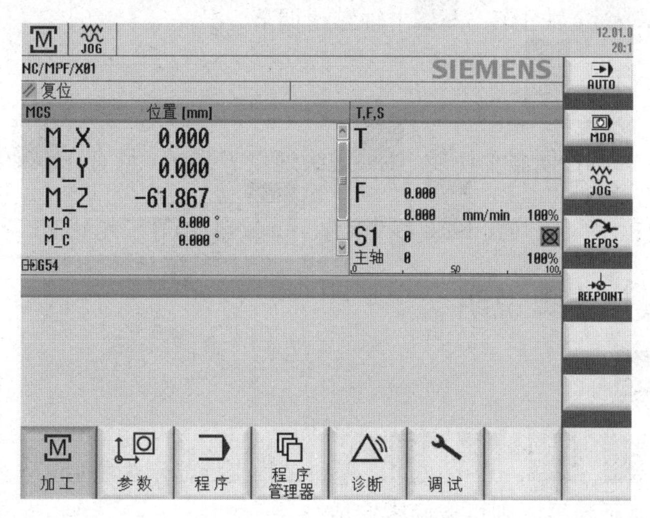


图 5-26　菜单选择对应界面

实际上，其功能相当于将部分控制键和操作键置于显示屏上，这样也可使用显示屏上的对应软键来操作，如选择键、插入键、输入键。

(3) 操作功能键，如图5-27所示。

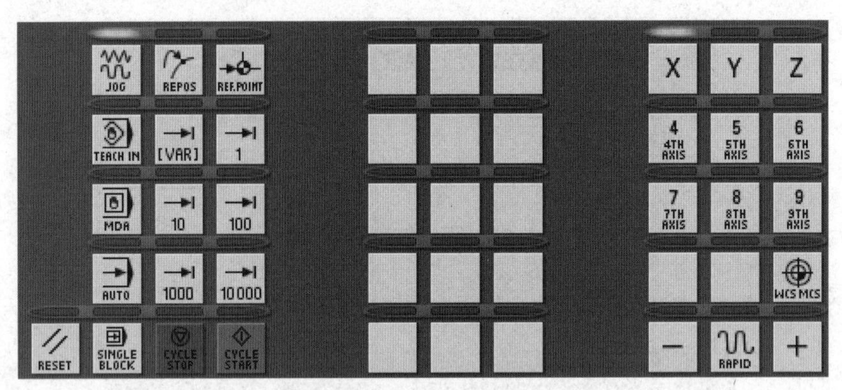


图5-27　操作功能键

各主要操作功能键说明如下。

手动移动、断点重启、机床回零、单段输入、自动执行、复位、单步执行、程序启动、程序停止、快速移动、伺服轴选择、和方向选择、坐标显示变换。

**注意：** 只有当每个操作功能键上方的灯亮时，此功能才有效。

(4) 急停按钮。

(5) 主轴转速 $S$ 控制。

主轴停转、主轴正转、主轴转速调节。

(6) 进给速度 $F$ 控制。

进给停止、各伺服轴使能、进给速度 $F$ 调节。只有在(进给启动)有效时，各轴才能移动，包括(点动)、(参考点)、(自动)等工作状态。

## 5.3.5　主要操作步骤说明

### 1. 机床回零

依次按、、、、，等到 $Z$ 轴坐标显示为零后，再按、、，直到 $X$、$Y$ 的坐标显示为零，则机床回零完成。

### 2．对刀

对刀的步骤如下：①装好刀具；②装夹好工件；③单击 PROGRAM (程序)按钮；④单击 MDA 按钮；⑤输入 M03 S500；⑥单击 INSERT (插入)按钮；⑦单击 CYCLE START 按钮，主轴开始正转；⑧利用手动和手轮方式按照任务 5.1 中的测量 *X* 和 *Y* 的方法测量出 G54 中应该输入的值；⑨再测量出 G54 中的 *Z* 值；⑩单击 OFFSET 按钮；⑪调整 零偏；⑫在显示屏中的对应位置输入坐标值，如图 5-28 所示。

零点偏移 - G54 ...G519 [mm]

| | | X | Y | Z | A | C |
|---|---|---|---|---|---|---|
| G54 | | -400.000 | -200.000 | -350.000 | 0.000 | 0.000 |
| 精确 | | 0.000 | 0.000 | 0.000 | 0.000 | 0.000 |
| G55 | | 0.000 | 0.000 | 0.000 | 0.000 | 0.300 |
| 精确 | | 0.000 | 0.000 | 0.000 | 0.000 | 0.000 |
| G56 | | 0.000 | 0.000 | 0.000 | 0.000 | 0.000 |
| 精确 | | 0.000 | 0.000 | 0.000 | 0.000 | 0.000 |
| G57 | | 0.000 | 0.000 | 0.000 | 0.000 | 0.000 |

图 5-28　输入坐标值

### 3．程序输入

单击 PROGRAM 按钮，关闭 MDA。

1) 主程序输入

如果是主程序，可以在"零件程序、子程序、工件"中的零件程序或工件中输入程序。两者的区别是：当程序比较多时，可以在工件中新建程序，相当于先在工件中建立文件夹，再在文件夹中新建程序号。例如，先在工件中建立文件夹 WXM，再在 WXM 中建立程序 WXM01，如图 5-29 所示。

如在零件程序中建立主程序，先将光标移动到零件程序，再单击 新建 按钮，在"新的G代码程序"中的"名称"文本框中输入程序名 ABC123 后，单击"确定"按钮。在光标处输入程序，如图 5-30 所示。

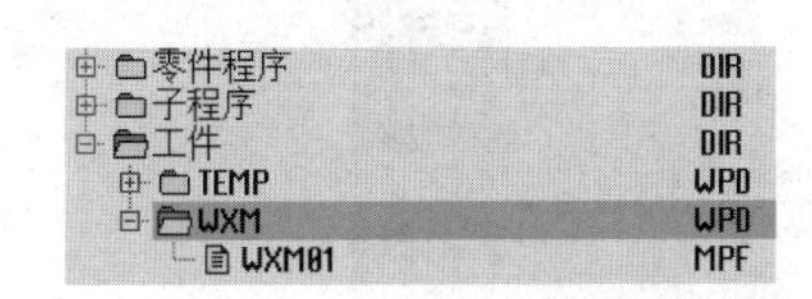


图 5-29　建立程序

图 5-30　在光标处输入程序

在程序输入过程中可以调用 SIEMENS 数控系统中的各个循环功能，如调用 铣削，则出现如图 5-31 所示的界面，再具体调用型腔，如图 5-32 所示，还必须选择型腔类型，如矩形腔(见图 5-32)、圆形腔(见图 5-33)，在显示区右侧输入参数后，单击"接收"按钮，则程序区显示如图 5-34 所示。如调用错误，可单击"取消"按钮，重新调用。

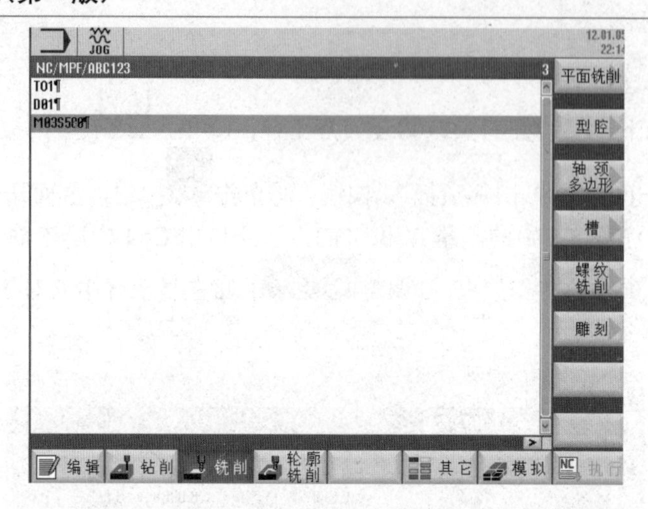


图 5-31　调用铣削命令

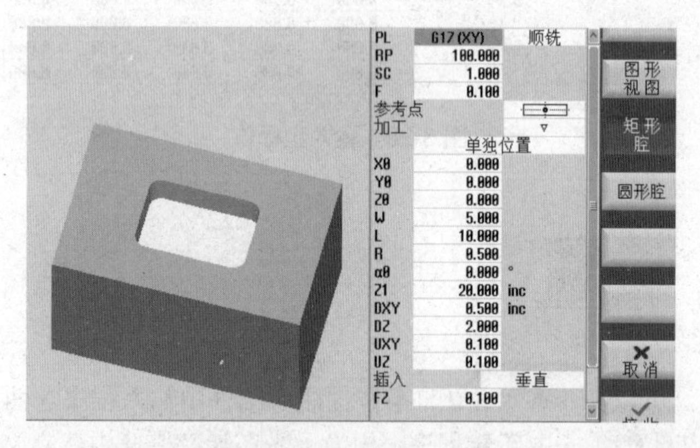


图 5-32　调用矩形腔命令

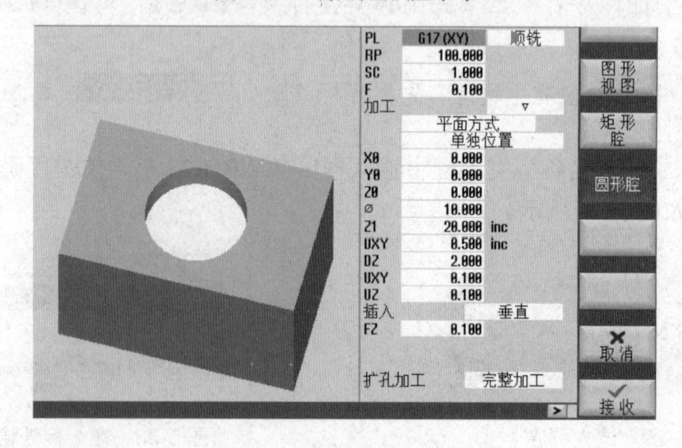


图 5-33　调用圆形腔命令

2) 子程序输入

如果是子程序，则必须在“名称”文本框中的“子程序”中创建程序，光标移动到“子程序”上，再单击“新建”按钮，出现如图 5-35 所示的界面。

```
NC/MPF/ABC123
T01¶
D01¶
M03S500¶
POCKET3(100,0,1,20,100,50,5,0,0,0,2,0.1,0.1,0.1,0.1,0,11,0.5,0,3,15,0,2,0,1,2,11100,11,1(
```

图 5-34　接收后的显示

新的G代码程序

类型　子程序 SPF

名称　ab001

图 5-35　新建子程序

在“名称”文本框中输入程序名 ab001，再单击“确定”按钮，则出现 AB001。

3) 零件加工

选择并打开程序，调整好 *S*、*F* 后，单击(自动)按钮，再单击(循环启动)按钮，机床开始自动加工零件。

完成本章任务需填写的有关表格如表 5-6～表 5-13 所示。

表 5-6　计划单

<table>
<tr><td>学习领域</td><td colspan="5">数控铣削编程与零件加工</td></tr>
<tr><td>学习情境 6</td><td colspan="3">圆弧槽的编程与加工</td><td>学时</td><td>12</td></tr>
<tr><td>计划方式</td><td colspan="5">小组讨论，学生计划，教师引导</td></tr>
<tr><td>序　号</td><td colspan="4">实施步骤</td><td>使用资源</td></tr>
<tr><td></td><td colspan="4"></td><td></td></tr>
<tr><td></td><td colspan="4"></td><td></td></tr>
<tr><td></td><td colspan="4"></td><td></td></tr>
<tr><td></td><td colspan="4"></td><td></td></tr>
<tr><td></td><td colspan="4"></td><td></td></tr>
<tr><td></td><td colspan="4"></td><td></td></tr>
<tr><td>制订计划说明</td><td colspan="5"></td></tr>
<tr><td rowspan="3">计划评价</td><td>班级</td><td></td><td>第　组</td><td>组长签字</td><td></td></tr>
<tr><td>教师签字</td><td colspan="2"></td><td>日期</td><td></td></tr>
<tr><td colspan="5">评语：</td></tr>
</table>

表 5-7　决策单

<table>
<tr><td>学习领域</td><td colspan="8">数控铣削编程与零件加工</td></tr>
<tr><td>学习情境 6</td><td colspan="6">圆弧槽的编程与加工</td><td>学时</td><td>12</td></tr>
<tr><td colspan="9">方案讨论</td></tr>
<tr><td rowspan="7">方案<br>对比</td><td>组　号</td><td>实现功能</td><td>方案<br>可行性</td><td>方案<br>合理性</td><td>实施<br>难度</td><td>安全可<br>靠性</td><td>经济性</td><td>综合评价</td></tr>
<tr><td>1</td><td></td><td></td><td></td><td></td><td></td><td></td><td></td></tr>
<tr><td>2</td><td></td><td></td><td></td><td></td><td></td><td></td><td></td></tr>
<tr><td>3</td><td></td><td></td><td></td><td></td><td></td><td></td><td></td></tr>
<tr><td>4</td><td></td><td></td><td></td><td></td><td></td><td></td><td></td></tr>
<tr><td>5</td><td></td><td></td><td></td><td></td><td></td><td></td><td></td></tr>
<tr><td>6</td><td></td><td></td><td></td><td></td><td></td><td></td><td></td></tr>
<tr><td>方案<br>评价</td><td colspan="8">评语：</td></tr>
<tr><td>班级</td><td colspan="2"></td><td>组长签字</td><td></td><td>教师签字</td><td></td><td colspan="2">月　日</td></tr>
</table>

表 5-8　材料、设备、工/量具清单

<table>
<tr><td>学习领域</td><td colspan="7">数控铣削编程与零件加工</td></tr>
<tr><td>学习情境 6</td><td colspan="5">圆弧槽的编程与加工</td><td>学时</td><td>12</td></tr>
<tr><td>类　型</td><td>序　号</td><td>名　称</td><td>作　用</td><td>数　量</td><td>型　号</td><td>使用前</td><td>使用后</td></tr>
<tr><td rowspan="2">所用设备</td><td>1</td><td>立式数控铣床</td><td>零件加工</td><td>6</td><td>S1354-B</td><td></td><td></td></tr>
<tr><td>2</td><td>三爪卡盘</td><td>装夹工件</td><td>6</td><td></td><td></td><td></td></tr>
<tr><td>所用材料</td><td>1</td><td>45 号钢</td><td>零件毛坯</td><td>6</td><td>$\phi$85mm</td><td></td><td></td></tr>
<tr><td>所用刀具</td><td>1</td><td>平铣刀</td><td>加工零件外形</td><td>6</td><td>$\phi$10mm</td><td></td><td></td></tr>
<tr><td rowspan="4">所用量具</td><td>1</td><td>深度尺</td><td>测量深度</td><td>6</td><td>150mm</td><td></td><td></td></tr>
<tr><td>2</td><td>游标卡尺</td><td>测量线性尺寸</td><td>6</td><td></td><td></td><td></td></tr>
<tr><td>3</td><td>圆弧规</td><td>测量圆弧半径</td><td>6</td><td></td><td></td><td></td></tr>
<tr><td>4</td><td>外径千分尺</td><td>测量线性尺寸</td><td>6</td><td></td><td></td><td></td></tr>
<tr><td>附件</td><td>1</td><td>$\delta$2、$\delta$5、$\delta$10、$\delta$30 系列垫块</td><td>调整工件高度</td><td>若干</td><td></td><td></td><td></td></tr>
<tr><td>班级</td><td colspan="3"></td><td>第　组</td><td>组长签字</td><td colspan="2"></td></tr>
<tr><td>教师签字</td><td colspan="4"></td><td>日期</td><td colspan="2"></td></tr>
</table>

表 5-9　实施单

| 学习领域 | 数控铣削编程与零件加工 | | |
|---|---|---|---|
| 学习情境 6 | 圆弧槽的编程与加工 | 学时 | 12 |
| 实施方式 | 学生自主学习，教师指导 | | |

| 序　号 | 实施步骤 | 使用资源 |
|---|---|---|
| | | |
| | | |
| | | |
| | | |
| | | |

实施说明：

| 班级 | | 第　组 | 组长签字 | |
|---|---|---|---|---|
| 教师签字 | | | 日期 | |

表 5-10　作业单

| 学习领域 | 数控铣削编程与零件加工 | | |
|---|---|---|---|
| 学习情境 6 | 圆弧槽的编程与加工 | 学时 | 12 |
| 作业方式 | 小组分析，个人解答，现场批阅，集体评判 | | |
| 1 | 利用 G02、G03 指令进行如图 5-36 所示零件的程序编制，并在数控系统中进行校验。<br>要求：利用绝对坐标和增量坐标两种形式编程<br>图 5-36　加工图例 | | |

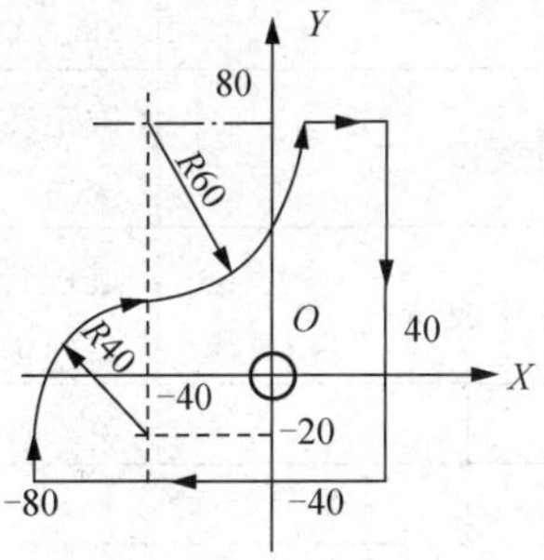

作业解答：

| 作业评价 | 班级 | | 第　组 | 组长签字 | | |
|---|---|---|---|---|---|---|
| | 学号 | | 姓名 | | | |
| | 教师签字 | | 教师评分 | | 日期 | |
| | 评语： | | | | | |

表 5-11　检查单

<table>
<tr><td colspan="2">学习领域</td><td colspan="4">数控铣削编程与零件加工</td></tr>
<tr><td colspan="2">学习情境 6</td><td colspan="2">圆弧槽的编程与加工</td><td>学时</td><td>12</td></tr>
<tr><td>序号</td><td colspan="2">检查项目</td><td>检查标准</td><td>学生自检</td><td>教师检查</td></tr>
<tr><td>1</td><td colspan="2">典型圆弧槽加工的实施准备</td><td>准备充分、细致、周到</td><td></td><td></td></tr>
<tr><td>2</td><td colspan="2">典型圆弧槽加工的计划实施步骤</td><td>实施步骤合理，有利于提高零件加工质量</td><td></td><td></td></tr>
<tr><td>3</td><td colspan="2">典型圆弧槽加工的尺寸精度及表面粗糙度</td><td>符合图样要求</td><td></td><td></td></tr>
<tr><td>4</td><td colspan="2">实施过程中工、量具摆放</td><td>定址摆放、整齐有序</td><td></td><td></td></tr>
<tr><td>5</td><td colspan="2">实施前工具准备</td><td>学习所需工具准备齐全，不影响实施进度</td><td></td><td></td></tr>
<tr><td>6</td><td colspan="2">教学过程中的课堂纪律</td><td>听课认真，遵守纪律，不迟到、不早退</td><td></td><td></td></tr>
<tr><td>7</td><td colspan="2">实施过程中的工作态度</td><td>在工作过程中乐于参与，积极主动</td><td></td><td></td></tr>
<tr><td>8</td><td colspan="2">上课出勤状况</td><td>出勤率达 95%以上</td><td></td><td></td></tr>
<tr><td>9</td><td colspan="2">安全意识</td><td>无安全事故发生</td><td></td><td></td></tr>
<tr><td>10</td><td colspan="2">环保意识</td><td>垃圾分类处理，不对环境产生危害</td><td></td><td></td></tr>
<tr><td>11</td><td colspan="2">合作精神</td><td>能够相互协作、相互帮助，不自以为是</td><td></td><td></td></tr>
<tr><td>12</td><td colspan="2">实施计划时的创新意识</td><td>确定实施方案时不随波逐流，见解合理</td><td></td><td></td></tr>
<tr><td>13</td><td colspan="2">实施结束后的任务完成情况</td><td>过程合理、工件合格，与组内成员合作良好</td><td></td><td></td></tr>
<tr><td colspan="2" rowspan="3">检查评价</td><td>班级</td><td></td><td>第　组</td><td>组长签字</td></tr>
<tr><td>教师签字</td><td></td><td>日期</td><td></td></tr>
<tr><td colspan="4">评语：</td></tr>
</table>

表 5-12　评价单

| 学习领域 | 数控铣削编程与零件加工 | | | | |
|---|---|---|---|---|---|
| 学习情境 6 | 圆弧槽的编程与加工 | | | 学时 | 12 |
| 评价类别 | 项　目 | 子项目 | 个人评价 | 组内互评 | 教师评价 |
| 专业能力(60%) | 资讯(6%) | 搜集信息(3%) | | | |
| | | 引导问题回答(3%) | | | |
| | 计划(6%) | 计划可执行度(3%) | | | |
| | | 设备材料工、量具安排(3%) | | | |
| | 实施(24%) | 工作步骤执行(6%) | | | |
| | | 功能实现(6%) | | | |
| | | 质量管理(3%) | | | |
| | | 安全保护(6%) | | | |
| | | 环境保护(3%) | | | |
| | 检查(4.8%) | 全面性、准确性(2.4%) | | | |
| | | 异常情况排除(2.4%) | | | |
| | 过程(3.6%) | 使用工具规范性(1.8%) | | | |
| | | 操作过程规范性(1.8%) | | | |
| | 结果(12%) | 结果质量(12%) | | | |
| | 作业(3.6%) | 完成质量(3.6%) | | | |
| 社会能力(20%) | 团结协作(10%) | 小组成员合作良好(5%) | | | |
| | | 对小组的贡献(5%) | | | |
| | 敬业精神(10%) | 学习纪律性(5%) | | | |
| | | 爱岗敬业、吃苦耐劳(5%) | | | |
| 方法能力(20%) | 计划能力(10%) | 考虑全面(5%) | | | |
| | | 细致有序(5%) | | | |
| | 决策能力(10%) | 决策果断(5%) | | | |
| | | 选择合理(5%) | | | |

| 评价评语 | 班级 | | 姓名 | | 学号 | | 总评 | |
|---|---|---|---|---|---|---|---|---|
| | 教师签字 | | 第　组 | 组长签字 | | | 日期 | |
| | 评语： | | | | | | | |

表 5-13　教学反馈单

| 学习领域 | 数控铣削编程与零件加工 | | | |
|---|---|---|---|---|
| 学习情境 6 | 圆弧槽的编程与加工 | 学时 | 12 | |
| 序　号 | 调查内容 | 是 | 否 | 理由陈述 |
| 1 | 对任务书的了解是否深入、明了 | | | |
| 2 | 是否清楚 SIEMENS 数控铣床的操作界面 | | | |
| 3 | 是否能熟练运用 G02、G03 及 M 辅助功能指令进行“典型圆弧槽加工”的加工编程 | | | |
| 4 | 能否在 FANUC 和 SIEMENS 数控铣床上正确对刀 | | | |
| 5 | 能否正确安排“典型圆弧槽加工”数控加工工艺 | | | |
| 6 | 能否正确使用游标卡尺、外径千分尺、深度尺、圆弧规并能正确读数 | | | |
| 7 | 能否有效执行“6S”规范 | | | |
| 8 | 小组间的交流与团结协作能力是否有所增强 | | | |
| 9 | 同学的信息检索与自主学习能力是否有所增强 | | | |
| 10 | 同学是否遵守规章制度 | | | |
| 11 | 你是否对教师的指导满意 | | | |
| 12 | 教学设备与仪器是否够用 | | | |
| 你的意见对改进教学非常重要，请写出你的意见和建议 | | | | |
| 调查信息 | 被调查人签名 | | 调查时间 | |

# 第6章　内、外轮廓件与孔系类零件的编程与加工

与任务6.1有关的任务单、资讯单及信息单如表6-1～表6-3所示。

表6-1　任务单

| 学习领域 | 数控铣削编程与零件加工 | | |
|---|---|---|---|
| 学习情境7 | 内、外轮廓件的编程与加工 | 学时 | 16 |
| 布置任务 | | | |
| 学习目标 | (1) 能够使用好准备功能指令G17、G18、G19；<br>(2) 能够使用好准备功能指令G00、G01、G02、G03；<br>(3) 能够使用好准备功能指令G41、G42、G40；<br>(4) 能够应用刀具补偿功能，进一步理解刀具补偿的作用；<br>(5) 能够正确应用子程序，并完成子程序多次调用；<br>(6) 熟练掌握数控铣床的对刀过程；<br>(7) 掌握数控铣床子程序的编程技巧；<br>(8) 正确理解典型内、外轮廓件的编程与加工走刀路线；<br>(9) 掌握数控铣床加工内、外轮廓件的操作步骤；<br>(10) 学会利用工、量具正确检测零件尺寸；<br>(11) 进一步掌握数控铣床常见故障的维修方法；<br>(12) 进一步加强安全生产的意识；<br>(13) 培养学生艰苦奋斗精神，是我们党的一大优良传统。<br>艰苦奋斗精神.mp4 | | |
| 任务描述 | 1. 工作任务<br>完成如图6-1所示内、外轮廓件的加工 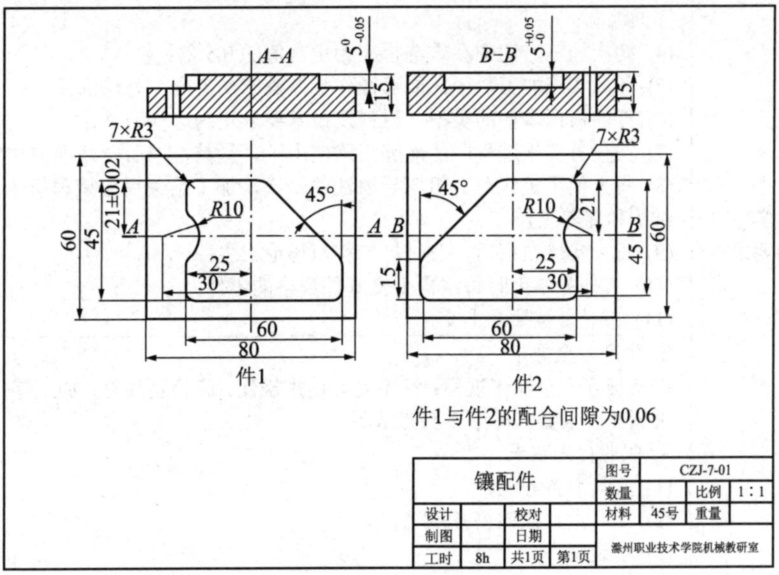<br>图6-1　内、外轮廓件 | | |

续表

<table>
<tr><td>任务描述</td><td colspan="6">2. 完成主要工作任务<br>(1) 编制铣削加工图 6-1 所示内、外轮廓件的加工工艺；<br>(2) 进行图 6-1 所示内、外轮廓件程序的编制；<br>(3) 完成内、外轮廓件的铣削加工</td></tr>
<tr><td>学时安排</td><td>资讯 4 学时</td><td>计划0.5学时</td><td>决策0.5学时</td><td>实施 10 学时</td><td>检查0.5学时</td><td>评价0.5学时</td></tr>
<tr><td>提供资料</td><td colspan="6">(1) 教材：余英良. 数控加工编程及操作. 北京：高等教育出版社，2005<br>(2) 教材：顾京. 数控加工编程及操作. 北京：高等教育出版社，2003<br>(3) 教材：宋放之. 数控工艺员培训教程. 北京：清华大学出版社，2003<br>(4) 教材：田萍. 数控加工工艺. 北京：高等教育出版社，2003<br>(5) 教材：唐应谦. 数控加工工艺学. 北京：劳动保障出版社，2000<br>(6) 教材：张信群. 公差配合与互换性技术. 北京：北京航空航天大学出版社，2006<br>(7) 教材：许德珠. 机械工程材料. 北京：高等教育出版社，2001<br>(8) 教材：吴桓文. 机械加工工艺基础. 北京：高等教育出版社，2005<br>(9) 教材：卢斌. 数控机床及其使用维修. 北京：机械工业出版社，2001<br>(10) FANUC31i 铣床操作维修手册，2010<br>(11) FANUC31i 数控系统铣床编程手册，2010<br>(12) SIEMENS 802D 铣床编程手册，2010<br>(13) SIEMENS 802D 铣床操作维修手册，2010<br>(14) 中国模具网　http://www.mould.net.cn/<br>(15) 国际模具网　http://www.2mould.com/<br>(16) 数控在线　http://www.cncol.com.cn/Index.html<br>(17) 中国金属加工网　http://www.mw35.com/<br>(18) 中国机床网　http://www.jichuang.net/</td></tr>
<tr><td rowspan="2">对学生的要求</td><td colspan="6">1. 知识技能要求<br>(1) 熟练掌握数控铣床的对刀过程；<br>(2) 掌握数控铣床子程序的编程技巧；<br>(3) 能够使用好准备功能指令 G17、G18、G19、G00、G01、G02、G03、G41、42、G40 和辅助功能指令 M98、M99 以及 S、T、F 指令进行典型内、外轮廓件的编程与加工程序的编制；<br>(4) 初次加工，切削参数选择应为正常值的 0.5 倍；<br>(5) 任务实施加工阶段，能够操作数控铣床加工内、外轮廓件；<br>(6) 能够根据零件的类型、材料及技术要求正确选择刀具；<br>(7) 在任务实施过程中，能够正确使用工、量具，用后做好维护和保养工作；<br>(8) 每天使用机床前对机床导轨注油一次，加工结束后应清理机床，做好机床使用基本维护和保养工作；<br>(9) 每天实操结束后，及时打扫实习场地卫生；<br>(10) 本任务结束时每组需上交 6 件合格的零件；<br>(11) 按时、按要求上交作业</td></tr>
<tr><td colspan="6">2. 生产安全要求<br>严格遵守安全操作规程，绝不允许违规操作。应特别注意：加工零件、刀具要夹紧可靠，夹紧工件后要立即取下夹盘扳手<br>3. 职业行为要求<br>(1) 文具准备齐全；<br>(2) 工、量具摆放整齐；<br>(3) 着装整齐；<br>(4) 遵守课堂纪律；<br>(5) 具有团队合作精神</td></tr>
</table>

表 6-2　资讯单

<table>
<tr><td>学习领域</td><td colspan="3">数控铣削编程与零件加工</td></tr>
<tr><td>学习情境 7</td><td>内、外轮廓件的编程与加工</td><td>学时</td><td>16</td></tr>
<tr><td>资讯方式</td><td colspan="3">学生自主学习、教师引导</td></tr>
<tr><td>资讯问题</td><td colspan="3">(1) 能否熟练掌握数控铣床的对刀过程?<br>(2) 能否熟练掌握数控铣床的加工过程?<br>(3) 准备功能指令 G17、G18、G19 的作用是什么?<br>(4) 准备功能指令 G02、G03、G41、G42 及 G40 的作用及编程格式是什么?<br>(5) 能否正确应用子程序，并完成子程序多次调用?<br>(6) 怎样掌握数控铣床子程序的编程技巧?<br>(7) 辅助功能指令 M98、M99 的作用是什么?<br>(8) 怎样正确安排典型内、外轮廓件的编程与加工走刀路线?<br>(9) 根据零件的类型、材料及技术要求如何正确选择刀具?<br>(10) 对于数控铣粗、精如何正确选择合理的切削用量?<br>(11) 如何正确选择游标卡尺、外径千分尺、深度尺并正确使用?<br>(12) 能否进行数控铣床常见故障的处理?</td></tr>
<tr><td>资讯引导</td><td colspan="3">(1) 数控铣床对刀过程参阅《S1354-B 铣床 CNC 使用手册》;<br>(2) 铣床子程序的组成，数控铣床子程序编程技巧参阅教材《数控加工编程及操作》(余英良主编. 北京：高等教育出版社，2005);<br>(3) 准备功能指令 G17、G18、G19、G02、G03、G41、G42 及 G40 的作用及编程格式，辅助功能 M 指令及 T、F、S 指令的作用参阅教材《数控加工编程及操作》(余英良主编. 北京：高等教育出版社，2005);<br>(4) 数控铣削工艺参阅教材《数控加工编程及操作》(余英良主编. 北京：高等教育出版社，2005);<br>(5) 加工外轮廓类零件时数控铣床操作使用步骤参阅教材《数控加工编程及操作》(余英良主编. 北京：高等教育出版社，2005);<br>(6) 游标卡尺、外径千分尺、深度尺的正确使用方法，对检测内、外轮廓类零件尺寸正确检测参阅教材《公差配合与互换性技术》(张信群主编. 北京：北京航空航天大学出版社，2006);<br>(7) 数控铣床的使用与维护参阅教材《数控机床及其使用维修》(卢斌主编. 北京：机械工业出版社，2001)</td></tr>
</table>

表 6-3　信息单

<table>
<tr><td>学习领域</td><td colspan="3">数控铣削编程与零件加工</td></tr>
<tr><td>学习情境 7</td><td>内、外轮廓件的编程与加工</td><td>学时</td><td>16</td></tr>
<tr><td colspan="4">信息内容</td></tr>
</table>

# 任务 6.1 内、外轮廓件的加工

## 6.1.1 刀具半径补偿功能的目的

在铣床上进行轮廓加工时，因为铣刀具有一定的半径，所以刀具中心(刀心)轨迹和工件轮廓不重合。数控装置大都具有刀具半径补偿功能，为程序编制提供了方便。当编制零件加工程序时，只需按零件轮廓编程，使用刀具半径补偿指令，并在控制面板上用键盘(CRT/MDI)方式，人工输入刀具半径值，数控系统便能自动计算出刀具中心的偏移量，进而得到偏移后的中心轨迹，并使系统按刀具中心轨迹运动。如图 6-2 所示，使用了刀具半径补偿指令后，数控系统会控制刀具中心自动按图中的点画线进行加工走刀。

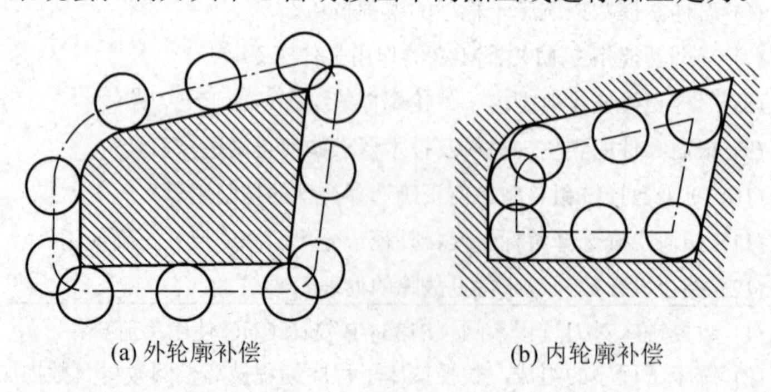

(a) 外轮廓补偿　　(b) 内轮廓补偿

图 6-2 刀具半径补偿

## 6.1.2 刀具半径补偿指令(G41、G42、G40)

刀具半径补偿指令.mp4

### 1. 指令及功能

G41 是刀具左补偿指令(左刀补)，即顺着刀具前进方向看(假定工件不动)，刀具位于工件轮廓的左边，称为左刀补，如图 6-3(a)所示。

G42 是刀具右补偿指令(右刀补)，即顺着刀具前进方向看(假定工件不动)，刀具位于工件轮廓的右边，称为右刀补，如图 6-3(b)所示。

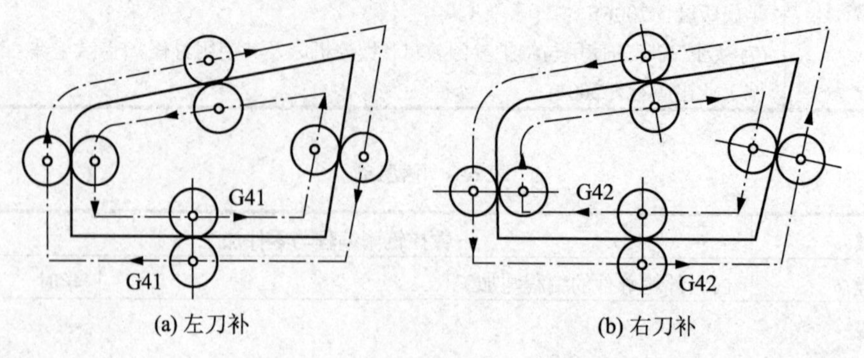


(a) 左刀补　　(b) 右刀补

图 6-3 刀具半径的左、右补偿

G40 为取消刀具半径补偿指令。使用该指令后，G41、G42 指令无效。

2．格式

G17 G18 G19 { G41 / G42 / G40 } { G01 / G00 } { X__Y__D__ / X__Z__D__ / Y__Z__D__ }

3．说明

(1) G41、G42、G40 为模态指令，G41 为刀具左补偿，G42 为刀具右补偿。刀补位置的左右应是顺着编程轨迹前进的方向进行判断的，G40 为取消刀补，机床初始状态为 G40。

(2) 建立和取消刀补必须与 G01 或 G00 指令组合完成。建立刀补的过程如图 6-4 所示，是使刀具从无刀具补偿状态(图中 $P_0$ 点)运动到补偿开始点(图中 $P_1$ 点)，其间为 G01 运动。用刀补轮廓加工完成后，还有一个取消刀补的过程，即从刀补结束点(图中 $P_2$ 点)G01 或 G00 运动到无刀补状态(图中 $P_0$ 点)。

(3) $X$、$Y$ 是 G01、G00 运动的目标点坐标。在图 6-4 中，$X$、$Y$ 在建立刀补时，是 $A$ 点坐标，取消刀补时，是 $P_0$ 点坐标。

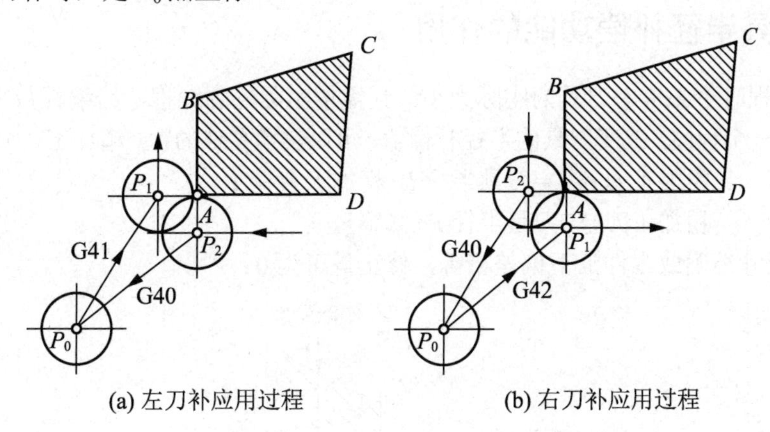


(a) 左刀补应用过程　　(b) 右刀补应用过程

图 6-4　建立和取消刀补过程

(4) 在建立刀具半径补偿的程序段中，不能使用圆弧指令。

(5) G41 或 G42 必须与 G40 成对使用。

(6) D 为刀具补偿号，也称为刀具偏置代号地址字，后面常用两位数字表示代号。D 代码中存放刀具半径值作为偏置量，用于数控系统计算刀具中心的运动轨迹。一般有 D00～D99。偏置量可用 CRT/MDI 方式输入。

(7) 刀具半径补偿值必须小于最小内圆弧半径值。当给定程序的圆弧半径小于刀具半径补偿值时，机床报警并停止在将要过切语句的起始点上。

(8) 刀具半径补偿值必须小于槽宽的一半。当被加工槽宽的一半小于刀具半径补偿值时，机床报警并停止在将要过切语句的起始点上。

(9) 在半径补偿模式下，不允许有连续两个程序段出现没有加工面内的轴向移动程序段。在补偿模式下，数控机床可以预读两个程序段以确定目标点的位置，若出现连续两个程序段没有加工面内的轴向移动程序段，则容易出现过切现象。

当建立起正确的偏移矢量后，系统就将按程序要求实现刀具中心的运动。需要注意的是，在补偿状态中不得变换补偿平面；否则将出现系统报警。

二维轮廓加工，一般均采用刀具半径补偿。在建立刀具半径补偿之前，刀具应远离零件轮廓适当的距离，且应与选定好的切入点和进刀方式协调，保证刀具半径补偿的有效，如图 6-5 所示。刀具半径补偿的建立和取消必须在直线插补段内完成。

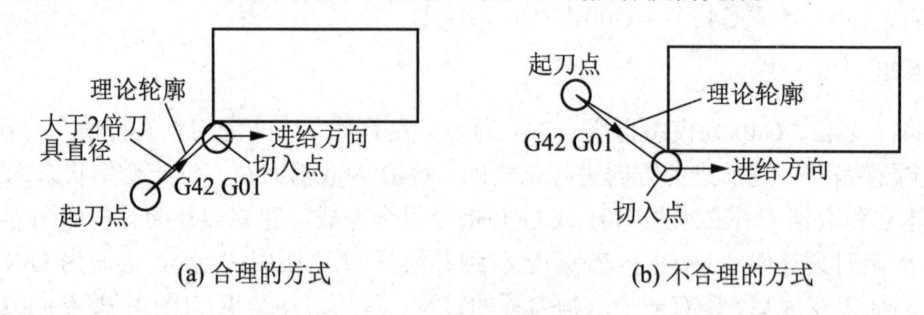


图 6-5　建立刀具半径补偿

刀具半径补偿的终点应放在刀具切出工件以后；否则会发生碰撞。

### 6.1.3　刀具半径补偿功能的作用

(1) 在编程时不必考虑刀具的实际大小，只需按实际轮廓编程，给编程带来方便。

(2) 用同一个程序，改变刀具的半径补偿值，可以实现零件的粗、精加工，如图 6-6 所示。

粗加工刀补 $D$=刀具半径 $R$+精加工余量$\Delta$

精加工刀补=刀具半径 $R$+修整量

若刀具尺寸准确或零件上下偏差相等，修正量可为 0。

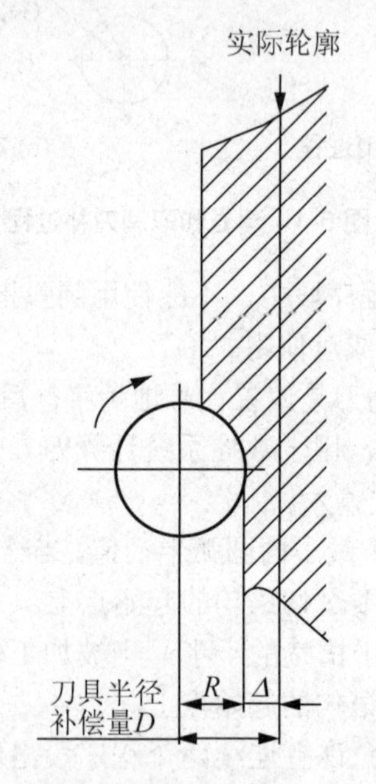


图 6-6　刀具补偿量的计算

## 6.1.4　子程序的调用

为了简化程序的编制，当一个工件上有相同的加工内容时，常用调用子程序的方法进行编程。调用子程序的程序叫作主程序。子程序的编号与一般程序基本相同，只是程序结束字为 M99，表示子程序结束，并返回到调用子程序的主程序中。

### 1．采用子程序的意义

(1) 使复杂程序，结构明晰。
(2) 程序简短。
(3) 增强数控系统编程功能。

### 2．主、子程序结构异同

(1) 相同点。都是完整的程序，包括程序号、程序段、程序结束指令。
(2) 不相同点。程序结束指令不同。主程序：调用 M02 或 M30 指令结束；子程序：调用 M99 指令结束；子程序一般不单独运行，由主程序或上层子程序调用执行。

### 3．子程序调用的指令格式

M98 P__；
式中：P__表示子程序调用情况。P 后共有 8 位数字，前 4 位为调用次数，省略时为调用一次；后 4 位为所调用的子程序号，子程序结束指令为 M99。

### 4．M99 的作用

(1) 在子程序中要单独一行列出 M99 指令，表示子程序结束，自动返回主程序调用子程序的下一个程序段，继续往下执行。

(2) 在子程序中单独一行列出 M99 N××××程序段，表示子程序结束，返回主程序 N××××程序段，继续往下执行。

(3) 在主程序中，M99 构成死循环。在主程序中，程序执行到 M99 时，自动返回程序头，继续往下执行，从而构成死循环。

### 5．主、子程序调用关系

主、子程序调用关系如图 6-7 所示。

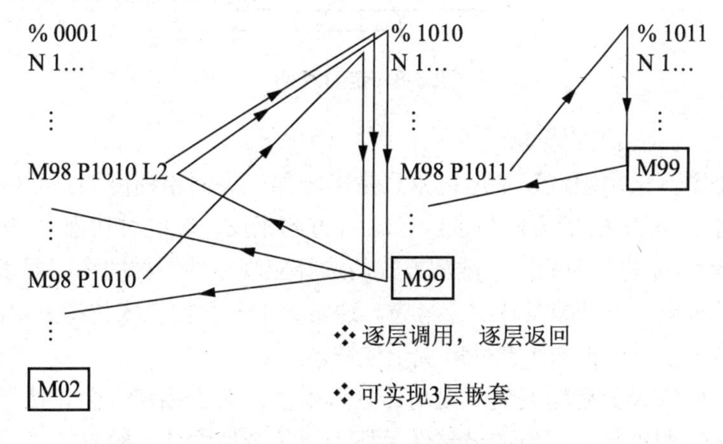


图 6-7　主、子程序调用关系

6．子程序的编制技巧

子程序调用(内嵌字幕).mp4

(1) 子程序编制时，尽可能做到首尾路径闭合，以便多次调用子程序。

(2) 子程序编制时，尽可能不要出现 F、S、T、D 等非加工类指令。

(3) 子程序编制时，尽可能以增量坐标方式编程，以便相同轮廓、不同位置轮廓的多次调用。

**例 6-1** 在 FANUC-0i 数控铣床上加工图 6-8 所示零件。要求：达到尺寸精度要求。

(1) 根据零件图确定工件的装夹方式及加工工艺路线。

以不需要加工的 60mm 外形轮廓为安装基准，用平口钳夹紧，并取零件中心为工件坐标系零点。零件的加工路线如下。

① 铣削轮廓表面。

在铣削轮廓表面时一般采用立铣刀侧面刃口进行切削。对于二维轮廓加工，通常采用的加工路线如下。

a. 从起刀点下刀到下刀点。

b. 沿切向切入工件。

c. 轮廓切削。

d. 刀具向上抬刀，退离工件。

e. 返回起刀点。

走刀路径如图 6-8 所示。

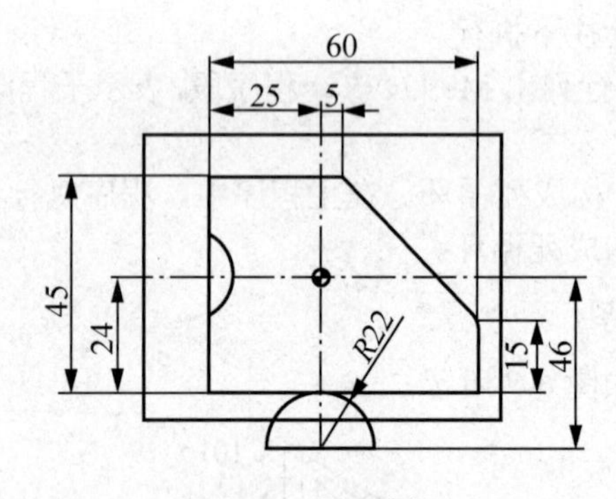

图 6-8 走刀路径

② 顺铣和逆铣对加工的影响。

在铣削加工中，采用顺铣还是逆铣方式是影响加工表面粗糙度的重要因素之一。逆铣时切削力 $F$ 的水平分力 $F_X$ 的方向与进给运动 $v_f$ 方向相反，顺铣时切削力 $F$ 的水平分力 $F_X$ 的方向与进给运动 $v_f$ 的方向相同。铣削方式的选择应视零件图样的加工要求和工件材料的性质、特点以及机床、刀具等条件综合考虑。通常，由于数控机床传动采用滚珠丝杠结构，其进给传动间隙很小，顺铣的工艺性就优于逆铣。

同时，为了降低表面粗糙度值，提高刀具耐用度，对于铝镁合金、钛合金和耐热合金等材料，尽量采用顺铣加工。但如果零件毛坯为黑色金属锻件或铸件，表皮硬且余量一般较大，这时采用逆铣较为合理。

(2) 刀具选择。

① 用 $\phi$10mm 端铣刀粗加工。

② 高精度 $\phi$10mm 端铣刀半精加工、精加工。

(3) 切削用量确定。

切削用量参见表 6-4 所列的数据。

表 6-4　切削用量表

| 加工内容 | 主轴转速 $S$/(r/min) | 进给速度 $F$/(mm/min) |
|---|---|---|
| 粗铣 | 1200 | 600 |
| 半精铣 | 2400 | 200 |
| 精铣 | 2400 | 200 |

(4) 程序的编制。

因铣削外形轮廓中有最小内圆弧半径为 $R$10mm，而要使外形轮廓光整，半径补偿值要大于最小内圆弧半径值，因此还需编制一个忽略圆弧的简单外形轮廓的子程序，简化外形轮廓尺寸如图 6-8 所示，引刀圆弧半径为 $R$22mm，为了保证顺铣，走刀路径为顺时针方向。

```
%
O0001(φ10 铣刀粗加工)
S1200M03 (粗加工主轴转速)
G40G90G54G00X0Y0 (起刀点)
Z100
Y-40  (下刀点)
Z2.0
G01Z-1F600(粗加工进给速率)
D1M98P11(D1=21mm 半径补偿大于
最小内圆弧半径，调用简化轮廓子程序)
D2M98P11 (D2=15)
D3M98P11 (D3=8)
D4M98P10 (D4=5.5)
G01Z-2F600
D1M98P11
D2M98P11
D3M98P11
D4M98P10
G01Z-3F600
D1M98P11
D2M98P11
D3M98P11
D4M98P10
G01Z-4F600
D1M98P11
D2M98P11
D3M98P11
D4M98P10
G01Z-4.9F600(底面留 0.1mm 余量进行精加工)
D1M98P11
```

```
%
O0002(φ10mm 铣刀半精加工、精加工)
S2400M03(精加工主轴转速)
G40G90G54G00X0Y0
Z100
Y-40
Z2.0
G01Z-5F200(精加工进给速率)
D1M98P11
D2M98P11
D3M98P11
D5M98P10(D4=5.2mm，留 0.3mm 余量精加工)
G00Z100
Y200
M05
M00(测量轮廓尺寸，确定实际刀具半径)
S2400M03
Y-40
Z20.
G01Z-5.0F200
D6M98P10(D6 比实际刀具半径小 0.02mm)
G00Z100
X0Y0
M05
M30
%

%
O10(按实际轮廓编制的子程序)
```

```
D2M98P11
D3M98P11
D4M98P10
G00Z100
X0Y0
M05
M30
%

%
O11(简化轮廓编制的子程序)
G41G01X22.0 (建立刀具补偿)
G03X0Y-24R22.0
G01X-25
Y21
X5.0
X35Y-9.0
Y-24
X0
G03X-22Y-46R22.0
G40G01X0(取消刀具补偿)
M99
%
```

```
G41G01X22.0(建立刀具补偿)
G03X0Y-24R22.0
G01X-22.0
G02X-25Y-21R3.0
G01Y18
G02X-22Y21R3.0
G01Y-10.247
G02X-23.846Y-7.882R3.0
G03X-23.846Y7.882R10.0
G02X-25Y10.247R3.0
G01Y18
G02X-22Y21R3.0
G01X3.757
G02X5.878Y20.131R3.0
G01X34.121Y-8.121
G02X35Y-10.243R3.0
G01Y-21
G02X32Y-24R3.0
G01X0
G03X-22.0Y-46R22.0
G40G01X0(取消刀具补偿)
M99
%
```

内轮廓程序的编制主要考虑下刀方式和刀具的选择，精加工刀具半径要不大于最小内圆弧半径值，程序的编制由读者自行完成。

完成本任务需填写的有关表格如表6-5～表6-12所示。

表6-5　计划单

<table>
<tr><td>学习领域</td><td colspan="6">数控铣削编程与零件加工</td></tr>
<tr><td>学习情境7</td><td colspan="3">内、外轮廓件的编程与加工</td><td>学时</td><td colspan="2">16</td></tr>
<tr><td>计划方式</td><td colspan="6">小组讨论，学生计划，教师引导</td></tr>
<tr><td>序　号</td><td colspan="4">实施步骤</td><td colspan="2">使用资源</td></tr>
<tr><td></td><td colspan="4"></td><td colspan="2"></td></tr>
<tr><td></td><td colspan="4"></td><td colspan="2"></td></tr>
<tr><td></td><td colspan="4"></td><td colspan="2"></td></tr>
<tr><td></td><td colspan="4"></td><td colspan="2"></td></tr>
<tr><td></td><td colspan="4"></td><td colspan="2"></td></tr>
<tr><td>制订计划说明</td><td colspan="6"></td></tr>
<tr><td rowspan="3">计划评价</td><td>班级</td><td></td><td>第　组</td><td>组长签字</td><td colspan="2"></td></tr>
<tr><td>教师签字</td><td colspan="2"></td><td>日期</td><td colspan="2"></td></tr>
<tr><td colspan="6">评语：</td></tr>
</table>

表 6-6　决策单

<table>
<tr><td>学习领域</td><td colspan="7">数控铣削编程与零件加工</td></tr>
<tr><td>学习情境 7</td><td colspan="5">内、外轮廓件的编程与加工</td><td>学时</td><td>16</td></tr>
<tr><td colspan="8">方案讨论</td></tr>
<tr><td rowspan="7">方案对比</td><td>组　号</td><td>实现功能</td><td>方案可行性</td><td>方案合理性</td><td>实施难度</td><td>安全可靠性</td><td>经济性</td><td>综合评价</td></tr>
<tr><td>1</td><td></td><td></td><td></td><td></td><td></td><td></td><td></td></tr>
<tr><td>2</td><td></td><td></td><td></td><td></td><td></td><td></td><td></td></tr>
<tr><td>3</td><td></td><td></td><td></td><td></td><td></td><td></td><td></td></tr>
<tr><td>4</td><td></td><td></td><td></td><td></td><td></td><td></td><td></td></tr>
<tr><td>5</td><td></td><td></td><td></td><td></td><td></td><td></td><td></td></tr>
<tr><td>6</td><td></td><td></td><td></td><td></td><td></td><td></td><td></td></tr>
<tr><td>方案评价</td><td colspan="8">评语：</td></tr>
<tr><td>班级</td><td colspan="2"></td><td>组长签字</td><td></td><td>教师签字</td><td></td><td colspan="2">月　日</td></tr>
</table>

表 6-7　材料、设备、工/量具清单

<table>
<tr><td>学习领域</td><td colspan="7">数控铣削编程与零件加工</td></tr>
<tr><td>学习情境 7</td><td colspan="5">内、外轮廓件的编程与加工</td><td>学时</td><td>16</td></tr>
<tr><td>类　型</td><td>序　号</td><td>名　称</td><td>作　用</td><td>数　量</td><td>型　号</td><td>使用前</td><td>使用后</td></tr>
<tr><td rowspan="2">所用设备</td><td>1</td><td>立式数控铣床</td><td>零件加工</td><td>6</td><td>S1354-B</td><td></td><td></td></tr>
<tr><td>2</td><td>三爪卡盘</td><td>装夹工件</td><td>6</td><td></td><td></td><td></td></tr>
<tr><td>所用材料</td><td>1</td><td>45 号钢</td><td>零件毛坯</td><td>6</td><td>$\phi$85mm</td><td></td><td></td></tr>
<tr><td>所用刀具</td><td>1</td><td>平铣刀</td><td>加工零件外形</td><td>6</td><td>$\phi$10mm</td><td></td><td></td></tr>
<tr><td rowspan="3">所用量具</td><td>1</td><td>深度尺</td><td>测量深度</td><td>6</td><td>150mm</td><td></td><td></td></tr>
<tr><td>2</td><td>游标卡尺</td><td>测量线性尺寸</td><td>6</td><td></td><td></td><td></td></tr>
<tr><td>3</td><td>外径千分尺</td><td>测量线性尺寸</td><td>6</td><td></td><td></td><td></td></tr>
<tr><td>附件</td><td>1</td><td>$\delta$2、$\delta$5、$\delta$10、$\delta$30 系列垫块</td><td>调整工件高度</td><td>若干</td><td></td><td></td><td></td></tr>
<tr><td>班级</td><td colspan="3"></td><td>第　组</td><td>组长签字</td><td colspan="2"></td></tr>
<tr><td>教师签字</td><td colspan="4"></td><td>日期</td><td colspan="2"></td></tr>
</table>

表 6-8　实施单

| 学习领域 | 数控铣削编程与零件加工 | | |
|---|---|---|---|
| 学习情境 7 | 内、外轮廓件的编程与加工 | 学时 | 16 |
| 实施方式 | 学生自主学习，教师指导 | | |
| 序　号 | 实施步骤 | 使用资源 | |
| | | | |
| | | | |
| | | | |
| | | | |
| | | | |
| | | | |

实施说明：

| 班级 | | 第　组 | 组长签字 | |
|---|---|---|---|---|
| 教师签字 | | | 日期 | |

表 6-9　作业单

| 学习领域 | 数控铣削编程与零件加工 | | |
|---|---|---|---|
| 学习情境 7 | 内、外轮廓件的编程与加工 | 学时 | 16 |
| 作业方式 | 小组分析，个人解答，现场批阅，集体评判 | | |
| | | | |

作业解答：

| 作业评价 | 班级 | | 第　组 | 组长签字 | | |
|---|---|---|---|---|---|---|
| | 学号 | | 姓名 | | | |
| | 教师签字 | | 教师评分 | | 日期 | |
| | | | | | | |
| | | | | | | |
| | 评语： | | | | | |

表 6-10　检查单

<table>
<tr><td>学习领域</td><td colspan="4">数控铣削编程与零件加工</td></tr>
<tr><td>学习情境 7</td><td colspan="2">内、外轮廓件的编程与加工</td><td>学时</td><td>16</td></tr>
<tr><td>序号</td><td>检查项目</td><td>检查标准</td><td>学生自检</td><td>教师检查</td></tr>
<tr><td>1</td><td>内、外轮廓件加工的实施准备</td><td>准备充分、细致、周到</td><td></td><td></td></tr>
<tr><td>2</td><td>内、外轮廓件加工的计划实施步骤</td><td>实施步骤合理，有利于提高零件加工质量</td><td></td><td></td></tr>
<tr><td>3</td><td>内、外轮廓件加工的尺寸精度及表面粗糙度</td><td>符合图样要求</td><td></td><td></td></tr>
<tr><td>4</td><td>实施过程中工、量具摆放</td><td>定址摆放、整齐有序</td><td></td><td></td></tr>
<tr><td>5</td><td>实施前工具准备</td><td>学习所需工具准备齐全，不影响实施进度</td><td></td><td></td></tr>
<tr><td>6</td><td>教学过程中的课堂纪律</td><td>听课认真，遵守纪律，不迟到、不早退</td><td></td><td></td></tr>
<tr><td>7</td><td>实施过程中的工作态度</td><td>在工作过程中乐于参与，积极主动</td><td></td><td></td></tr>
<tr><td>8</td><td>上课出勤状况</td><td>出勤率达 95%以上</td><td></td><td></td></tr>
<tr><td>9</td><td>安全意识</td><td>无安全事故发生</td><td></td><td></td></tr>
<tr><td>10</td><td>环保意识</td><td>垃圾分类处理，不对环境产生危害</td><td></td><td></td></tr>
<tr><td>11</td><td>合作精神</td><td>能够相互协作、相互帮助，不自以为是</td><td></td><td></td></tr>
<tr><td>12</td><td>实施计划时的创新意识</td><td>确定实施方案时不随波逐流，见解合理</td><td></td><td></td></tr>
<tr><td>13</td><td>实施结束后的任务完成情况</td><td>过程合理、工件合格，与组内成员合作良好</td><td></td><td></td></tr>
<tr><td rowspan="3">检查评价</td><td>班级</td><td>第　组</td><td>组长签字</td><td></td></tr>
<tr><td>教师签字</td><td></td><td>日期</td><td></td></tr>
<tr><td colspan="4">评语：</td></tr>
</table>

表 6-11　评价单

<table>
<tr><td>学习领域</td><td colspan="8">数控铣削编程与零件加工</td></tr>
<tr><td>学习情境 7</td><td colspan="5">内、外轮廓件的编程与加工</td><td colspan="2">学时</td><td>16</td></tr>
<tr><td>评价类别</td><td>项　目</td><td colspan="3">子项目</td><td>个人评价</td><td colspan="2">组内互评</td><td>教师评价</td></tr>
<tr><td rowspan="17">专业能力<br>(60%)</td><td rowspan="2">资讯(6%)</td><td colspan="3">搜集信息(3%)</td><td></td><td colspan="2"></td><td></td></tr>
<tr><td colspan="3">引导问题回答(3%)</td><td></td><td colspan="2"></td><td></td></tr>
<tr><td rowspan="2">计划(6%)</td><td colspan="3">计划可执行度(3%)</td><td></td><td colspan="2"></td><td></td></tr>
<tr><td colspan="3">设备材料工、量具安排(3%)</td><td></td><td colspan="2"></td><td></td></tr>
<tr><td rowspan="5">实施(24%)</td><td colspan="3">工作步骤执行(6%)</td><td></td><td colspan="2"></td><td></td></tr>
<tr><td colspan="3">功能实现(6%)</td><td></td><td colspan="2"></td><td></td></tr>
<tr><td colspan="3">质量管理(3%)</td><td></td><td colspan="2"></td><td></td></tr>
<tr><td colspan="3">安全保护(6%)</td><td></td><td colspan="2"></td><td></td></tr>
<tr><td colspan="3">环境保护(3%)</td><td></td><td colspan="2"></td><td></td></tr>
<tr><td rowspan="2">检查(4.8%)</td><td colspan="3">全面性、准确性(2.4%)</td><td></td><td colspan="2"></td><td></td></tr>
<tr><td colspan="3">异常情况排除(2.4%)</td><td></td><td colspan="2"></td><td></td></tr>
<tr><td rowspan="2">过程(3.6%)</td><td colspan="3">使用工具规范性(1.8%)</td><td></td><td colspan="2"></td><td></td></tr>
<tr><td colspan="3">操作过程规范性(1.8%)</td><td></td><td colspan="2"></td><td></td></tr>
<tr><td>结果(12%)</td><td colspan="3">结果质量(12%)</td><td></td><td colspan="2"></td><td></td></tr>
<tr><td>作业(3.6%)</td><td colspan="3">完成质量(3.6%)</td><td></td><td colspan="2"></td><td></td></tr>
<tr><td rowspan="4">社会能力<br>(20%)</td><td rowspan="2">团结协作<br>(10%)</td><td colspan="3">小组成员合作良好(5%)</td><td></td><td colspan="2"></td><td></td></tr>
<tr><td colspan="3">对小组的贡献(5%)</td><td></td><td colspan="2"></td><td></td></tr>
<tr><td rowspan="2">敬业精神<br>(10%)</td><td colspan="3">学习纪律性(5%)</td><td></td><td colspan="2"></td><td></td></tr>
<tr><td colspan="3">爱岗敬业、吃苦耐劳(5%)</td><td></td><td colspan="2"></td><td></td></tr>
<tr><td rowspan="4">方法能力<br>(20%)</td><td rowspan="2">计划能力<br>(10%)</td><td colspan="3">考虑全面(5%)</td><td></td><td colspan="2"></td><td></td></tr>
<tr><td colspan="3">细致有序(5%)</td><td></td><td colspan="2"></td><td></td></tr>
<tr><td rowspan="2">决策能力<br>(10%)</td><td colspan="3">决策果断(5%)</td><td></td><td colspan="2"></td><td></td></tr>
<tr><td colspan="3">选择合理(5%)</td><td></td><td colspan="2"></td><td></td></tr>
<tr><td rowspan="3">评价评语</td><td>班级</td><td></td><td>姓名</td><td></td><td>学号</td><td></td><td>总评</td><td></td></tr>
<tr><td>教师签字</td><td></td><td>第　组</td><td>组长签字</td><td></td><td></td><td>日期</td><td></td></tr>
<tr><td colspan="8">评语：</td></tr>
</table>

表 6-12　教学反馈单

| 学习领域 | 数控铣削编程与零件加工 | | | |
|---|---|---|---|---|
| 学习情境 7 | 内、外轮廓件的编程与加工 | 学时 | 16 | |
| 序号 | 调查内容 | 是 | 否 | 理由陈述 |
| 1 | 对任务书的了解是否深入、明了 | | | |
| 2 | 是否清楚 G41、G42、G40 指令的使用场合 | | | |
| 3 | 是否能熟练运用刀具补偿及子程序多次调用进行“内、外轮廓件”的加工编程 | | | |
| 4 | 是否能熟练掌握子程序的编程技巧 | | | |
| 5 | 能否正确安排“内、外轮廓件”数控加工工艺 | | | |
| 6 | 能否正确使用游标卡尺、外径千分尺、深度尺并能正确读数 | | | |
| 7 | 能否有效执行“6S”规范 | | | |
| 8 | 小组间的交流与团结协作能力是否增强 | | | |
| 9 | 同学的信息检索与自主学习能力是否增强 | | | |
| 10 | 同学是否遵守规章制度 | | | |
| 11 | 你对教师的指导满意吗 | | | |
| 12 | 教学设备与仪器是否够用 | | | |
| 你的意见对改进教学非常重要，请写出你的意见和建议 | | | | |
| 调查信息 | 被调查人签名 | | 调查时间 | |

与任务 6.2 和任务 6.3 有关的任务单、资讯单和信息单如表 6-13～表 6-15 所示。

表 6-13　任务单

| 学习领域 | 数控铣削编程与零件加工 | | |
|---|---|---|---|
| 学习情境 8 | 孔系类零件的编程与加工 | 学时 | 12 |
| 布置任务 | | | |
| 学习目标 | (1) 学会准备功能 G73、G74、G80～G89 指令进行钻孔加工程序编制；<br>(2) 学会分析零件工艺性能，能够了解常用钻孔类零件材料 45 钢的切削性能；<br>(3) 学会选用毛坯，确定加工方案；<br>(4) 学会合理使用中心钻、钻头；<br>(5) 学会使用通、止规检测孔类工件；<br>(6) 学会合理选用孔类工、量具系统；<br>(7) 学会确定加工路线及进给路线；<br>(8) 学会确定钻孔切削用量；<br>(9) 能够正确确定孔的加工工艺；<br>(10) 学会以孔对刀；<br>(11) 了解 SIEMENS 钻孔循环；<br>(12) 培养学生的工匠精神。<br>工匠精神.mp4 | | |

续表

<table>
<tr><td>任务描述</td><td colspan="6">1. 工作任务<br>完成图6-9所示孔系类零件的加工。<br>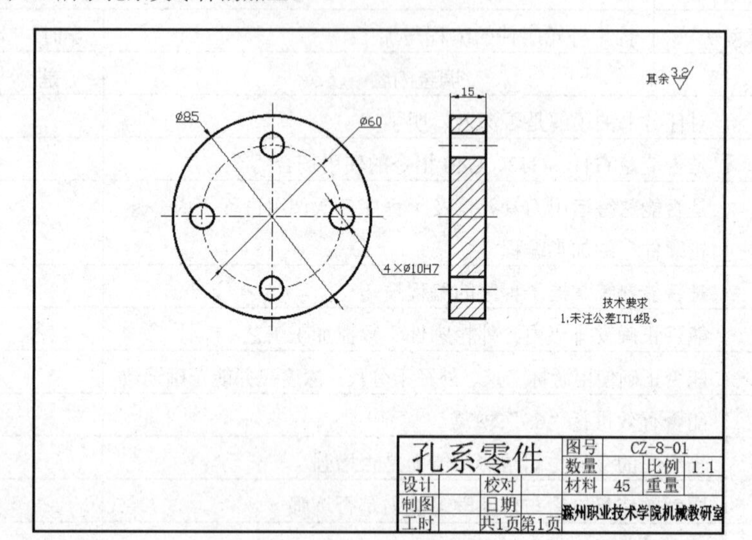<br><br>图6-9　孔类零件<br><br>2. 完成主要工作任务<br>(1) 编制铣削加工如图6-9所示孔系类零件加工工艺；<br>(2) 进行如图6-9所示孔类零件加工程序的编制；<br>(3) 完成孔系类零件的加工</td></tr>
<tr><td>学时安排</td><td>资讯2学时</td><td>计划1学时</td><td>决策1学时</td><td>实施6学时</td><td>检查1学时</td><td>评价1学时</td></tr>
<tr><td>提供资料</td><td colspan="6">(1) 教材：余英良. 数控加工编程及操作. 北京：高等教育出版社，2005<br>(2) 教材：顾京. 数控加工编程及操作. 北京：高等教育出版社，2003<br>(3) 教材：宋放之. 数控工艺员培训教程. 北京：清华大学出版社，2003<br>(4) 教材：田萍. 数控加工工艺. 北京：高等教育出版社，2003<br>(5) 教材：唐应谦. 数控加工工艺学. 北京：劳动保障出版社，2000<br>(6) 教材：张信群. 公差配合与互换性技术. 北京：北京航空航天大学出版社，2006<br>(7) 教材：许德珠. 机械工程材料. 北京：高等教育出版社，2001<br>(8) 教材：吴桓文. 机械加工工艺基础. 北京：高等教育出版社，2005<br>(9) 教材：卢斌. 数控机床及其使用维修. 北京：机械工业出版社，2001<br>(10) FANUC31i 铣床操作维修手册，2010<br>(11) FANUC31i 数控系统铣床编程手册，2010<br>(12) SIEMENS 802D 铣床编程手册，2010<br>(13) SIEMENS 802D 铣床操作维修手册，2010<br>(14) 中国模具网　http://www.mould.net.cn/<br>(15) 国际模具网　http://www.2mould.com/<br>(16) 数控在线　http://www.cncol.com.cn/Index.html<br>(17) 中国金属加工网　http://www.mw35.com/<br>(18) 中国机床网　http://www.jichuang.net/</td></tr>
</table>

续表

| | |
|---|---|
| 对学生的要求 | 1. 知识技能要求<br>(1) 熟练掌握数控铣床钻孔的对刀过程；<br>(2) 学会利用准备功能指令 G73、G74、G80～G89 进行钻孔加工程序编制；<br>(3) 学会利用 SIEMENS 钻孔循环；<br>(4) 任务实施加工阶段，能够操作数控铣床加工孔系类零件；<br>(5) 能够根据零件的类型、材料及技术要求正确选择中心钻、钻头；<br>(6) 在任务实施过程中，能够正确使用工、量具，用后做好维护和保养工作；<br>(7) 每天使用机床前对机床导轨注油一次，加工结束后应清理机床，做好机床使用基本维护和保养工作；<br>(8) 每天实操结束后，及时打扫实习场地卫生；<br>(9) 本任务结束时每组需上交 6 件合格的零件；<br>(10) 按时、按要求上交作业<br>2. 生产安全要求<br>严格遵守安全操作规程，绝不允许违规操作。应特别注意：加工零件、刀具要夹紧可靠，夹紧工件后要立即取下夹盘扳手<br>3. 职业行为要求<br>(1) 文具准备齐全；<br>(2) 工、量具摆放整齐；<br>(3) 着装整齐；<br>(4) 遵守课堂纪律；<br>(5) 具有团队合作精神 |

表 6-14　资讯单

| 学习领域 | 数控铣削编程与零件加工 | | |
|---|---|---|---|
| 学习情境 8 | 孔系类零件的编程与加工 | 学时 | 12 |
| 资讯方式 | 学生自主学习、教师引导 | | |
| 资讯问题 | (1) 熟练掌握数控铣床钻头的对刀过程？<br>(2) 熟练掌握数控铣床进行孔的加工过程？<br>(3) 准备功能指令 G98、G99 的作用？<br>(4) 准备功能指令 G73、G74、G80～G89 的作用及编程格式？<br>(5) 怎样正确安排典型孔系类零件的编程与加工走刀路线？<br>(6) 根据零件的类型、材料及技术要求如何正确选择刀具？<br>(7) 对于数控钻孔如何正确选择合理的切削用量？<br>(8) 如何正确选择通、止规并正确使用？<br>(9) 数控铣床常见故障的处理？<br>(10) SIEMENS 数控系统与 FANUC 数控系统在操作上的区别？<br>(11) SIEMENS 数控系统与 FANUC 数控系统钻孔循环的区别？ | | |
| 资讯引导 | (1) 数控铣床对刀过程参阅《S1354-B 铣床 CNC 使用手册》；<br>(2) 准备功能指令 G73、G74、G80~G89 的作用及编程格式，辅助功能 M 指令及 T、F、S 指令的作用参阅教材《数控加工编程及操作》(余英良主编. 北京：高等教育出版社，2005)；<br>(3) 数控铣削工艺参阅教材《数控加工编程及操作》(余英良主编. 北京：高等教育出版社，2005)；<br>(4) 通、止规正确使用方法，对孔类零件尺寸正确检测参阅教材《公差配合与互换性技术》(张信群主编. 北京：北京航空航天大学出版社，2006)；<br>(5) 数控铣床的使用与维护参阅教材《数控机床及其使用维修》(卢斌主编. 北京：机械工业出版社，2001) | | |

表 6-15　信息单

| 学习领域 | 数控铣削编程与零件加工 | | |
| --- | --- | --- | --- |
| 学习情境 8 | 孔系类零件的编程与加工 | 学时 | 12 |
| 信息内容 | | | |

# 任务 6.2　钻孔循环指令

## 6.2.1　孔加工循环的动作

孔加工循环指令为模态指令，一旦某个孔加工循环指令有效，在其后的所有(*X*,*Y*)位置均采用该孔加工循环指令进行加工，直到用 G80 取消孔加工循环为止。在孔加工循环指令有效时，(*X*,*Y*)平面内的运动方式为快速运动(G00)。孔加工循环一般由图 6-10 所示的 6 个动作组成。

图中：

动作(1) *X* 轴和 *Y* 轴的定位。

动作(2) 快速移动到 *R* 点。

动作(3) 孔加工。

动作(4) 在孔底的动作。

动作(5) 返回到 *R* 点。

动作(6) 快速移动到初始点。

图 6-10　孔加工循环的 6 个动作

G98 和 G99 两个模态指令控制孔加工循环结束后，刀具分别返回起始点和参考平面(*R*)，如图 6-11 所示。其中 G98 是默认方式。

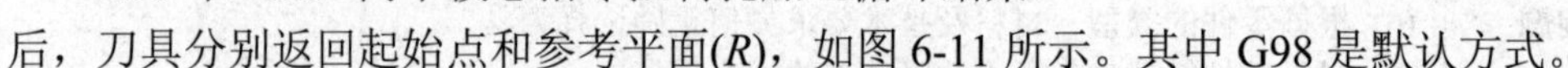

采用绝对坐标(G90)和采用相对坐标(G91)编程时，孔加工循环指令中的值有所不同，编程时建议尽量采用绝对坐标编程。

孔系的编程与加工(内嵌字幕).mp4

## 6.2.2　孔加工循环控制指令

### 1. 中心钻孔循环指令(G81)

图 6-11 所示，主轴正转，刀具以进给速度向下运动钻孔，到达孔底位置后，快速退回(无孔底动作)，一般用于中心钻孔循环。

格式：G81　X　Y　Z　F　R　K

说明：

(1) *X*、*Y* 为孔的位置。

(2) *Z* 为孔底位置。

(3) $F$ 为进给速度(mm/min)。

(4) $R$ 为参考平面位置。

(5) $K$ 为重复次数(如果需要的话)。

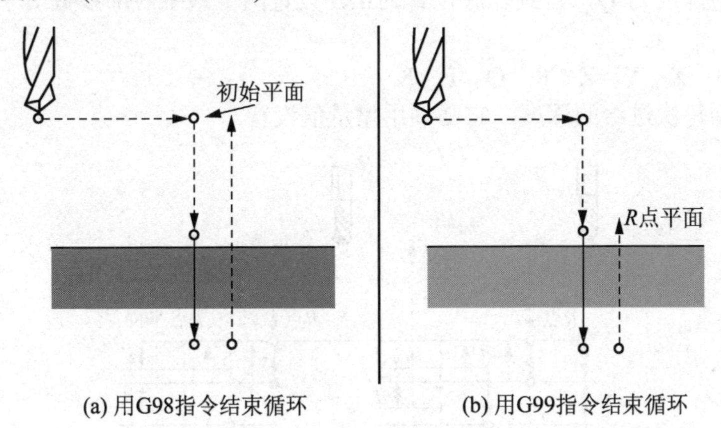


图 6-11　G81 钻孔加工循环

**例 6-2**　工件零点选择在工件中心，选用$\phi$10mm 的钻头，数控加工程序编制如表 6-16 所示。

表 6-16　例 6-2 的程序编制

| 程　　序 | 说　　明 |
|---|---|
| O9988 | 程序名 |
| N10 G90 G54 G00 X0 Y0 | 设置工件零点，选择刀具$\phi$10mm 钻头 |
| N20 G00 Z30 | 快进至安全高度 |
| N30 M03 S600 M08 | 启动主轴正转，转速为 600r/min，开启冷却液 |
| N40 G98 G81 X30 Y0 Z-20 R2 F20 | 在(30,0)位置钻孔，孔的深度为 20mm，参考面高度为 2mm |
| N50 X0 Y30 | 在(0,30)位置钻孔 |
| N60 X-30 Y0 | 在(-30,0)位置钻孔 |
| N70 X0 Y-30 | 在(0,-30)位置钻孔 |
| N80 G80 | 取消钻孔循环 |
| N90 G00 Z100 | |
| N110 M30 | |

### 2．钻孔循环指令(G82)

G82 与 G81 格式类似，唯一的区别是 G82 在孔底加进给暂停动作，即当钻头加工到孔底位置时，刀具不作进给运动，并保持旋转状态，使孔的表面更光滑。该指令一般用于扩孔和沉头孔加工。

格式：G82　X　Y　Z　R　P　F　K

说明：$P$ 为在孔底位置的暂停时间，单位为 ms，取整数。

### 3．深孔钻孔循环指令(G83)

G83 指令与 G81 的主要区别是：由于是深孔加工，采用间歇进给(分多次进给)，有利于排屑。每次进给深度为 *Q*，直到孔底位置为止，设置两个系统内部参数 *d* 控制退刀过程，如图 6-12 所示。

格式：G83　X　Y　Z　R　Q　F　K

说明：*Q* 为每次进给的深度，它必须用增量值设置。

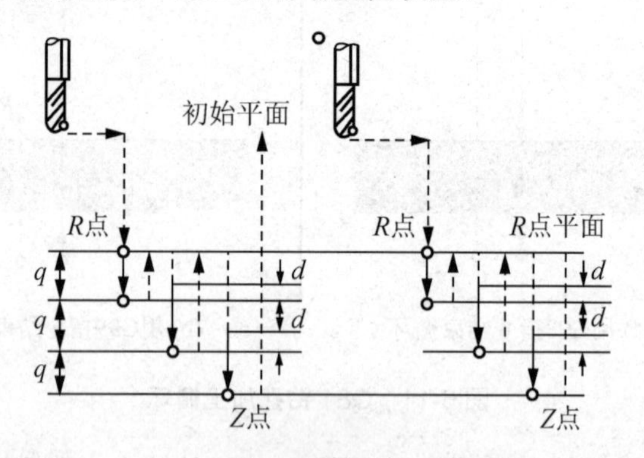


图 6-12　G83 深孔钻孔加工循环

### 4．高速深孔钻孔循环指令(G73)

图 6-13 所示，由于是深孔加工，采用间断进给(分多次进给)，每次进给深度为 *Q*，最后一次进给深度不大于 *Q*，退刀量为 *d*(由系统内部设定)，直到孔底位置为止。该钻孔加工方法因为退刀距离短，比 G83 钻孔速度快。

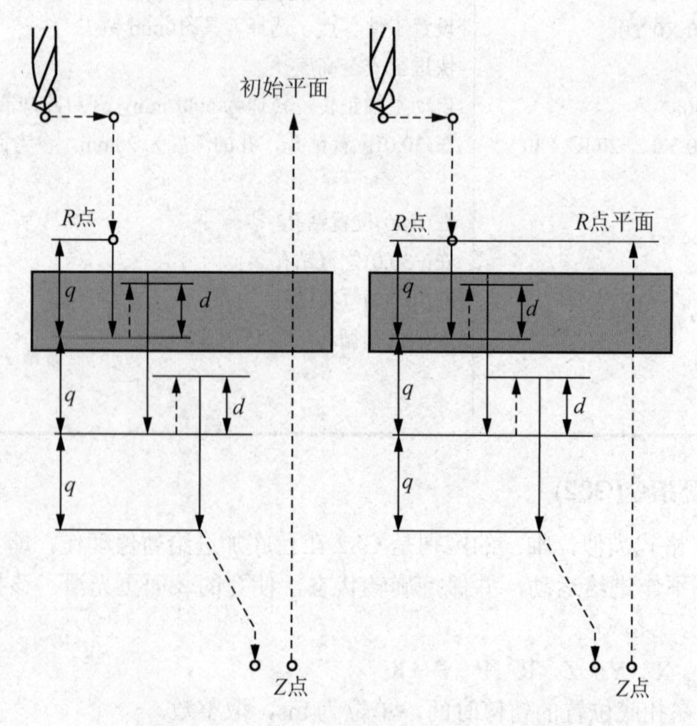


图 6-13　G73 高速深孔钻孔加工循环

格式：G73　X　Y　Z　R　Q　F　K

说明：$Q$ 为每次进给的深度，为正值。

值得说明的是，不同的 CNC 系统，即使是同一功能的钻孔加工循环，其指令格式也有一定的差异，编程时应以编程手册的规定为准。

### 5．攻螺纹循环指令(G84)

攻螺纹进给时主轴正转，退出时主轴反转。

格式：G84　X　Y　Z　R　P　F　K

与钻孔加工不同的是，攻螺纹结束后的返回过程不是快速运动，而是以进给速度反转退出。

在攻螺纹过程中，要求主轴转速与进给速度成严格的比例关系，因此，编程时要求根据主轴转速计算进给速度。该指令执行前先用辅助功能使主轴旋转。

**例 6-3**　对图 6-9 中的 4 个孔进行攻螺纹，深度为 10mm，主轴转速 $S$=100r/min，其数控加工程序如表 6-17 所示。

表 6-17　例 6-3 的程序编制

| 程　　序 | 说　　明 |
|---|---|
| O8778 | 程序名 |
| N10 G90 G54 G00　X0 Y0 | 设置工件零点 |
| N20 T02 | 选用 T02 刀具($\phi$10mm 丝锥，导程为 1.5mm) |
| N30 M03 S100 | 启动主轴正转 100r/min |
| N40 G00 Z30 M08 | 快进至安全高度，开启冷却液 |
| N50 X30 Y0 | 刀具定位在(30,0)处 |
| N60 G98 G84 Z−10 R2 F150 | 攻螺纹，深度为 10mm<br>进给速度 $F$=100(主轴转速)×1.5 (导程)=150 |
| N70 X0 Y30 | 在(0,30)位置攻螺纹 |
| N80 X−30 Y0 | 在(−30,0)位置攻螺纹 |
| N90 X0 Y−30 | 在(0,−30)位置攻螺纹 |
| N100 G80 | 取消攻螺纹循环 |
| N110 G00 Z100 | |
| N130 M02 | |

### 6．左旋攻螺纹循环指令(G74)

与 G84 的区别是：进给时为反转，退出时为正转。

格式：G74　X　Y　Z　R　P　F　K

### 7．铰孔循环指令(G85)

如图 6-3 所示，主轴正转，刀具以进给速度向下运动镗孔，到达孔底位置后，立即以进给速度退出(没有孔底动作)。

格式：G85　X　Y　Z　R　F

8. 粗镗孔循环指令(G86)

G86与G85的区别是：G86在到达孔底位置后，主轴停止，并快速退出。

格式：G86　X　Y　Z　R　F

9. 镗孔循环指令(G89)

G89与G85的区别是：G89在到达孔底位置后，加进给暂停给定时间P，单位为ms，一般取整数。

格式：G89　X　Y　Z　R　F　P

10. 背镗循环指令(G87)

如图6-14所示，刀具运动到起始点*B*(*X*,*Y*)后主轴准停，刀具沿刀尖的反方向偏移*Q*值，然后快速运动到孔底位置，接着沿刀尖正方向偏移回*E*点，主轴正转，刀具向上做进给运动，到*R*点，再主轴准停，刀具沿刀尖的反方向偏移*Q*值，快退，接着沿刀尖正方向偏移到*B*点，主轴正转。本加工循环结束，继续执行下一段程序。

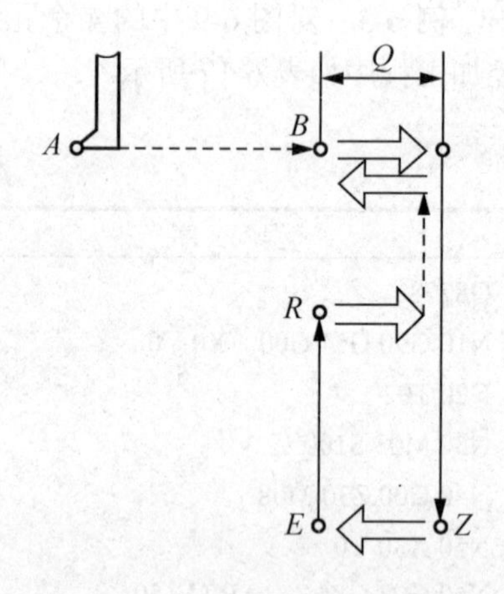

图6-14　G87背镗循环示意图

格式：G87　X　Y　Z　R　Q　F　P

11. 精镗循环指令(G76)

如图6-15所示，G76与G85的区别是：G76在孔底有3个动作，即进给暂停、主轴准停(定向停止)、刀具沿刀尖的反方向偏移*Q*值，然后快速退出。这样保证刀具不划伤孔的表面。

格式：G76　X　Y　Z　R　Q　F　P

说明：*P*为暂停时间(ms)；*Q*为偏移值。

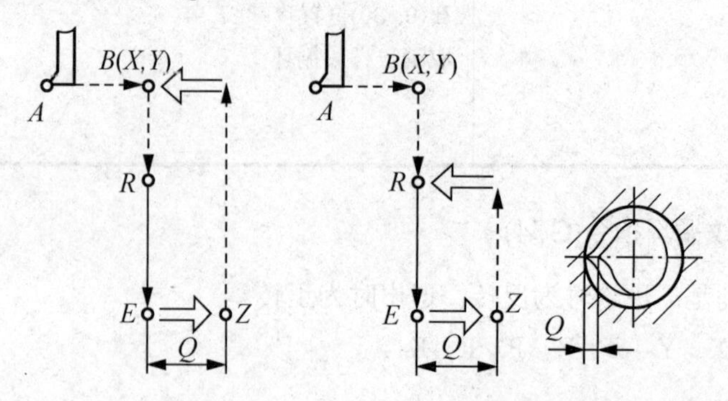

图6-15　G76精镗循环示意图

**例6-4**　在FANUC-0i数控铣床上加工如图6-1所示的零件。要求：达到$\phi$10H7mm精度要求。

(1) 根据零件图确定工件的装夹方式及加工工艺路线。

以不需要加工的$\phi$85mm 外圆为安装基准，用三爪卡盘夹紧，并取零件中心为工件坐标系零点。其工艺路线如下。

① 用$\phi$3mm 中心钻点孔，保证孔的位置。

② 用$\phi$9.7mm 钻头打底孔。

③ 用$\phi$10H7mm 铰刀精铰孔，保证孔的尺寸精度。

(2) 刀具选择。

① 用$\phi$3mm 中心钻点孔。

② 用$\phi$9.7mm 钻头打底孔。

③ 用$\phi$10H7mm 铰刀精铰孔。

(3) 切削用量确定。

切削用量参见表 6-18 所列的数据。

表 6-18　切削用量表

| 加工内容 | 主轴转速 *S*/(r/min) | 进给速度 *F*/(mm/min) |
|---|---|---|
| 中心钻点孔 | 1500 | 30 |
| 用$\phi$9.7mm 钻头打底孔 | 780 | 100 |
| 用$\phi$10H7mm 铰刀精铰孔 | 150 | 20 |

工件加工编程如表 6-19 所示。

表 6-19　例 6-4 的程序编制

| 程　　序 | 说　　明 |
|---|---|
| O1($\phi$3mm 中心钻点中心孔) | 程序名 |
| N10 G90 G54 G00 X0 Y0 | 设置工件零点，选择刀具$\phi$10mm 钻头 |
| N20　G00 Z30 | 快进至安全高度 |
| N30 M03 S1500 M08 | 启动主轴正转，转速为 1500r/min，开启冷却液 |
| N40 G98 G81 X30 Y0 Z−4 R2 F30 | 在(30,0)位置钻孔，点孔的深度为 4mm，参考面高度为 2mm |
| N50 X0 Y30 | 在(0,30)位置钻孔 |
| N60 X−30 Y0 | 在(−30,0)位置钻孔 |
| N70 X0 Y−30 | 在(0,−30)位置钻孔 |
| N80 G80 | 取消钻孔循环 |
| N90 G00 Z100 | |
| N110 M30 | |
| O2(用$\phi$9.7mm 钻头打底孔) | 程序名 |
| N10 G90 G54 G00　X0 Y0 | 设置工件零点 |
| N30 M03 S780 | 启动主轴正转，转速为 780r/min |
| N40 G00 Z30 M08 | 快进至安全高度，开启冷却液 |

续表

| 程　序 | 说　明 |
|---|---|
| N50 X30 Y0 | 刀具定位在(30,0)处 |
| N60 G98 G73 Z-20 R2 F100 | 用G73高速钻孔循环指令打底孔，深度为20mm，进给速度$F$=100mm/min |
| N70 X0 Y30 | 在(0,30)位置打底孔 |
| N80 X-30 Y0 | 在(-30,0)位置打底孔 |
| N90 X0 Y-30 | 在(0,-30)位置打底孔 |
| N100 G80 | 取消攻钻孔循环 |
| N110 G00 Z100 | |
| N130 M30 | |
| | |
| O3(用$\phi$10H7mm铰刀精铰孔) | |
| N10 G90 G54 G00　X0 Y0 | |
| N30 M03 S150 | |
| N40 G00 Z30 M08 | |
| N50 X30 Y0 | |
| N60 G98 G85 Z-17 R2 F20 | 调用G85铰孔循环指令铰孔，深度为17mm，进给速度$F$=20mm/min |
| N70 X0 Y30 | |
| N80 X-30 Y0 | |
| N90 X0 Y-30 | |
| N100 G80 | |
| N110 G00 Z100 | |
| N130 M30 | |

# 任务6.3　SIEMENS钻孔循环指令

## 6.3.1　主要参数

SIEMENS系统固定循环中使用的主要参数见表6-20。

表6-20　主要参数

| 参　数 | 含　义 |
|---|---|
| R101 | 起始平面 |
| R102 | 安全间隙 |
| R103 | 参考平面 |
| R104 | 最后钻深(绝对值) |
| R105 | 钻底停留时间 |
| R106 | 螺距 |
| R107 | 钻削进给量 |
| R108 | 退刀进给量 |

参数赋值方式：若钻底停留时间为 2s，则 R105=2。

## 6.3.2　钻削循环

格式：LCYC82

功能：刀具以编程的主轴转速和进给速度钻孔，到达最后钻深后，可实现孔底停留，退刀时以快速退刀，循环过程如图 6-16 所示。

参数：R101，R102，R103，R104，R105

**例 6-5**　用钻削循环 LCYC82 加工图 6-16 所示的孔，孔底停留时间 2s，安全间隙 4mm。试编制程序。

```
N10 G0 G17 G90 F100 T2 D2 S500 M3
N20 X24 Y15
N30 R101=110 R102=4 R103=102 R104=75 R105=2
N40 LCYC82
N50 M2
```

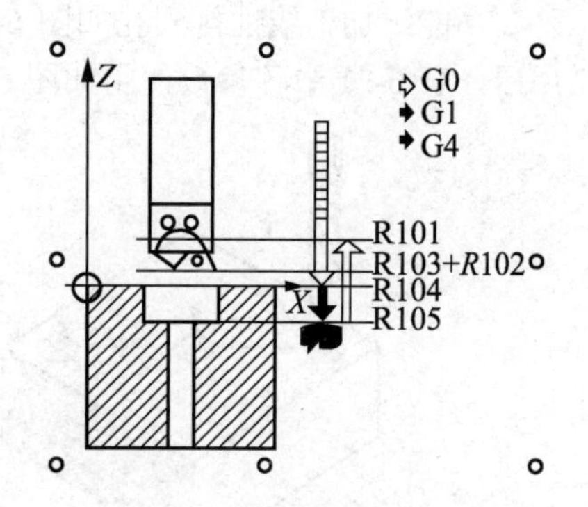


图 6-16　钻削循环过程及参数

## 6.3.3　镗削循环

格式：LCYC85

功能：刀具以编程的主轴转速和进给速度镗孔，到达最后镗深后，可实现孔底停留，进刀及退刀时分别以参数指定速度退刀，如图 6-17 所示。

参数：R101，R102，R103，R104，R105，R107，R108

**例 6-6**　用镗削循环 LCYC85 加工如图 6-18 所示的孔，无孔底停留时间，安全间隙为 2mm。试编写程序。

```
N10 G0 G18 G90 F1000 T2 D2 S500 M3
N20 X50 Y105 Z70
N30 R101=105 R102=2 R103=102 R104=77 R105=0 R107=200 R108=100
N40 LCYC85
N50 M2
```

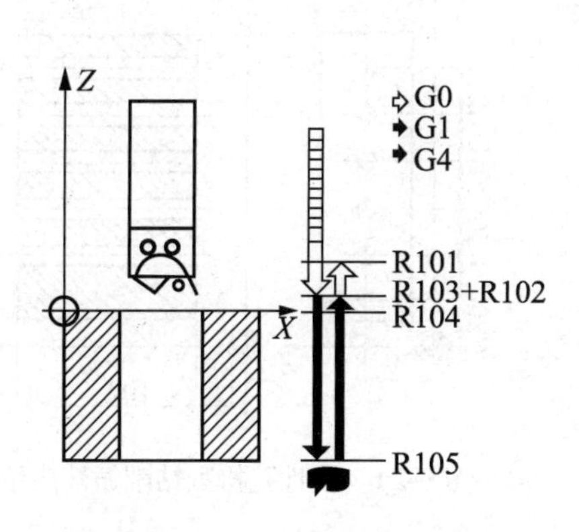


图 6-17　镗削循环过程及参数

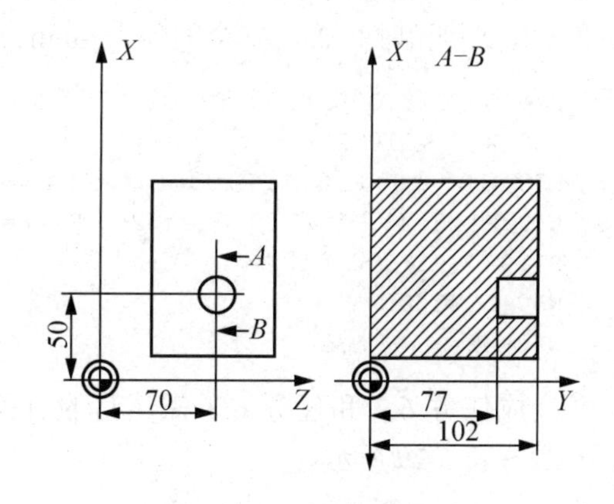


图 6-18　镗削循环应用示例

### 6.3.4 线性孔排列钻削

格式：LCYC60

功能：加工线性排列孔如图6-19所示，孔加工循环类型用参数R115指定，如表6-21所示，表6-21中各参数使用如图6-20所示。

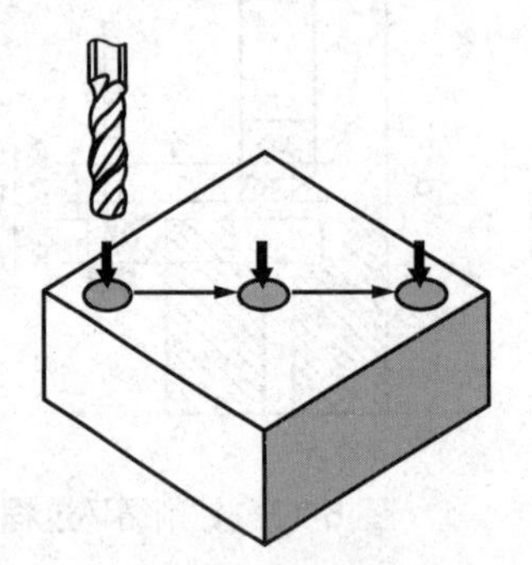

图6-19 线性孔排列钻削功能

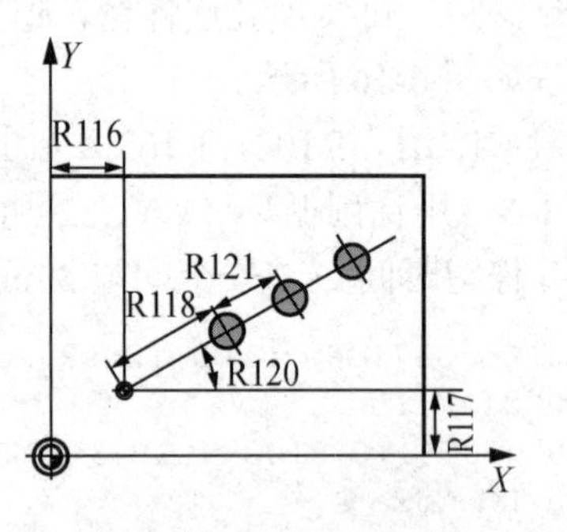


图6-20 参数的使用

表6-21 线性孔排列钻削循环中使用参数表

| 参　数 | 含　义 |
| --- | --- |
| R115 | 孔加工循环号：如82(LCYC82) |
| R116 | 横坐标参考点 |
| R117 | 纵坐标参考点 |
| R118 | 第一个孔到参考点的距离 |
| R119 | 钻孔的个数 |
| R120 | 平面中孔排列直线的角度 |
| R121 | 孔间距 |

**例6-7** 用钻削循环LCYC82加工如图6-21所示的孔，孔底停留时间2s，安全间隙为4mm。

```
N10 G0 G18 G90 F100 T2 D2 S500 M3
N20 X50 Y110 Z50
N30 R101=105 R102=4 R103=102 R104=22 R105=2
N40 R115=82 R116=30 R117=20  R118=20
R119=0 R120=0 R121=20
N50 LCYC60
N60 M2
```

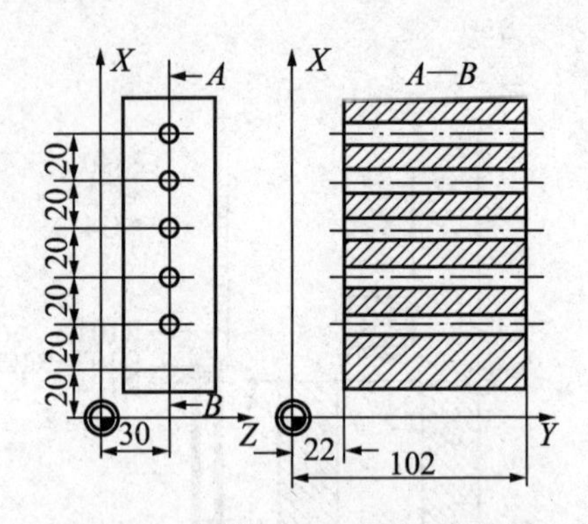


图6-21 线性孔排列钻削循环应用

完成任务6.2和任务6.3需填写的有关表格如表6-22～表6-29所示。

表 6-22　计划单

| 学习领域 | 数控铣削编程与零件加工 | | | | |
|---|---|---|---|---|---|
| 学习情境 8 | 孔系类零件的编程与加工 | | | 学时 | 12 |
| 计划方式 | 小组讨论，学生计划，教师引导 | | | | |
| 序号 | 实施步骤 | | | | 使用资源 |
| | | | | | |
| | | | | | |
| | | | | | |
| | | | | | |
| 制订计划说明 | | | | | |
| 计划评价 | 班级 | | 第　组 | 组长签字 | |
| | 教师签字 | | | 日期 | |
| | 评语： | | | | |

表 6-23　决策单

| 学习领域 | 数控铣削编程与零件加工 | | | | | | | |
|---|---|---|---|---|---|---|---|---|
| 学习情境 8 | 孔系类零件的编程与加工 | | | | | | 学时 | 12 |
| 方案讨论 | | | | | | | | |
| 方案对比 | 组号 | 实现功能 | 方案可行性 | 方案合理性 | 实施难度 | 安全可靠性 | 经济性 | 综合评价 |
| | 1 | | | | | | | |
| | 2 | | | | | | | |
| | 3 | | | | | | | |
| | 4 | | | | | | | |
| | 5 | | | | | | | |
| | 6 | | | | | | | |
| 方案评价 | 评语： | | | | | | | |
| 班级 | | 组长签字 | | 教师签字 | | | 月　日 | |

表 6-24　材料、设备、工/量具清单

| 学习领域 | 数控铣削编程与零件加工 | | | | | | |
|---|---|---|---|---|---|---|---|
| 学习情境 8 | 孔系类零件的编程与加工 | | | | | 学时 | 12 |
| 类型 | 序号 | 名称 | 作用 | 数量 | 型号 | 使用前 | 使用后 |
| 所用设备 | 1 | 立式数控铣床 | 零件加工 | 6 | S1354-B | | |
| | 2 | 三爪卡盘 | 装夹工件 | 6 | | | |
| 所用材料 | 1 | 45 号钢 | 零件毛坯 | 6 | $\phi$85mm | | |
| 所用刀具 | 1 | 中心钻 | 点中心孔 | 6 | $\phi$3mm | | |
| | 2 | 钻头 | 打底孔 | 6 | $\phi$9.7mm | | |
| | 3 | 铰刀 | 精加工孔 | 6 | $\phi$10H7mm | | |
| 所用量具 | 1 | 深度尺 | 测量深度 | 6 | 150mm | | |
| | 2 | 游标卡尺 | 测量线性尺寸 | 6 | | | |
| | 3 | $\phi$10H7mm 通止规 | 测量孔径 | 6 | | | |
| | 4 | 内径千分尺 | 测量线性尺寸 | 6 | | | |
| 附件 | 1 | $\delta$2、$\delta$5、$\delta$10、$\delta$30 系列垫块 | 调整工件高度 | 若干 | | | |
| 班级 | | 第　组 | 组长签字 | | | | |
| 教师签字 | | | 日期 | | | | |

表 6-25　实施单

| 学习领域 | 数控铣削编程与零件加工 | | |
|---|---|---|---|
| 学习情境 8 | 孔系类零件的编程与加工 | 学时 | 12 |
| 实施方式 | 学生自主学习，教师指导 | | |
| 序　号 | 实施步骤 | 使用资源 | |
| | | | |
| | | | |
| | | | |
| | | | |
| | | | |
| 实施说明： | | | |

| 班级 | | 第　组 | 组长签字 | |
|---|---|---|---|---|
| 教师签字 | | | 日期 | |

表 6-26 作业单

| 学习领域 | 数控铣削编程与零件加工 | | |
|---|---|---|---|
| 学习情境 8 | 孔系类零件的编程与加工 | 学时 | 12 |
| 作业方式 | 小组分析，个人解答，现场批阅，集体评判 | | |
| 1 | 利用钻孔循环指令进行图 6-22 所示零件程序编制，并在数控系统中进行校验。要求：利用指令 G98、G99 两种形式编程。<br>图 6-22 加工图例 | | |
| 作业解答： | | | |

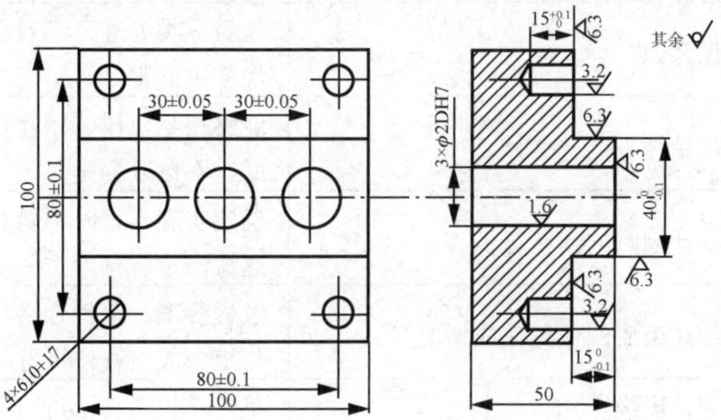

| 作业评价 | 班级 | | 第 组 | 组长签字 | | |
|---|---|---|---|---|---|---|
| | 学号 | | 姓名 | | | |
| | 教师签字 | | 教师评分 | | 日期 | |
| | | | | | | |
| | | | | | | |
| | 评语： | | | | | |

表 6-27 检查单

| 学习领域 | 数控铣削编程与零件加工 | | | |
|---|---|---|---|---|
| 学习情境 8 | 孔系类零件的编程与加工 | | 学时 | 12 |
| 序号 | 检查项目 | 检查标准 | 学生自检 | 教师检查 |
| 1 | 孔系类零件加工的实施准备 | 准备充分、细致、周到 | | |
| 2 | 孔系类零件加工的计划实施步骤 | 实施步骤合理，有利于提高零件加工质量 | | |
| 3 | 孔系类零件加工的尺寸精度及表面粗糙度 | 符合图样要求 | | |
| 4 | 实施过程中工、量具摆放 | 定址摆放、整齐有序 | | |
| 5 | 实施前工具准备 | 学习所需工具准备齐全，不影响实施进度 | | |

续表

| 序号 | 检查项目 | 检查标准 | 学生自检 | 教师检查 |
|---|---|---|---|---|
| 6 | 教学过程中的课堂纪律 | 听课认真，遵守纪律，不迟到、不早退 | | |
| 7 | 实施过程中的工作态度 | 在工作过程中乐于参与，积极主动 | | |
| 8 | 上课出勤状况 | 出勤率达 95%以上 | | |
| 9 | 安全意识 | 无安全事故发生 | | |
| 10 | 环保意识 | 垃圾分类处理，不对环境产生危害 | | |
| 11 | 合作精神 | 能够相互协作、相互帮助，不自以为是 | | |
| 12 | 实施计划时的创新意识 | 确定实施方案时不随波逐流，见解合理 | | |
| 13 | 实施结束后的任务完成情况 | 过程合理、工件合格，与组内成员合作良好 | | |
| 检查评价 | 班级 | | 第　组 | 组长签字 |
| | 教师签字 | | 日期 | |
| | 评语： | | | |

表 6-28　评价单

| 学习领域 | 数控铣削编程与零件加工 | | | | |
|---|---|---|---|---|---|
| 学习情境 8 | 孔系类零件的编程与加工 | | | 学时 | 12 |
| 评价类别 | 项　目 | 子项目 | 个人评价 | 组内互评 | 教师评价 |
| 专业能力(60%) | 资讯(6%) | 搜集信息(3%) | | | |
| | | 引导问题回答(3%) | | | |
| | 计划(6%) | 计划可执行度(3%) | | | |
| | | 设备材料工、量具安排(3%) | | | |
| | 实施(24%) | 工作步骤执行(6%) | | | |
| | | 功能实现(6%) | | | |
| | | 质量管理(3%) | | | |
| | | 安全保护(6%) | | | |
| | | 环境保护(3%) | | | |
| | 检查(4.8%) | 全面性、准确性(2.4%) | | | |
| | | 异常情况排除(2.4%) | | | |
| | 过程(3.6%) | 使用工具规范性(1.8%) | | | |
| | | 操作过程规范性(1.8%) | | | |
| | 结果(12%) | 结果质量(12%) | | | |
| | 作业(3.6%) | 完成质量(3.6%) | | | |

续表

| 评价类别 | 项　目 | 子项目 | 个人评价 | 组内互评 | 教师评价 |
|---|---|---|---|---|---|
| 社会能力(20%) | 团结协作(10%) | 小组成员合作良好(5%) | | | |
| | | 对小组的贡献(5%) | | | |
| | 敬业精神(10%) | 学习纪律性(5%) | | | |
| | | 爱岗敬业、吃苦耐劳(5%) | | | |
| 方法能力(20%) | 计划能力(10%) | 考虑全面(5%) | | | |
| | | 细致有序(5%) | | | |
| | 决策能力(10%) | 决策果断(5%) | | | |
| | | 选择合理(5%) | | | |

| 评价评语 | 班级 | | 姓名 | | 学号 | | 总评 | |
|---|---|---|---|---|---|---|---|---|
| | 教师签字 | | 第　组 | 组长签字 | | | 日期 | |
| | 评语： | | | | | | | |

表 6-29　教学反馈单

| 学习领域 | 数控铣削编程与零件加工 | | | |
|---|---|---|---|---|
| 学习情境 8 | 孔系类零件的编程与加工 | 学时 | 12 | |
| 序号 | 调查内容 | 是 | 否 | 理由陈述 |
| 1 | 对任务书的了解是否深入、明了 | | | |
| 2 | 是否清楚数控铣床的操作界面 | | | |
| 3 | 是否能熟练运用钻孔循环指令及 M 辅助功能指令进行“孔系类零件”的加工编程 | | | |
| 4 | 能否在 FANUC 和 SIEMENS 数控铣床上正确对刀 | | | |
| 5 | 能否正确安排“孔系类零件”数控加工工艺 | | | |
| 6 | 能否正确使用游标卡尺、外径千分尺、深度尺、通止规并能正确读数 | | | |
| 7 | 能否有效执行“6S”规范 | | | |
| 8 | 小组间的交流与团结协作能力是否增强 | | | |
| 9 | 同学的信息检索与自主学习能力是否增强 | | | |
| 10 | 同学是否遵守规章制度 | | | |
| 11 | 你是否对教师的指导满意 | | | |
| 12 | 教学设备与仪器是否够用 | | | |

你的意见对改进教学非常重要，请写出你的意见和建议

| 调查信息 | 被调查人签名 | | 调查时间 | |
|---|---|---|---|---|

# 第 7 章　复杂平面轮廓零件的编程与加工

本章的任务单、资讯单及信息单如表 7-1～表 7-3 所示。

表 7-1　任务单

| 学习领域 | 数控铣床编程与零件加工(进阶) | | |
|---|---|---|---|
| 学习情境 9 | 复杂平面轮廓零件的编程与加工 | 学时 | 16 |
| 布置任务 | | | |
| 学习目标 | (1) 掌握极坐标编程指令 G16、G15，比例缩放编程指令 G51、G50，镜像编程指令 G51.1、G50.1，坐标旋转编程指令 G68、G69；<br>(2) 学会利用准备功能指令 G16、G15；G51、G50；G51.1、G50.1；G68、G69 编制实际的程序，并在模拟软件上进行刀路的仿真；<br>(3) 正确理解加工零件的工艺编制；<br>(4) 掌握数控铣床加工复杂平面轮廓的操作步骤；<br>(5) 安排正确的切削加工参数；<br>(6) 能够根据零件的类型、材料及技术要求正确合理地选择刀具，能正确设置刀具的补偿；<br>(7) 学会简单维护数控铣床；<br>(8) 在“复杂平面轮廓零件的编程与加工”的任务施工过程中培养良好的工作习惯，树立安全生产、经济生产的意识；<br>(9) 增强团队精神，树立大局意识。<br>团队精神.mp4 | | |
| 任务描述 | 1. 工作任务<br>完成如图 7-1 所示平面轮廓零件的工艺制定与编程加工 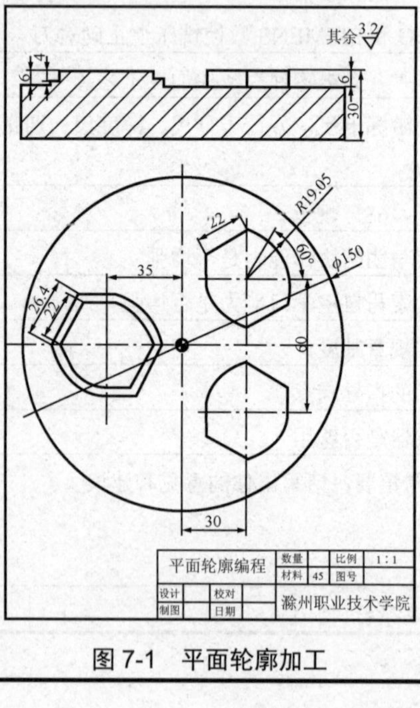<br>图 7-1　平面轮廓加工 | | |

续表

| | |
|---|---|
| 任务描述 | 2. 完成的主要工作任务<br>(1) 编制加工图7-1所示平面轮廓的加工工艺；<br>(2) 进行图7-1所示平面轮廓加工程序的编制；<br>(3) 完成平面轮廓的实体加工 |
| 学时安排 | 资讯6学时 ｜ 计划1学时 ｜ 决策1学时 ｜ 实施6学时 ｜ 检查1学时 ｜ 评价1学时 |
| 提供资料 | (1) 教材：余英良. 数控加工编程及操作. 北京：高等教育出版社，2005<br>(2) 教材：顾京. 数控加工编程及操作. 北京：高等教育出版社，2003<br>(3) 教材：汪荣青. 数控加工工艺. 北京：化学工业出版社，2010<br>(4) 教材：胡建新. 数控加工工艺与刀具夹具. 北京：机械工业出版社，2010<br>(5) 教材：高汗华. 数控编程与操作技术项目化教程. 哈尔滨工程大学<br>(6) 教材：唐应谦. 数控加工工艺学. 北京：劳动保障出版社，2000<br>(7) 教材：张梦欣. 数控铣床加工中心加工技术. 中国劳动社会保障出版社<br>(8) 教材：赵刚. 数控铣削编程与加工. 北京：化学工业出版社<br>(9) 教材：张梦欣. 数控铣床操作与编程. 中国劳动社会保障出版社<br>(10) 教材：张信群. 公差配合与互换性技术. 北京：北京航空航天大学出版社，2006<br>(11) 教材：吴桓文. 机械加工工艺基础. 北京：高等教育出版社，2005<br>(12) 教材：卢斌. 数控机床及其使用维修. 北京：机械工业出版社，2001<br>(13) FANUC31i铣床操作维修手册，2010<br>(14) FANUC31i数控系统铣床编程手册，2010<br>(15) SIEMENS 802D铣床编程手册，2010<br>(16) SIEMENS 802D铣床操作维修手册，2010<br>(17) 中国模具网　http://www.mould.net.cn/<br>(18) 国际模具网　http://www.2mould.com/<br>(19) 数控在线　http://www.cncol.com.cn/Index.html |
| 对学生的要求 | 1. 知识技能要求<br>(1) 学会利用准备功能指令G16、G15；G51、G50；G51.1、G50.1；G68、G69进行较复杂零件的工艺制定与加工程序的编制，并在虚拟软件中模拟验证编程刀轨的正确性。<br>(2) 在任务实施加工阶段，能够操作数控铣床对刀、设置工件坐标系、设置刀具的补偿，能进行刀轨的机床模拟。<br>(3) 能够根据零件的类型、材料及前面制定的工艺工序要求正确选择刀具。<br>(4) 在任务实施过程中，能够正确使用工、量具进行及时的测量、检验，用后做好机床的维护和保养工作。<br>(5) 使用机床前应当检查机床的润滑油是否在正常的油位，机床的气压是否正常，加工结束后应清理机床，做好机床使用基本的维护和保养工作。<br>(6) 任务结束后，及时打扫机床和实习场地的卫生。<br>(7) 本任务结束时每组需上交6件合格的零件。<br>(8) 按时、按要求上交作业。<br>2. 生产安全要求<br>严格遵守安全操作规程，绝不允许违规操作。应特别注意：加工零件、刀具要夹紧可靠，夹紧工件后要立即取下夹盘扳手，加工过程中不允许人员将身体或者头部伸入舱门内<br>3. 职业行为要求<br>(1) 工具准备齐全；<br>(2) 工、量具摆放整齐；<br>(2) 着装整齐；<br>(4) 遵守课堂纪律；<br>(5) 具有团队合作精神 |

表7-2　资讯单

| 学习领域 | 数控铣床编程与零件加工(进阶) | | |
|---|---|---|---|
| 学习情境9 | 复杂平面轮廓零件的编程与加工 | 学时 | 16 |
| 资讯方式 | 学生自主学习、教师引导 | | |
| 资讯问题 | (1) 回顾机床坐标系、机床原点、工件坐标系、工件原点，如何正确设置工件坐标系，如何正确对刀？<br>(2) 准备功能指令G16、G15；G51、G50；G51.1、G50.1；G68、G69的作用及编程格式，使用时应注意的问题。<br>(3) 如何正确安排工艺与工序，在安排过程中要注意哪些问题，从哪几个方面着手？<br>(4) 怎样正确安排较复杂轮廓的编程与加工走刀路线？<br>(5) 如何传输文件到斯沃仿真软件，并在斯沃仿真软件上进行刀轨的仿真？<br>(6) 根据零件的加工工艺工序要求选择哪些刀具？<br>(7) 怎样进行数控铣床的简单维护，日常维护数控铣床的要点有哪些？<br>(8) 操作数控铣床要树立哪些安全生产的意识？<br>(9) 生产中5S习惯的重要性及如何具体实施？ | | |
| 资讯引导 | (1) 机床坐标系、机床原点、工件坐标系、工件原点，正确设置工件坐标系参阅教材《数控加工编程及操作》(余英良主编. 北京：高等教育出版社，2005)；<br>(2) 数控铣削工艺参阅教材《数控加工编程及操作》(余英良主编. 北京：高等教育出版社，2005)；<br>(3) 在数控铣床基础编程的基础上了解高级编程的特点，参阅教材《数控铣床加工中心加工技术》(张梦欣. 北京：中国劳动社会保障出版社，2010)；<br>(4) 准备功能指令G16、G15；G51、G50；G51.1、G50.1；G68、G69的作用及编程格式，参阅教材《数控铣床加工中心加工技术》(张梦欣.中国劳动社会保障出版社)、《数控铣削编程与加工》(赵刚.北京：化学工业出版社)、《数控铣床操作与编程》(张梦欣.中国劳动社会保障出版社)；<br>(5) 游标卡尺、深度尺的正确使用方法，检测零件外径尺寸参阅教材《公差配合与互换性技术》(张信群主编. 北京：北京航空航天大学出版社，2006)；<br>(6) 数控铣床的使用与维护参阅教材《数控机床及其使用维修》(卢斌主编. 北京:机械工业出版社，2001) | | |

表7-3　信息单

| 学习领域 | 数控铣床编程与零件加工(进阶) | | |
|---|---|---|---|
| 学习情境9 | 复杂平面轮廓零件的编程与加工 | 学时 | 16 |
| 信息内容 | | | |

# 任务 7.1　极坐标编程

## 7.1.1　认识极坐标

### 1．极坐标的建立

在平面内取一个定点 $O$，称为极点，引一条射线 $OX$，称为极轴，再选定一个长度单位和角度正方向(通常取逆时针方向)，这样就建立了一个极坐标系，如图 7-2 所示。

### 2．极坐标系内点的极坐标规定

对于平面上任意一点 $M$，如图 7-3 所示，用 $P$ 表示线段 $OM$ 的长度，叫作点 $M$ 的极径；用 $\theta$ 表示从 $OX$ 到 $OM$ 的角度，叫作点 $M$ 的极角；有序数对($P$, $\theta$)就叫作 $M$ 的极坐标。在数控加工中，$\theta$ 逆时针方向为正，$\theta$ 顺时针方向为负。

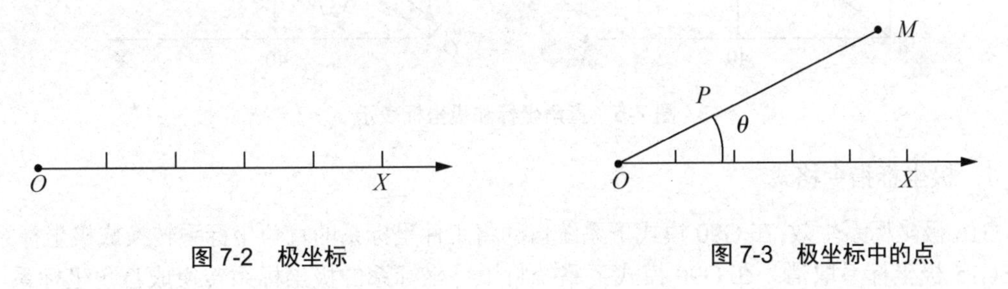


图 7-2　极坐标　　　　图 7-3　极坐标中的点

### 3．随堂问

说出图 7-4 中各点的极坐标；并在图上描出下面点的极坐标：$A'(1, 0°)$、$B'(1, 90°)$、$C'(4, 60°)$、$D'(2, 225°)$、$E'(3, 300°)$、$F'(1, 270°)$。

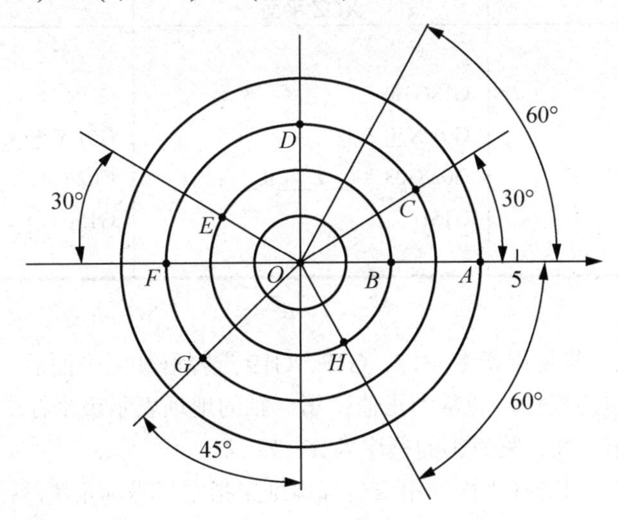


图 7-4　各点的极坐标

## 7.1.2　极坐标编程

极坐标编程(内嵌).mp4

编程时指定的终点坐标可以用直角坐标表示，也可以用极坐标(半径和角度)输入。

如图 7-5 所示，用 G00 指令从 *O* 点到 *M* 点。

| 用直角坐标表示为： | 用极坐标表示为： |
|---|---|
| ⋮ | ⋮ |
| G90G00X40Y30; | G90G16G00X50Y37 |
| ⋮ | ⋮ |

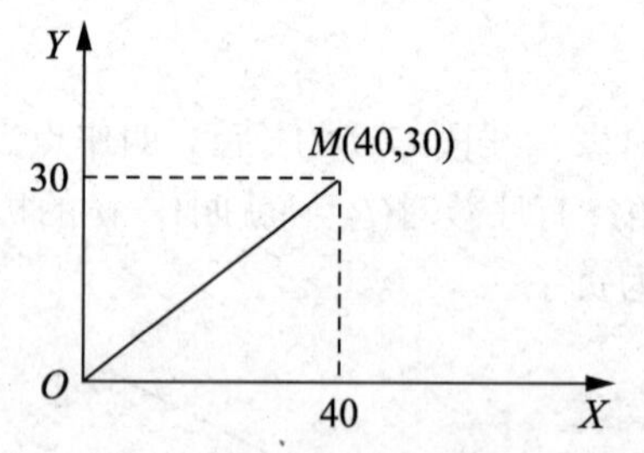


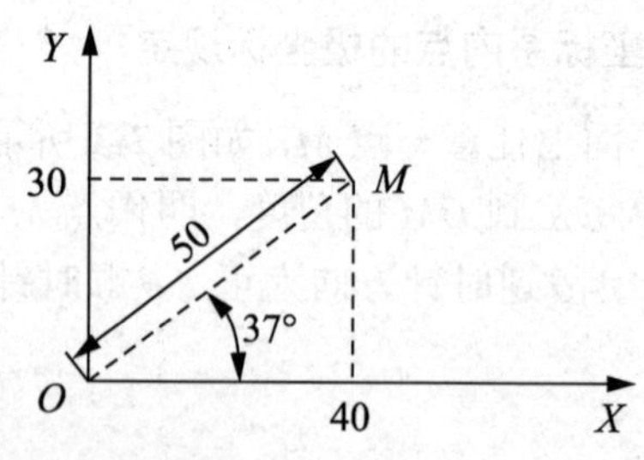


图 7-5　直角坐标和极坐标表示

### 1．极坐标指令格式

G16 极坐标系生效：在 G90 模式下系统自动将工件坐标系的直角坐标系转换成极坐标系。

G15 极坐标系取消：在 G90 模式下系统将工件坐标系的极坐标系转换成直角坐标系。

示例如表 7-4 所示。

表 7-4　极坐标编程示例

| *XOY* 平面 | *XOZ* 平面 | *YOZ* 平面 |
|---|---|---|
| ⋮<br>G17G16;<br>G01 X 50 Y 37 ;<br>G02/G03 X___Y___R___;<br>G15;<br>⋮ | ⋮<br>G18G16;<br>G01 X50 Z 37 ;<br>G02/G03 X___Z___R___;<br>G15;<br>⋮ | ⋮<br>G19G16;<br>G01 Y 50 Z 37 ;<br>G02/G03 Y___Z___R___;<br>G15;<br>⋮ |

说明：

(1) 极坐标半径。当使用指令 G17、G18、G19 选择好加工平面后，用所选平面第一轴的地址表示极坐标中的极径，通常为正值；第二轴的地址表示极坐标中的角度，通常用角度表示。第一轴、第二轴、第三轴的顺序为 *X*、*Y*、*Z*。

(2) 极坐标角度。用选择平面的第二坐标地址来指定极坐标角度(只需写角度数值即可，无须加角度符号)，极坐标的零度方向为第一坐标轴的正向，逆时针方向为正。

(3) 在极坐标指令中，极坐标半径和极角的指定既可以用绝对方式，也可以用增量方式。需要注意的是，当半径和极角用绝对方式指定时，工件坐标系的原点为极坐标的原点(用 G90

指定)；当半径和极角用增量方式指定时(用 G91 指定)，刀具所处的当前位置为极坐标系的原点。如图 7-6 所示，刀具由 *A* 点定位到 *P* 点，当采用绝对方式 G90 指定时，点 *P* 的极坐标为(*X*42.91，*Y*50)，当采用增量方式 G91 指定时，点 *P* 的极坐标为(*X*25.25，*Y*30)。

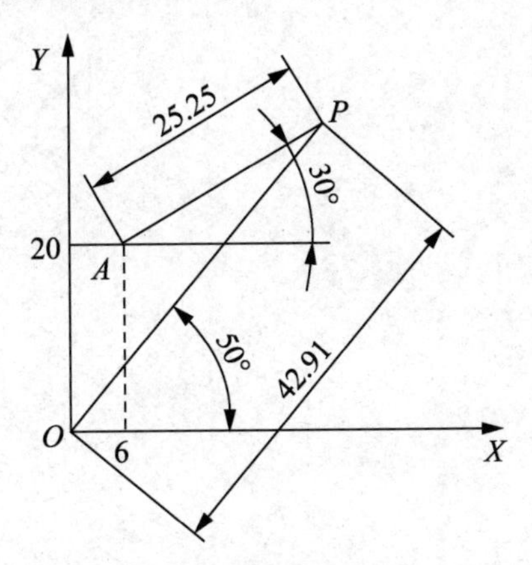


图 7-6　极坐标指令

(4) 采用极坐标编程可以大大减少编程计算，对于图形尺寸以半径与角度形式标注的零件以及圆周分布的孔类零件比较适合。

2. 编程实例

编程实例一：精加工如图 7-7 所示的正五边形，用极坐标编程实现加工，铣削深度为 3mm，铣刀为$\phi$10mm 的立铣刀。

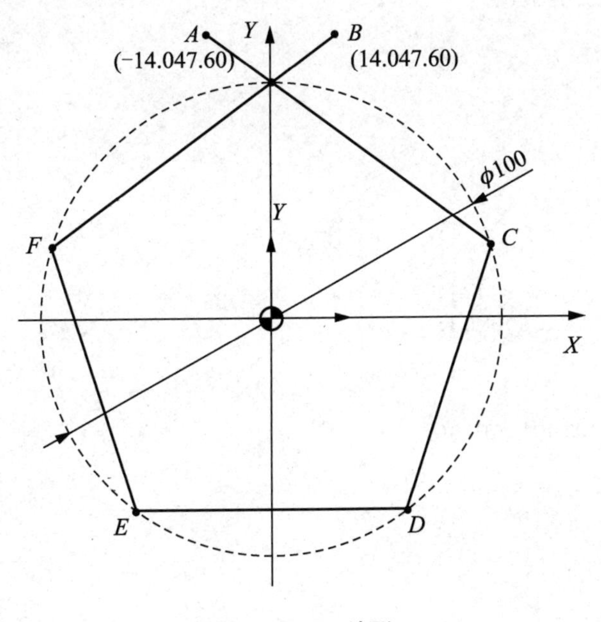


图 7-7　正五边形

```
O0001;
G90G54G00X0Y0S1500M03;
G00Z100;
X0Y60;
Z10;
G01Z-3F150;
G41X-14.047D01;
G16;
G01X50.Y18;
Y306;
Y234;
Y162;
G15;
G01X14.074Y60;
G40X0Y60;
G00Z100;
M30;
```

编程实例二：用极坐标加工如图 7-8 所示的孔，深度为 20mm。

```
O0002;     打中心孔
G90G54G00X0Y0S1500M03;
Z100;
G16;
G81X50Y30Z-5R2.0F500;
Y120;
Y210;
Y300;
G15G80G49;
G90G00Z100;
M30;

O3;  扩孔
G90G54G43G00X0Y0 S600M03;
Z100;
G16;
G83X50Y30Z-20R2.0Q1.0F100;
Y120;
Y210;
        Y300;
        G15G80G49;
        G00Z100;
        M30;
```

作业：

请用极坐标编程完成如图 7-9 所示零件正六边形的粗加工、精加工及孔的加工。

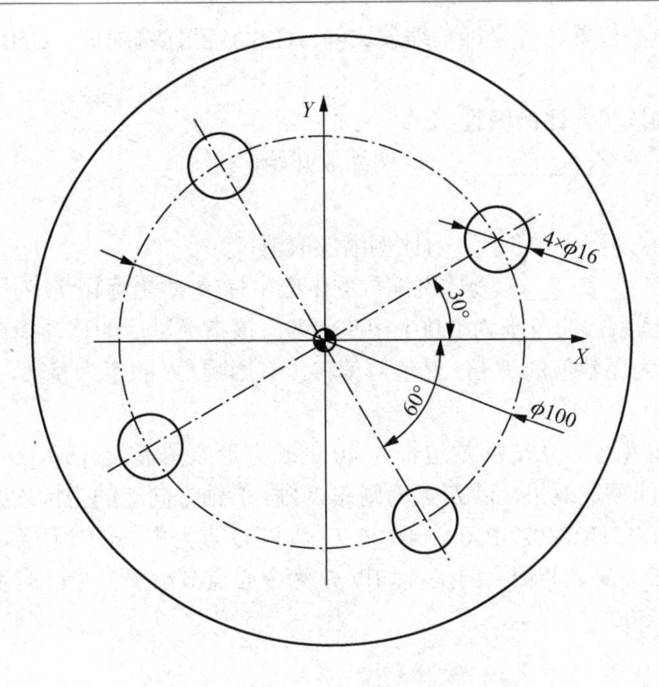


图 7-8　极坐标加工图

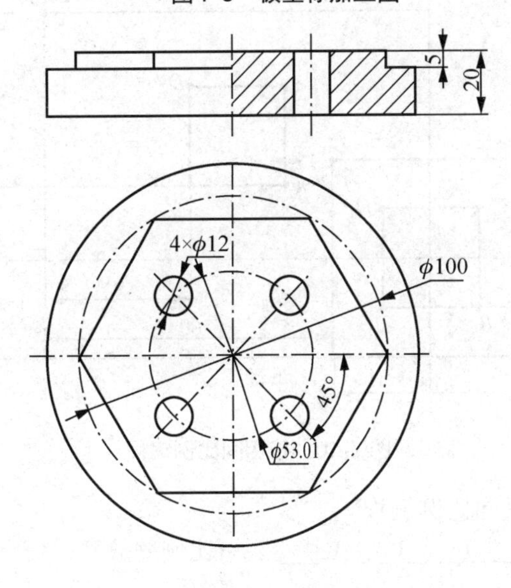


图 7-9　正六边形

# 任务 7.2　比例缩放指令编程

## 7.2.1　比例缩放加工功能指令

某个图形是按其他图形固定比例系数进行放大或缩小。这时就按照比例缩放指令进行编程。

要素：缩放中心位置、各坐标轴缩放比例、G51建立比例缩放、G50取消比例缩放。

指令格式如下。

格式一：各轴按相同比例编程

G51 X____Y____Z____P____;　(比例缩放开始)

…

G50;　　　　　　　　　　(比例缩放取消)

其中：$X$____$Y$____$Z$_____ 为比例缩放的中心坐标(绝对坐标)；$P$ 为比例系数，最小输入量为0.001，比例系数的范围为0.001～999.999。该指令以后的移动指令，从比例中心点开始，实际移动量为原数值的 $P$ 倍；$P$ 值对偏移没有影响；$P$ 的值为整数，当不进行缩放时，$P$ 取1000。

**例**　如图7-10所示，$ABCD$ 是边长为40的长方形原图形，$A_1B_1C_1D_1$ 为以 $O$ 点为中心的比例系数为0.5的缩放效果，以 $B$ 点为例在 $X$ 轴、$Y$ 轴方向上的坐标均减小了一半，应用缩放的指令应该为G51X0Y0Z0P500；$A_2B_2C_2D_2$ 为以 $O'$点为中心的比例系数为0.5的缩放效果，以 $A$ 点为例在 $X$ 轴、$Y$ 轴上的坐标均以 $O'$为中心点减小了一半，应用缩放的指令应该为G51X80Y50Z0P500。

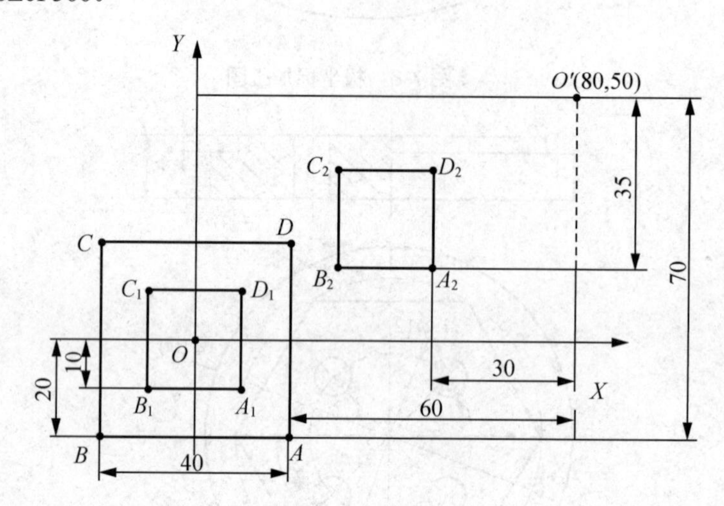


图7-10　按相同比例编程

格式二：各轴按不相同比例编程

G51 X____Y____Z____I____J____K____;　(比例缩放开始)

⋮

G50;　　　　　　　　　　　　　　(比例缩放取消)

其中：

(1) X____Y_____Z______与前面相同，都表示缩放中心的绝对值坐标。

(2) I_____J_____K______为对应 $X$ 轴、$Y$ 轴、$Z$ 轴的比例系数，设定范围为0.001～999.999或0.00001～9.99999。设定的比例系数不能带小数点，比例为1时应输入1，并在程序中都应输入，不能省略。

示例：如图7-11所示，各轴以坐标原点为中心，分别按各自比例缩放。

$a/b$：$X$ 轴比例系数；$c/d$：$Y$ 轴比例系数。

圆弧半径根据 $I$、$J$ 中较大值进行缩放。如图 7-12 所示，比例缩放 $ABCDE$，执行 G51 X0 Y0 I2.0 J1.5 程序，$BC$ 段半径是 20，而不会产生椭圆。

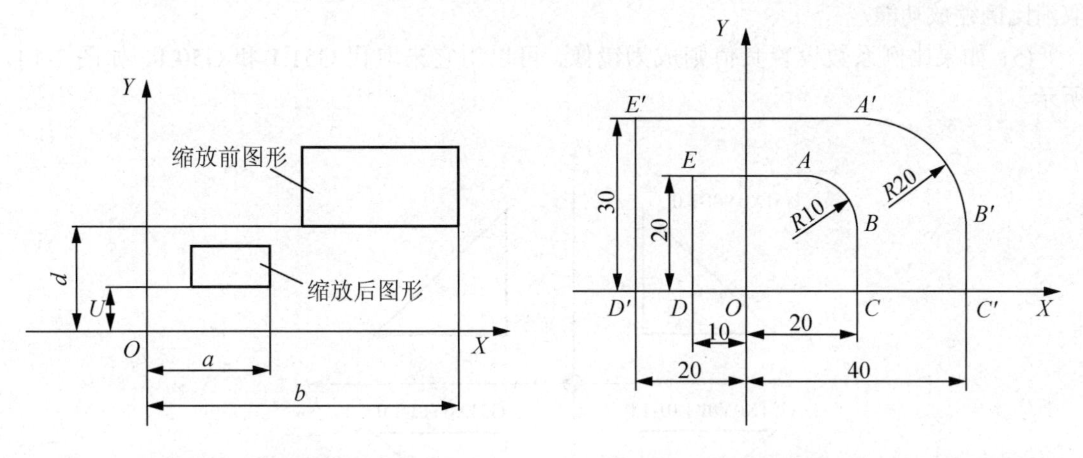


图 7-11　按各自比例缩放　　　图 7-12　圆弧半径根据 $I$、$J$ 中较大值进行缩放

若省略 $I$、$J$、$K$，则按参数设定的比例因子缩放，且这些参数必须设定为非零值。

## 7.2.2　使用比例缩放时第三轴的缩放

在编程时，指定的进给轴方向的缩放相当于对整个加工图形往进给轴方向的“偏置”，如图 7-13 所示，以 $P$ 点为比例缩放中心，将图形按等比例沿 $X$、$Y$、$Z$ 轴缩放 0.5。

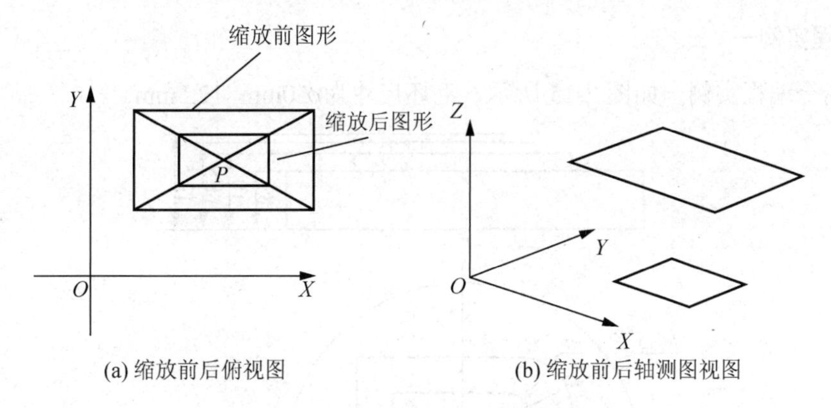


(a) 缩放前后俯视图　　(b) 缩放前后轴测图视图

图 7-13　使用比例缩放时第三轴的缩放

注意：如果在钻孔循环中有 $Z$ 方向的缩放，而对固定循环中 $Q$ 与 $d$ 值无效。

## 7.2.3　使用比例缩放功能时的注意事项

(1) 比例缩放功能对 DNC 运行、存储器运行或 MDI 操作有效，对手动操作无效。

(2) 比例缩放不能应用于下列情况：深孔钻循环(G73、G83)中的背吃刀量和退刀量；$X$ 轴方向、$Y$ 轴方向在精镗(G76)和背镗(G87)时的移动量。

(3) 写在缩放程序段内的比例缩放对于刀具半径补偿值 DXX、刀具长度补偿值 HXX 及工件坐标系零点偏移值无效。也就是说，缩放指令只针对刀轨的“图形”进行缩放，对刀补及工件坐标系的零点没有“缩放”。

(4) 指定返回参考点(G27、G28、G29、G30)或坐标系设定指令(G92)之前，应先用 G50 取消比例缩放功能。

(5) 如果比例系数设置负值则成为镜像，可以用它来取代 G51.1 和 G50.1，如图 7-14 所示。

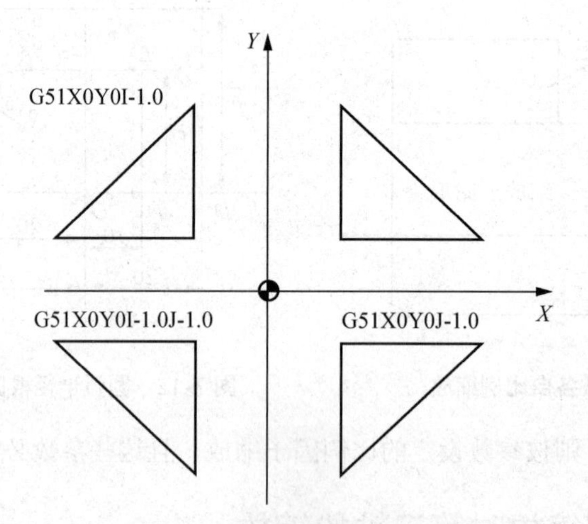


图 7-14　比例系数设置负值则成为镜像

## 7.2.4　缩放指令编程实例

### 1. 编程实例一

缩放指令编程实例一如图 7-15 所示，毛坯尺寸为$\phi$50mm×12.5mm。

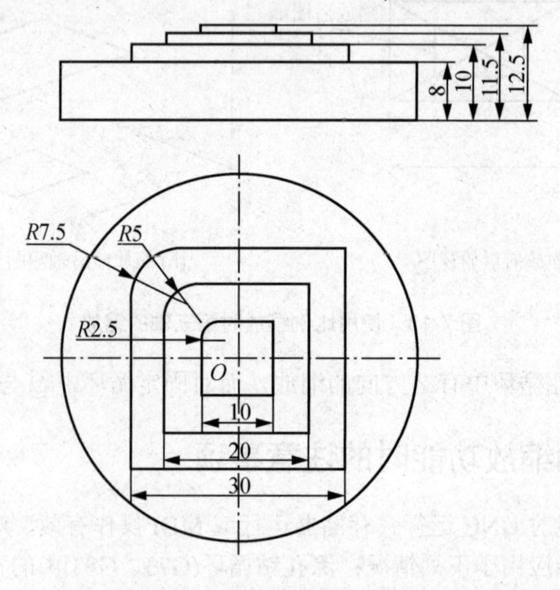


图 7-15　缩放指令编程实例一

1) 图形分析

3 个图像成比例缩放关系。

2) 加工工艺

(1) 机床选择。

FANUC-0i mate 系统的数控铣床。

(2) 刀具选择。

$\phi$20mm 平底刀，总长为 130mm。

(3) 刀具补偿。

D01 填 10mm。

(4) 切削用量选择。

根据刀具材料和工件材料，选择如下。

① 切削速度 $v_c$=30m/min，主轴转速 $n$=1000$v_c$/π$D$，经计算取 600r/min，即 S600。

② 进给速度为 F200，即 200mm/min。

③ 背吃刀量 $a_p$=2mm。

3) 编程思路

(1) 编写一个子程序，用来加工 30mm×30mm、倒角为 $R$7.5mm 的方形。

(2) 主程序中多次调用子程序。

(3) 调用前比例缩放。

4) 编程

(1) 建立坐标系，工件坐标系的原点设置如图 7-16 所示。

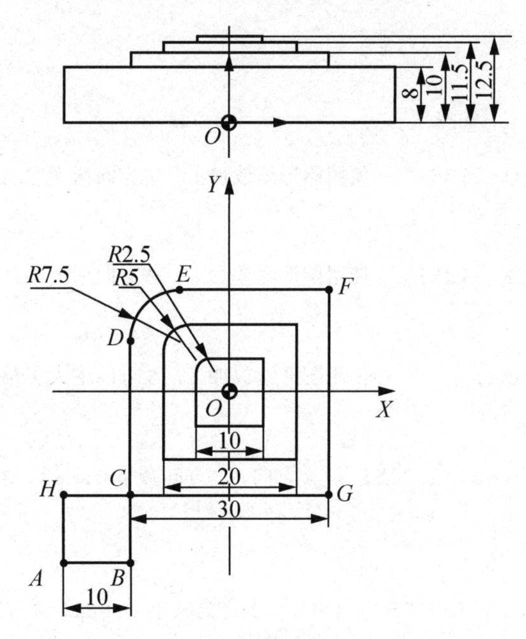


图 7-16　比例缩放

(2) 找出基点坐标值，如图 7-16 所示，从 *A* 点进刀，*A*—*B* 建立刀补，*H*—*A* 取消刀补。

*A*(−25,−25)
*B*(−15,−25)
*C*(−15,−15)
*D*(−15，7.5)
*E*(−7.5,15)
*F*(15,15)
*G*(15,−15)
*H*(−25,−15)

(3) 编写子程序。

```
O2222;
G90G01X-25Y-25;
G01Z8;
G41G01X-15Y-25D01;  D01 为刀具半径
Y7.5;
G02X-7.5Y15R7.5;
G01X15Y15;
Y-15;
X-25
G40Y-25;
M99;
```

(4) 编写主程序。

```
O1111;
G90G17G54 M03S600;
G90G00X-25Y-25;
Z20;
Z14.5;
G51X0Y0Z0I1.0J1.0K1.375;      使用图形缩放加工，Z 方向增大 1.375 倍，即 Z 在 Z=11 深度
M98P2222F200;
G50;
G51X0Y0Z0I1.0J1.0K1.125;      使用图形缩放加工，Z 方向增大 1.125 倍，即 Z 在 Z=9 深度
M98P2222F200;
G50;
G51X0Y0Z0I1.0J1.0K1;          使用图形缩放加工，Z 方向增大 1 倍，即 Z 在 Z=8 深度
M98P2222 F200;
G50;
G51X0Y0Z0I0.667J0.667K1.375;      X方向、Y方向减小 0.667，Z 方向增大 1.375 倍，即 Z
                                  在 Z=11 深度
M98P2222 F200;
G50;
G51X0Y0Z0I0.667J0.667K1.25;   X方向、Y方向减小 0.667，Z 方向增大 1.25 倍，即 Z 在
                              Z=10 深度
M98P2222 F200;
G50;
```

```
G51X0Y0Z0I0.333J0.333K1.4375;   X方向、Y方向减小0.333，Z方向增大1.4375倍，即Z
                                在Z=11.5深度
M98P2222 F200;
G50;
G00Z100;
M30;
```

仿真刀路如图 7-17 所示。

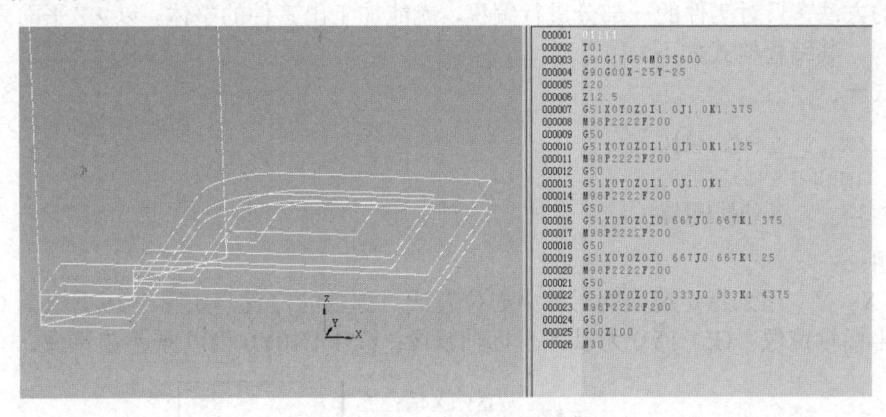


图 7-17　缩放编程刀路仿真

## 2. 编程实例二

请完成图 7-18 所示的例子，用$\phi$16mm 立铣刀铣相似轮廓。要求用缩放指令编程，缩放比例为 0.8。材料为 45 号钢。

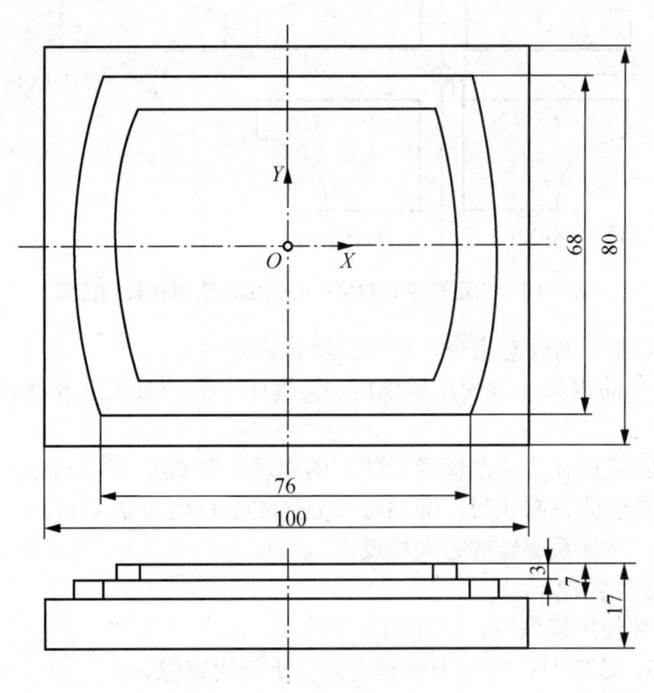


图 7-18　缩放编程实例二

# 任务 7.3　镜像指令编程

## 7.3.1　镜像加工指令

当工件对某一轴有对称形状时，可以先对工件的局部进行编程，利用镜像功能和子程序调用的方法，只对工件的一部分进行编程，就能加工出工件的整体。以 *XY* 平面内的镜像加工为例，其编程格式如下。

格式一：

```
G51.1X__Y__;(建立镜像)
…….(M98 P××);
G50.1X__Y__;(取消镜像)
```

说明：

(1) X__Y__用来指定镜像的对称中心位置或对称轴的位置，如图 7-19 所示，G51.1X0 为以 *Y* 坐标轴镜像；G51.1Y0 为以 *X* 坐标轴镜像；G51.1X0Y0 为以原点 *O* 镜像。

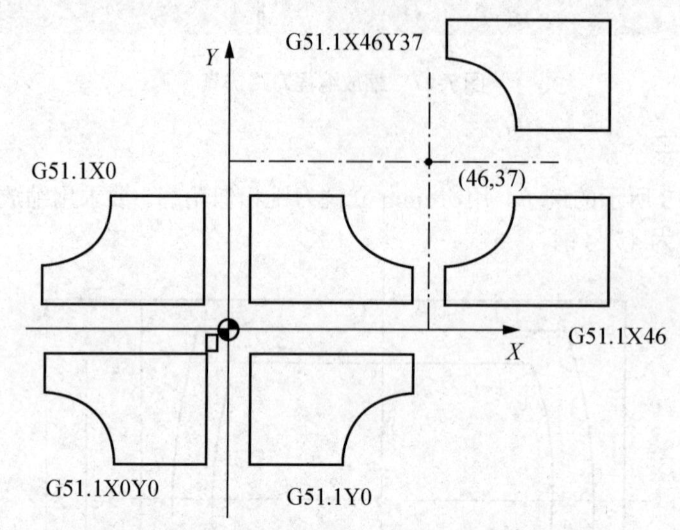


图 7-19　指定镜像的对称中心的位置或对称轴的位置

(2) G51.1 和 G50.1 为模态指令，开机后默认为 G50.1。

(3) 当对所选平面内某一轴使用镜像时，其程序中的刀具工艺路线将发生以下变化(见图 7-20)。

① 镜像前的圆弧插补方向与镜像后的方向相反，即 G02 变成 G03、G03 变成 G02。

② 刀具半径补偿的方向相反，即 G41 变成 G42、G42 变成 G41。

③ 镜像前后，坐标系旋转的方向相反。

④“顺铣”变“逆铣”。

(4) 对固定循环使用镜像时，下面的量不镜像。

在深孔钻 G83、G73 时，背吃刀量和退刀量不使用镜像。

在精镗(G76)和背镗(G87)中，移动方向不使用镜像。

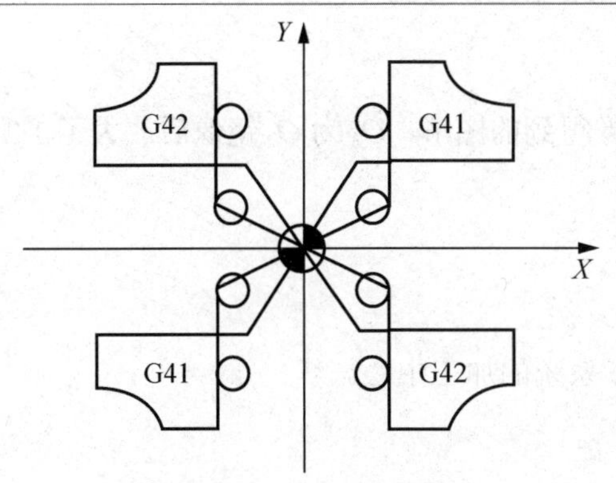


图 7-20　刀具工艺路线

(5) 对连续形状不使用镜像，进给中会产生接刀痕，影响轮廓的表面质量。

格式二：

```
G51 X___Y___I___J___;
.......(M98 P××);
G50;
```

说明：

该格式除能实现镜像轴线或镜像点的设置外，还可以进行比例缩放的设置(前面已讲解)，采用这种格式时，根据需要 $I$、$J$ 可分别取值为“1”或者“-1”。当 $I$ 或 $J$ 为“1”时，将相应屏蔽 $X$ 值或 $Y$ 值，以非屏蔽坐标值所确定的直线作为镜像轴线，如“G51X0Y20.0I1.0J-1.0”表示：屏蔽 $X$ 值，以 $Y$=20 的直线为镜像轴线；当 $I$ 和 $J$ 均为“-1”时，将以 $X$、$Y$ 坐标值所确定点为镜像点，如“G51X0Y0I-1.0J-1.0”表示以坐标原点为镜像点。

## 7.3.2　镜像加工实例一

试编程加工图 7-21 所示实例。

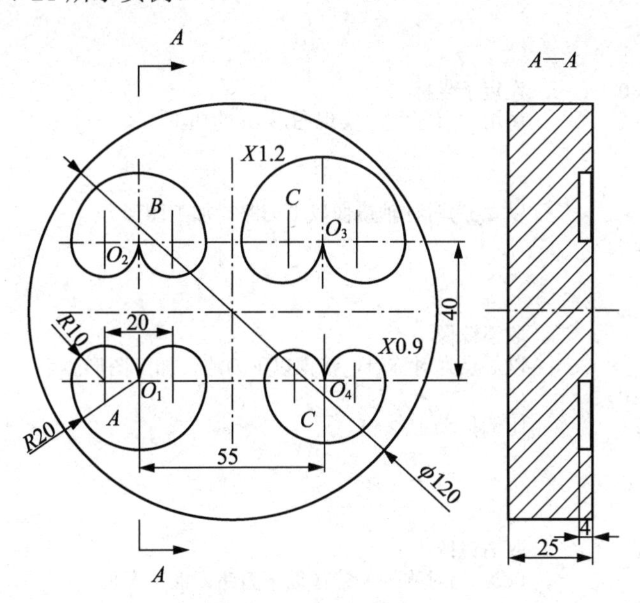


图 7-21　镜像加工实例一

### 1. 图形分析

$O_1$为原图，$O_2$为镜像得到的图形，$O_3$为$O_2$镜像后放大了1.2倍，$O_4$为$O_1$镜像后缩小了0.9。

### 2. 加工工艺

1) 机床选择

采用FANUC 0i mate系统的加工中心。

2) 刀具选择

$\phi$8mm平底刀。

3) 刀具补偿

D01填8，D02填4(刀具半径)。

4) 切削用量选择

根据刀具材料和工件材料，选择如下。

(1) 切削速度$v_c$=30m/min，主轴转速$n=1000v_c/(\pi D)$，经计算取600r/min，即*S*600。

(2) 进给速率 *F*200。

(3) 背吃刀量$a_p$=2mm。

### 3. 编程思路

(1) 编写一个子程序$O_3$(代码中用正体、平排表示，后同)，用来编写$O_1$图形的刀轨。

(2) 编写一个子程序$O_2$，通过多次调用$O_3$子程序用来对$O_1$图形的整体加工。

(3) 编写主程序$O_1$调用$O_2$(嵌套调用$O_3$)，分别应用子坐标设定、镜像命令、缩放命令加工图形$O_2$、$O_3$、$O_4$。

主程序：

```
O1;
G54F200;
G00X0Y0;
G52X-27.5Y-20;         设定子坐标
M98P2;                 调用2号子程序实现图形O1的加工
G52;
X0Y0;
G51.1Y0;               以Y0为对称轴镜像以下刀路，加工图形O2
G52X-27.5Y-20;
M98P2;
G52;
G50.1;                 取消镜像
G51.1X0Y0;             以原点为对称点，镜像以下刀路，加工图形O3
G52X-27.5Y-20;
G51X0Y0P1.2;           比例扩大1.2倍
M98P2;
G50;
G52;
G50.1;                 取消镜像
G51.1X0;               以X0为对称轴，镜像以下刀路，加工图形O4
G52X-27.5Y-20;
```

```
G51X0Y0P0.99;
M98P2;
G50;
G52;
G50.1;                  取消镜像
M30;
```

子程序，加工 $O_1$ 图形，分两层加工，每层调用 $O_3$ 子程序两次：

```
O2;
S800M03F200;
G00X10Y0;
Z2.0;
G01Z-2.0;
D1M98P3;        D1 为 8
D2M98P3;        D2 为刀具半径 4
Z-4.0;
D1M98P3;
D2M98P3;
Z10.0;
M99;
```

子程序：

```
O3;
G41G01X0Y-2;
G01X0Y0;
G03X-20I-10;    注意此处的圆弧指定方式为圆心坐标指定，如果用半径指定，则前面的缩小
G03X20Y0I20;
G03X0Y0I-10;
G01Y-2;
G40G01X10Y0;
M99;
```

实例中的仿真刀轨如图 7-22 所示(加入了刀补值)。

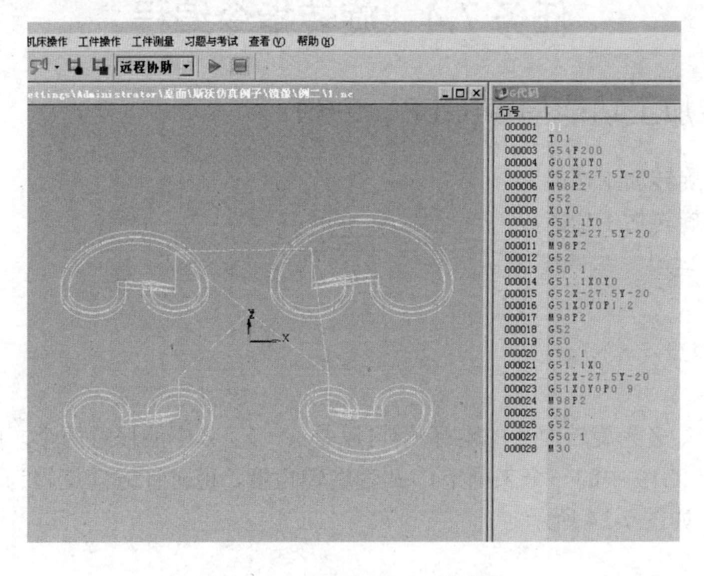


图 7-22　镜像实例一刀路仿真

### 7.3.3 镜像加工实例二

利用子程序及镜像加工功能指令编写如图 7-23 所示的精加工程序刀具为$\phi$10mm 的立铣刀。

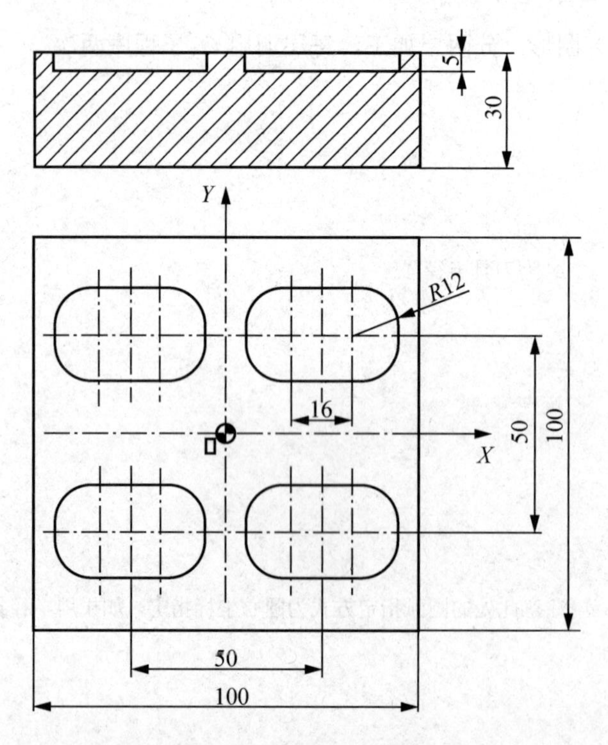


图 7-23　镜像加工实例二

## 任务 7.4　旋转指令编程

### 7.4.1 旋转加工功能指令(G68、G69)

G68：建立旋转加工功能。

G69：撤销旋转加工功能。

编程格式:

```
G68 X Y Z R ;
    …….(M98 P××);
G69;
```

其中，$X$、$Y$、$Z$ 为旋转中心的坐标值(可以是 $X$、$Y$、$Z$ 中的任意两个，由当前平面选择指令 G17、G18、G19 中的一个来确定)；$R$ 为旋转角度，逆时针方向旋转为正值，顺时针方向旋转为负值，如图 7-24 所示。

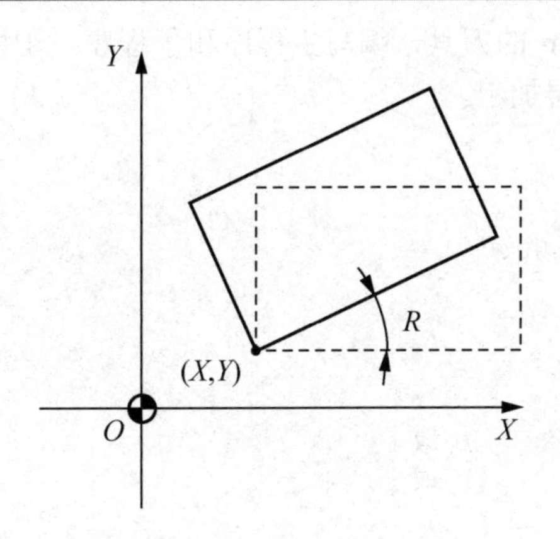


图 7-24　旋转加工功能

说明：

(1) 在建立坐标系旋转指令前，必须用 G17、G18 或 G19 指令指定坐标平面，平面选择代码不能在坐标系旋转方式中指定。

(2) 当用 G68 编程时，程序中不能使用 G27、G28、G29、G30 及与坐标系有关的指令 G52、G92、G54～G59，如果需要用这些 G 代码，必须在取消坐标系旋转方式以后才能指定。

(3) 坐标系旋转取消指令 G69 以后的第一个移动指令，必须用绝对值指定，如果用增量值指定将不执行正确的移动。

## 7.4.2　编程实例一

如图 7-25 所示零件，试用旋转加工功能指令编写铣 50mm×50mm 凸台的程序。

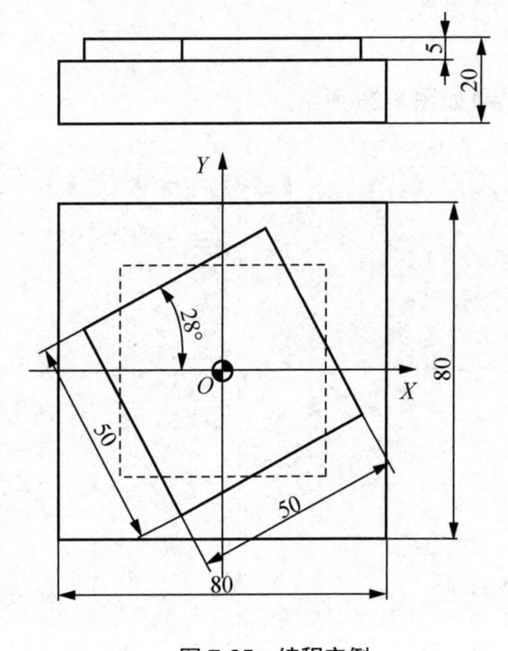


图 7-25　编程实例一

编程分析：选用$\phi$10mm 的刀具，编写主程序和子程序，子程序为铣正方的刀轨，主程序多次调用子程序实现分层加工。

主程序：

```
O0006;
G54G90G00X-40Y-40Z100.0;
S1000M03;
Z2.0;
G68X0Y0R28;
G01Z-2.0F100;
D1M98P0007 F200;         D1取13
D2M98P0007 F200;         D2取5
G01Z-4.0F100;
D1M98P0007 F200;
D2M98P0007 F200;
G01Z-5F100;
D1M98P0007 F200;
D2M98P0007 F200;
G69
G00Z150
M30
```

子程序：

```
O0007;
G41G01X-30Y-25;
X25;
Y25;
X-25;
Y-30;
G40G01X-40Y-40;
M99;
```

旋转编程刀路仿真结果如图 7-26 所示。

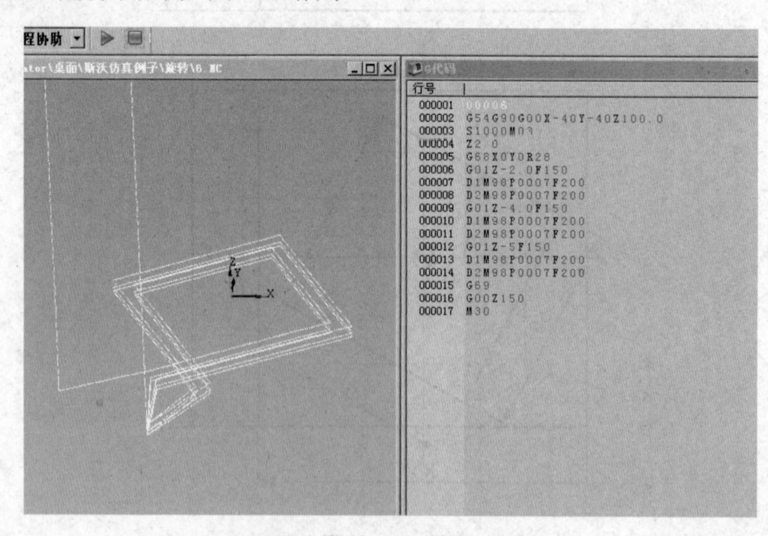


图 7-26　旋转编程刀路仿真

### 7.4.3　编程实例二

编写图 7-27 所示的旋转变换功能程序。

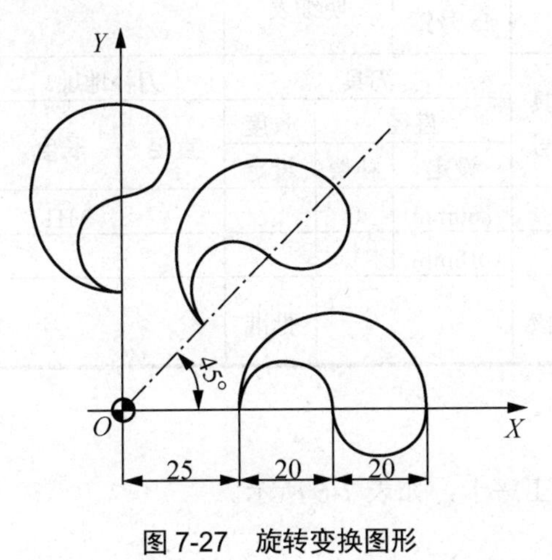


图 7-27　旋转变换图形

## 任务 7.5　典型凸台数控铣削加工的编程

本任务是掌握典型凸台数控铣削加工程序编制。

### 7.5.1　工件的工程图

工件的工程图如图 7-1 所示，编程实现其加工。

### 7.5.2　数控加工工艺分析

#### 1. 零件图样及编程工艺分析

该零件图为 3 个凸起的平面图形，第一象限的凸形为初始图形，该图形为一个类六边形(边长为 22mm)的变形形式，它是六边形的两个对角倒圆角，倒角圆的半径为 19.05mm，倒角的圆心角为 60°，圆心在正六边形的中心，可以采用局部坐标、极坐标编程加工；第四象限凸形为初始图形关于坐标轴的镜像，可以使用镜像指令来加工；左边的图形为初始图形旋转了 270° 再经过坐标移动、缩放得到的图形，可以采用局部坐标、坐标旋转、缩放指令进行编程。

#### 2. 选择工装及刀具

(1) 根据零件图样要求，可选择数控铣床进行加工。

(2) 工具选择。工件采用三爪卡盘装夹，试切法对刀，把刀偏输入相应的刀具参数中。

(3) 量具选择。轮廓尺寸用游标卡尺、千分尺、角尺、万能量角器等测量，表面质量用表面粗糙度样板检测。

(4) 刀具选择如表 7-5 所示。

表 7-5　刀具选择

<table>
<tr><td colspan="2">零件图号</td><td colspan="2">零件名称</td><td colspan="2">材料</td><td rowspan="2">数控刀具<br>明细表</td><td colspan="2">程序编号</td><td>车间</td><td>使用设备</td></tr>
<tr><td colspan="2"></td><td colspan="2">平面轮廓</td><td colspan="2">45 号钢</td><td colspan="2"></td><td></td><td>数控铣床</td></tr>
<tr><td rowspan="3">序号</td><td rowspan="3">刀具号</td><td rowspan="3">刀具名称</td><td rowspan="3">刀具图号</td><td colspan="3">刀具</td><td colspan="2">刀补地址</td><td>换刀方式</td><td rowspan="3">加工部位</td></tr>
<tr><td colspan="2">直径</td><td>长度</td><td rowspan="2">直径</td><td rowspan="2">长度</td><td rowspan="2">自动/手动</td></tr>
<tr><td>设定</td><td>补偿</td><td>设定</td></tr>
<tr><td>1</td><td>T01</td><td>面铣刀</td><td></td><td>$\phi$60mm</td><td>0</td><td></td><td></td><td>H1</td><td>自动</td><td>铣面</td></tr>
<tr><td>2</td><td>T02</td><td>立铣刀</td><td></td><td>$\phi$10mm</td><td></td><td></td><td></td><td></td><td>自动</td><td>铣轮廓</td></tr>
<tr><td>编制</td><td colspan="2"></td><td>审核</td><td colspan="2"></td><td>批准</td><td colspan="3">年　月　日</td><td>共　页<br>第　页</td></tr>
</table>

### 3．确定切削用量

切削用量见数控加工工序卡，如表 7-6 所示。

### 4．确定工件坐标系

对刀点和换刀点，数控加工工序卡见表 7-6。

表 7-6　数控加工工序卡

| 单位名称 | ××× | 产品名称 | 零件名称 | 零件图号 |
|---|---|---|---|---|
| | | ××× | 平面轮廓铣削 | ××× |
| 工序号 | 程序编号 | 夹具名称 | 使用设备 | 车间 |
| 1.铣面 | O0502 | 三爪卡盘 | 数控铣床 | 数控实训车间 |

编程原点设定如图 7-28 所示。

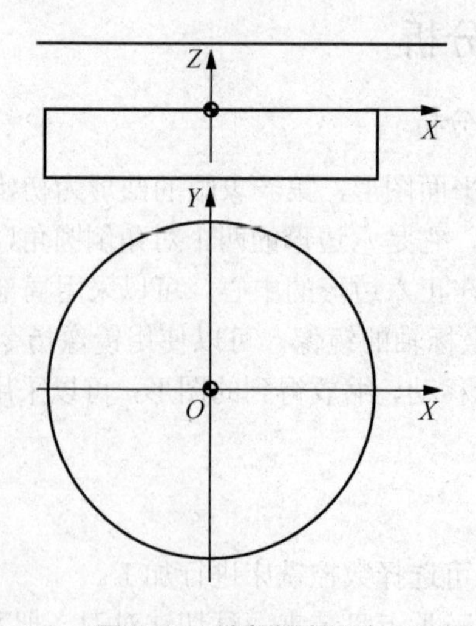


图 7-28　编程原点设定

续表

| 工步号 | 工步内容 | 刀具号 | 刀具规格 /(mm) | 主轴转速 $n$/(r/min) | 进给速度 $F$/(mm/min) | 背吃刀量 $a_p$/mm | 备注 |
|---|---|---|---|---|---|---|---|
| 1 | 装夹 | | | | | | 手动 |
| 2 | 对刀，上表面中心点 | T01 | $\phi$60 | 800 | | | 手动 |
| 3 | 铣面 | | | 1000 | 150 | 1.5 | 自动 |
| 工序号 | 程序编号 | 夹具名称 | | 使用设备 | | 车间 | |
| 2 铣轮廓 | O0503 (主程序) O0504 (子程序) | 三爪卡盘 | | 数控铣床 | | 数控实训车间 | |

工序简图如图 7-29 所示。

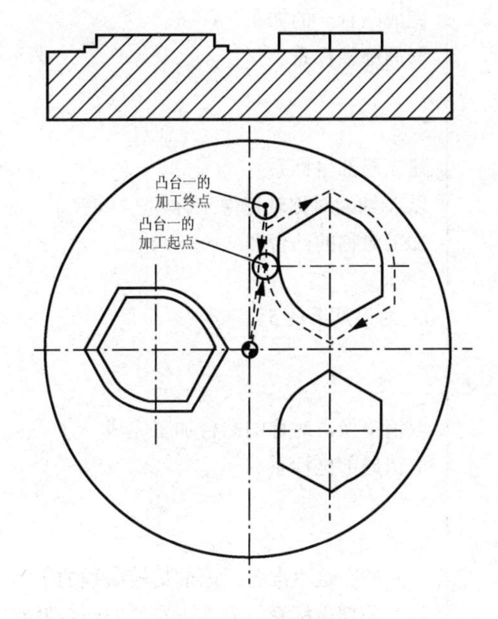


图 7-29　工序简图

| 工步号 | 工步内容 | 刀具号 | 刀具规格/mm | 主轴转速 $n$/(r/min) | 进给速度 $F$/(mm/min) | 背吃刀量 $a_p$/mm | 备注 |
|---|---|---|---|---|---|---|---|
| 1 | 铣轮廓 | T02 | $\phi$10 | 1000 | 150 | | 自动 |
| 2 | 清除残料 | T02 | $\phi$10 | 1000 | 150 | | 自动 |
| | | | | | | | 自动 |

| 编制 | ×× | 审核 | ×× | 批准 | ×× | 年　月　日 | 共 2 页 | 第一页 |
|---|---|---|---|---|---|---|---|---|

### 5. 程序编制

程序编制如表 7-7 所示。

表 7-7　程序编制

| 程　序 | 注　释 |
| --- | --- |
| O0503 | |
| G17G54G90S800M03 | |
| G00X0Y0 | |
| Z100 | |
| Z20 | |
| G01Z-2.0F150 | |
| G52X30Y30 | 建立局部坐标系 |
| D1M98P0504 | 调用子程序加工凸台一 |
| G01Z-4.0 | |
| D1M98P0504 | |
| G01Z-6.0 | |
| D1M98P0504 | 完成凸台一的加工 |
| G52 | 取局部坐标系 |
| | |
| G01Z-2.0 | |
| G52X30Y-30 | 建立局部坐标系 |
| G51.1Y0 | 以 $X$ 轴为对称轴镜像坐标 |
| D1M98P0504 | 加工对称的凸台 |
| G01Z-4.0 | |
| D1M98P0504 | $D_1$ 为刀具半径 5 |
| G01Z-6.0 | |
| D1M98P0504 | |
| G50.1 | 取消镜像，对称的凸台加工完成 |
| G52 | 取消局部坐标系 |
| | |
| G01Z-2.0 | |
| G01X-30Y-40 | 刀具放在这里准备后面的旋转编程的下刀点 |
| G52X-35Y0 | 建立局部坐标系，为加工左边的凸台做好准备 |
| G68X0Y0R30 | 以新建立的坐标系原点旋转坐标系 30°(逆时针) |
| D7M98P0504 | 调用子程序加工左边凸台的第一台阶 $D_7$ 为 50；$D_6$ 为 41；$D_5$ 为 33； |
| D6M98P0504 | $D_4$ 为 25；$D_3$ 为 21；$D_2$ 为 13 |
| D5M98P0504 | |
| D4M98P0504 | |
| D3M98P0504 | |
| D2M98P0504 | |
| D1M98P0504 | |
| G01Z-4.0 | |
| D7M98P0504 | |
| D6M98P0504 | |
| D5M98P0504 | |

续表

| 程　序 | 注　释 |
| --- | --- |
| D4M98P0504 | |
| D3M98P0504 | |
| D2M98P0504 | |
| D1M98P0504 | |
| G01Z-6.0 | 开始准备缩放加工 |
| G51X0Y0Z0P1.2 | 以(0, 0, 0)点为始点进行缩放，比例为 26.4/22=1.2 |
| D6M98P0504 | 调用子程序加工左边凸台的第二台阶 |
| D5M98P0504 | |
| D4M98P0504 | |
| D3M98P0504 | |
| D2M98P0504 | |
| D1M98P0504 | |
| G50 | 比例缩放取消 |
| G69 | 撤销旋转 |
| G52 | 取消局部坐标系 |
| G52X0Y0 | 以下为清除残料 |
| G01X0F150 | |
| G91G01Y8 | |
| Y-16 | |
| X-60 | |
| Y-8 | |
| X70 | |
| y-8 | |
| x-80 | |
| y-8 | |
| x90 | |
| y-8 | |
| G90G01X0Y-75 | |
| G03X75Y0R75 | |
| G01X0 | |
| X40 | |
| Y3 | |
| Y-3 | |
| X48 | |
| Y5 | |
| Y-5 | |
| X58 | |
| Y40 | |
| Y-40 | |
| X75Y0 | |
| G03X0Y75R75 | |
| G01Y30 | |
| G91X-60 | |

续表

| 程　序 | 注　释 |
|---|---|
| Y8 | |
| X65 | |
| Y8 | |
| X-80 | |
| Y9 | |
| x90 | |
| y8 | |
| x-90 | |
| y6 | |
| x80 | |
| G90G00Z100 | |
| M30 | |
| | |
| O0504 | 加工凸台一的子程序 |
| G16 | |
| G41G01X19.05Y180 | 从对刀点到凸台一的起点建立刀具半径补偿，用极坐标编程 |
| G01X22Y150 | |
| X22Y90 | |
| X19.05Y60 | |
| G02X19.05Y0r19.05 | |
| G01X22Y330 | |
| X22Y270 | |
| X19.05Y240 | |
| G02X19.05Y180r19.05 | |
| G15 | 取消极坐标 |
| G01X-19.05Y22 | |
| G40G01X-30Y-30 | 取消刀具半径补偿，返回进刀点 |
| M99 | |

在仿真软件上的刀轨仿真，如图7-30所示(未设置刀具补偿及残料清除)。

图7-30　刀轨仿真

完成本章任务需填写的有关表格如表 7-8～表 7-15 所示。

表 7-8　计划单

| 学习领域 | 数控铣床编程与零件加工(进阶) | | |
|---|---|---|---|
| 学习情境 9 | 复杂平面轮廓零件的编程与加工 | 学时 | 16 |
| 计划方式 | 小组讨论，学生计划，教师引导 | | |
| 序号 | 实施步骤 | | 使用资源 |
| | | | |
| | | | |
| | | | |
| | | | |
| | | | |
| | | | |
| 制订计划说明 | | | |

| 计划评价 | 班级 | | 第　组 | 组长签字 | |
|---|---|---|---|---|---|
| | 教师签字 | | | 日期 | |
| | 评语： | | | | |

表 7-9　决策单

| 学习领域 | 数控铣床编程与零件加工(进阶) | | |
|---|---|---|---|
| 学习情境 9 | 复杂平面轮廓零件的编程与加工 | 学时 | 16 |
| 方案讨论 | | | |

| | 组号 | 实现功能 | 方案可行性 | 方案合理性 | 实施难度 | 安全可靠性 | 经济性 | 综合评价 |
|---|---|---|---|---|---|---|---|---|
| 方案对比 | 1 | | | | | | | |
| | 2 | | | | | | | |
| | 3 | | | | | | | |
| | 4 | | | | | | | |
| | 5 | | | | | | | |
| | 6 | | | | | | | |
| 方案评价 | 评语： | | | | | | | |

| 班级 | | 组长签字 | | 教师签字 | | 月　日 |
|---|---|---|---|---|---|---|

表7-10 材料、设备、工/量具清单

| 学习领域 | 数控铣床编程与零件加工(进阶) | | | | | | |
|---|---|---|---|---|---|---|---|
| 学习情境9 | 复杂平面轮廓零件的编程与加工 | | | | | 学时 | 16 |
| 类型 | 序号 | 名称 | 作用 | 数量 | 型号 | 使用前 | 使用后 |
| 所用设备 | 1 | 立式数控铣床 | 零件加工 | 6 | | | |
| | 2 | 三爪卡盘 | 装夹工件 | 6 | | | |
| 所用材料 | 1 | 45号钢 | 零件毛坯 | 6 | | | |
| 所用刀具 | 1 | 平铣刀 | 加工零件外形 | 6 | | | |
| 所用量具 | 1 | 深度尺 | 测量深度 | 6 | | | |
| | 2 | 游标卡尺 | 测量线性尺寸 | 6 | | | |
| | 3 | 外径千分尺 | 测量线性尺寸 | 6 | | | |
| 附件 | 1 | $\delta$2、$\delta$5、$\delta$10、$\delta$30系列垫块 | 调整工件高度 | 若干 | | | |
| 班级 | | | 第　组 | | 组长签字 | | |
| 教师签字 | | | | | 日期 | | |

表7-11 实施单

| 学习领域 | 数控铣床编程与零件加工(进阶) | | |
|---|---|---|---|
| 学习情境9 | 复杂平面轮廓零件的编程与加工 | 学时 | 16 |
| 实施方式 | 学生自主学习，教师指导 | | |
| 序号 | 实施步骤 | 使用资源 | |
| | | | |
| | | | |
| | | | |
| | | | |
| | | | |
| | | | |

实施说明：

| 班级 | | 第　组 | 组长签字 | |
|---|---|---|---|---|
| 教师签字 | | | 日期 | |

表 7-12　作业单

| 学习领域 | 数控铣床编程与零件加工(进阶) | | |
|---|---|---|---|
| 学习情境 9 | 复杂平面轮廓零件的编程与加工 | 学时 | 16 |
| 作业方式 | 小组分析，个人解答，现场批阅，集体评判 | | |

题目：加工如图 7-31 所示零件

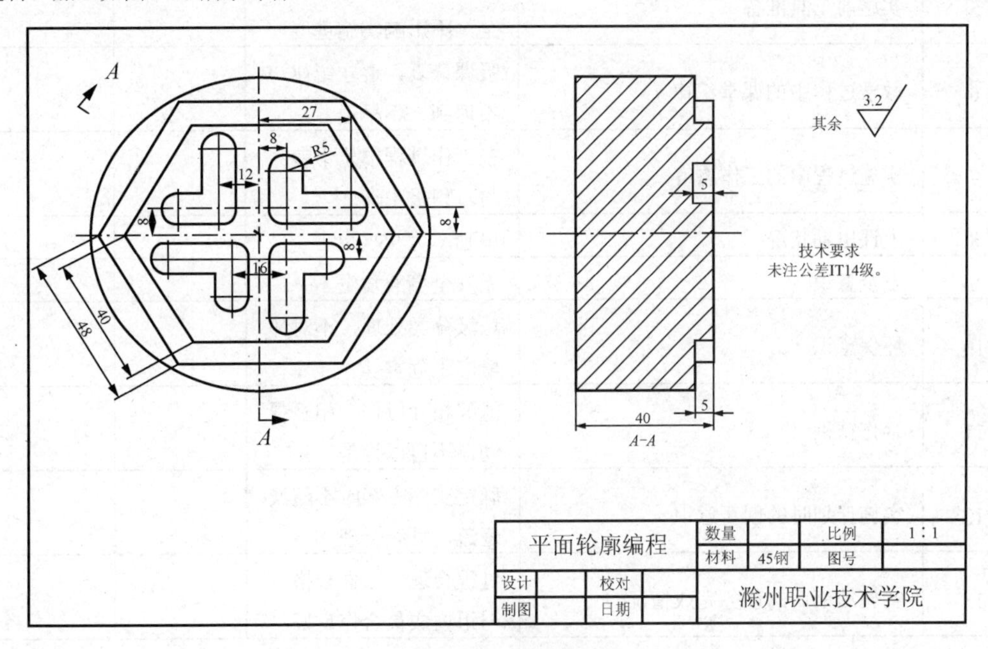


图 7-31　加工图

作业解答：

| 作业评价 | 班级 | | 第　组 | 组长签字 | | |
|---|---|---|---|---|---|---|
| | 学号 | | 姓名 | | | |
| | 教师签字 | | 教师评分 | | 日期 | |
| | | | | | | |
| | | | | | | |
| | 评语： | | | | | |

表 7-13　检查单

| 学习领域 | 数控铣床编程与零件加工(进阶) | | | |
|---|---|---|---|---|
| 学习情境 9 | 复杂平面轮廓零件的编程与加工 | | 学时 | 16 |
| 序号 | 检查项目 | 检查标准 | 学生自检 | 教师检查 |
| 1 | 复杂平面轮廓加工的实施准备 | 准备充分、细致、周到 | | |
| 2 | 复杂平面轮廓加工的计划实施步骤 | 实施步骤合理，有利于提高零件加工质量 | | |

续表

| 序号 | 检查项目 | 检查标准 | 学生自检 | 教师检查 |
|---|---|---|---|---|
| 3 | 复杂平面轮廓的尺寸精度及表面粗糙度 | 符合图样要求 | | |
| 4 | 实施过程中工、量具摆放 | 定址摆放、整齐有序 | | |
| 5 | 实施前工具准备 | 学习所需工具准备齐全，不影响实施进度 | | |
| 6 | 教学过程中的课堂纪律 | 听课认真，遵守纪律，不迟到、不早退 | | |
| 7 | 实施过程中的工作态度 | 在工作过程中乐于参与，积极主动 | | |
| 8 | 上课出勤状况 | 出勤率达95%以上 | | |
| 9 | 安全意识 | 无安全事故发生 | | |
| 10 | 环保意识 | 垃圾分类处理，不对环境产生危害 | | |
| 11 | 合作精神 | 能够相互协作、相互帮助，不自以为是 | | |
| 12 | 实施计划时的创新意识 | 确定实施方案时不随波逐流，见解合理 | | |
| 13 | 实施结束后的任务完成情况 | 过程合理、工件合格，与组内成员合作良好 | | |

| 检查评价 | 班级 | | 第　组 | 组长签字 | |
|---|---|---|---|---|---|
| | 教师签字 | | 日期 | | |
| | 评语： | | | | |

表7-14　评价单

| 学习领域 | 数控铣床编程与零件加工(进阶) | | | | |
|---|---|---|---|---|---|
| 学习情境9 | 复杂平面轮廓零件的编程与加工 | | | 学时 | 16 |
| 评价类别 | 项目 | 子项目 | 个人评价 | 组内互评 | 教师评价 |
| 专业能力(60%) | 资讯(6%) | 搜集信息(3%) | | | |
| | | 引导问题回答(3%) | | | |

续表

| 评价类别 | 项目 | 子项目 | 个人评价 | 组内互评 | 教师评价 |
|---|---|---|---|---|---|
| 专业能力(60%) | 计划(6%) | 计划可执行度(3%) | | | |
| | | 设备材料工、量具安排(3%) | | | |
| | 实施(24%) | 工作步骤执行(6%) | | | |
| | | 功能实现(6%) | | | |
| | | 质量管理(3%) | | | |
| | | 安全保护(6%) | | | |
| | | 环境保护(3%) | | | |
| | 检查(4.8%) | 全面性、准确性(2.4%) | | | |
| | | 异常情况排除(2.4%) | | | |
| | 过程(3.6%) | 使用工具规范性(1.8%) | | | |
| | | 操作过程规范性(1.8%) | | | |
| | 结果(12%) | 结果质量(12%) | | | |
| | 作业(3.6%) | 完成质量(3.6%) | | | |
| 社会能力(20%) | 团结协作(10%) | 小组成员合作良好(5%) | | | |
| | | 对小组的贡献(5%) | | | |
| | 敬业精神(10%) | 学习纪律性(5%) | | | |
| | | 爱岗敬业、吃苦耐劳(5%) | | | |
| 方法能力(20%) | 计划能力(10%) | 考虑全面(5%) | | | |
| | | 细致有序(5%) | | | |
| | 决策能力(10%) | 决策果断(5%) | | | |
| | | 选择合理(5%) | | | |

| 评价评语 | | | | | | | | |
|---|---|---|---|---|---|---|---|---|
| | 班级 | | 姓名 | | 学号 | | 总评 | |
| | 教师签字 | | 第　组 | 组长签字 | | | 日期 | |
| | 评语： | | | | | | | |

表 7-15　教学反馈单

| 学习领域 | 数控铣床编程与零件加工(进阶) | | | |
|---|---|---|---|---|
| 学习情境 9 | 复杂平面轮廓零件的编程与加工 | 学时 | 16 | |
| 序号 | 调查内容 | 是 | 否 | 理由陈述 |
| 1 | 对任务书的了解是否深入、明了 | | | |
| 2 | 是否清楚数控铣床的特点及适合加工的零件 | | | |
| 3 | 能否应用 G16、G15；G51、G50；G51.1、G50.1；G68、G69 指令编程 | | | |
| 4 | 能否正确安排“复杂平面轮廓”的数控加工工艺 | | | |
| 5 | 能否正确使用仿真软件进行模拟仿真 | | | |
| 6 | 能否有效执行“6S”规范 | | | |
| 7 | 小组间的交流与团结协作能力是否增强 | | | |
| 8 | 同学的信息检索与自主学习能力是否增强 | | | |
| 9 | 同学是否遵守规章制度 | | | |
| 10 | 你对教师的指导满意吗 | | | |
| 11 | 教学设备与仪器是否够用 | | | |

你的意见对改进教学非常重要，请写出你的意见和建议

| 调查信息 | 被调查人签名 | | 调查时间 | |
|---|---|---|---|---|

# 第 8 章　椭圆类零件的编程与加工

本章的任务单、资讯单和信息单如表 8-1～表 8-3 所示。

表 8-1　任务单

| 学习领域 | 数控铣床编程与零件加工(进阶) | | |
|---|---|---|---|
| 学习情境 10 | 椭圆类零件的编程与加工 | 学时 | 12 |
| 布置任务 | | | |
| 学习目标 | (1) 了解 A 类宏程序与 B 类宏程序的区别；<br>(2) 学会 A 类和 B 类宏程序的编程格式；<br>(3) 学会 FANUC 0i 系统的用户宏程序；<br>(4) 学会利用宏程序加工椭圆和孔口倒圆角；<br>(5) 熟悉数控铣床(FANUC 系统)的对刀过程；<br>(6) 熟悉数控铣床的组成；<br>(7) 正确理解典型椭圆类零件的编程与加工走刀路线；<br>(8) 掌握数控铣床加工典型圆台的操作步骤；<br>(9) 学会利用圆弧规正确检测圆弧尺寸、内径千分尺测量孔径；<br>(10) 进一步掌握数控铣床常见故障的维修方法；<br>(11) 进一步加强安全生产的意识；<br>(12) 培养学生遵守职业道德规范：恪守职业道德，弘扬职业精神。<br>职业道德和工匠精神.mp4 | | |
| 任务描述 | 1. 工作任务<br>完成如图 8-1 所示椭圆零件的加工。 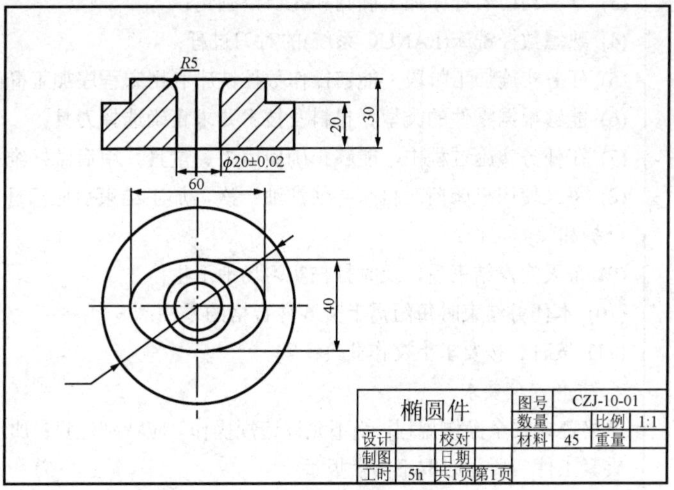<br>R5　20　30　φ20±0.02　60　40<br>椭圆件　图号 CZJ-10-01　数量　比例 1:1　设计　校对　材料 45　重量　制图　日期　工时 5h　共1页 第1页<br>图 8-1　椭圆零件<br>2. 完成主要工作任务<br>(1) 编制铣削加工如图 8-1 所示椭圆零件的加工工艺；<br>(2) 进行如图 8-1 所示椭圆和孔口倒圆角加工程序的编制；<br>(3) 完成该椭圆零件的铣削加工 | | |

续表

| 学时安排 | 资讯4学时 | 计划0.5学时 | 决策0.5学时 | 实施6学时 | 检查0.5学时 | 评价0.5学时 |
|---|---|---|---|---|---|---|
| 提供资料 | (1) 教材：余英良.数控加工编程及操作.北京：高等教育出版社，2005<br>(2) 教材：顾京.数控加工编程及操作.北京：高等教育出版社，2003<br>(3) 教材：宋放之.数控工艺员培训教程.北京：清华大学出版社，2003<br>(4) 教材：田萍.数控加工. 北京：高等教育出版社，2009<br>(5) 教材：吕修海.数控加工工艺学. 北京：劳动保障出版社，2000<br>(6) 教材：张信群.公差配合与互换性技术. 北京：北京航空航天大学出版社，2006<br>(7) 教材：冯志刚. 数控宏程序编程方法技巧与实例. 北京：机械工业出版社，2007<br>(8) 教材：李锋. 数控铣削加工宏程序及应用实例. 北京：化学工业出版社，2010<br>(9) 教材：陈海舟.数控机床及其使用维修. 北京：机械工业出版社，2001<br>(10) FANUC31i 加工中心操作维修手册，2010<br>(11) FANUC31i 数控系统加工中心编程手册，2010<br>(12) 中国模具网 http://www.mould.net.cn/<br>(13) 国际模具网 http://www.2mould.com/<br>(14) 数控在线 http://www.cncol.com.cn/Index.html<br>(15) 中国金属加工网 http://www.mw35.com/<br>(16) 中国机床网 http://www.jichuang.net/ | | | | | | |
| 对学生的要求 | 1. 知识技能要求<br>(1) 学会A类和B类宏程序的编程格式；<br>(2) 学会FANUC 0i系统的用户宏程序；<br>(3) 学会利用宏程序加工椭圆和孔口倒圆角；<br>(4) 熟悉数控铣床(FANUC系统)的对刀过程；<br>(5) 任务实施加工阶段，能够操作数控铣床利用宏程序加工椭圆类零件；<br>(6) 能够根据零件的类型、材料及技术要求正确选择刀具；<br>(7) 在任务实施过程中，能够正确使用工、量具，用后做好维护和保养工作；<br>(8) 每天使用机床前对机床导轨注油一次，加工结束后应清理机床，做好机床使用基本维护和保养工作；<br>(9) 每天实操结束后，及时打扫实习场地卫生；<br>(10) 本任务结束时每组需上交6件合格的零件；<br>(11) 按时、按要求上交作业。<br>2. 生产安全要求<br>严格遵守安全操作规程，绝不允许违规操作。应特别注意：加工零件、刀具要夹紧可靠，夹紧工件后要立即取下夹盘扳手<br>3. 职业行为要求<br>(1) 文具准备齐全；<br>(2) 工、量具摆放整齐；<br>(3) 着装整齐；<br>(4) 遵守课堂纪律；<br>(5) 具有团队合作精神 | | | | | | |

表 8-2　资讯单

| 学习领域 | 数控铣床编程与零件加工(进阶) | | |
|---|---|---|---|
| 学习情境 10 | 椭圆类零件的编程与加工 | 学时 | 12 |
| 资讯方式 | 学生自主学习、教师引导 | | |
| 资讯问题 | (1) 了解 A 类宏程序与 B 类宏程序的区别。<br>(2) 学会 A 类和 B 类宏程序的编程格式。<br>(3) 学会 FANUC 0i 系统的用户宏程序。<br>(4) 学会利用宏程序加工椭圆和孔口倒圆角。<br>(5) 熟练掌握数控铣床(FANUC 系统)的对刀过程。<br>(6) 进一步熟悉各种对刀工具。<br>(7) 怎样正确安排典型椭圆类零件的编程与加工走刀路线？<br>(8) 根据零件的类型、材料及技术要求如何正确选择刀具？<br>(9) 对于数控粗、精铣如何正确选择合理的切削用量？<br>(10) 如何正确选择游标卡尺、外径千分尺、内径千分尺、深度尺、圆弧规并正确使用？<br>(11) 数控铣床常见故障的处理 | | |
| 资讯引导 | (1) 数控铣床的对刀过程参阅《S1354-B 铣床 CNC 使用手册》；<br>(2) 数控铣床的组成，编程(进阶)特点参阅教材《数控加工编程及操作》(余英良主编. 北京：高等教育出版社，2005)；<br>(3) 各种坐标系设定方法；<br>(4) 各种宏程序指令的作用及编程格式参阅教材《数控宏程序编程方法技巧与实例》(冯志刚主编. 北京：机械工业出版社，2007)；<br>(5) 数控铣削工艺参阅教材《数控宏程序实例教程》(李锋编著. 北京：化学工业出版社，2010)；<br>(6) 游标卡尺、外径千分尺、内径千分尺、深度尺、圆弧规的正确使用方法，对圆弧外形类零件外径、内径尺寸正确检测参阅教材《公差配合与互换性技术》(张信群主编. 北京：北京航空航天大学出版社，2006)；<br>(7) 数控铣床的使用与维护参阅教材《数控机床及其使用维修》(卢斌主编. 北京：机械工业出版社，2001) | | |

表 8-3　信息单

| 学习领域 | 数控铣床编程与零件加工(进阶) | | |
|---|---|---|---|
| 学习情境 10 | 椭圆类零件的编程与加工 | 学时 | 12 |
| 信息内容 | | | |

# 任务8.1　了解A类宏程序与B类宏程序的区别

## 8.1.1　数控宏程序的概念

用变量的方式进行数控编程的方法称为数控宏程序编程。比如加工椭圆，如果没有宏的话，就要逐点算出曲线上的点，然后慢慢用直线逼近，如果是光洁度要求很高的工件，那么需要计算很多的点，可是应用了宏后，把椭圆公式输入到系统中，然后给出 *Z* 坐标并且每次加 10μm，那么宏就会自动算出 *X* 坐标进行切削，实际上宏在程序中主要起的是运算作用。

## 8.1.2　数控宏程序的优点

(1) 可以编写一些非圆曲线，如宏程序编写椭圆、双曲线及抛物线等。

(2) 编写大批相似零件的时候，可以用宏程序，这样只需要改动几个数据就可以了，没有必要进行大量重复编程。

## 8.1.3　数控宏程序的分类

数控宏程序分为A类和B类。其中A类宏程序比较原始，编写起来也比较费时费力，B类宏程序类似于C语言的编程，编写起来很方便。不论是A类还是B类宏程序，它们运行的效果都是一样的。

一般来说，华中数控机床用的是B类宏程序，广州数控机床用的是A类宏程序。

## 8.1.4　数控宏程序的使用方法

### 1. A类宏程序

1) 变量定义及基本运算指令

(1) 变量的定义和替换：

```
#i=#j
```

编程格式：

```
G65 H01 P#i Q#j
```

例如：

```
G65 H01 P#101 Q1005;(#101=1005)
G65 H01 P#101 Q-#112;(#101=-#112)
```

(2) 加法：

```
#i=#j+#k
```

编程格式：

G65 H02 P#i Q#j R#k

例如：

G65 H02 P#101 Q#102 R#103;(#101=#102+#103)

(3) 减法：

#i=#j-#k

编程格式：

G65 H03 P#i Q#j R#k

例如：

G65 H03 P#101 Q#102 R#103;(#101=#102-#103)

(4) 乘法：

#i=#j×#k

编程格式：

G65 H04 P#i Q#j R#k

例如：

G65 H04 P#101 Q#102 R#103; (#101=#102×#103)

(5) 除法：

#i=#j/#k

编程格式：

G65 H05 P#i Q#j R#k

例如：

G65 H05 P#101 Q#102 R#103; (#101=#102/#103)

(6) 平方根：

#i=$\sqrt{\#j}$

编程格式：

G65 H21 P#i Q#j

例如：

G65 H21 P#101 Q#102; (#101=$\sqrt{\#102}$)

(7) 绝对值：

#i=|#j|

编程格式：

```
G65 H22 P#i Q#j
```

例如：

```
G65 H22 P#101 Q#102; (#101=|#102|)
```

2) 逻辑运算指令

(1) 逻辑或：

```
#i=#j OR #k
```

编程格式：

```
G65 H11 P#i Q#j R#k
```

例如：

```
G65 H11 P#101 Q#102 R#103; (#101=#102 OR #103)
```

(2) 逻辑与：

```
#i=#j AND #k
```

编程格式：

```
G65 H12 P#i Q#j R#k
```

例如：

```
G65 H12 P#101 Q#102 R#103; #101=#102 AND #103
```

3) 三角函数指令

(1) 正弦函数：

```
#i=#j×SIN(#k)
```

编程格式：

```
G65 H31 P#i Q#j R#k (单位：度)
```

例如：

```
G65 H31 P#101 Q#102 R#103; (#101=#102×SIN(#103))
```

(2) 余弦函数：

```
#i=#j×COS(#k)
```

编程格式：

```
G65 H32 P#i Q#j R#k (单位：度)
```

例如：

```
G65 H32 P#101 Q#102 R#103; (#101=#102×COS(#103))
```

(3) 正切函数：

```
#i=#j×TAN#k
```

编程格式：

```
G65 H33 P#i Q#j R#k (单位：度)
```

例如：

```
G65 H33 P#101 Q#102 R#103; (#101=#102×TAN(#103))
```

(4) 反正切函数：

```
#i=ATAN(#j/#k)
```

编程格式：

```
G65 H34 P#i Q#j R#k (单位：度，0°≤ #j ≤360°)
```

例如：

```
G65 H34 P#101 Q#102 R#103; (#101=ATAN(#102/#103)
```

4) 控制类指令

编程格式：

```
G65 H80 Pn (n为程序段号)
```

例如：

```
G65 H80 P120; (转移到N120)
```

(1) 条件转移 1：

```
#j EQ #k(=)
```

编程格式：

```
G65 H81 Pn Q#j R#k (n为程序段号)
```

例如：

```
G65 H81 P1000 Q#101 R#102
```

若#101=#102，转移到 N1000 程序段；若#101≠ #102，执行下一程序段。

(2) 条件转移 2：

```
#j NE #k(≠)
```

编程格式：

```
G65 H82 Pn Q#j R#k (n为程序段号)
```

例如：

```
G65 H82 P1000 Q#101 R#102
```

若#101≠ #102，转移到 N1000 程序段；若#101=#102，执行下一程序段。

(3) 条件转移 3：

```
#j GT #k (> )
```

编程格式：

```
G65 H83 Pn Q#j R#k (n为程序段号)
```

例如：

```
G65 H83 P1000 Q#101 R#102
```

若#101＞#102，转移到 N1000 程序段；若#101≤#102，执行下一程序段。

(4) 条件转移 4：

```
#j LT #k(<)
```

编程格式：

```
G65 H84 Pn Q#j R#k (n为程序段号)
```

例如：

```
G65 H84 P1000 Q#101 R#102
```

若#101＜#102，转移到 N1000；若#101 ≥ #102，执行下一程序段。

(5) 条件转移 5：

```
#j GE #k(≥)
```

编程格式：

```
G65 H85 Pn Q#j R#k (n为程序段号)
```

例如：

```
G65 H85 P1000 Q#101 R#102
```

若#101≥ #102，转移到 N1000；若#101<#102，执行下一程序段。

(6) 条件转移：

```
6 #j LE #k(≤)
```

编程格式：

```
G65 H86 Pn Q#j Q#k (n为程序段号)
```

例如：

```
G65 H86 P1000 Q#101 R#102
```

若#101≤#102，转移到 N1000；若#101>#102，执行下一程序段。

**2. B 类宏程序**

1) 定义

```
#i=#j
```

2) 算术运算

#i=#j+#k(加)；#i=#j－#k(减)；#i=#j×#k(乘)；#i=#j/#k(除)。

3) 逻辑函数之一——布尔函数

= EQ 等于；≠NE 不等于；> GT 大于；< LT 小于；≥ GE 大于或等于；≤ LE 小于或等于。

例如，#i = #j 即#i EQ #j

4) 逻辑函数之二——进制函数

#i=#j AND #k (与，逻辑乘)； #i=#j OR #k (或，逻辑加)； #i=#j XOR #k (非，逻辑减)。

5) 三角函数

#i=SIN[#j] 正弦；#i=COS[#j] 余弦；#i=TAN[#j] 正切；#i=ASIN[#j]反正弦；#i=ACOS[#j]反余弦；#i=ATAN[#j] 反正切。

6) 四舍五入函数

#i=ROUND[#j] 四舍五入化整；#i=FIX[#j] 上取整；#i=FUP[#j] 下取整。

7) 辅助函数

#i=SQRT[#j] 平方根；#i=ABS[#j] 绝对值；#i= LN [#j] 自然对数；#i=EXP [#j] 指数函数。

8) 变换函数 #i=BIN[#j]

BCD→BIN(十进制转二进制)；#i=BCD[#j] BIN→BCD (二进制转十进制)。

9) 转移和循环

(1) 无条件的转移。格式： GOTO 1； GOTO #10。

(2) 条件转移 1。格式： IF[＜条件式＞] GOTO n。

条件式：如#j=#k 用 #j EQ #k 表示，即 IF[#j EQ #k] GOTO n。

(3) 条件转移 2。格式： IF[＜条件式＞] THEN #i。

例如，IF[#j EQ #k] THEN #a=#b。

(4) 循环。格式：WHILE [＜条件式＞] DOm (m=1,2,3)。

N10~~~~~~~~~

N20~~~~~~~~~~~~

ENDm (上下两个 m 只能为 1、2、3 且必须相同，这样才能构成一段程序的循环)

说明：

(1) 角度单位为度，如 90 度 30 分为 90.5 度。

(2) ATAN 函数后的两个边长要用“/”隔开，如#1=ATAN[1]/[−1]时，#1 值为−45.0。

(3) ROUND 用于语句中的地址，按各地址的最小设定单位进行四舍五入。

(4) 取整后的绝对值比原值大为上取整；反之为下取整。例如，设#1=1.2，#2=−1.2，若#3=FUP[#1]时，则#3=2.0；若#3=FIX[#1]时，则#3=1.0；若#3=FUP[#2]时，则#3=−2.0；若#3=FIX[#2]时，则#3=−1.0。

(5) 简写函数时，可只写开头两个字母，如 ROUND 可写为 RO、FIX 可写为 FI、GOTO 可写为 GO。

(6) 优先级。函数→乘除(*，1，AND)→加减(+，−，OR，XOR)，如#1=#2+#3*SIN[#4]。

(7) 括号为中括号，最多5重，圆括号用于注释语句。

例如，#1=SIN[[[#2+#3]*#4+#5]*#6]；(3重)。

# 任务8.2 FANUC 0i系统的用户宏程序

## 8.2.1 FANUC 0i系统的用户宏程序

FANUC 0i系统提供两种用户宏程序，即用户宏程序功能A和用户宏程序功能B。用户宏程序功能A可以说是FANUC系统的标准配置功能，任何配置的FANUC系统都具备此功能，而用户宏程序功能B虽然不是FANUC系统的标准配置功能，但是绝大部分的FANUC系统也都支持用户宏程序功能B。

由于用户宏程序功能A的宏程序需要使用“G65Hm”格式的宏指令来表达各种数学运算和逻辑关系，极不直观，且可读性非常差，因而导致在实际工作中很少有人使用它，多数用户可能根本就不知道它的存在。在本书中仅对用户宏程序功能A作简单的介绍，不进行深入讲述，将以用户宏程序功能B为重点深入介绍宏程序的相关知识。

## 8.2.2 关于变量

### 1. 变量

普通的加工程序直接用数值指定G代码和移动距离，如G01和X100.0。

使用用户宏程序时，数值可以直接指定或用变量指定。当用变量时，变量值可用程序或由MDI设定及修改。

```
#22=-23
#11=#22+123;
G01 X#11 F500;
```

### 2. 量的表示

计算机允许使用变量名，用户宏程序则不行，变量需用变量符号“#”和后面的变量号指定，如#11。

表达式可以用于指定变量号，这时表达式必须封闭在括号中，如#[#11+#12-123]。

### 3. 变量的类型

变量从功能上主要可归纳为两种：系统变量(系统占用部分)，用于系统内部运算时各种数据的存储；用户变量，包括局部变量和公共变量，用户可以单独使用，系统作为处理资料的一部分，FANUC 0i系统的变量类型见表8-4。

### 4. 变量值的范围

局部变量和公共变量可以使用0值或以下范围中的值：$-10^{47}$～$-10^{-29}$或$10^{29}$～$10^{47}$。如果计算结果超出有效范围，则触发程序错误P/S报警NO.111，如表8-4所示。

表 8-4　FANUC 0i 的变量类型

| 变量名 | | 类　别 | 功　能 |
| --- | --- | --- | --- |
| #0 | | 空变量 | 该变量总是空，没有值能赋予该变量 |
| 用户变量 | #1～#33 | 局部变量 | 局部变量只能在宏程序中存储数据，如运算结果。<br>断电时，局部变量清除(初始化为空)<br>可以在程序中对其赋值 |
| | #100～#199<br>#500～#999 | 公共变量 | 公共变量在不同的宏程序中的意义相同(即公共变量对于主程序和从这些主程序调用的每个宏程序来说是公用的)<br>断电时，#100~#199 清除(初始化为空)，通电时复位到“0”；而#500~#999 数据，即使在断电时也不清除 |
| #1000 以上 | | 系统变量 | 系统变量用于读和写 CNC 运行时各种数据变化，如刀具当前位置和补偿值等 |

**5．关于小数点的省略**

当在程序中定义变量值时，整数值的小数点可以省略。例如：当定义#11=123 时，变量#11 的实际值是 123.000。

**6．变量的引用**

(1) 在程序中使用变量时，应指定后跟变量号的地址。当用表达式指定变量时，必须把表达式放在括号中，如 G01 X［#11+#22］F#3。

(2) 被引用变量的值根据地址的最小设定单位自动舍入。

例如，当 G00 X#11；以 1/1000mm 的单位执行时，CNC 把 12.3456 赋值给变量#11，实际指令值为 G00 X12.346。

(3) 改变引用变量值的符号，要把负号(−)放在#的前面，如 G00 X-#11。

(4) 当引用未定义的变量时，变量及地址都被忽略。

例如，当变量#11 的值是 0，并且变量#22 的值是空时，G00 X#11 Y#22 的执行结果为 G00 X0。

注意：从这个例子可以看出，“变量的值是 0”与“变量的值是空”是两个完全不同的概念，可以这样理解：“变量的值是 0”相当于“变量的值等于 0”，而“变量的值空”则意味着“该变量所对应的地址根本就不存在、不生效”。

(5) 不能用变量代表的地址符有程序号 O、顺序号 N、任选程序段跳转号/。

例如，以下情况不能使用变量：O#11；　　/O#22 G00 X100.0;　　　N#33 Y200.0;。

另外，使用 ISO 代码编程时，可用“#”代码表示变量，若用 ELA 代码，则应用“&”代码代替“#”，因为 ELA 代码中没有“#”代码。

## 8.2.3　系统变量

系统变量用于读和写 CNC 内部数据，如刀具偏置值和当前位置数据。无论是用户宏程序功能 A 还是用户宏程序功能 B，系统变量的用法都是固定的，而且某些系统变量为只读，用户必须严格按照规定使用。

系统变量是自动控制和通用加工程序开发的基础，在这里仅就系统变量的部分(与编程及操作相关性较大)内容加以介绍(见表 8-5)。

表 8-5 FANUC 0i 的系统变量一览表

| 变量号 | 含 义 |
|---|---|
| #1000～#1015，#1032 | 接口输入变量 |
| #1100～#1115，#1132，#1133 | 接口输出变量 |
| #10001～#10400，#11001~#11400 | 刀具长度补偿值 |
| #12001～#12400，#13001～#13400 | 刀具半径补偿值 |
| #2001～#2400 | 刀具长度与半径补偿值(偏置组数≤200 时) |
| #3000 | 报警 |
| #3001，#3002 | 时钟 |
| #3003，#3004 | 循环运行控制 |
| #3005 | 设定数据(SETTING 值) |
| #3006 | 停止和信息显示 |
| #3007 | 镜像 |
| #3011，#3012 | 日期和时间 |
| #3901，#3902 | 零件数 |
| #4001～#4120，#4130 | 模态信息 |
| #5001～#5104 | 位置信息 |
| #5201～#5324 | 工件坐标系补偿值(工件零点偏移值) |
| #7001～#7944 | 扩展工件坐标系补偿值(工件零点偏移值) |

对各系统变量不进行详细说明。

## 8.2.4 算术、逻辑运算与赋值

表 8-6 列出的运算可以在变量中运行。等式右边的表达式可包含常量或由函数或运算符组成的变量。表达式中的变量#j 和#k 可以用常量赋值。等式左边的变量也可以用表达式赋值。其中算术运算主要是指加、减、乘、除函数等，逻辑运算可以理解为比较运算。

表 8-6 FANUC 0i 的算术和逻辑运算一览表

| 功 能 | | 格 式 | 备 注 |
|---|---|---|---|
| 定义、置换 | | #i=#j | |
| 算术运算 | 加法 | #i=#j+#k | |
| | 减法 | #i=#j-#k | |
| | 乘法 | #i=#j*#k | |
| | 除法 | #i=#i/#k | |

续表

| 功　能 | | 格　式 | 备　注 |
| --- | --- | --- | --- |
| 算术运算 | 正弦 | #i=SIN[#j] | 三角函数及反三角函数的数值均以度为单位来指定，如 90°30′应表示为 90.5° |
| | 反正弦 | #i=ASIN[#j] | |
| | 余弦 | #i=COS[#j] | |
| | 反余弦 | #i=ACOS[#j] | |
| | | | |
| | 正切 | #i=TAN[#j] | |
| | 反正切 | #i=ATAN[#j] | |
| | 平方根 | #i=SQRT[#j] | |
| | | | |
| | 绝对值 | #i=ABS[#j] | |
| | 舍入 | #i=ROUND[#j] | |
| | 指数函数 | #i=EXP[#j] | |
| | (自然对数) | #i=LN[#j] | |
| | 上取整 | #i=FIX[#j] | |
| | 下取整 | #i=FUP[#j] | |
| 逻辑运算 | 与 | #i AND #j | |
| | 或 | #i OR #j | |
| | 异或 | #i XOR #j | |
| 从 BCD 码转为 BIN 码 | | #i=BIN[#j] | 用于与 PMC 的信号交换 |
| 从 BIN 码转为 BCD 码 | | #i=BCD[#j] | |

### 1．算术和逻辑运算指令的详细说明

(1) 反正弦运算　#i=ASIN [#j ]。

取值范围如下。

当参数(No.6004#0)NAT 位置设置为 0 时，在 270°～90°范围内取值。

当参数(No.6004#0)NAT 位置设置为 1 时，在-90°～90°范围内取值。

当#j 超出-1～1 的范围时，触发程序错误 P/S 报警 No.111。

常数可替代变量#j。

(2) 反余弦运算 #i=ACOS[#j] 取值范围 180°～0°。

当#j 超出-1～1 的范围时，触发程序错误 P/S 报警 No.111。

常数可替代变量#j。

(3) 反正切运算 #i=ATAN [#j ]/ [#k ]。

采用比值的书写方式(可理解为对边比邻边)。

取值范围如下。

当参数(No.6004#0)NAT 位置设置为 0 时，取值范围为 0°～360°。

例如，当指定#1=ATAN [-1 ]/ [-1 ]时，#1=225°。

当参数(No.6004#0)NAT 位置设置为 1 时，取值范围为-180°～180°。

例如，当指定#1=ATAN[-1]/ [-1]时，#1=-135°。

常数可替代变量#j。

(4) 自然对数运算 #i=LN[#j]。

相对误差可能大于 $10^{-8}$。

当反对数(#j)为 0 或小于 0 时，触发程序错误 P/S 报警 No.111。

常数可替代变量#j。

(5) 指数函数 #i=EXP[#j]。

相对误差可能大于 $10^{-8}$。

当运算结果超过 $3.65\times10^{47}$(j 大约是 110)时，出现溢出并触发程序错误 P/S 报警 No.111。

常数可替代变量#j。

(6) 上取整 #i=FIX [#j]和下取整 #i=FUP [#j]。

CNC 处理数值运算时，无条件地舍去小数部分称为上取整；小数部分进位到整数称为下取整(注意与数学上的四舍五入对照)。对于负数的处理要特别小心。

例如，假设#1=1.2，#2=−1.2。

当执行#3=FUP [#1 ]时，2.0 赋予#3。

当执行#3=FIX [#1 ]时，1.0 赋予#3。

当执行#3=FUP [#2 ]时，−2.0 赋予#3。

当执行#3=FIX [#2 ]时，−1.0 赋予#3。

(7) 算术与逻辑运算指令的缩写。

程序中指令函数时，函数名的前两个字符可以用于指定该函数。

例如，ROUND 可写为 RO；FIX 可写为 FI。

(8) 混合运算时的运算顺序

上述运算和函数可以混合运算，即涉及运算的优先级，其运算顺序与一般数学上的定义基本一致，优先级顺序从高到低依次如下。

函数运算

↓

乘法和除法运算(*、/、AND)

↓

加法和减法运算(+、−、OR、XOR)

例如，#1=#2+#3*COS [#4 ]

(1)

(2)

(3)

(1)、(2)、(3)表示运算顺序。

2．括号嵌套

用“[ ]”可以改变运算顺序，最里层的[ ]优选运算。括号[ ]最多可以嵌套 5 级(包括函数内部使用的括号)。当超出 5 级时，触发程序错误 P/S 报警 No.118。

例如，#6=COS[[[#5+#4]*#3+#2]*#1]； (三重嵌套)

(一)
(二)
(三)
(四)

(一)～(四)表示运算顺序。

### 3．逻辑运算说明

逻辑运算相对于算术运算来说，详细说明见表 8-7。

表 8-7　FANUC 的逻辑运算说明

| 运算符 | 功　能 | 逻辑名 | 运算特点 | 运算实例 |
|---|---|---|---|---|
| AND | 与 | 逻辑乘 | (相当于串联)有 0 得 0 | 1×1=1，1×0=0，0×0=0 |
| OR | 或 | 逻辑加 | (相当于并联)有 1 得 1 | 1+1=1,1+0=1,0+0=0 |
| XOR | 异或 | 逻辑减 | 相同得 0，不同得 1 | 1−1=0,1−0=1,0−0=0,0−1=1 |

### 4．运算精度

同任何数学计算一样，运算的误差是不可避免的，用宏程序运算时必须考虑用户宏程序的精度。用户宏程序处理数据的浮点格式为 $M\times 2^E$。

每执行一次运算，便产生一次误差。在重复计算的过程中，这些误差将累加。FANUC 0i 运算中的误差精度见表 8-8。

表 8-8　FANUC 0i 中的运算误差

| 运　算 | 平均误差 | 最大误差 | 误差类型 |
|---|---|---|---|
| $a=b*c$ | $1.55\times10^{-10}$ | $4.66\times10^{-10}$ | 相对误差① |
| $a=b/c$ | $1.88\times10^{-10}$ | $4.66\times10^{-10}$ | $\varepsilon/\alpha$ (绝对值) |
| $a=\sqrt{b}$ | $1.24\times10^{-10}$ | $3.73\times10^{-10}$ | |
| $a=b+c$<br>$a=b-c$ | $2.33\times10^{-9}$ | $5.32\times10^{-9}$ | 最小 $\varepsilon/b$，$\varepsilon/c$ (绝对值)② |
| $\alpha$=SIN[$b$]<br>$\alpha$=COS[$b$] | $5.0\times10^{-9}$ | $1.0\times10^{-8}$ | 绝对误差③<br>$\varepsilon$ (绝对值)度 |
| $\alpha$=ATANA[$b$]/ [$c$] ④ | $1.8\times10^{-6}$ | $3.6\times10^{-6}$ | |

注：如果 SIN 或 TAN 函数的运算结果小于 $10^{-8}$ 或由于运算精度的限制不为 0 的话，可设定参数 No.6004#1，则运算结果可视为 0。

① 相对误差取决于运算结果。

② 使用两类误差的较小者。

③ 绝对误差是常数，而不管运算结果。

④ 函数 TAN 执行 SIN/COS。

说明：

(1) 加减运算。由于用户宏程序的变量值的精度仅有 8 位十进制数，当在加减运算中处理非常大的数时，将得不到期望的结果。

例如，当试图把下面的值赋给变量#1 和#2 时：

```
#1=9876543277777.777
#2=9876543210123.456
```

变量值实际上已经变成：

```
#1=9876543300000.000
#2=9876543200000.000
```

此时，当编程计算#3=#1-#2 时，其结果#3 并不是期望值 67654.321，而是#3=100000.000，显然误差较大，实际计算结果其实与此还稍有误差，因此系统是以二进制执行的。

(2) 逻辑运算。进行逻辑运算时，即使使用条件表达式 EQ、NE、GT、GE、LT、LE 时，也可能造成误差，因此系统是以二进制执行的。

例如，IF[#1EQ#2]的运算会受到#1 和#2 误差的影响，并不总是能估算正确，要求两个完全相同有时不可能，由此会造成错误的判断，因此应该改用误差来验证比较稳妥，即用 IF[ABS[#1-#2]LT0.001]代替上述语句，以避免两个变量的误差。此时，当两个变量的差值绝对值为超过允许极限(此处为 0.001)，就认为两个变量的值是相等的。

(3) 三角函数运算。在三角函数运算中会发生绝对误差，它不在 $10^{-8}$ 之内，所以注意使用中的积累误差，由于三角函数在宏程序中的应用非常广泛，特别在极具数学代表性的参数方程表达上，因此必须对此保持应有的重视。

### 5. 赋值与变量

赋值是指将一个数据赋予一个变量。例如，#1=0，则表示#1 的值是 0。其中#1 代表变量，“#”是变量符号(注意：根据数据系统的不同，其表达方式可能有差别)，0 就是给变量#1 赋的值。这里的“=”是赋值符号，起语句定义作用。

赋值定义的规律如下。

(1) 赋值号“=”两边内容不能随意互换，左边只能是变量，右边可以是表达式、数值或变量。

(2) 一个赋值语句只能给一个变量赋值。

(3) 可以多次给一个变量赋值，变量值将取代原变量值(及最后赋的值生效)。

(4) 赋值语句具有运算功能，其一般形式为：变量=表达式。

(5) 在赋值运算中，表达式可以是变量自身与其他数据的运算结果，如#1=#1+1，则表示#1 的值为#+1，这一点与数学运算时有所不同。需要强调的是，“#1=#1+1”形式的表达式可以说是宏程序运行的“原动力”，任何宏程序几乎都离不开这种类型的赋值运算，而它偏偏与人们头脑中根深蒂固的数学上的等于概念严重偏离，因此对于初学者往往造成很大的困扰。但是，如果对计算机高级语言有一定了解，对此应该更易理解。

(6) 赋值表达式的运算顺序与数学运算顺序相等同。

(7) 辅助功能(M 代码)的变量有很大值限制，如将 M30 赋值为 300 显然是不合理的。

## 8.2.5　转移和循环

在程序中，使用 GOTO 语句和 IF 语句可以改变程序的流向。有 3 种转移和循环操作可供使用。

转移和循环
- GOTO 语句　→　无条件转移
- IF 语句　→　条件转移，格式为：IF...THEN...
- WHILE 语句　→　当……时循环

### 1．无条件转移(GOTO 语句)

转移(跳转)到标有顺序号 *n*(即俗称的行号)的程序段。当指定 1～99999 以外的顺序号时，会触发 P/S 报警 No.128。其格式为：

```
GOTO n;n 为顺序号(1～99999)
```

例如：

```
GOTO 99;即转移至第 99 行
```

### 2．条件转移(IF 语句)

IF 之后指定条件表达式。

```
IF[<条件表达式>] GOTO n
```

表示如果指定的条件表达式满足时，则转移(跳转)到标有顺序号 n(即俗称的行号)的程序段。如果不满足指定的条件表达式，则顺序执行下一个程序段。例如，下面的例子如果变量#1 的值大于 100，则转移(跳转)到顺序号 N99 的程序段。

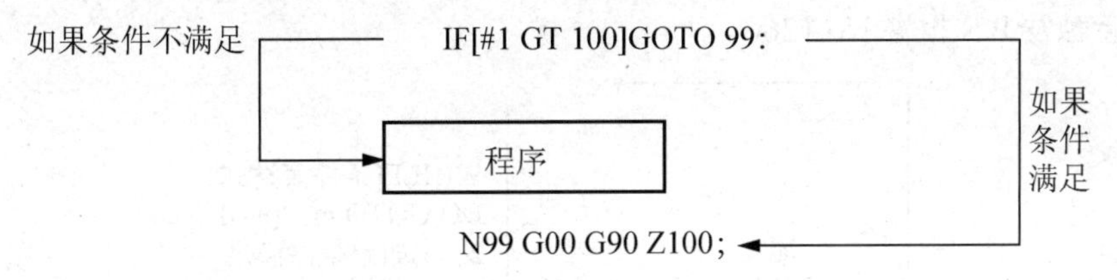


```
IF [<条件表达式>] THEN
```

如果指定的条件表达式满足时，则执行预先指定的宏程序语句，而且只执行一个宏程序语句。

```
IF[#1 EQ #2] THEN #3=10; 如果#1 和#2 的值相同，10 赋值给#3
```

说明：

(1) 条件表达式。条件表达式必须包括运算符。运算符插在两个变量中间或变量和常量中间，并且用“[　]”封闭。表达式可以替代变量。

(2) 运算符。运算符由两个字母组成(见表 8-9)，用于两个值的比较，以决定它们是相等还是一个小于或大于另一个值。注意，不能使用不等号。

表 8-9 运算符

| 运 算 符 | 含 义 | 英文注释 |
|---|---|---|
| EQ | 等于(=) | EQual |
| NE | 不等于(≠) | Not Equal |
| GT | 大于(>) | Great Than |
| GE | 大于或等于(≥) | Great than or Equal |
| LT | 小于(<) | Less Than |
| LE | 小于或等于(≤) | Less than or Equal |

典型程序示例：下面的程序为计算数值 1～100 的累加综合。

```
O8000;
#1=0;                                      存储和数变量的初值
#2=1;                                      被加数变量的初值
N5 IF [#2 GT 100] GOTO 99;                 当被加数大于 100 时转移到 N99
#1=#1+#2;                                  计算和数
#2=#2+1;                                   下一个被加数
GOTO 5;                                    转到 N5
N99 M30;                                   程序结束
```

3．循环(WHILE 语句)

(1) 在 WHILE 后指定一个条件表达式。当指定条件满足时，则执行从 DO 到 END 之间的程序；否则，转到 END 后的程序段。

DO 后面的号是指定程序执行范围的标号，标号值为 1、2、3。如果使用了 1、2、3 以外的值，会触发 P/S 报警 No.126。

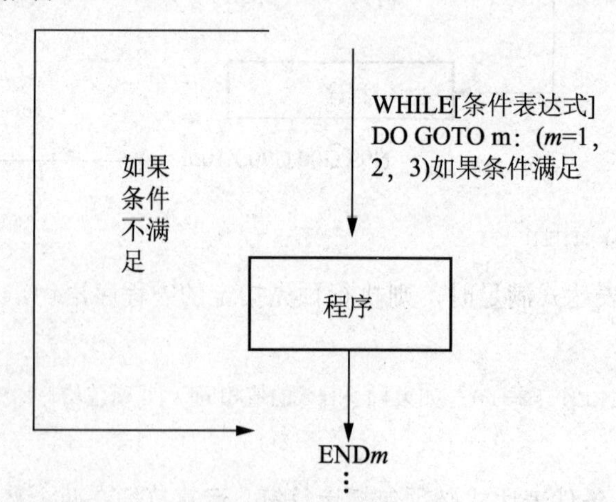


嵌套在 DO～END 循环中的标号(1～3)可根据需要多次使用。但需要注意的是，无论怎样多次使用，标号永远限制在 1、2、3。此外，当程序有交叉重复循环(DO 范围的重叠)时，会触发 P/S 报警 No.124。以下为关于嵌套的详细说明。

① 标号(1～3)可以根据需要多次使用。

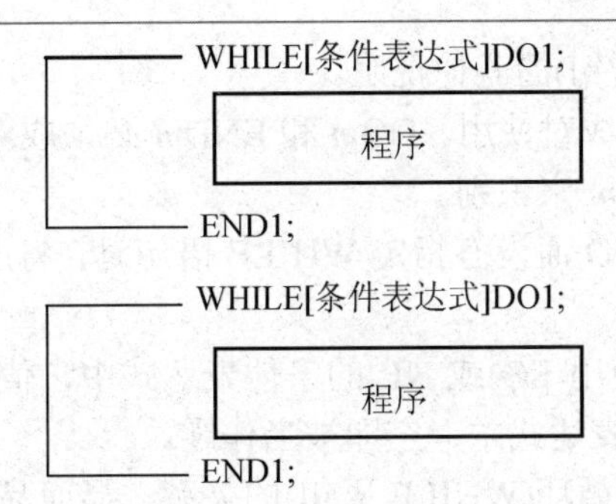


② DO 的范围不能交叉。

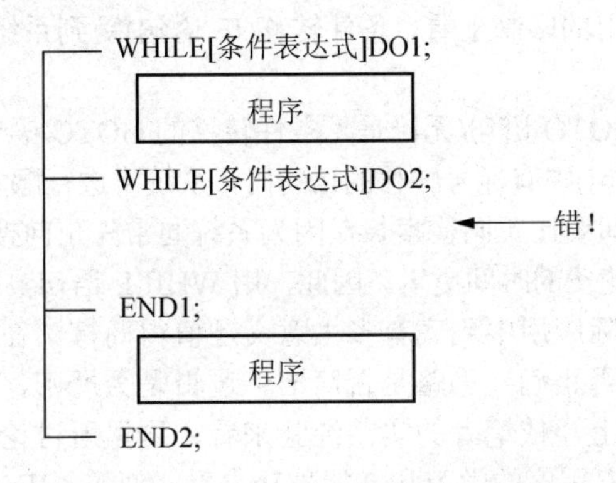


③ DO 循环可以 3 重嵌套。

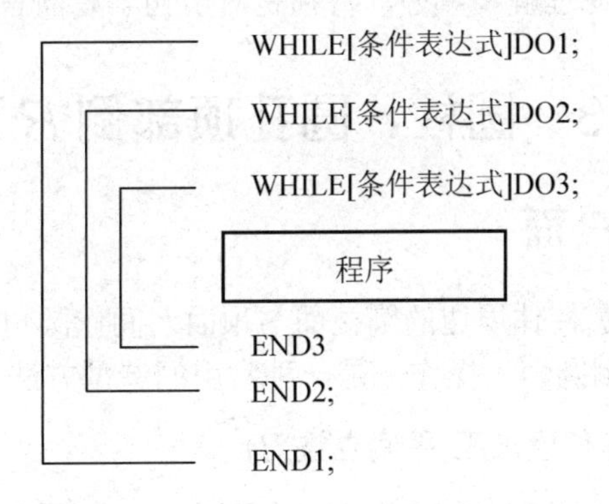


④ (条件)转移可以跳出循环的外边。

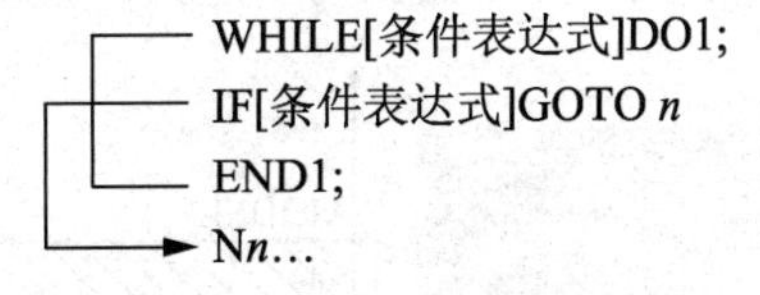


⑤ (条件) 转移不能进入循环区内。注意与第④点对照。

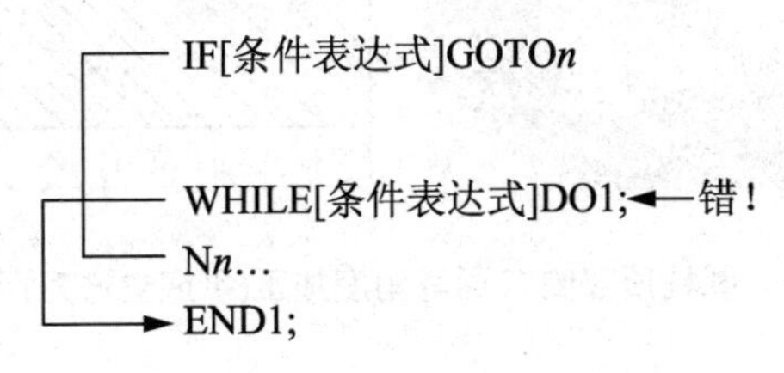

(2) 关于循环(WHILE 语句)的其他说明。

① DO*m* 和 END*m* 必须成对使用。DO*m* 和 END*m* 必须成对使用，而且 DO*m* 一定要在 END*m* 指令之前。用识别号 *m* 来识别。

② 无限循环。当指定 DO 而没有指定 WHILE 语句时，将产生从 DO 到 END 之间的无限循环。

③ 未定义的变量。在使用 EQ 或 NE 的条件表达式中，值为空和值为零将会有不同的效果。而在其他形式的条件表达式中，空即被当作零。

④ 条件转移(IF 语句)和循环(WHILE 语句)的关系。显而易见，从逻辑关系上看，两者不过是从正反两个方面描述同一件事情；从实现的功能上看，两者具有相当程度的相互替代性；从具体的用法和使用的限制上看，条件转移(IF 语句)受到系统的限制相对更少，使用更灵活。

⑤ 处理时间。当在 GOTO 语句(无论是无条件转移的 GOTO 语句，还是“IF…GOTO”形式的条件转移 GOTO 语句)中有标号转移的语句时，系统将进行顺序号检索。一般来说，数控系统执行反向检索的时间要比正向检索长，因为系统通常先正向搜索到程序结束，再返回程序开头进行搜索，所以花费的时间更多。因此，用 WHILE 语句实现循环可缩短处理时间。

但是，这一点对于实际应用中到底有多大意义还值得商榷。在宏程序的应用中，优先考虑的应该是数学表达是否正确、思路是否简洁、逻辑是否严密，至于具体选择何种语句来实现则不必拘泥。事实上，依笔者的实践经验来看，这里所讨论的处理时间在实际应用中差别并不明显，而且从宏程序的学习和掌握技巧来看，似乎“IF…GOTO”形式的条件转移 GOTO 语句相对于更容易理解和掌握，特别是对于初学者而言。

# 任务 8.3　圆柱、圆孔顶部倒 *R* 面加工

## 8.3.1　圆柱顶部倒 *R* 面

圆柱顶部倒 *R* 面是指圆柱体周边的圆柱面与顶面之间作圆角过渡，在 CAD/CAM 软件的实体造型中通常称为“倒圆角”操作，是一种常用的造型方法。

### 1. 圆柱顶部倒 *R* 面等角度加工(平底立铣刀)

如图 8-2 所示，圆柱中心即为 G54 原点，顶面为 $Z_0$，以等角度方式自下而上加工，每层均在+*X* 处采用 1/4 圆弧切入进刀和 1/4 圆弧切出退刀，以顺铣方式单向走整圆。

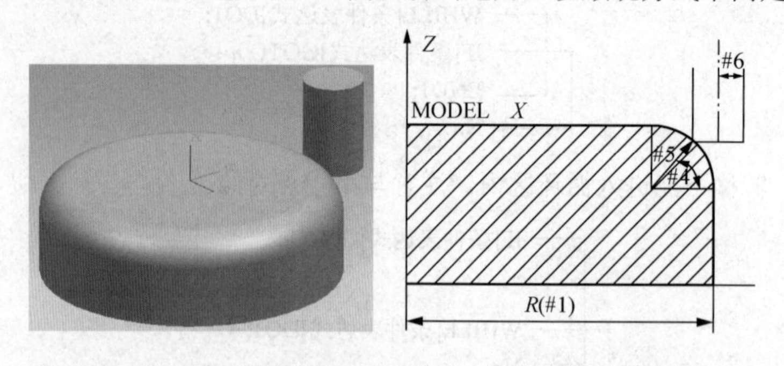


图 8-2　圆柱顶部倒 *R* 面等角度加工(平底立铣刀)示意图

```
程序：                          注释说明：
O1000;
#1=___;                         圆柱半径 Radius
#4=0;                           角度设为自变量，赋初始值为 0
#14=___;                        角度#4 每次递增量(等角度)
#5=___;                         周边倒 R 面圆角半径 Radius
#6=___;                         (平底立铣刀)刀具半径 Radius
#19=#1-#5;                      倒 R 面圆心与工件中心即原点的水平距离(常量)
S10000 M03;
G54 G90 G00 X0 Y0 Z30;          程序开始，定位于 G54 原点上方安全高度
WHILE[#4 LE 90] DO 1;           如果加工角度#4≤90，循环 1 继续
#2=#19+#5*COS[#4]+#6;           任意角度时刀具底面中心到工件中心即原点的水平距离
#3=#5*[SIN[#4]-1];              任意角度时刀尖的 Z 坐标值(非绝对值！)
G00 X[#2+#6]Y#6;                G00 快速定位至下刀点上方
G01 Z#3 F400;                   以 G01 降至当前加工平面 Z#3
G03 X#2 Y0 R#6;                 G03 圆弧进刀
G02 I-#2 F1000;                 当前加工平面上沿倒 R 面 G02 走整圆
G03 X[#2+#6]Y- #6 R#6;          G03 圆弧退刀
#4=#4+#14;                      角度#4 依次递增#14
END 1;                          循环 1 结束(此时#4>90)
G00Z30;                         G00 提刀至安全高度
M30;                            程序结束
```

注意：

(1) 本程序一般情况下比较适合粗加工。

(2) 如果特殊情况下要逆铣，只需把程序中的主动作 G02 改为 G03，其余需要修改的部分主要集中在圆弧进刀/退刀动作，此处不再列举。

(3) 在本例中采用自下而上的走刀方式，如果要自上而下走刀，程序仅需按表 8-10 变动即可。

(4) 如果令#1=#5，则倒 $R$ 面将退化为(凸)半球面，因此此程序也可以适用于(凸)半球面的加工。

表 8-10　两种走刀方式对比

| 自下而上 | 自上而下 |
|---|---|
| #4=0 | #4=90 |
| WHILE[#4 LE 90] DO 1 | WHILE[#4 GE 0] DO 1 |
| #4=#4+#14 | #4=#4-#14 |

### 2. 圆柱顶部倒 $R$ 等角度加工(球头铣刀)

如图 8-3 所示，与上面类似，圆柱中心即为 G54 原点，顶面为 $Z_0$，以等角度方式自下而上加工，每层均在 $+X$ 处采用 1/4 圆弧切入和 1/4 圆弧切出退刀，以顺铣方式(逆时针方向)单向走整圆。

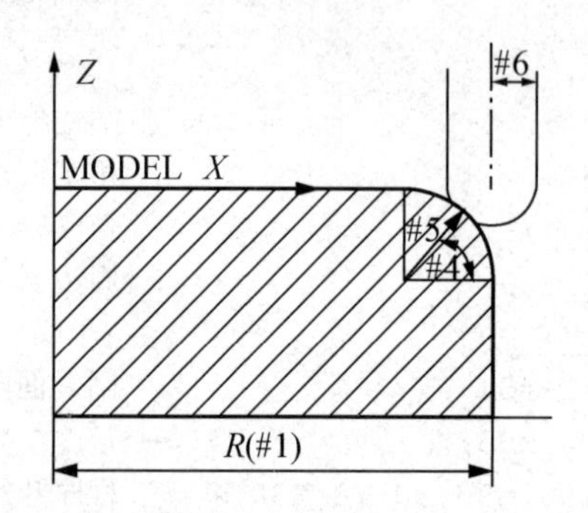


图 8-3　圆柱顶部倒 R 面等角度加工(球头铣刀)示意图

| 程序： | 注释说明： |
|---|---|
| O1100 | |
| #1=___; | 圆柱半径 Radius |
| #4=0; | 角度设为自变量，赋初始值为 0 |
| #14=___; | 角度#4 每次递增量(等角度) |
| #5=___; | 周边倒 R 面圆角半径 Radius |
| #6=___; | (球头铣刀)刀具半径 Radius |
| #19=#1-#5; | 倒 R 面圆心与工件中心即原点的水平距离(常量) |
| #20=#5+#6; | 倒 R 面圆心与刀心连线距离(常量) |
| S10000 M03; | |
| G54 G90 G00 X0 Y0 Z30; | 程序开始，定位于 G54 原点上方安全高度 |
| WHILE[#4 LE 90] DO 1; | 如果加工角度#4≤90，循环 1 继续 |
| #2=#19+#20*COS[#4]; | 任意角度时刀心到工件中心即原点的水平距离 |
| #3=#20*[SIN[#4]-1]; | 任意角度时刀尖的 Z 坐标值(非绝对值) |
| G00 X[#2+#6]Y#6; | 执行 G00 指令快速定位至下刀点上方 |
| G01 Z#3 F400; | 使用 G01 指令降至当前加工平面 Z#3 |
| G03 X#2 Y0 R#5; | 使用 G03 指令圆弧进刀 |
| G02 I-#2 F1000; | 当前加工平面上沿倒 R 面使用 G02 指令走整圆 |
| G03 X[#2+#6]Y- #6 R#5; | 使用 G03 指令圆弧退刀 |
| #4=#4+#14; | 角度#4 依次递增#14 |
| END 1; | 循环 1 结束(此时#4>90) |
| G00Z30; | 使用 G00 指令提刀至安全高度 |
| M30; | 程序结束 |

注意：

(1) 本程序一般情况下比较适合精加工，此时采用自下而上或自上而下的走刀方式差别不太大，但通常还是优先考虑自下而上。

(2) 如果特殊情况下要逆铣，只需把程序中的主动作指令 G02 改为 G03，其余需要修改的部分主要集中在圆弧进刀/退刀动作。此处不再举例。

(3) 在本例中采用自下而上的走刀方式，如果要自上而下走刀，程序仅需按表 8-10 变动即可。

(4) 如果令#1=#5，则倒 R 面将退化为标准的(凸)半球面，因此此程序也可以适用于(凸)半球面的加工。

## 8.3.2　圆孔倒 *R* 面加工

圆孔倒 *R* 面是指圆孔周边圆柱面与圆孔顶面或底部(对于不通孔)之间作圆角过渡，与上述“圆柱顶部倒 *R* 面”一样，在 CAD/CAM 软件的实体造型中也属于“倒圆角”操作或特征(内圆角)，是较常用的常规造型手段之一。

### 1．圆孔顶部倒 *R* 面等角度加工(平底立铣刀)

如图 8-4 所示，圆孔中心即为 G54 原点，顶面为 $Z_0$，以等角度方式自下而上加工，每层均在+*X* 处采用 1/4 圆弧切入进刀和 1/4 圆弧切出退刀，以顺铣方式(逆时针方向)单向走整圆。

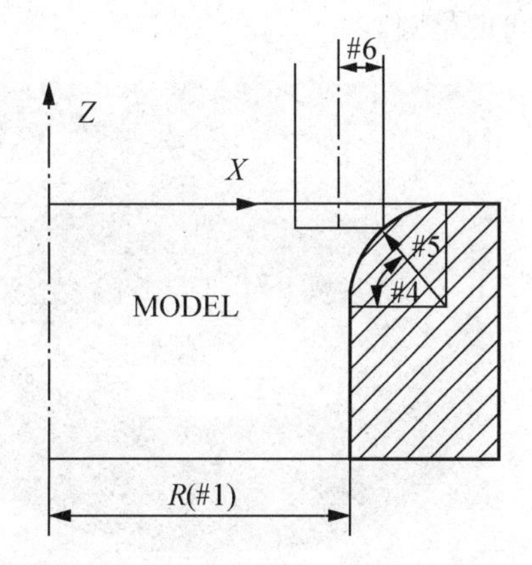


图 8-4　圆孔顶部倒 *R* 面等角度加工(平底立铣刀)示意图

```
程序：                          注释说明：
O1200;
#1=___;                         圆柱面(内)半径 Radius
#4=0;                           角度设为自变量，赋初始值为 0
#14=___;                        角度#4 每次递增量(等角度)
#5=___;                         周边倒 R 面圆角半径 Radius
#6=___;                         (平底立铣刀)刀具半径 Radius
#19=#1+#5;                      倒 R 面圆心与工件中心即原点的水平距离(常量)
S10000 M03;
G54 G90 G00 X0 Y0 Z30;          程序开始，定位于 G54 原点上方安全高度
WHILE[#4 LE 90] DO 1;           如果加工角度#4≤90，循环 1 继续
#2=#19- #5*COS[#4]- #6;         任意角度时刀尖底面中心到工件中心即原点的水平距离
#3=#5*[SIN[#4]-1];              任意角度时刀尖的 Z 坐标值(非绝对值！)
G00 X[#2- #6]Y- #6;             使用 G00 指令快速定位至下刀点上方
G01 Z#3 F400;                   使用 G01 指令降至当前加工平面 Z#3
G03 X#2 Y0 R#6;                 使用 G03 指令圆弧进刀
I-#2 F1000;                     当前加工平面上沿倒 R 面使用 G02 指令走整圆
G03 X[#2- #6]Y#6 R#6;           G03 圆弧退刀
#4=#4+#14;                      角度#4 依次递增#14
END 1;                          循环 1 结束(此时#4>90)
G00 Z30;                        使用 G00 指令提刀至安全高度
M30;                            程序结束
```

注意：

(1) 本程序一般情况下比较适合粗加工。

(2) 如果特殊情况下要逆铣，只需把程序中的主动作 G03 改为 G02，其余需要修改的部分主要集中在圆弧进刀/退刀动作。此处不再举例。

(3) 在本例中采用自下而上的走刀方式，如果要自上而下走刀，程序仅需按表 8-10 变动即可。

**2. 圆孔顶部倒 *R* 面等角度加工(球头铣刀)**

如图 8-5 所示，与上述类似，圆孔中心即为 G54 原点，顶面为 $Z_0$，以等角度方式自下而上加工，每层均在+*X* 处采用 1/4 圆弧切入进刀和 1/4 圆弧切出退刀，以顺铣方式(逆时针方向)单向走整圆。

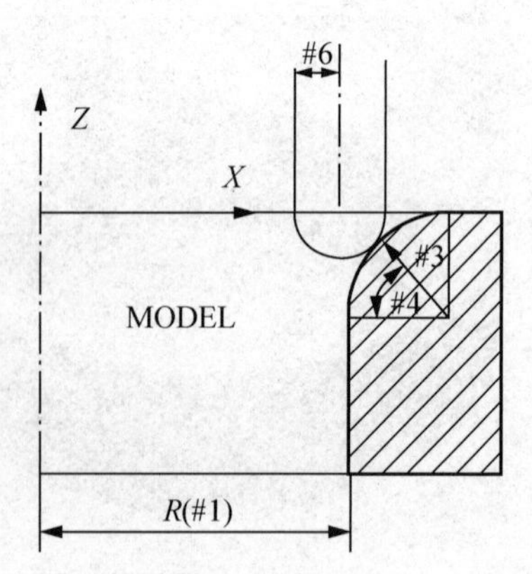


图 8-5　圆孔顶部倒 *R* 面等角度加工(球头铣刀)示意图

| 程序： | 注释说明： |
| --- | --- |
| `O1300;` | |
| `#1=___;` | 圆柱面(内)半径 Radius |
| `#4=0;` | 角度设为自变量，赋初始值为 0 |
| `#14=___;` | 角度#4 每次递增量(等角度) |
| `#5=___;` | 周边倒 *R* 面圆角半径 Radius |
| `#6=___;` | (平底立铣刀)刀具半径 Radius |
| `#19=#1+#5;` | 倒 *R* 面圆心与工件中心即原点的水平距离(常量) |
| `#20=#5+#6;` | 倒 *R* 面圆心与刀心连线距离(常量) |
| `S10000 M03;` | |
| `G54 G90 G00 X0 Y0 Z30;` | 程序开始，定位于 G54 原点上方安全高度 |
| `WHILE[#4 LE 90] DO 1;` | 如果加工角度#4≤90，循环 1 继续 |
| `#2=#19- #20*COS[#4];` | 任意角度时刀心到工件中心即原点的水平距离 |
| `#3=#20*[SIN[#4]-1];` | 任意角度时刀尖的 *Z* 坐标值(非绝对值) |
| `G00 X[#2- #6]Y- #6;` | 使用 G00 指令快速定位至下刀点上方 |
| `G01 Z#3 F400;` | 使用 G01 指令降至当前加工平面 Z#3 |
| `G03 X#2 Y0 R#6;` | 使用 G03 指令圆弧进刀 |
| `I -#2 F1000;` | 当前加工平面上沿倒 *R* 面使用 G02 指令走整圆 |
| `G03 X[#2- #6]Y#6 R#6;` | 使用 G03 指令圆弧退刀 |
| `#4=#4+#14;` | 角度#4，依次递增#14 |
| `END 1;` | 循环 1 结束(此时#4>90) |

```
G00 Z30;                        使用 G00 指令提刀至安全高度
M30;                            程序结束
```

注意：

(1) 本程序一般情况下比较适合精加工，此时采用自下而上或自上而下的走刀方式差别不太大，但通常还是优先考虑自下而上。

(2) 如果特殊情况下要逆铣，只需把程序中的主动作指令 G03 改为 G02，其余需要修改的部分主要集中在圆弧进刀/退刀动作。此处不再举例。

(3) 本例中采用自下而上的走刀方式，如果要自上而下走刀，程序仅需按表 8-10 变动即可。

# 任务 8.4　椭 圆 加 工

## 8.4.1　椭圆轨迹加工

首先来看图 8-6 和图 8-7，关于椭圆的宏程序编写，人们往往存在一个巨大的数字误区：以为只要刀具中心运行轨迹是椭圆，加工出来的(内或外)轮廓也是椭圆，在许多常见的关于椭圆的宏程序几乎都是建立在这个错误的认识基础上。而从图中可以非常清晰地看出，如果刀具中心的运动轨迹是一个椭圆的话，那么加工出来的轮廓(无论是内轮廓还是外轮廓)都绝对不会是一个真正的轮廓。

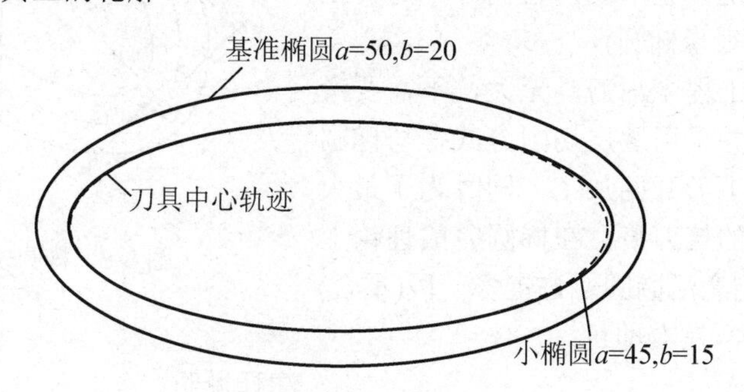


图 8-6　椭圆内轮廓加工几何分析

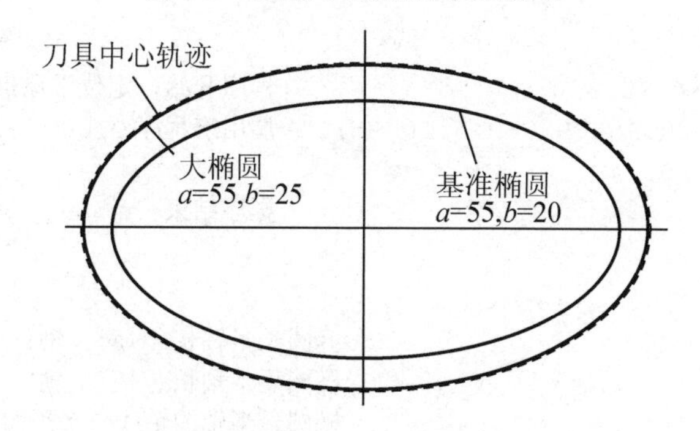


图 8-7　椭圆外轮廓加工几何分析

如果希望被加工出来的轮廓(无论是内轮廓还是外轮廓)是一个真正的椭圆，那么与此相对应的刀具中心运动轨迹则必然不能是椭圆，而只能是希望得到的椭圆轮廓的等距偏移曲线，即图 8-6 和图 8-7 中的相应标识曲线。

本来道理上是件很简单的事，只要用任何一个 CAD/CAM 软件稍加验证就可以很容易地得出结论，误解之所以广泛存在而很难被人发现，主要原因如下。

(1) 椭圆的宏程序编写一般都自觉或不自觉地运用到椭圆的参数方程，往往容易进入上述误区。

(2) 由于通常情况下的椭圆不会非常扁，此时真正正确的刀具中心运行轨迹与被当作“刀具中心运行轨迹”的椭圆之间的偏差是最小的，仅凭肉眼很难分辨，而且在测量椭圆时一般主要检查椭圆的长轴及短轴的长度，而这两个关键尺寸却是天衣无缝、与理论值完全相符，极不易被人察觉。

(3) 一般人在编写椭圆的宏程序时，未必会想到结合 CAD/CAM 软件这样强大的工具来辅佐验证。

这里介绍的“椭圆轨迹加工”是指以刀具中心运行轨迹为标准的椭圆，主要适合于加工槽宽等于刀具直径的椭圆凹槽。例如，在滚子从动件凸轮机构中，如图 8-8 所示，加工形成的内轮廓其实就是滚子(相当于刀具)的内包络线，而外轮廓其实就是滚子(相当于刀具)的外包络线，由此可知，无论是内包络线还是外包络线，它们都不是真正的椭圆(虽然看上去很像椭圆)。

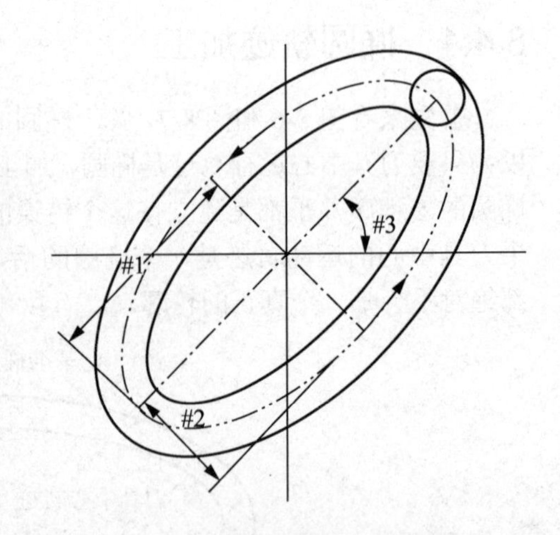

图 8-8　椭圆轨迹加工示意图

在本例中，加工程序与刀具无关，不需要考虑刀具半径补偿，并采用逐层切削方式在与椭圆的最大曲率半径处下刀开始加工，同时为了最大限度地消除下刀处的接刀痕，在椭圆完成理论上一圈 360° 后，还刻意沿椭圆轨迹走多一段(重合)距离，通常走多 10° 左右即可。

主程序：　　注释说明：

```
O2000;
S1000  M03;
G54  G90  G00  X0 Y0 Z30;                程序开始，定位于原点上方
G65  P100 X40.Y20.A50.B30.C45.I0 H5;     调用宏程序 O100
Q2.  D90.E1.F1000;
M30;                                     程序结束
```

自变量赋值说明：

```
#1=(A);        椭圆长半轴长(对应 X 轴)
#2=(B);        椭圆短半轴长(对应 Y 轴)
#3=(C);        椭圆长半轴的轴线与水平的夹角(+X 方向)
#4=(I);        dZ(绝对值)设为自变量，赋初始值为 0
#11=(H);       椭圆凹槽深度(绝对值！)
#17=(Q);       自变量#4 每次递增量(等高)
#7=(D);        角度设为自变量，赋初始值为 90°
#8=(E);        角度#7 每次递增量
```

```
#9=(F);                       进给速度 Feed
#24=(X);                      椭圆中心 X 坐标值
#25=(Y);                      椭圆中心 Y 坐标值
```

宏程序：　　　　注释说明：

```
O100;
G52  X#24  Y25;               在椭圆中心(X,Y)处建立局部坐标系
G00  X0  Y0;                  定位至椭圆中心处
G68  X0  Y0  R#3;             局部坐标系原点坐标系旋转角度#3
WHILE[#4 LE #11]DO 1;         如果加工深度#4≤#11，循环 1 继续
G00  X0  Y#2;                 使用 G00 指令快速定位至下刀点上方
Z[-#4+1.];                    Z 方向快速降至当前加工平面 Z-#4 以上 1.处
G01  Z-#4  F[#9*0.2];         使用 G01 指令进给降至当前加工深度
#7=90;                        重置角度#7 为初始值 90°
WHILE[#7LE460] DO 2;          如#7≤460(90+360+10=460)，循环 2 继续
#5=#1*COS[#7];                椭圆上一点的 X 坐标
#6=#2*SIN[#7];                椭圆上一点的 Y 坐标
G01  X#5 Y#6 F#9;             以直线逼近走出椭圆(逆时针方向)
#7=#7+#8;                     角度#7 每次以#8 递增
END 2;                        循环 2 结束(完成一圈多的椭圆，此时#7+460)
G00 Z30;                      使用 G00 指令快速提刀至安全高度
#4=#4+#17;                    Z 坐标(绝对值)依次递增#17(层间距)
END 1;                        循环 1 结束(此时#4>#11)
G69;                          取消坐标系旋转
G52 X0 Y0;                    取消局部坐标系，恢复 G54 原点，切记!
M99;                          宏程序结束，返回
```

**注意**：*以直线 G01 逼近椭圆轨迹，角度每次递增量越小，轮廓越接近理论值(与 CAD/CAM 软件编程原理相似)*。

## 8.4.2　椭圆内轮廓加工

综上所述，这里介绍椭圆的内轮廓加工，其刀具运动轨迹的外包络线就是要求加工得到的真正的椭圆，因此无论怎样都必须使用刀具半径补偿功能，如图 8-9 所示。

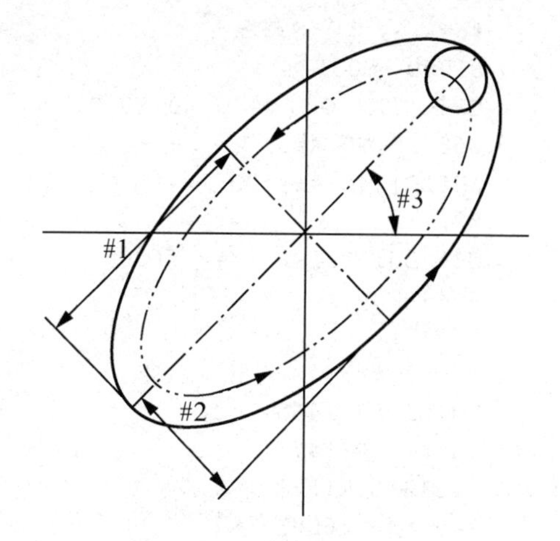


图 8-9　椭圆内轮廓加工

在实际加工中，椭圆内轮廓中的区域内未必就是空的，可能会有其他的凸台等结构，因此根据实际应用的不同具体情况，这里将介绍两种情况下不同加工方式。

一种是“刀具在椭圆内轮廓上(投影关系为刀具与椭圆相切)直接下刀”，具体地说，就是在走刀策略上要充分考虑到轮廓内部各种干涉的可能性：通过在安全平面上实现合理的起刀动作，并提前使刀具半径补偿指令 G41 生效，Z 方向下刀时已经直接作用于椭圆的内

轮廓，避免了发生各种干涉的可能性，加工安全性得到完全的保障。这种加工方式的唯一不足就是在下刀处的椭圆内轮廓可能会产生接刀痕迹，对表面加工质量有所影响，相应的程序为O2001。

另一种则针对比较简单点的情况，即假设椭圆内轮廓中的区域就是空的，下刀时无须考虑各种可能的干涉或限制，直接就在椭圆的中心上方下刀。这种加工方式的编程思路较前一种更为宽松，而且表面加工质量也更好，相应的程序为O2002。

为了简化程序，在程序O2001、O2002、O2003中，均假设椭圆中心为G54原点，顶面为$Z_0$面。程序中的“D01”即为刀具半径补偿值，可在MDI方式下输入机床。

众所周知，在进行各种内轮廓加工时运用刀具半径补偿值，一般而言，即使使用刀具的最大径向尺寸(半径值)，还是不能大于椭圆的最小曲率半径；否则数控系统将出现 G41方面的报警。

另外需要注意的是，凡是带有G41刀具半径补偿的程序，在绝大多数情况下都不能单段运行，FANUC 0i系统的操作系统说明书里明确指出，起刀时执行G41刀具半径补偿指令，系统必须预读其后两个程序段(Blocks)才能正确运行。

### 1. 刀具在椭圆内轮廓上方直接下刀

| 程序(轮廓上方下刀)： | 注释说明($Z_0$面～Z-#11面，中间避空)： |
|---|---|
| O2001; | |
| #1=____; | 椭圆长半轴长(对应X轴) |
| #2=____; | 椭圆短半轴长(对应Y轴) |
| #3=____; | 椭圆长半轴的轴线与水平的夹角(+X方向) |
| #4=dZ; | dZ(绝对值)设为自变量，赋初始值为dZ(可避免首轮空刀) |
| #11=____; | 椭圆轮廓深度H(绝对值) |
| #17=dZ; | 自变量#4每次递增(等高) |
| #8=____; | 角度#7每次递增量 |
| S1000 M03; | |
| G54 G90 G00 G40 X0 Y0 Z30; | 程序开始，定位于G54原点上方安全高度 |
| G68 X0 Y0 R#3; | 原点为中心进行坐标系旋转角度 |
| WHILE[#4LE#11]DO 1; | 如果加工高度#4≤#11，循环1继续 |
| Z2; | Z方向快速降至Z2处 |
| G41 D01 G01 X0 Y#2 f600; | 使用G01指令进给至下刀点 |
| Z-#4 F300; | 使用G01指令进给降至当前加工深度 |
| #7=90; | 重置角度#7为初始值90° |
| #7=#7+#8; | #7在初始值90°上增加一个#8(此步非常重要) |
| WHILE[#7LE460]DO2; | 如角度#7≤460(90+360+10=460)，循环2继续 |
| #5=#1*COS[#7]; | 椭圆上一点的X坐标值 |
| #6=#2*SIN[#7]; | 椭圆上一点的Y坐标值 |
| X#5 Y#6 F600; | 以直线G01逼近走出椭圆(逆时针方向) |
| #7=#7+#8; | 角度#7每次以#8递增 |
| END2; | 循环2结束(完成一圈椭圆，此时#7>460) |
| G00Z30; | 使用G00指令快速提刀至安全高度 |
| G40 X0 Y0; | 取消刀补并快速移动至起刀点，即原点(0,0) |
| #4=#4+#17; | Z坐标(绝对值)依次递增#17(层间距) |

```
END1;                              循环 1 结束(此时#4>#11)
G69;                               取消坐标系旋转
M30;                               程序结束
```

注意：

(1) 以直线 G01 逼近椭圆内轮廓，几何上只会欠切不会多切，对于精加工来说，角度每次递增量越小，轮廓越接近理论值(与 CAD/CAM 软件编程原理相似)。

(2) 如果特殊情况下要逆铣，只需把程序中的部分语句适当变换即可，参见表 8-11。图 8-9 所示为椭圆内轮廓加工示意图。

表 8-11　顺、逆铣对比

| 顺铣方式(逆时针方向) | 逆铣方式(顺时针方向) |
|---|---|
| G41 D01 G01 X0 Y#2 F600<br>⋮<br>X#5 Y#6 F600<br>⋮ | G42 D01 G01 X0 Y#2 F600<br>⋮<br>X#5 Y#6 F600<br>⋮ |

(3) 程序开头的 G40 虽然不是非加不可，但加上的好处是明显的，即对于经常性的程序暂停、重启及调试将非常方便。

在上述程序 O2001 的基础上，这里再做进一步的简化，即假设刀具仅在 $Z_0$ 平面上走刀，不考虑逐层加工，则程序会更加短小。如果使用该程序进行逐层加工，则其加工深度需要人工干预(即程序中 $Z_0$ 视具体情况而定)，该程序特别适合于数控技能竞赛场合下的超常规使用。请读者留意。

程序：　　　　　　　　　　　　　　注释说明($Z_0$ 面，中间避空)：

```
O2002;
#1=____;                           椭圆长半轴长(对应 X 轴)
#2=____;                           椭圆短半轴长(对应 Y 轴)
#3=____;                           椭圆长半轴的轴线与水平的夹角(+X 方向
#8=____;                           角度#7 每次递增量
S1000  M03;
G54 G90 G00 X0 Y0 Z30;             程序开始，定位于 G54 原点上方安全高度
G68 X0 Y0 R#3;                     原点为中心进行坐标系旋转角度
Z2;                                Z 方向快速降至 Z2 处
G41 D01 G01 X0 Y#2 F600;           使用 G01 指令进给至下刀点
Z0 F300;                           使用 G01 指令进给降至当前加工深度 Z0
#7=90;                             重置角度#7 为初始值 90°
#7=#7+#8;                          #7 在初始值 90°上增加一个#8(此步非常重要！)
WHILE[#7 LE 460]DO 1;              如角度#7≤460(90+360+10=460)，循环 1 继续
#5=#1*COS[#7];                     椭圆上一点的 X 坐标值
#6=#2*SIN[#7];                     椭圆上一点的 Y 坐标值
X#5 Y#6 F600;                      以直线 G01 逼近走出椭圆(逆时针方向)
#7=#7+#8;                          角度#7 每次以#8 递增
END1;                              循环 1 结束(完成一圈椭圆，此时#7>460)
G00 Z30;                           使用 G00 指令快速提刀至安全高度
G40 X0 Y0;                         取消刀补并快速移动至起刀点，即原点(0，0)
```

```
G69;                                    取消坐标系旋转
M30;                                    程序结束
```

### 2. 刀具在椭圆中心上方直接下刀

下面则针对第二种比较简单的情况，即直接在椭圆的中心上方下刀，程序为O2003。

程序(中心垂直下刀)：　　　　　　　注释说明($Z_0$面～Z-#11面，中间无避空)：

```
O2003;
#1=____;                           椭圆长半轴长(对应X轴)
#2=____;                           椭圆短半轴长(对应Y轴)
#3=____;                           椭圆长半轴的轴线与水平的夹角(+X方向)
#4=dZ;                             dZ(绝对值)设为自变量,赋初始值为dZ(避免首轮空刀!)
#11=___;                           椭圆轮廓深度H(绝对值!)
#17=dZ;                            Z坐标(绝对值)设为自变量，赋初始值为0
#8=____;                           角度#7每次递增量
S1000 M03;
G54 G90 G00 G40 X0 Y0 Z30;         程序开始，定位于G54原点上方安全高度
G68 X0 Y0 R#3;                     原点为中心进行坐标系旋转角度
WHILE[#4LE#11]DO 1;                如果加工高度#4≤#11，循环1继续
Z2;                                Z方向快速降至Z2处
G01 Z-#4 F300;                     使用G01指令进给降至当前加工深度
#7=90;                             重置角度#7为初始值90°
WHILE[#7LE460]DO 2;                如角度#7≤460(90+360+10=460)，循环2继续
#5=#1*COS[#7];                     椭圆上一点的X坐标
#6=#2*SIN[#7];                     椭圆上一点的Y坐标
G41 D01 G01X#5 Y#6 F600;           以直线G01逼近走出椭圆(逆时针方向)
#7=#7+#8;                          角度#7每次以#8递增
END2;                              循环2结束(完成一圈椭圆，此时#7>460)
G00 Z30;                           使用G00指令快速提刀至安全高度
G40 X0 Y0;                         取消刀补并快速移动至起刀点，即原点(0，0)
#4=#4+#17;                         Z坐标(绝对值)依次递增#17(层间距)
END1;                              循环1结束(此时#4>#11)
G69;                               取消坐标系旋转
M30;                               程序结束
```

说明：

(1) 一般情况下，椭圆内轮廓中多数是中空，因此可以在椭圆中心预先铣出圆孔(半径可略小于椭圆的短半轴)，以利于加工椭圆时在中心垂直下刀。

(2) 相对于上述“在轮廓上方下刀”的O2001程序，在中心垂直下刀可以使刀具在进入及退出椭圆轮廓时不易产生明显的接刀痕，椭圆内轮廓的表面加工质量相对更容易得到保证。

## 8.4.3 椭圆外轮廓加工

这里介绍椭圆的外轮廓加工，与8.4.2节所述相似，刀具运动轨迹的内包络线就是要求加工得到真正的椭圆，如图8-10所示。

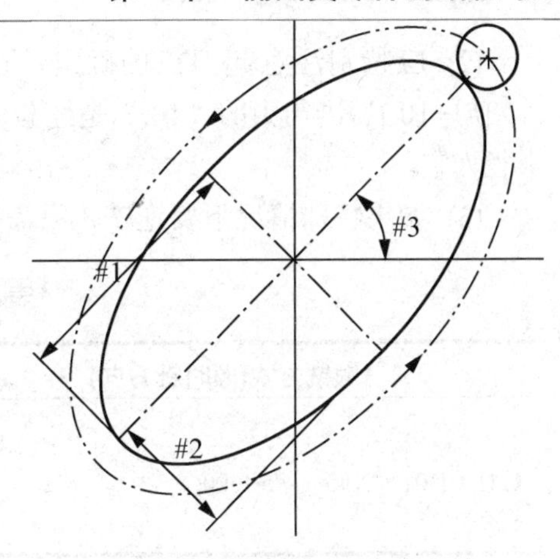


图 8-10　椭圆外轮廓加工示意图

在这里加工程序与刀具有关，即需要考虑刀具半径补偿，但是与 8.4.2 节所述有所不同，对允许使用的刀具最大径向尺寸(半径)没有限制。

虽然在进行各种外轮廓加工时运行刀具半径补偿指令(无论是 G41 还是 G42)相对比较容易，但是在实际加工中，椭圆外轮廓外的区域未必就可以随便找“空”位置起刀，同样的也可能受限于其他的凸台等部位的空间要求，因此，为了最大限度地加工，具体情况具体分析，合理设置起刀点，尽量避免发生各种干涉。

以下程序 O3000 考虑到逐层加工，加工思路完整，适用于常规应用。

程序：　　　　注释说明($Z_0$面～Z-#11)：

```
O3000;
#1=___;                          椭圆长半轴长(对应 X 轴)
#2=___;                          椭圆短半轴长(对应 Y 轴)
#3=___;                          椭圆长半轴的轴线与水平的夹角(+X 方向)
#4=Dz;                           dZ(绝对值)设为自变量，赋初始值为dZ(避免首轮空刀!)
#11=___;                         椭圆轮廓深度 H(绝对值)
#17=dZ;                          Z 坐标(绝对值)设为自变量，赋初始值为 0
#8=___;                          角度#7 每次递增
S1000  M03;
G54  G90  G00  G40  X0 Y0 Z30;   程序开始，定位于 G54 原点上方安全高度
G68  X0 Y0 R#3;                  原点为中心进行坐标系旋转角度
WHILE[#4LE#11]DO 1;              如果加工高度#4≤#11，循环 1 继续
G40  G00 X[#1+10.] Y0;           快速移动到椭圆外下刀点(+X 轴上)
Z[-#4+1.];                       Z 方向快速降至当前加工平面 Z-#4 以上 1.处
G01  Z-#4  F300;                 使用 G01 指令进给降至当前加工深度
#7=0;                            重置角度#7 为初始值 0°
WHILE[#7LE370]DO 2;              如角度#7≤370(0+360+10=370)，循环 2 继续
#5=#1*COS[#7];                   椭圆上一点的 X 坐标
#6=#2*SIN[#7];                   椭圆上一点的 Y 坐标
G41  D01  G01  X#5 Y-#6 F600;    以直线 G01 逼近走出椭圆(顺时针方向)
#7=#7+#8;                        #7 每次以#8 递增
END2;                            循环 2 结束(完成一圈椭圆，此时#7=370)
G00  Z30;                        使用 G00 指令提刀至安全高度
#4=#4+#17;                       Z 坐标(绝对值)依次递增#17(层间距)
END 1;                           循环 1 结束(此时#4=#11)
G69;                             取消坐标系旋转
M30;                             程序结束
```

说明：

(1) 以直线 G01 逼近加工椭圆外轮廓，理论上一定会过切！因此，粗加工角度的每次递增#8 不能太大，#1、#2 预留一定的余量，以保证合理加工余量和加工精度。

(2) 应特别注意起刀点的确定，在刀具半径补偿方式中这是非常重要的环节，程序“X[#1+10.]”语句中的“10.”是经验值，并非强制性的标准数值，通常建议该值大于刀具半径为宜。

(3) 如果特殊情况下要逆铣，只需要把程序中部分语句适当变换即可，参见表 8-12。

表 8-12　顺逆铣对比

| 顺铣方式(顺时针方向) | 逆铣方式(逆时针方向) |
|---|---|
| ⋮<br>G41　D01　X#5 Y-#5 f600<br>⋮ | ⋮<br>G42　D01　X#5 Y#6 F600<br>⋮ |

例如，图 8-1 所示椭圆零件加工程序如下：

```
O1001
#1=30;                              椭圆长半轴长(对应 X 轴)
#2=20;                              椭圆短半轴长(对应 Y 轴)
#3=0;                               椭圆长半轴的轴线与水平的夹角(+X 方向)
#4=0;                               dZ(绝对值)设为自变量，赋初始值为 0
#9=10;                              椭圆轮廓深度 H(绝对值)
#10=1;                              自变量#4 每次递增量(等高)
#8=1;                               角度#7 每次递增量
T01 M98P9000;                       T01 为直径 20mm 平底立铣刀
S1000  M03;                         主轴转动
G54  G90  G00  G40  X0 Y0 Z30;      程序开始，定位于 G54 原点上方安全高度
G68  X0 Y0 R#3;                     原点为中心进行坐标系旋转角度
WHILE[#4 LE #9]DO 1;                如果加工高度#4≤#9，循环 1 继续
G40  G00 X[#1+10.] Y0;              快速移动到椭圆外下刀点(+X 轴上)
Z[-#4+1.];                          Z 方向快速降至当前加工平面 Z-#4 以上 1.处
G01  Z-#4  F300;                    使用 G01 指令进给降至当前加工深度
#7=0;                               重置角度#7 为初始值 0°
WHILE[#7LE370]DO 2;                 如角度#7≤370(0+360+10=370)，循环 2 继续
#5=#1*COS[#7];                      椭圆上一点的 X 坐标
#6=#2*SIN[#7];                      椭圆上一点的 Y 坐标
G41  D01  G01  X#5  Y-#6  F600;     以直线 G01 逼近走出椭圆(顺时针方向)
#7=#7+#8;                           #7 每次以#8 递增
END2;                               循环 2 结束(完成一圈椭圆，此时#7=370)
G00  Z30;                           使用 G00 指令提刀至安全高度
#4=#4+#10;                          Z 坐标(绝对值)依次递增#10(层间距)
END 1;                              循环 1 结束(此时#4=#9)
G69;                                取消坐标系旋转
G00 Z100;                           使用 G00 指令提刀至安全高度
#11=10;                             圆柱面(内)半径 Radius
#14=0;                              角度设为自变量，赋初始值为 0
#24=1;                              角度#14 每次递增量(等角度)
#15=5;                              周边倒 R 面圆角半径 Radius
#16=5;                              (球头铣刀)刀具半径 Radius
```

```
#29=#11+#15;                  倒 R 面圆心与工件中心即原点的水平距离(常量)
#30=#15+#16;                  倒 R 面圆心与刀心连线距离(常量)
T02 M98 P9000;                T02 为直径 10mm 球铣刀
S2000 M03;                    主轴转动
G54 G90 G00 X0 Y0 Z30;        程序开始，定位于 G54 原点上方安全高度
WHILE[#14LE90] DO 3;          如果加工角度#14≤90，循环 1 继续
#12=#29- #30*COS[#14];        任意角度时刀心到工件中心即原点的水平距离
#13=#30*[SIN[#14]-1];         任意角度时刀尖的 Z 坐标值(非绝对值)
G00 X[#12- #16]Y- #16;        使用 G00 指令快速定位至下刀点上方
G01 Z#13 F400;                使用 G01 指令降至当前加工平面 Z#13
G03 X#12 Y0 R#16;             使用 G03 指令圆弧进刀
I-#12 F1000;                  当前加工平面上沿倒 R 面 G02 走出整圆
G03 X[#12- #16]Y#16 R#16;     使用 G03 指令圆弧退刀
#14=#14+#24;                  角度#14 依次递增#24
END  3;                       循环 1 结束(此时#14>90)
G00 Z30;                      使用 G00 指令提刀至安全高度
M05;
G91 G28 Z0;
G91 G28 X0 Y0;
M30;                          程序结束
```

完成本章任务，需填写的有关表格如表 8-13～表 8-20 所示。

表 8-13　计划单

<table>
<tr><td>学习领域</td><td colspan="6">数控铣床编程与零件加工(进阶)</td></tr>
<tr><td>学习情境 10</td><td colspan="4">椭圆类零件的编程与加工</td><td>学时</td><td>12</td></tr>
<tr><td>计划方式</td><td colspan="6">小组讨论，学生计划，教师引导</td></tr>
<tr><td>序号</td><td colspan="5">实施步骤</td><td>使用资源</td></tr>
<tr><td></td><td colspan="5"></td><td></td></tr>
<tr><td></td><td colspan="5"></td><td></td></tr>
<tr><td></td><td colspan="5"></td><td></td></tr>
<tr><td></td><td colspan="5"></td><td></td></tr>
<tr><td></td><td colspan="5"></td><td></td></tr>
<tr><td></td><td colspan="5"></td><td></td></tr>
<tr><td>制订计划说明</td><td colspan="6"></td></tr>
<tr><td rowspan="3">计划评价</td><td>班级</td><td></td><td>第　组</td><td>组长签字</td><td colspan="2"></td></tr>
<tr><td>教师签字</td><td colspan="2"></td><td>日期</td><td colspan="2"></td></tr>
<tr><td colspan="6">评语：</td></tr>
</table>

表 8-14　决策单

| 学习领域 | 数控铣床编程与零件加工(进阶) | | | | | | | |
|---|---|---|---|---|---|---|---|---|
| 学习情境 10 | 椭圆类零件的编程与加工 | | | | | 学时 | | 12 |
| 方案讨论 | | | | | | | | |
| | 组号 | 实现功能 | 方案可行性 | 方案合理性 | 实施难度 | 安全可靠性 | 经济性 | 综合评价 |
| 方案对比 | 1 | | | | | | | |
| | 2 | | | | | | | |
| | 3 | | | | | | | |
| | 4 | | | | | | | |
| | 5 | | | | | | | |
| | 6 | | | | | | | |
| 方案评价 | 评语： | | | | | | | |
| 班级 | | 组长签字 | | 教师签字 | | | 月　日 | |

表 8-15　材料、设备、工/量具清单

| 学习领域 | 数控铣床编程与零件加工(进阶) | | | | | | |
|---|---|---|---|---|---|---|---|
| 学习情境 10 | 椭圆类零件的编程与加工 | | | | | 学时 | 12 |
| 类　型 | 序　号 | 名　称 | 作　用 | 数　量 | 型　号 | 使用前 | 使用后 |
| 所用设备 | 1 | 立式数控铣床 | 零件加工 | 6 | 法拉克系统 | | |
| | 2 | 三爪卡盘 | 装夹工件 | 6 | | | |
| 所用材料 | 1 | 45 钢 | 零件毛坯 | 6 | $\phi$85mm | | |
| 所用刀具 | 1 | 平铣刀 | 加工零件外形 | 6 | $\phi$10mm | | |
| 所用量具 | 1 | 深度尺 | 测量深度 | 6 | 150mm | | |
| | 2 | 游标卡尺 | 测量线性尺寸 | 6 | | | |
| | 3 | 圆弧规 | 测量圆弧半径 | 6 | | | |
| | 4 | 外径千分尺 | 测量线性尺寸 | 6 | | | |
| 附件 | 1 | δ2、δ5、δ10、δ30 系列垫块 | 调整工件高度 | 若干 | | | |
| 班级 | | | 第　组 | | 组长签字 | | |
| 教师签字 | | | | | 日期 | | |

表 8-16　实施单

| 学习领域 | 数控铣床编程与零件加工(进阶) | | |
|---|---|---|---|
| 学习情境 10 | 椭圆类零件的编程与加工 | 学时 | 12 |
| 实施方式 | 学生自主学习，教师指导 | | |
| 序　号 | 实施步骤 | 使用资源 | |
| | | | |
| | | | |
| | | | |
| | | | |
| | | | |

实施说明：

| 班级 | | 第　组 | 组长签字 | |
|---|---|---|---|---|
| 教师签字 | | | 日期 | |

表 8-17　作业单

| 学习领域 | 数控铣床编程与零件加工(进阶) | | |
|---|---|---|---|
| 学习情境 10 | 椭圆类零件的编程与加工 | 学时 | 12 |
| 作业方式 | 小组分析，个人解答，现场批阅，集体评判 | | |
| 1 | 利用宏程序进行如图 8-11 所示零件程序编制，并在数控系统中进行校验 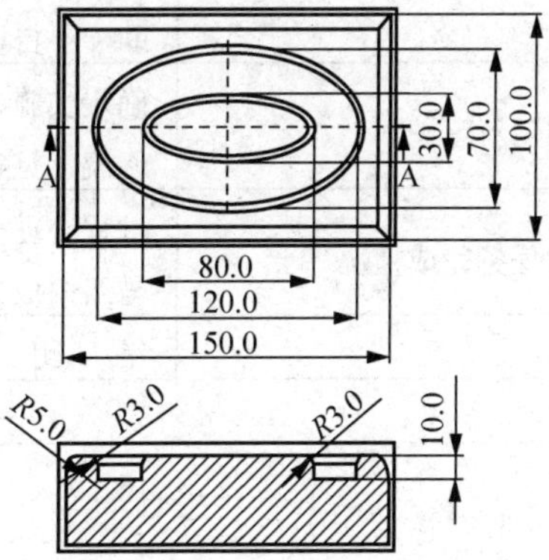<br>图 8-11　加工图例 | | |

作业解答：

| 作业评价 | 班级 | | 第　组 | 组长签字 | | |
|---|---|---|---|---|---|---|
| | 学号 | | 姓名 | | | |
| | 教师签字 | | 教师评分 | | 日期 | |
| | 评语： | | | | | |

表 8-18　检查单

| 学习领域 | 数控铣床编程与零件加工(进阶) | | | |
|---|---|---|---|---|
| 学习情境 10 | 椭圆类零件的编程与加工 | | 学时 | 12 |
| 序号 | 检查项目 | 检查标准 | 学生自检 | 教师检查 |
| 1 | 椭圆轮廓加工的实施准备 | 准备充分、细致、周到 | | |
| 2 | 椭圆加工的计划实施步骤 | 实施步骤合理，有利于提高零件加工质量 | | |
| 3 | 椭圆加工的尺寸精度及表面粗糙度 | 符合图样要求 | | |
| 4 | 实施过程中工、量具摆放 | 定址摆放、整齐有序 | | |
| 5 | 实施前工具准备 | 学习所需工具准备齐全，不影响实施进度 | | |
| 6 | 教学过程中的课堂纪律 | 听课认真，遵守纪律，不迟到、不早退 | | |
| 7 | 实施过程中的工作态度 | 在工作过程中乐于参与，积极主动 | | |
| 8 | 上课出勤状况 | 出勤率达 95%以上 | | |
| 9 | 安全意识 | 无安全事故发生 | | |
| 10 | 环保意识 | 垃圾分类处理，不对环境产生危害 | | |
| 11 | 合作精神 | 能够相互协作、相互帮助，不自以为是 | | |
| 12 | 实施计划时的创新意识 | 确定实施方案时不随波逐流，见解合理 | | |
| 13 | 实施结束后的任务完成情况 | 过程合理、工件合格，与组内成员合作良好 | | |

| 检查评价 | 班级 | | 第　组 | 组长签字 | |
|---|---|---|---|---|---|
| | 教师签字 | | | 日期 | |
| | 评语： | | | | |

表 8-19　评价单

| 学习领域 | 数控铣床编程与零件加工(进阶) | | | | |
|---|---|---|---|---|---|
| 学习情境 10 | 椭圆类零件的编程与加工 | | | 学时 | 12 |
| 评价类别 | 项目 | 子项目 | 个人评价 | 组内互评 | 教师评价 |
| 专业能力<br>(60%) | 资讯<br>(6%) | 搜集信息(3%) | | | |
| | | 引导问题回答(3%) | | | |
| | 计划<br>(6%) | 计划可执行度(3%) | | | |
| | | 设备材料工、量具安排(3%) | | | |
| | 实施<br>(24%) | 工作步骤执行(6%) | | | |
| | | 功能实现(6%) | | | |
| | | 质量管理(3%) | | | |
| | | 安全保护(6%) | | | |
| | | 环境保护(3%) | | | |
| | 检查<br>(4.8%) | 全面性、准确性(2.4%) | | | |
| | | 异常情况排除(2.4%) | | | |
| | 过程<br>(3.6%) | 使用工具规范性(1.8%) | | | |
| | | 操作过程规范性(1.8%) | | | |
| | 结果<br>(12%) | 结果质量(12%) | | | |
| | 作业<br>(3.6%) | 完成质量(3.6%) | | | |
| 社会能力<br>(20%) | 团结协作(10%) | 小组成员合作良好(5%) | | | |
| | | 对小组的贡献(5%) | | | |
| | 敬业精神(10%) | 学习纪律性(5%) | | | |
| | | 爱岗敬业、吃苦耐劳(5%) | | | |
| 方法能力<br>(20%) | 计划能力(10%) | 考虑全面(5%) | | | |
| | | 细致有序(5%) | | | |
| | 决策能力(10%) | 决策果断(5%) | | | |
| | | 选择合理(5%) | | | |
| 评价评语 | 班级 | | 姓名 | 学号 | 总评 |
| | 教师签字 | | 第　组 | 组长签字 | 日期 |
| | 评语： | | | | |

表8-20　教学反馈单

| 学习领域 | 数控铣床编程与零件加工(进阶) | | | |
|---|---|---|---|---|
| 学习情境10 | 椭圆类零件的编程与加工 | 学时 | 12 | |
| 序号 | 调查内容 | 是 | 否 | 理由陈述 |
| 1 | 对任务书的了解是否深入、明了 | | | |
| 2 | 是否熟悉数控铣床的操作界面 | | | |
| 3 | 是否能熟练运用宏程序指令进行“椭圆类零件”的加工编程 | | | |
| 4 | 能否在FANUC数控铣床上熟练对刀、设置刀补 | | | |
| 5 | 能否正确安排“椭圆加工”数控加工工艺 | | | |
| 6 | 能否正确使用游标卡尺、外径千分尺、深度尺、圆弧规并能正确读数 | | | |
| 7 | 能否有效执行“6S”规范 | | | |
| 8 | 小组间的交流与团结协作能力是否增强 | | | |
| 9 | 同学的信息检索与自主学习能力是否增强 | | | |
| 10 | 同学是否遵守规章制度 | | | |
| 11 | 你对教师的指导满意吗 | | | |
| 12 | 教学设备与仪器是否够用 | | | |

你的意见对改进教学非常重要，请写出你的意见和建议

| 调查信息 | 被调查人签名 | | 调查时间 | |
|---|---|---|---|---|

# 第 9 章　滑座类零件的编程与加工

本章的任务单、资讯单及信息单如表 9-1～表 9-3 所示。

表 9-1　任务单

| 学习领域 | 加工中心编程与零件加工 | | |
|---|---|---|---|
| 学习情境 11 | 滑座类零件的编程与加工 | 学时 | 16 |
| 布置任务 | | | |
| 学习目标 | (1) 认识加工中心的特点，哪些零件适合用加工中心加工；<br>(2) 掌握加工中心手工编程的特点；<br>(3) 掌握回参考点 G28 指令、加工中心的换刀指令及刀具的长度补偿指令；<br>(4) 学会分析加工中心的零件加工工艺，能够根据图纸设计出工艺卡和刀具卡；<br>(5) 学会选用毛坯，确定装夹方案，合理确定工件坐标系的原点；<br>(6) 学会合理使用中心钻、钻头、丝锥；<br>(7) 学会使用通、止规检测孔类工件；<br>(8) 学会合理选用孔类工、量具系统；<br>(9) 会确定加工路线及进给路线；<br>(10) 学会确定钻孔切削用量；<br>(11) 能够正确确定孔的加工工艺；<br>(12) 学会利用孔进行对刀；<br>(13) 培养学生青春心向党，奋进新征程的爱国情怀。<br>树立精益求精意识，培养工匠精神.mp4 | | |
| 任务描述 | 1. 工作任务<br>完成如图 9-1 所示孔系类零件的加工。<br>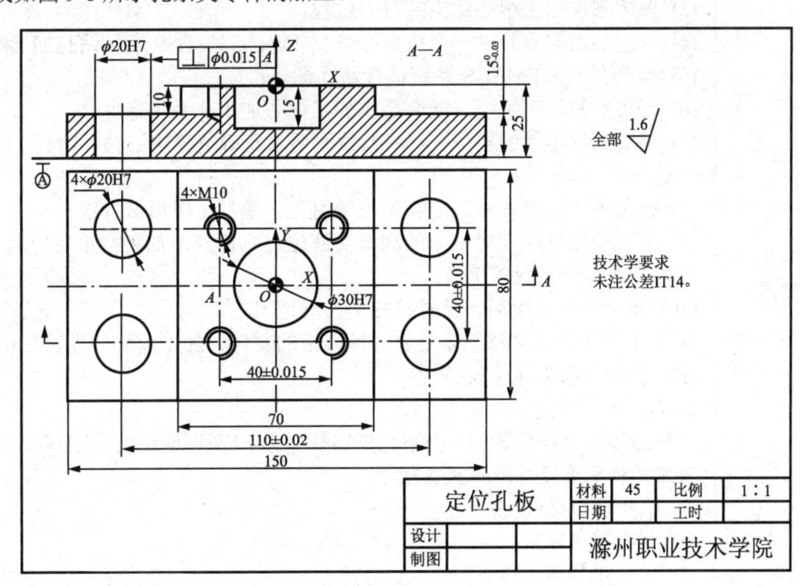<br><br>图 9-1　定位孔板 | | |

续表

<table>
<tr><td>任务描述</td><td colspan="6">2. 完成主要工作任务<br>(1) 编制加工图 9-1 所示定位孔板类零件加工工艺；<br>(2) 进行图 9-1 所示孔板类零件加工程序的编制；<br>(3) 完成该零件的加工</td></tr>
<tr><td>学时安排</td><td>资讯 6 学时</td><td>计划 1 学时</td><td>决策 1 学时</td><td>实施 6 学时</td><td>检查 1 学时</td><td>评价 1 学时</td></tr>
<tr><td>提供资料</td><td colspan="6">(1) 教材：余英良. 数控加工编程及操作. 北京：高等教育出版社，2005<br>(2) 教材：顾京. 数控加工编程及操作. 北京：高等教育出版社，2003<br>(3) 教材：汪荣青. 数控加工工艺. 北京：化学工业出版社，2010<br>(4) 教材：胡建新. 数控加工工艺与刀具家具. 北京：机械工业出版社，2010<br>(5) 教材：高汗华. 数控编程与操作技术项目化教程. 哈尔滨工程大学<br>(6) 教材：唐应谦. 数控加工工艺学. 北京：劳动保障出版社，2000<br>(7) 教材：张梦欣. 数控铣床加工中心加工技术. 北京：中国劳动社会保障出版社<br>(8) 教材：赵刚. 数控铣削编程与加工. 北京：化学工业出版社<br>(9) 教材：张梦欣. 数控铣床操作与编程. 北京：中国劳动社会保障出版社<br>(10) FANUC31i 铣床操作维修手册，2010<br>(11) FANUC31i 数控系统铣床编程手册，2010<br>(12) SIEMENS 802D 铣床编程手册，2010<br>(13) SIEMENS 802D 铣床操作维修手册，2010<br>(14) 中国模具网 http://www.mould.net.cn/<br>(15) 国际模具网 http://www.2mould.com/<br>(16) 数控在线 http://www.cncol.com.cn/Index.html<br>(17) 中国金属加工网 http://www.mw35.com/<br>(18) 中国机床网 http://www.jichuang.net/</td></tr>
<tr><td>对学生的要求</td><td colspan="6">1. 知识技能要求<br>(1) 认识哪些工件适合在加工中心上加工；<br>(2) 在铣床对刀的基础上，熟练掌握加工中心的对刀过程；<br>(3) 熟练掌握加工中心钻头的对刀过程；<br>(4) 学会利用刀具长度补偿指令 G43、G49、G80~G89 进行钻孔加工程序编制；<br>(5) 学会利用 SIEMENS 系统进行钻孔循环；<br>(6) 任务实施加工阶段，能够操作加工中心加工孔系类零件；<br>(7) 能够根据零件的类型、材料及技术要求正确选择中心钻、钻头、丝锥、镗刀、绞刀、立铣刀；<br>(8) 在任务实施过程中，能够正确使用工、量具，用后做好维护和保养工作；<br>(9) 每天使用机床前对机床的润滑油液位进行检查，加工结束后应清理机床，做好机床使用基本维护和保养工作；<br>(10) 每天实操结束后，及时打扫实习场地卫生；<br>(11) 本任务结束时每组需上交一件合格的零件，加工前必须先进行仿真加工；<br>(12) 按时、按要求上交作业<br>2. 生产安全要求<br>严格遵守安全操作规程，绝不允许违规操作。应特别注意：加工零件、刀具要夹紧可靠，夹紧工件后要立即取下夹盘扳手<br>3. 职业行为要求<br>(1) 文具准备齐全；<br>(2) 工、量具摆放整齐；<br>(3) 着装整齐；<br>(4) 遵守课堂纪律；<br>(5) 具有团队合作精神</td></tr>
</table>

表 9-2　资讯单

| 学习领域 | 加工中心编程与零件加工 | | |
|---|---|---|---|
| 学习情境 11 | 滑座类零件编程与加工 | 学时 | 16 |
| 资讯方式 | 学生自主学习、教师引导 | | |
| 资讯问题 | (1) 以数控铣床为参考如何认识加工中心？<br>(2) 在数控铣床编程的基础上，了解加工中心编程有什么特点？<br>(3) 如何熟练掌握加工中心的各种钻头对刀过程？<br>(4) 如何熟练掌握加工中心的各种底孔的加工、攻螺纹？<br>(5) 刀具长度补偿指令 G43、G49 的作用及应用的注意事项有哪些？<br>(6) 准备功能指令 G73、G80~G89 的作用及编程格式是什么？<br>(7) 怎样正确安排典型滑座类零件的编程与加工走刀路线？<br>(8) 根据零件的类型、材料及技术要求如何正确选择刀具？<br>(9) 对于钻孔如何正确选择合理的切削用量？<br>(10) 如何正确选择通、止规并正确使用？<br>(11) 加工中心的常见故障如何处理？<br>(12) SIEMENS 数控系统与 FANUC 数控系统在操作上有哪些区别？<br>(13) SIEMENS 数控系统与 FANUC 数控系统钻孔循环中有哪些区别？ | | |
| 资讯引导 | (1) 在数控铣床的基础上认识加工中心，参阅教材《数控铣床加工中心 加工技术》(张梦欣主编. 北京：中国劳动社会保障出版社，2010)；<br>(2) 在数控铣床编程的基础上了解加工中心编程的特点，参阅教材《数控铣床加工中心 加工技术》(张梦欣主编. 北京：中国劳动社会保障出版社，2010)；<br>(3) 加工中心对刀过程可参考前面学习的铣床的对刀过程；<br>(4) 准备功能指令 G73、G80~G89 的作用及编程格式，辅助功能 M 指令及刀具的长度补偿指令的作用参阅教材《数控加工编程及操作》(余英良主编. 北京：高等教育出版社，2005)；<br>(5) 数控铣削工艺参阅教材《数控加工工艺学》(唐应谦编著. 北京：劳动保障出版社，2000)；<br>(6) 通、止规正确使用方法，对孔类零件尺寸正确检测参阅教材《公差配合与互换性技术》(张信群主编. 北京：北京航空航天大学出版社，2006)；<br>(7) 加工中心的使用与维护参阅教材《数控机床及其使用维修》(卢斌主编. 北京：机械工业出版社，2001) | | |

表 9-3　信息单

| 学习领域 | 加工中心编程与零件加工 | | |
|---|---|---|---|
| 学习情境 11 | 滑座类零件的编程与加工 | 学时 | 16 |
| 信息内容 | | | |

# 任务 9.1　加工中心的认识

## 9.1.1　加工中心概述

(1) 加工中心是在普通数控铣床的基础上增加了自动换刀装置，并带有其他辅助功能，从而实现工件在一次装夹后，可以连续、自动完成多个平面或多个角度位置的钻、扩、铰、镗、攻螺纹、铣削等工序的加工，工序高度集中。

(2) 加工中心与数控铣床的异同。加工中心是在数控机床的基础上发展起来的，都是通过程序控制多轴联动走刀进行加工的数控机床。不同的是，加工中心带有刀库和自动换刀功能。

## 9.1.2　加工中心的主要加工对象及加工方法

### 1. 主要加工对象

(1) 箱体类零件。箱体广泛应用在机床、汽车、飞机等行业。箱体类零件一般都需要进行孔系、轮廓、平面的多工位加工，公差要求特别是形位公差要求较为严格(见图 9-2～图 9-6)。

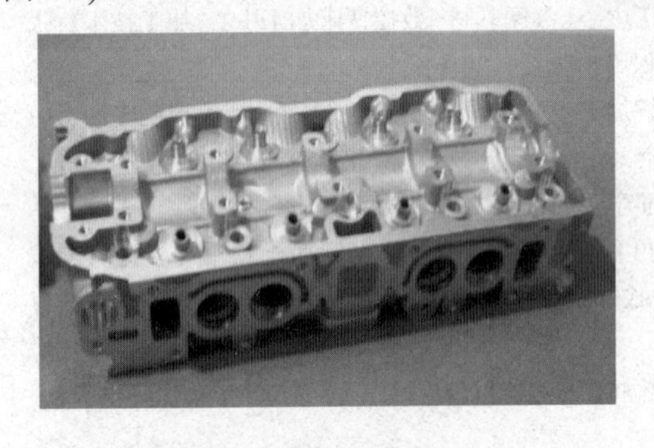

图 9-2　箱体类零件 1

图 9-3　箱体类零件 2

(2) 复杂曲面。适合于加工复杂曲面，如飞机、汽车零件型面、叶轮、螺旋桨、各种曲面成形模具等。

(3) 异形件。异形件是外形不规则的零件，大多数需要进行点、线、面多工位混合加工，如支架、基座、样板、靠模、支架等。

(4) 加工异形件时，形状越复杂，精度要求越高，使用加工中心就越能显示其优势。

(5) 盘、套、板类零件。端面有分布孔系、曲面的盘、套、板类零件宜选用立式加工中心，有径向孔的可选用卧式加工中心。

### 2. 加工中心的常见加工方法

加工中心的常见加工方法如图 9-7～图 9-9 所示。

图 9-4　箱体类零件 3

图 9-5　盘盖类零件 4

图 9-6　叶轮类零件 5

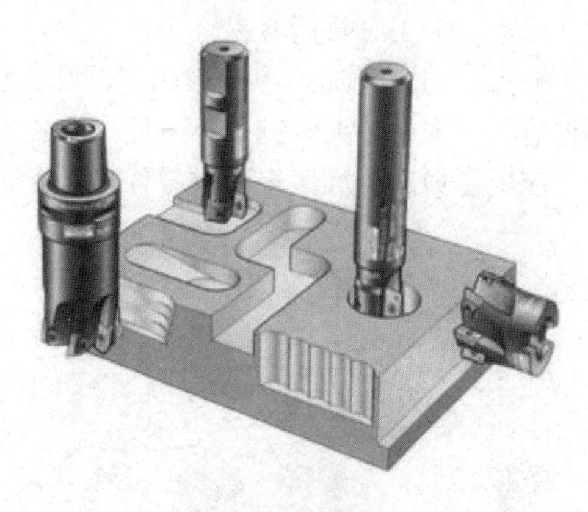

图 9-7　铣削加工

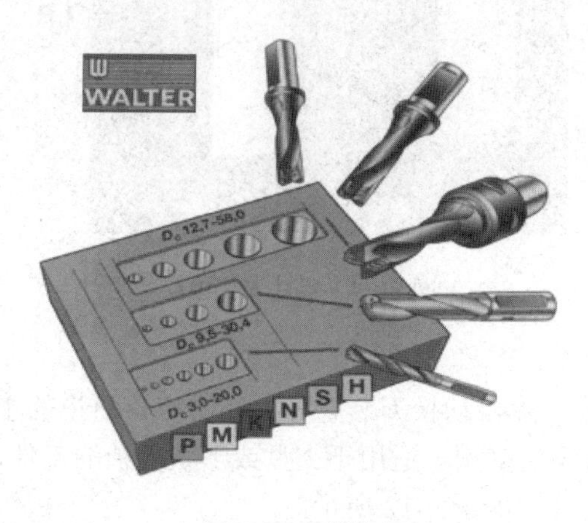


图 9-8　钻削加工

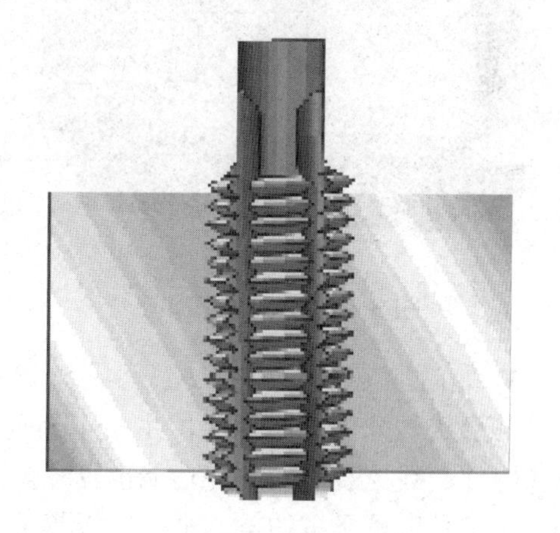

图 9-9　螺纹加工

## 9.1.3　加工中心的分类

### 1．按机床形态分类

1) 立式加工中心

其主轴中心线为垂直状态设置，有固定立柱式和移动立柱式等两种结构形式，多采用

固定立柱式结构，如图9-10所示。

优点：结构简单，占地面积小，价格相对较低，装夹工件方便，调试程序容易，应用广泛。

缺点：不能加工太高的零件；在加工型腔或下凹型面时切屑不易排除，严重时会损坏刀具，破坏已加工表面，影响加工的顺利进行。

应用：最适宜加工高度方向尺寸相对较小的工件。

2) 卧式加工中心

其主轴中心线为水平状态设置，多采用移动式立柱结构，通常都带有可进行回转运动的正方形分度工作台，一般具有3～5个运动坐标，常见的是3个直线运动坐标加一个回转运动坐标(回转工作台)，如图9-11所示。

优点：加工时排屑容易。

缺点：与立式加工中心相比较，卧式加工中心在调试程序及试切时不易观察，加工时不便监视，零件装夹和测量不方便；卧式加工中心的结构复杂，占地面积大，价格也较高。

应用：最适合加工箱体类零件。

图9-10　立式加工中心

图9-11　卧式加工中心

3) 龙门加工中心

其形状与龙门铣床相似，主轴多为垂直设置，除自动换刀装置外，还带有可更换的主轴头附件，数控装置的软件功能也较齐全，能够一机多用。适用于大型或形状复杂的工件，如汽车模具以及飞机的梁、框、壁板等整体结构件，如图9-12所示。

4) 五面加工中心

其具有立式加工中心和卧式加工中心的功能，工件一次安装后能完成除安装面外的所有侧面和顶面等5个面的加工，也称为万能加工中心或复合加工中心，如图9-13所示。

它有两种形式：一种是其主轴可以旋转90°，可以进行立式和卧式加工；另一种是其主轴不改变方向，而由工作台带着工件旋转90°，完成对工件5个表面的加工。

优点：这种加工方式可以最大限度地减少工件的装夹次数，减小工件的定位误差，从而提高生产效率，降低加工成本。

缺点：由于五面加工中心存在着结构复杂、造价高、占地面积大等缺点，所以它的使用远不如其他类型的加工中心广泛。

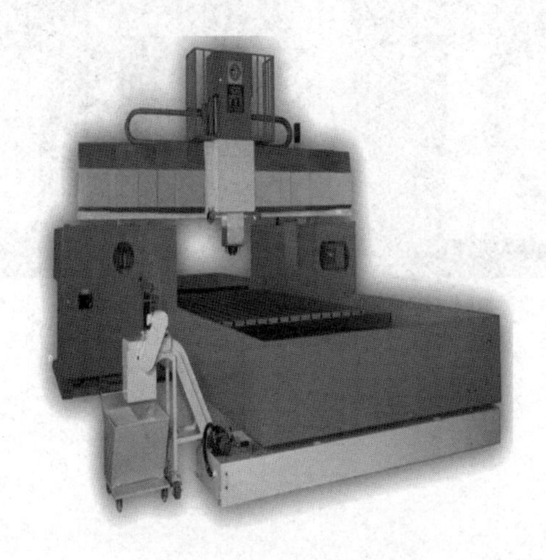

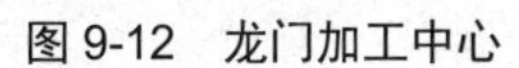

图 9-12　龙门加工中心

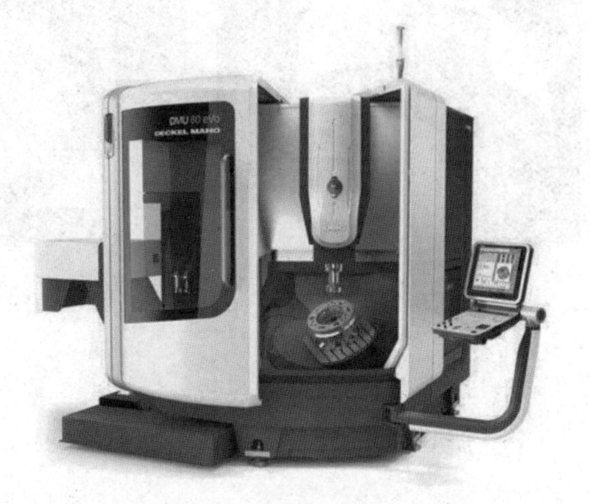

图 9-13　五面加工中心

**2．按运动坐标数和同时控制的坐标数分类**

加工中心可分为三轴二联动、三轴三联动、四轴联动、五轴联动和六轴五联动等。

四轴加工.mp4

**3．按工作台数量和功能分类**

加工中心可分为单工作台加工中心、双工作台加工中心和多工作台加工中心。

五轴加工.mp4

## 9.1.4　加工中心的刀库系统

加工中心的刀库系统如表 9-4 所示。

表 9-4　加工中心的刀库系统表

| 刀库形式 | 斗笠式(见图 9-14) | 圆盘式(见图 9-15) | 链条式(见图 9-16) |
|---|---|---|---|
| 可容纳刀具数目 | 16～24 | 20～30 | 30～120 |
| 须搭配换刀机构 | 否 | 是 | 是 |
| 机械结构 | 简单 | 复杂 | 难度较高 |
| 必须倒刀 | 否 | 是 | 不一定 |
| 成本 | 低 | 中 | 高 |
| 主体 | 使工作空间变小 | 整机高度较高 | 大 |
| 速度 | 慢 | 快 | 快 |
| 适用机种 | 立式、龙门、卧式顶置式 | 立式 | 立式、卧式、五面、五轴龙门 |

图 9-14　斗笠式

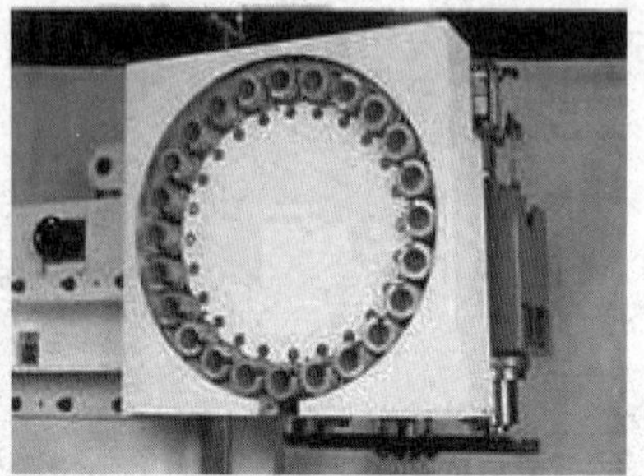

图 9-15　圆盘式

图 9-16　链条式

问答：

(1) 加工中心的加工特点是什么？

(2) 加工中心适合加工哪些零件？

# 任务 9.2　加工中心的换刀指令及长度补偿指令

## 9.2.1　自动返回参考点指令(G28)

机床参考点(*R*)是机床上一个特殊的固定点，一般位于机床坐标系原点的位置，可用 G28 指令移动刀具到这个位置。在加工中心上，机床的参考点一般为主轴换刀点，使用自动返回参考点 G28 指令主要用来进行刀具交换准备。

格式：G28　X__Y__Z__;

说明：

(1) *X*、*Y*、*Z* 为中间点在工件坐标系中的坐标值。

(2) 该指令将刀具以快速移动速度向中间点(*X*，*Y*，*Z*)定位，然后从中间点以快速移动的速度移动到原点，如 G90 G28 X100.0 Y100.0。执行该程序段时，刀具从当前点移动到参考点的路线如图 9-17 所示。

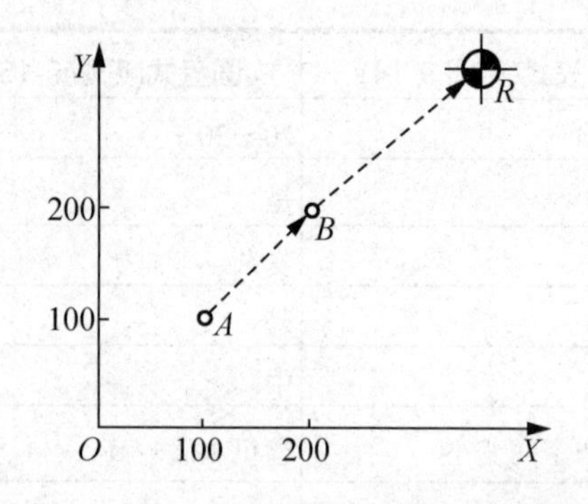


图 9-17　刀具从当前点移动到参考点的路线

(3) 在立式加工中心编程中，G91 G28 X0 Y0 Z0 比较常见，该程序段表示主轴由当前 *Z*

坐标(中间点，$X$、$Y$ 坐标保持不变)快速移动到机床坐标系的 $Z$ 轴零点。G90 G28 Z0 则表示主轴快速移动到工件坐标系的 $Z$ 轴零点(中间点，$X$、$Y$ 坐标保持不变)，然后快速移动到机床坐标系的 $Z$ 轴零点。

(4) 注意，在 G28 中指定的坐标值(中间点)会被记忆，如果在其他的 G28 指令中没有指定坐标值，就以 G28 指令中指定的坐标值为中间点。

## 9.2.2　换刀功能及应用

### 1. T 指令

T 指令用来选择机床上的刀具，如 T02 表示选 2 号刀，执行该指令时刀库将 2 号刀具放到换刀位置做换刀准备。

### 2. M06 指令

M06 指令实施换刀，即将当前刀具与 T 指令选择的刀具进行交换。

### 3. 自动换刀程序的编写

(1) 无机械手的加工中心换刀程序：

```
T02 M06或M06 T02;M98P9000 T02
```

换刀程序的含义：将 2 号刀具安装到主轴上。

换刀过程：先把主轴上的旧刀具送回到它原来所在的刀座上去，刀库回转寻刀，将 2 号刀转换到当前换刀位置，再将 2 号刀装入主轴。无机械手换刀中，刀库选刀时机床必须等待，因此换刀将浪费一定时间。

(2) 带机械手的加工中心换刀程序：

```
  …
T02; 刀库选刀(选 2 号刀)
  …      使用当前主轴上的刀具切削……
M06; 实际换刀，将当前刀具与 2 号刀进行位置交换(2 号刀到主轴)
  …      使用当前主轴上的刀具切削……
T05; 下一把刀准备(选 5 号刀)
  …      使用当前主轴上的刀具切削……
```

这种换刀方法，选刀动作可与前一把刀具的加工动作相重合，换刀时间不受选刀时间长短的影响，因此换刀时间较短。

## 9.2.3　刀具长度补偿

### 1. 长度补偿的目的

刀具长度补偿功能用于在 $Z$ 轴方向的刀具补偿，它可使刀具在 $Z$ 轴方向的实际位移量大于或小于编程给定位移量。有了刀具长度补偿功能，当加工中刀具因磨损、重磨、换新刀而长度发生变化时，可不必修改程序中的坐标值，只要修改存放在寄存器中刀具长度补偿值即可。其次，若加工一个零件需用几把刀，各刀的长度不同，编程时不必考虑刀具长短对坐标值的影响，只要把其中一把刀设为标准刀，其余各刀相对标准刀设置长度补偿值即可。

### 2. 长度补偿指令

格式：

```
G43(G44) G00(G01) Z__H;
G49 G00(G01) Z__;
```

说明：

(1) G43 为刀具长度正补偿，G44 为刀具长度负补偿，G49 为取消刀具长度补偿指令，均为模态 G 代码。格式中，*Z* 值是属于 G00 或 G01 的程序指令值。*H* 为刀具长度补偿寄存器的地址字，它后面的两位数字是刀具补偿寄存器的地址号，如 H01 是指 01 号寄存器，在该寄存器中存放刀具长度的补偿值。在 G17 的情况下，刀具长度补偿 G43、G44 只用于 *Z* 轴的补偿，而对 *X* 轴和 *Y* 轴无效。

(2) 执行 G43 时，$Z_{基准刀}=Z_{指令值}+H$；执行 G44 时，$Z_{基准刀}=Z_{指令值}-H$。在实际操作中可选择相对最短的刀具作为“标准刀”，此时若用 G43 指令时，其他刀具的补偿值都为正值。

(3) 示例。钻图 9-18 所示的孔，设在编程时以主轴端部中心作为基准刀的刀位点。钻头安装在主轴上后，测得刀尖到主轴端部的距离为 100mm，刀具起始位置如图 9-18 所示。

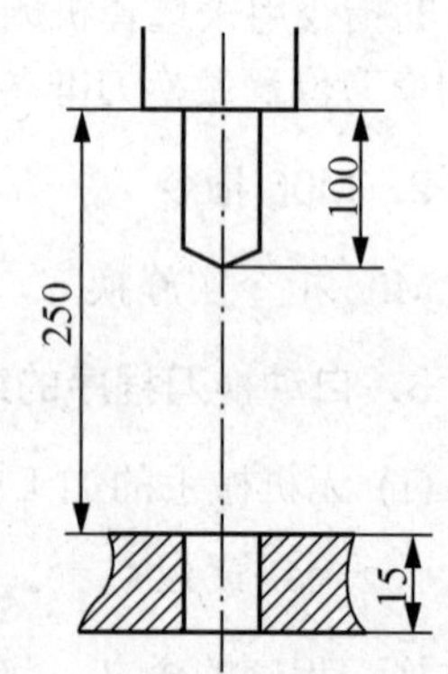


图 9-18　刀具起始位置

钻头比基准刀长 100mm，将 100mm 作为长度偏置量存入 H01 地址单元中。

加工程序如下。

```
G54 S300 M03;             设置工件坐标系原点为工件上表面，主轴正转
G90 G43 G00 Z5 H01;       钻头快速移到离工件表面 5mm 处
G01 Z-20 F60;             钻头钻孔工件下表面 20mm
G49 G00 Z50;              取消长度补偿，快速退回
```

在第二行程序段中，通过 G43 建立了刀具长度补偿。由于是正补偿，基准刀刀位点(主轴端部中心)到达的 *Z* 轴终点坐标值为(5+(H01))mm=105mm，从而确保钻头刀尖到达 5mm 处。同样，在第三行程序段中，确保了钻头刀尖到达-20mm 处。在最后一行中，通过 G49 取消了刀具长度补偿，基准刀刀位点(主轴端部中心)回到 *Z* 轴原点，钻头刀尖位于 50mm 处。

### 3. 刀具长度补偿量的确定

1) 方法一

(1) 依次将刀具装在主轴上，利用 *Z* 向设定器确定每把刀具 *Z* 轴返回机床参考点时刀位点相对工件坐标系 *Z* 向零点的距离，如图 9-19 所示的 *A*、*B*、*C*(*A*、*B*、*C* 均为负值，即各刀具刀位点刚接触工件坐标系 *Z* 向零点处时显示的机床坐标系 *Z* 坐标(也就是 *Z* 方向的是切削对刀)，并记录下来。

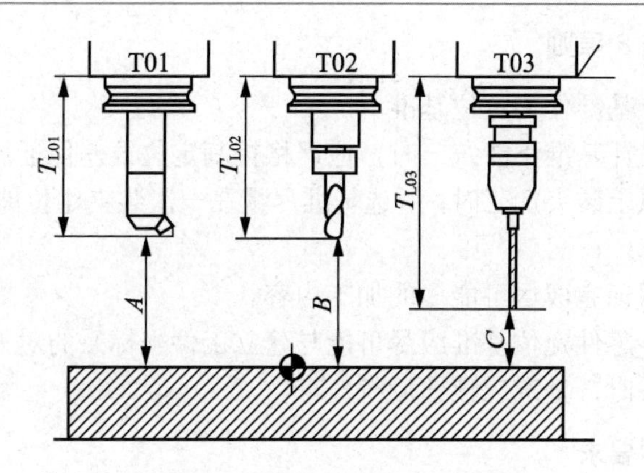


图 9-19　刀具长度补偿量的确定

(2) 选择一把刀作为基准刀(通常为最长的刀具)，如图 9-19 中的 T03 所示，将其对刀值 $C$ 作为工件坐标系中 $Z$ 向偏置值，并将长度补偿值 H03 设为 0。

(3) 确定其他刀具的长度补偿值，即 H01=±$|A-C|$，H02=±$|B-C|$。当用 G43 时，若该刀具比基准刀长则取正号，比基准刀短取负号；用 G44 时则相反。

2) 方法二：

(1) 工件坐标系中(如 G54)$Z$ 向偏置值设定为 0，即基准刀为假想的刀具且足够长，刀位点接触工件坐标系 $Z$ 向零点处时显示的机床坐标系 $Z$ 值为零。

(2) 通过机内对刀，确定每把刀具刀位点刚接触工件坐标系 $Z$ 向零点处时显示的机床坐标系 $Z$ 坐标(为负值)，G43 时就将该值输入到相应长度补偿号中即可，G44 时则需要将 $Z$ 坐标值取反后再设定为刀具长度补偿值。

#### 4. 长度补偿指令的注意事项

与半径补偿指令一样，长度补偿指令也必须及时建立及时取消，同时在回参考点之前要取消刀具的长度补偿，在建立补偿的过程中，一般不进行切削加工。

问答：

(1) 你是怎么理解刀具换刀指令的？

(2) 比较刀具的长度补偿、半径补偿的格式及特点。

# 任务 9.3　加工中心的工艺安排及实例分析

## 9.3.1　加工中心的基准设置及工装

#### 1. 选择基准的 3 个基本要求

(1) 所选基准应能保证工件定位准确、装卸方便可靠。

(2) 所选基准与各加工部位的尺寸计算简单。

(3) 保证加工精度。

**2．选择定位基准 6 原则**

(1) 尽量选择设计基准作为定位基准。

(2) 定位基准与设计基准不能统一时，应严格控制定位误差保证加工精度。

(3) 工件需两次以上装夹加工时，所选基准尽量在一次装夹定位能完成全部关键精度部位的加工。

(4) 所选基准要保证完成尽可能多的加工内容。

(5) 批量加工时，零件定位基准应尽可能与建立工件坐标系的对刀基准重合。

(6) 需要多次装夹时，基准应该前后统一。

**3．对夹具的基本要求**

(1) 夹紧机构不得影响进给，加工部位要敞开，图 9-20 所示为不影响进给的装夹示例。

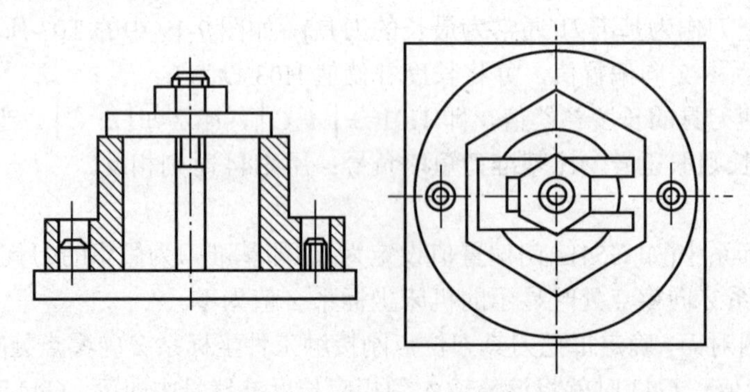

图 9-20　不影响进给的装夹示例

(2) 夹具在机床上能实现定向安装。

(3) 夹具的刚性与稳定性要好。

**4．常用夹具种类**

其包括通用夹具、组合夹具、专用夹具、可调整夹具、多工位夹具、成组夹具。

下面列举几种新型数控夹具体，如图 9-21～图 9-23 所示。

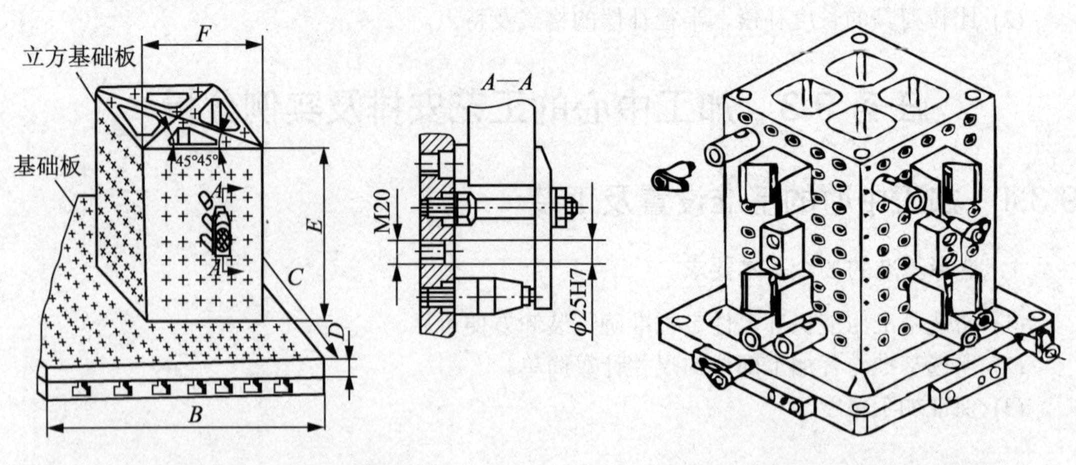


图 9-21　孔系组合夹具 1

图 9-22　孔系组合夹具 2

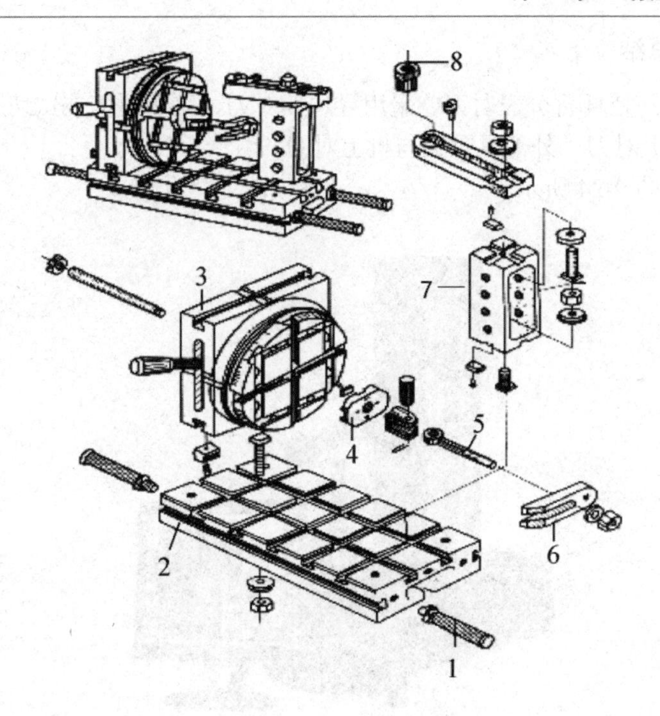


图 9-23　槽系组合夹具

1—选配件；2—基础件；3—合件；4—定位件；5—紧固件；6—夹紧件；7—支承件；8—导向件

#### 5．加工中心夹具的选用原则

(1) 在保证加工精度和生产效率的前提下，优先选用通用夹具。

(2) 批量加工可考虑采用简单专用夹具。

(3) 大批量加工可考虑采用多工位夹具和高效的气压、液压等专用夹具。

(4) 采用成组工艺时应使用成组夹具。

## 9.3.2　加工中心加工的对刀与换刀

#### 1．对刀与对刀点

与铣床类似，机床上找正夹紧后，确定工件坐标(编程坐标)原点的机床坐标。对刀点即工件在机床上找正夹紧后，用于确定工件坐标系在机床坐标系中位置的基准点。对刀点可选在工件上或装夹定位元件上，但对刀点与工件坐标点必须有准确、合理、简单的位置对应关系，方便计算工件坐标点在机床上的位置(工件坐标点的机床坐标)。对刀点最好能与工件坐标点重合。

#### 2．换刀与换刀点

根据工艺需要，要用不同参数的刀具加工工件，在加工中按需要更换刀具的过程。换刀点是加工中更换刀具的位置。加工中心有刀库和自动换刀装置，根据程序的需要可以自动换刀。换刀点应设在换刀时工件、夹具、刀具、机床相互之间没有任何的碰撞和干涉的位置，加工中心的换刀点往往是固定的。

3．对刀方法总结

水平方向对刀：杠杆百分表对刀、采用寻边器对刀、采用碰刀或试切方式对刀。

*Z* 向对刀：机上对刀、外刀具预调与机上对刀。

机外对刀仪如图 9-24 所示。

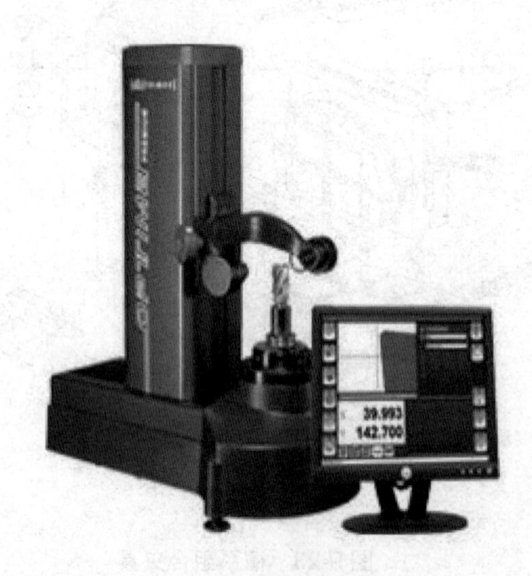


图 9-24　机外对刀仪

## 9.3.3　制定加工中心加工工艺

### 1．零件的工艺分析

(1) 分析零件的技术要求。尺寸精度要求、几何形状精度要求、位置精度要求、表面粗糙度质量要求、热处理及其他技术要求；对于零件表面的加工，首先取决于加工表面的加工精度和表面粗糙度。例如，对精度为 IT7、表面粗糙度为 *Ra*12.5～1.6μm 的不淬硬的平面，可采用铣削获得；对精度为 IT8～IT7、表面粗糙度为 *Ra*3.2～0.8μm 的不淬硬的内孔，可采用粗镗—半精镗—精镗获得。当加工表面的加工精度和表面粗糙度要求更高时，可采用磨削或超精密磨削和精密镗削来获得，大量生产时，孔可采用拉削获得。

(2) 检查零件图的完整性和正确性。

(3) 分析零件结构工艺性。主要分析零件的加工内容，采用加工中心加工时的可行性、经济性和方便性。

(4) 确定加工中心的加工内容。确定零件适合加工中心加工的部位、结构和表面。

### 2．工艺方案的设计

工艺设计包括：完成加工任务所需要的设备、工装量夹具的选择以及工艺路线加工方法的确定；加工方法的选择、加工顺序的合理安排。

### 3．工步设计

(1) 先粗加工，半精加工，再精加工。

(2) 既有孔又有面的加工时先铣面后镗孔。

(3) 采用相同设计基准集中加工的原则。

(4) 相同工位集中加工，邻近工位一起加工，可提高加工效率。

(5) 按所用刀具划分工步。

(6) 有较高同轴度要求的孔系，应该单独完成，再加工其他形位。

(7) 在一次装夹定位中，能加工的形位全部加工完。

### 4．进给路线的确定

(1) 切入与切出的工艺安排。铣削外轮廓的切入切出路径，如图 9-25 所示。

铣削平面零件内轮廓时，刀具切入、切出点应选择在轮廓两几何元素的交点处，如图 9-26 所示。若无交点，刀具切入、切出点应远离拐角，或选择圆弧切入、切出，如图 9-27 所示。

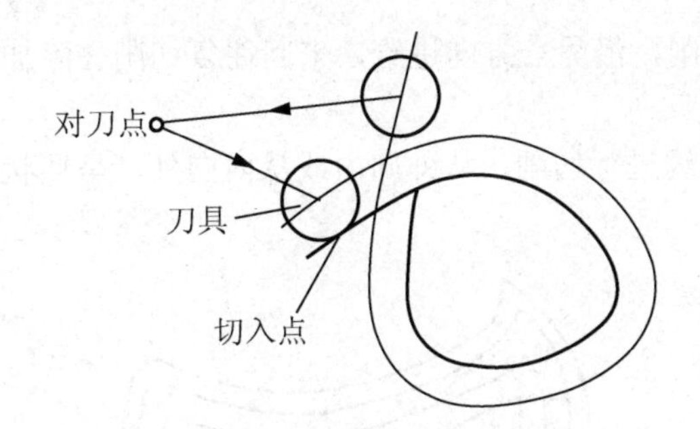


图 9-25　刀具切入点与切出点

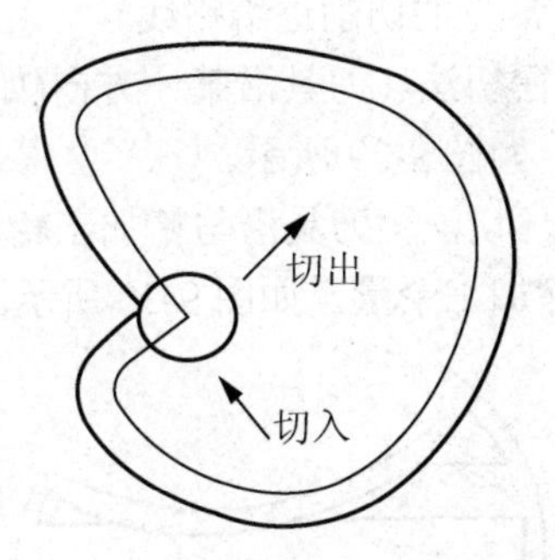


图 9-26　铣削内轮廓的切入、切出路径

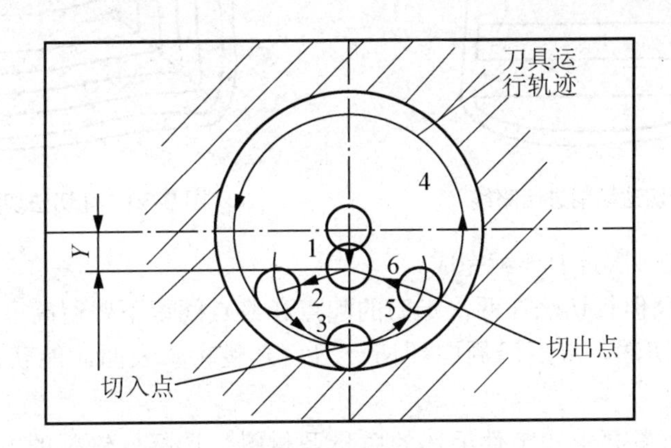


图 9-27　铣削内圆的切入、切出路径

(2) 提高孔系的定位精度。采用单向趋近定位点的方法，可以避免将坐标轴的间隙带入，影响孔的定位精度。如图 9-28 所示，图 9-28(a)所示为零件图，采用图 9-28(b)所示的工艺路线，由于 5、6 孔的定位方向与 1、2 孔的定位方向相反，*Y* 方向的反向运动间隙会使定位误差增加，从而影响 5、6 孔的位置精度。采用图 9-28(c)所示的工艺路线，则能有效地减小 *Y* 方向反向运动间隙造成的误差，从而提高 5、6 孔的位置精度。

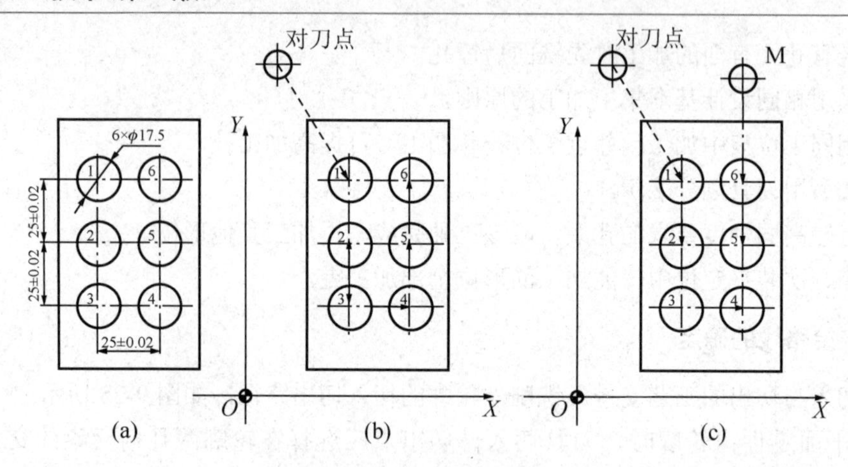


图 9-28　孔加工工艺路线示意图

(3) 常见的切削进给路线。

① 行切法。刀具沿某一方向(如 *X*)进行切削，沿另一方向进给，来回往复切削去除加工余量，如图 9-29 所示。

② 环切法。刀具沿与精加工轮廓平行的路线进行切削，从外向内或从内向外，呈环状逐步去除加工余量，如图 9-30 所示。

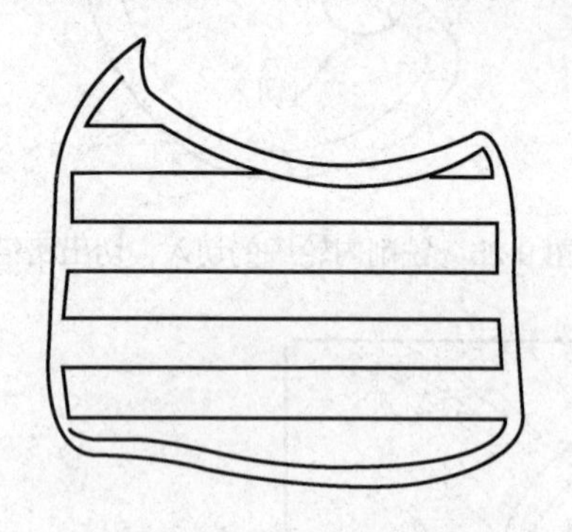

图 9-29　行切法切削进给路线

图 9-30　环切法切削进给路线

(4) 最终轮廓应一次走刀连续完成。

行切法效率较高但行切法在两次走刀的起点和终点间留下残留高度，达不到要求的表面粗糙度。先用行切法，最后沿周向环切一刀，光整轮廓表面，能获得较好的效果，如图 9-31 所示。

(5) 根据加工质量要求和工件毛坯的质量及材料，选择好铣削的方式(顺铣或逆铣)，如图 9-32 所示。

(6) 寻求最短走刀路线，减少空行程，提高效率，如图 9-33 所示。

图 9-33(a)所示为零件孔加工的图形，先加工完外圈孔后，再加工内圈孔，时间较长，见图 9-33(b)。交错加工内、外圈孔，可减少空刀时间，见图 9-33(c)。

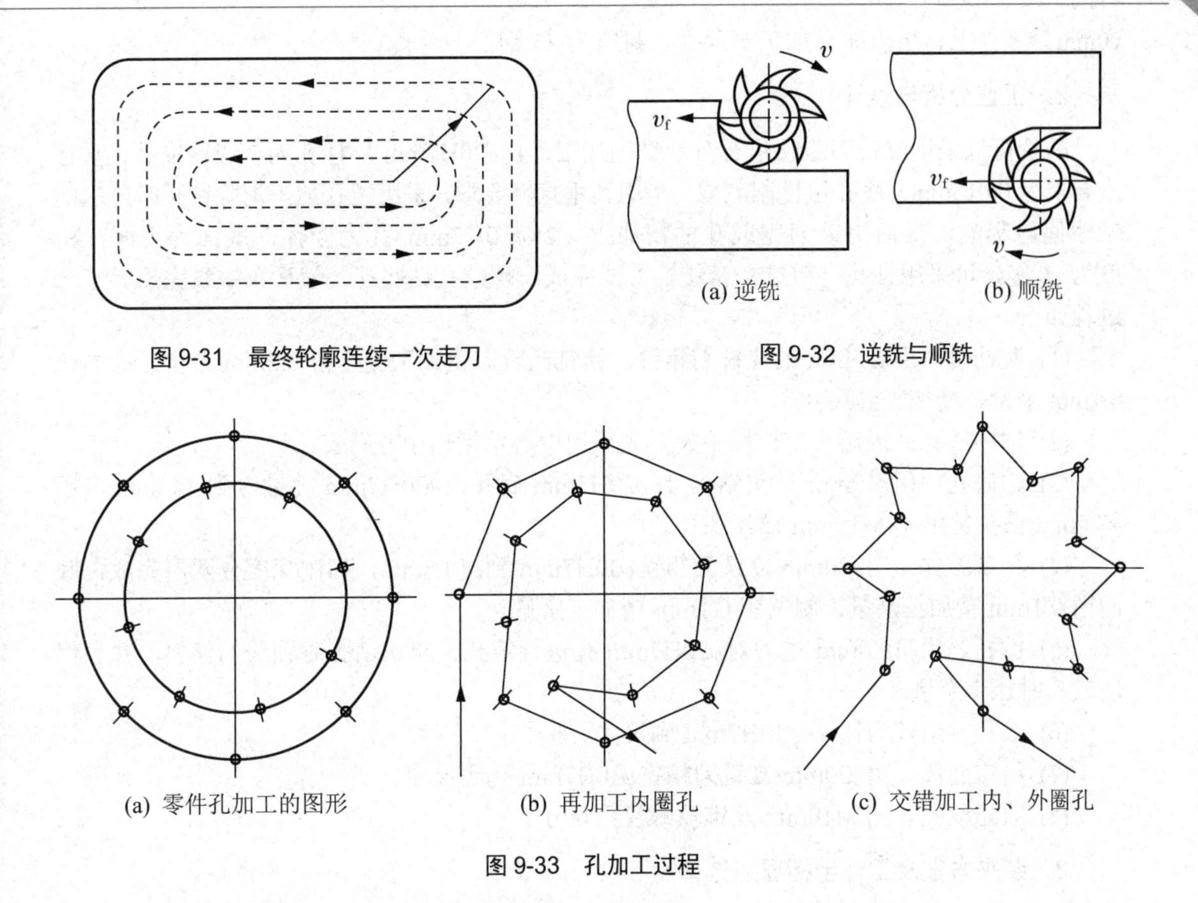


图 9-31　最终轮廓连续一次走刀

图 9-32　逆铣与顺铣

图 9-33　孔加工过程

5．加工余量的确定

影响加工余量大小的因素：表面粗糙度；表面缺陷层深度；空间偏差；表面几何形状误差；装夹误差。

6．工序尺寸及公差的确定

注意定位基准与设计基准不重合时工序尺寸及公差的确定问题。

7．切削用量的选择

选择加工中心切削用量时，应根据加工类型方式和加工工序(表面加工、孔加工、粗/精加工等)；坯料种类、硬度；刀具类型、转速、直径大小、刀刃材质等因素综合确定。参照理论切削用量，根据实际切削的具体情况，确定合适的切削用量。

## 9.3.4　典型零件的工艺分析及编程实例

1．图样分析

根据图 9-1 所示图样需加工一个凸阶；4×$\phi$20H7mm 导柱孔，孔距为 110mm±0.02mm、40mm±0.015mm，孔轴线对底面 $A$ 的垂直度公差为$\phi$0.015mm，表面粗糙度为 $Ra$1.6μm；中间的一个$\phi$30H7mm 腔体，深度为 15mm，表面粗糙度为 $Ra$1.6μm；4×M10mm 螺纹孔，深

10mm。零件上、下表面已加工至尺寸，材料为45钢。

## 2．工艺分析与设计

凸阶可以采用立铣刀直接进行分层铣削加工，4×$\phi$20H7mm导柱孔为7级精度孔，垂直度要求为0.015mm，底孔可钻削完成，考虑其垂直度要求，采用镗孔加工消除钻孔时产生的轴线偏斜影响，最后用铰刀完成孔的精加工。2×$\phi$30H7mm 孔为腔体，底面为平面，精度为 7 级，可采用钻孔、粗铣、精铣的方式完成。螺纹孔钻底孔，然后攻螺纹完成。工艺过程如下。

(1) 铣凸阶。用$\phi$25mm的立铣刀粗铣、精铣凸阶。粗加工侧壁留0.2mm余量，底面留0.1mm余量，精加工到尺寸。

(2) 钻中心孔。因钻头定位性不好，先采用中心钻钻出中心孔。

(3) 钻底孔。用$\phi$19mm 钻头钻出 4×$\phi$20H7mm 底孔，$\phi$30H7mm 孔钻深到 14.8mm，用$\phi$8.7mm钻头钻出4×M10mm螺纹底孔。

(4) 粗铣腔体。用$\phi$20mm立铣刀粗铣$\phi$30H7mm到$\phi$14.8mm，切削深度分两层完成，底面留0.1mm精加工余量，侧壁留0.1mm精加工余量。

(5) 镗孔。用$\phi$19.8mm镗刀对$\phi$20H7mm孔进行镗孔，纠正钻孔时轴线的偏斜，并且保证铰孔时加工余量。

(6) 铰孔。用铰刀铰4×$\phi$20H7mm到尺寸。

(7) 精铣腔体。用$\phi$20mm立铣刀精铣$\phi$30H7mm孔到尺寸。

(8) 攻螺纹孔。用M10mm丝锥攻螺纹到尺寸。

## 3．装夹方案及工件坐标原点选择

用精密平口钳装夹工件，两钳口距离为150mm，夹持工件深度为7mm；保证工件下表面水平，基准面与 *X* 方向平行，夹紧时注意工件是否产生上浮，工件坐标系的原点选择工件的上表面中心，如图9-1所示。

## 4．刀具与工艺参数

刀具与工艺参数如表9-5和表9-6所示。

表9-5　数控加工刀具卡

| 单　位 | | 数控加工 | 产品名称 | | | | 零件图号 | |
|---|---|---|---|---|---|---|---|---|
| | | 刀具卡片 | 零件名称 | | | | 程序编号 | |
| 序号 | 刀具号 | 刀具名称 | 刀具 | | 补偿值 | | 刀补号 | |
| | | | 直径 | 长度 | 半径/mm | 长度 | 半径 | 长度 |
| 1 | T01 | 中心钻 | $\phi$5mm | | | | | H01 |
| 2 | T02 | 麻花钻 | $\phi$19m | | | | | H02 |
| 3 | T03 | 麻花钻 | $\phi$8.5mm | | | | | H03 |
| 4 | T04 | 立铣刀 | $\phi$20m | | 9.9 | | D04 | H04 |
| 5 | T05 | 镗刀 | $\phi$19.8mm | | | | | H05 |
| 6 | T06 | 铰刀 | $\phi$20H7 | | | | | H06 |

续表

| 序号 | 刀具号 | 刀具名称 | 刀具 | | 补偿值 | | 刀补号 | |
|---|---|---|---|---|---|---|---|---|
| | | | 直径 | 长度 | 半径/mm | 长度 | 半径 | 长度 |
| 7 | T07 | 丝锥 | M10 | | | | | H07 |
| | T04 | 立铣刀 | $\phi$20m | | 10(根据测量值定) | | D05 | H04 |
| 8 | T08 | 立铣刀 | $\phi$25mm | | | | D08 | |
| | T08 | 立铣刀 | $\phi$25mm | | 12.5(根据测量值定) | | | |

表 9-6　数控加工工序卡

| 单　位 | 数控加工工序卡片 | | 产品名称 | 零件名称 | 材　料 | 零件图号 |
|---|---|---|---|---|---|---|
| | | | | 定位孔板 | 45 钢 | |
| 工序号 | 程序编号 | 夹具名称 | 夹具编号 | 设备名称 | 编制 | 审核 |
| | | | | | | |
| 工步号 | 工步内容 | 刀具号 | 刀具规格 | 主轴转速/(r/min) | 进给速度/(mm/min) | 背吃刀量/mm |
| 1 | 粗铣凸阶 | T08 | $\phi$25mm 立铣刀 | 400 | 160 | |
| 2 | 精铣凸阶 | T08 | $\phi$25mm 立铣刀 | 600 | 120 | |
| 3 | 钻所有孔的中心孔 | T01 | $\phi$5mm 中心钻 | 1000 | 100 | |
| 4 | 钻 4×$\phi$20H7 底孔，钻$\phi$30H7 底孔深度到 14.8mm | T02 | $\phi$19mm 麻花钻 | 300 | 30 | |
| 5 | 钻 M10 螺纹底孔 | T03 | $\phi$8.5mm 麻花钻 | 600 | 60 | |
| 6 | 粗铣$\phi$30H7 腔体到 29.8mm，深度 14.8 mm | T04 | $\phi$20m 立铣刀 | 400 | 160 | |
| 7 | 镗 4×$\phi$20H7 孔到 19.8 mm | T05 | $\phi$19.8mm 镗刀 | 300 | 50 | |
| 8 | 精铰 4×$\phi$20H7 孔到尺寸 | T06 | $\phi$20H7 铰刀 | 80 | 30 | |
| 9 | 精铣$\phi$30H7 腔体到尺寸 | T04 | $\phi$20m 立铣刀 | 600 | 120 | |
| 10 | 攻 M10 螺纹 | T07 | M10 丝锥 | 60 | 90 | |

### 5．程序编制

主程序(立式加工中心，无机械手换刀)：

```
O0010;                                  主程序名
G17 G21 G40 G54 G80 G90 G94;            程序初始化
G28 G91 Z0;                             回换刀点
T08M06;                                 换刀，作为“标准刀”
G00 G90 G54 X-35.0 Y-70.0 M03 S400;     建立工件坐标系，快速定位到点
Z-5.0;
D8M98P0001F160;                         D8 为 12.7
```

```
G00Z-10;
D8M98P0001F160;
G00Z-14.885;                              按照尺寸公差中值进行换算
D8M98P0001F160;
S600M03;
G00Z-14.985;
D9M98P0001F120;                           D9 为φ25mm 立铣刀的实际半径
G28 G91 Z0;                               回换刀点
T01M06;
S1000M03;
G43 Z10.0 H01;                            长度补偿
G98 G81 X55Y20Z-20.0 R-13.0 F100;         中心钻孔循环
X35;
G81 X0Y0Z-5.0R2.0;
G81 X-20Y20Z-20.0 R-13.0;
X-55;
X55Y-20;
X20;
X-20;
X-55;
G80G49M05;
G28 G91 Z0;                               回换刀点
T02 M06;                                  换 2 号刀
M03 S300;
G00 G90 G54 X55.0 Y20.0;
G43 Z10.0 H02;
G98 G83 Z-30.0R-13.0Q5.0 F30;             钻φ20mm、φ30mm 的底孔
G83 X0Y0Z-15.0R2.0 Q5.0;
G83X-55Y20Z-30R-13.0Q5.0;
X55Y-20;
X-55;
G80G49M05;
G28 G91 Z0;
T03 M06;                                  换 3 号刀
M03 S600;
G00 G90 G54 X20 Y20.0;
G43 Z10.0 H03;
G99 G83 Z-13.0 R2.0 Q5.0 F60;             钻 M10 螺纹底孔
Y-20.0;
X-20.0;
Y20.0;
G80 G49M05;
G28 G91 Z0;
T04 M06;                                  换 4 号刀，粗铣腔体
G00 G90 G54 X0 Y0 S400M03;                定位在φ30mm 腔体上
G43 Z10.0 H04;
G01 Z-8.0 F100;
```

```
D4M98P0002F160;                       D4 为 9.9mm
G01Z-14.9F100;
D4M98P002F160;
G49G00Z100;
G28 G91 Z0;
T05 M06;                              换 5 号刀
M03 S300
G00 G90 G54 X55.0 Y20.0;
G43 Z10.0 H05;
G98 G86 Z-28.0 R-13.0 F50;            粗镗 4×φ20mm 孔
Y-20;
X-55.0Y20;
Y-20.0;
G80G49M05;
G28 G91 Z0;
G28 X0 Y0;
T06 M06;                              换 6 号刀
M03 S80;
G00 G90 G54 X55.0 Y20.0;              铰φ20H7 的孔，注意丝杆的反向间隙的消除
G43 Z10.0 H06;
G98 G85 Z-30.0 R-13.0 F30;
Y-20;
X-55.0Y20;
Y-20.0;
G80 G49 M05;
G28X0 Y0;

T04 M06;                              换 4 号刀，精铣腔体
G00 G90 G54 X0 Y0 S600M03;            定位在φ30mm 腔体上
Z2.0;
G01Z-15F100;
D4M98P002F120;                        D4 为φ20mm 刀具的真实半径
G49G00Z100;
G28 G91 Z0;

T07 M06;                              换 7 号刀
M03 S60;
G00 G90 G54 X20.0 Y20.0;              定位在第一个螺纹孔上
G43 Z10.0 H07;
G99 G84 Z-10.0 R5.0 F90;              攻螺纹
Y-20;
X-20.0;
Y20.0;
G80G49M05;
G28 G91 Z0;
M30;                                  程序结束
```

子程序：

```
O0001;                              铣凸阶
G41G01Y-60;
Y70;
G00X35;
G01Y-70;
G00X-50;
G01Y70;
G00X50;
G01Y-70;
G40G00X-35;
M99;
O0002;                              铣腔体
G41G01X-12Y-3;
G03X0Y-15R12;
J15;
X12Y-3R12;
G40G01X0Y0;
M99;
```

完成本章任务，需填写的有关表格如表 9-7～表 9-14 所示。

表 9-7　计划单

<table>
<tr><td>学习领域</td><td colspan="5">加工中心编程与零件加工</td></tr>
<tr><td>学习情境 11</td><td colspan="3">滑座类零件编程与加工</td><td>学时</td><td>16</td></tr>
<tr><td>计划方式</td><td colspan="5">小组讨论，学生计划，教师引导</td></tr>
<tr><td>序号</td><td colspan="4">实施步骤</td><td>使用资源</td></tr>
<tr><td></td><td colspan="4"></td><td></td></tr>
<tr><td></td><td colspan="4"></td><td></td></tr>
<tr><td></td><td colspan="4"></td><td></td></tr>
<tr><td></td><td colspan="4"></td><td></td></tr>
<tr><td></td><td colspan="4"></td><td></td></tr>
<tr><td>制订计划说明</td><td colspan="5"></td></tr>
<tr><td rowspan="3">计划评价</td><td>班级</td><td></td><td>第　组</td><td>组长签字</td><td></td></tr>
<tr><td>教师签字</td><td colspan="2"></td><td>日期</td><td></td></tr>
<tr><td colspan="5">评语：</td></tr>
</table>

表 9-8　决策单

<table>
<tr><td>学习领域</td><td colspan="8">加工中心编程与零件加工</td></tr>
<tr><td>学习情境 11</td><td colspan="6">滑座类零件编程与加工</td><td>学时</td><td>16</td></tr>
<tr><td colspan="9">方案讨论</td></tr>
<tr><td rowspan="7">方案对比</td><td>组号</td><td>实现功能</td><td>方案可行性</td><td>方案合理性</td><td>实施难度</td><td>安全可靠性</td><td>经济性</td><td>综合评价</td></tr>
<tr><td>1</td><td></td><td></td><td></td><td></td><td></td><td></td><td></td></tr>
<tr><td>2</td><td></td><td></td><td></td><td></td><td></td><td></td><td></td></tr>
<tr><td>3</td><td></td><td></td><td></td><td></td><td></td><td></td><td></td></tr>
<tr><td>4</td><td></td><td></td><td></td><td></td><td></td><td></td><td></td></tr>
<tr><td>5</td><td></td><td></td><td></td><td></td><td></td><td></td><td></td></tr>
<tr><td>6</td><td></td><td></td><td></td><td></td><td></td><td></td><td></td></tr>
<tr><td>方案评价</td><td colspan="8">评语：</td></tr>
<tr><td>班级</td><td colspan="2"></td><td>组长签字</td><td></td><td>教师签字</td><td></td><td colspan="2">月　日</td></tr>
</table>

表 9-9　材料、设备、工/量具清单

<table>
<tr><td>学习领域</td><td colspan="7">加工中心编程与零件加工</td></tr>
<tr><td>学习情境 11</td><td colspan="5">滑座类零件编程与加工</td><td>学时</td><td>16</td></tr>
<tr><td>类型</td><td>序号</td><td>名称</td><td>作用</td><td>数量</td><td>型号</td><td>使用前</td><td>使用后</td></tr>
<tr><td rowspan="2">所用设备</td><td>1</td><td>立式加工中心</td><td>零件加工</td><td>6</td><td>S1354-B</td><td></td><td></td></tr>
<tr><td>2</td><td>精密平口钳</td><td>装夹工件</td><td>6</td><td></td><td></td><td></td></tr>
<tr><td>所用材料</td><td>1</td><td>45 钢</td><td>零件毛坯</td><td>6</td><td></td><td></td><td></td></tr>
<tr><td rowspan="6">所用刀具</td><td>1</td><td>中心钻</td><td>点中心孔</td><td>6</td><td>$\phi$3mm</td><td></td><td></td></tr>
<tr><td>2</td><td>钻头</td><td>打底孔</td><td>6</td><td>$\phi$19mm</td><td></td><td></td></tr>
<tr><td>3</td><td>钻头</td><td>打底孔</td><td>6</td><td>$\phi$8.5mm</td><td></td><td></td></tr>
<tr><td>4</td><td>铰刀</td><td>精加工孔</td><td>6</td><td>$\phi$20H7mm</td><td></td><td></td></tr>
<tr><td>5</td><td>镗刀</td><td>镗孔</td><td>6</td><td>$\phi$19.8mm</td><td></td><td></td></tr>
<tr><td>6</td><td>丝锥</td><td>攻螺纹</td><td>6</td><td>M10 丝锥</td><td></td><td></td></tr>
<tr><td rowspan="4">所用量具</td><td>1</td><td>深度尺</td><td>测量深度</td><td>6</td><td>150mm</td><td></td><td></td></tr>
<tr><td>2</td><td>游标卡尺</td><td>测量线性尺寸</td><td>6</td><td></td><td></td><td></td></tr>
<tr><td>3</td><td>$\phi$20H7mm 通止规</td><td>测量孔径</td><td>6</td><td></td><td></td><td></td></tr>
<tr><td>4</td><td>内径千分尺</td><td>测量线性尺寸</td><td>6</td><td></td><td></td><td></td></tr>
<tr><td>附件</td><td>1</td><td>$\delta$2、$\delta$5、$\delta$10、$\delta$30 系列垫块</td><td>调整工件高度</td><td>若干</td><td></td><td></td><td></td></tr>
<tr><td>班级</td><td colspan="2"></td><td colspan="2">第　组</td><td>组长签字</td><td colspan="2"></td></tr>
<tr><td>教师签字</td><td colspan="4"></td><td>日期</td><td colspan="2"></td></tr>
</table>

表 9-10　实施单

| 学习领域 | 加工中心编程与零件加工 | | |
|---|---|---|---|
| 学习情境 11 | 滑座类零件编程与加工 | 学时 | 16 |
| 实施方式 | 学生自主学习，教师指导 | | |
| 序号 | 实施步骤 | 使用资源 | |
| | | | |
| | | | |
| | | | |
| | | | |
| | | | |
| | | | |

实施说明：

| 班级 | | 第　组 | 组长签字 | |
|---|---|---|---|---|
| 教师签字 | | | 日期 | |

表 9-11　作业单

| 学习领域 | 加工中心编程与零件加工 | | |
|---|---|---|---|
| 学习情境 11 | 滑座类零件编程与加工 | 学时 | 16 |
| 作业方式 | 小组分析，个人解答，现场批阅，集体评判 | | |
| 1 | 利用钻孔循环指令进行图 9-34 所示零件程序编制，并在数控系统中进行校验。要求：编写工艺卡和刀具卡<br>4×M16-H7<br>φ80±0.2<br>120<br>120<br>其余 3.2<br>φ50H7<br>0.8<br>0.8<br>3.2<br>4×φ12H8<br>4×φ16<br>5<br>15<br>定位板　材料 HT200　比例 1∶1　日期　工时　设计　制图<br>图 9-34　定位板 | | |

作业解答：

| 作业评价 | 班级 | | 第　组 | 组长签字 | | |
|---|---|---|---|---|---|---|
| | 学号 | | 姓名 | | | |
| | 教师签字 | | 教师评分 | | 日期 | |
| | 评语： | | | | | |

表 9-12　检查单

| 学习领域 | 加工中心编程与零件加工 | | | |
|---|---|---|---|---|
| 学习情境 11 | 滑座类零件编程与加工 | | 学时 | 16 |
| 序号 | 检查项目 | 检查标准 | 学生自检 | 教师检查 |
| 1 | 孔系类零件加工的实施准备 | 准备充分、细致、周到 | | |
| 2 | 孔系类零件加工的计划实施步骤 | 实施步骤合理，有利于提高零件加工质量 | | |
| 3 | 孔系类零件加工的尺寸精度及表面粗糙度 | 符合图样要求 | | |
| 4 | 实施过程中工、量具摆放 | 定址摆放、整齐有序 | | |
| 5 | 实施前工具准备 | 学习所需工具准备齐全，不影响实施进度 | | |
| 6 | 教学过程中的课堂纪律 | 听课认真，遵守纪律，不迟到、不早退 | | |
| 7 | 实施过程中的工作态度 | 在工作过程中乐于参与，积极主动 | | |
| 8 | 上课出勤状况 | 出勤率达 95%以上 | | |
| 9 | 安全意识 | 无安全事故发生 | | |
| 10 | 环保意识 | 垃圾分类处理，不对环境产生危害 | | |
| 11 | 合作精神 | 能够相互协作、相互帮助，不自以为是 | | |
| 12 | 实施计划时的创新意识 | 确定实施方案时不随波逐流，见解合理 | | |
| 13 | 实施结束后的任务完成情况 | 过程合理、工件合格，与组内成员合作良好 | | |
| 检查评价 | 班级 | | 第　组 | 组长签字 |
| | 教师签字 | | 日期 | |
| | 评语： | | | |

表 9-13　评价单

| 学习领域 | 加工中心编程与零件加工 | | | | |
|---|---|---|---|---|---|
| 学习情境 11 | 滑座类零件编程与加工 | | | 学时 | 16 |
| 评价类别 | 项目 | 子项目 | 个人评价 | 组内互评 | 教师评价 |
| 专业能力<br>(60%) | 资讯<br>(6%) | 搜集信息(3%) | | | |
| | | 引导问题回答(3%) | | | |
| | 计划<br>(6%) | 计划可执行度(3%) | | | |
| | | 设备材料工、量具安排(3%) | | | |
| | 实施<br>(24%) | 工作步骤执行(6%) | | | |
| | | 功能实现(6%) | | | |
| | | 质量管理(3%) | | | |
| | | 安全保护(6%) | | | |
| | | 环境保护(3%) | | | |
| | 检查<br>(4.8%) | 全面性、准确性(2.4%) | | | |
| | | 异常情况排除(2.4%) | | | |
| | 过程<br>(3.6%) | 使用工具规范性(1.8%) | | | |
| | | 操作过程规范性(1.8%) | | | |
| | 结果<br>(12%) | 结果质量(12%) | | | |
| | 作业<br>(3.6%) | 完成质量(3.6%) | | | |
| 社会能力<br>(20%) | 团结协作<br>(10%) | 小组成员合作良好(5%) | | | |
| | | 对小组的贡献(5%) | | | |
| | 敬业精神<br>(10%) | 学习纪律性(5%) | | | |
| | | 爱岗敬业、吃苦耐劳(5%) | | | |
| 方法能力<br>(20%) | 计划能力<br>(10%) | 考虑全面(5%) | | | |
| | | 细致有序(5%) | | | |
| | 决策能力<br>(10%) | 决策果断(5%) | | | |
| | | 选择合理(5%) | | | |

| 评价评语 | 班级 | | 姓名 | | 学号 | | 总评 | |
|---|---|---|---|---|---|---|---|---|
| | 教师签字 | | 第　组 | 组长签字 | | | 日期 | |
| | 评语: | | | | | | | |

表 9-14　教学反馈单

| 学习领域 | 加工中心编程与零件加工 | | | | |
|---|---|---|---|---|---|
| 学习情境 11 | 滑座类零件编程与加工 | | 学时 | 16 | |
| 序号 | 调查内容 | 是 | 否 | 理由陈述 | |
| 1 | 对任务书的了解是否深入、明了 | | | | |
| 2 | 是否清楚加工中心的操作界面 | | | | |
| 3 | 是否能熟练运用钻孔循环指令及 M 辅助功能指令进行“孔系类零件”的加工编程 | | | | |
| 4 | 能否在 FANUC 和 SIEMENS 加工中心上正确对刀 | | | | |
| 5 | 能否正确安排“孔系类零件”数控加工工艺 | | | | |
| 6 | 能否正确使用游标卡尺、外径千分尺、深度尺、通止规，并能正确读数 | | | | |
| 7 | 能否有效执行“6S”规范 | | | | |
| 8 | 小组间的交流与团结协作能力是否有所增强 | | | | |
| 9 | 同学的信息检索与自主学习能力是否有所增强 | | | | |
| 10 | 同学是否遵守规章制度 | | | | |
| 11 | 你对教师的指导满意吗 | | | | |
| 12 | 教学设备与仪器是否够用 | | | | |

你的意见对改进教学非常重要，请写出你的意见和建议

| 调查信息 | 被调查人签名 | | 调查时间 | |
|---|---|---|---|---|

# 第 10 章　烟灰缸的编程与加工

本章的任务单、资讯单及信息单如表 10-1～表 10-3 所示。

表 10-1　任务单

| 学习领域 | 加工中心编程与零件加工 | | |
|---|---|---|---|
| 学习情境 12 | 烟灰缸的编程与加工 | 学时 | 12 |
| 布置任务 | | | |
| 学习目标 | (1) 掌握 UG 数控编程加工流程；<br>(2) 学会 UG 数控编程父本组设置；<br>(3) 学会数控铣削刀具的选择、加工工艺编制；<br>(4) 学会根据加工零件确定加工方式，掌握刀路规划和刀具选择；<br>(5) 掌握型腔铣削、等高铣削和区域铣削加工区域设定及其区别；<br>(6) 掌握 UG 后处理的产生以及加工中心在线加工；<br>(7) 正确理解典型烟灰缸的编程与加工走刀路线；<br>(8) 掌握加工中心加工型腔类零件的操作步骤；<br>(9) 学会利用弧规正确检测圆弧尺寸及深度尺的正确应用；<br>(10) 进一步掌握加工中心常见故障的维修；<br>(11) 进一步加强安全生产的意识；<br>(12) 学习党的二十大精神。<br>党的二十大.mp4 | | |
| 任务描述 | 1. 工作任务<br>完成图 10-1 所示烟灰缸的加工<br>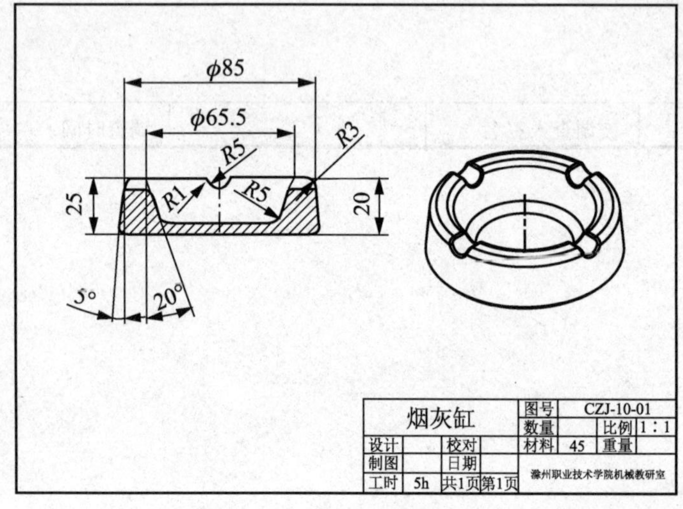<br><br>图 10-1　烟灰缸<br>2. 完成主要工作任务<br>(1) 编制铣削加工如图 10-1 所示烟灰缸的加工工艺；<br>(2) 进行图 10-1 所示烟灰缸 UG 加工程序的编制；<br>(3) 完成烟灰缸的铣削加工 | | |

续表

<table>
<tr><td>学时安排</td><td>资讯 4 学时</td><td>计划 1 学时</td><td>决策 1 学时</td><td>实施 4 学时</td><td>检查 1 学时</td><td>评价 1 学时</td></tr>
<tr><td>提供资料</td><td colspan="6">(1) 教材：余英良. 数控加工编程及操作. 北京：高等教育出版社，2005<br>(2) 教材：顾京. 数控加工编程及操作. 北京：高等教育出版社，2003<br>(3) 教材：宋放之. 数控工艺员培训教程. 北京：清华大学出版社，2003<br>(4) 教材：田萍. 数控加工工艺. 北京：高等教育出版社，2003<br>(5) 教材：唐应谦. 数控加工工艺学. 北京：劳动保障出版社，2000<br>(6) 教材：张信群. 公差配合与互换性技术. 北京：北京航空航天大学出版社，2006<br>(7) 教材：冯志刚. 数控宏程序编程方法技巧与实例. 北京：机械工业出版社，2007<br>(8) 教材：李锋. 数控宏程序实例教程. 北京：化学工业出版社，2010<br>(9) 教材：陈永寿. 精通中文版 UG6 NX7.5 数控编程与加工. 北京：清华大学出版社，2008<br>(10) FANUC31i 加工中心操作维修手册，2010<br>(11) FANUC31i 数控系统加工中心编程手册，2010<br>(12) 中国模具网　　http://www.mould.net.cn/<br>(13) 国际模具网　　http://www.2mould.com/<br>(14) 数控在线　　http://www.cncol.com.cn/Index.html<br>(15) 中国金属加工网 http://www.mw35.com/<br>(16) 中国机床网　　http://www.jichuang.net/</td></tr>
<tr><td>对学生的要求</td><td colspan="6">1．知识技能要求<br>(1) 掌握 UG 数控编程加工流程。<br>(2) 学会 UG 数控编程父本组设置。<br>(3) 学会数控铣削刀具的选择及加工工艺编制。<br>(4) 学会根据加工零件确定加工方式，掌握刀路规划和刀具选择。<br>(5) 掌握型腔铣削、等高铣削和区域铣削加工区域设定及其区别。<br>(6) 掌握 UG 后处理的产生以及加工中心在线加工。<br>(7) 能够根据零件的类型、材料及技术要求正确选择刀具。<br>(8) 在任务实施过程中，能够正确使用工、量具，用后做好维护和保养工作。<br>(9) 在每天使用机床前对机床导轨注油一次，加工结束后应清理机床，做好机床使用基本维护和保养工作。<br>(10) 每天实操结束后，及时打扫实习场地卫生。<br>(11) 本任务结束时每组需上交 6 件合格的零件。<br>(12) 按时、按要求上交作业<br>2．生产安全要求<br>严格遵守安全操作规程，绝不允许违规操作。应特别注意：加工零件、刀具要夹紧可靠，夹紧工件后要立即取下装夹工具<br>3．职业行为要求<br>(1) 文具准备齐全；<br>(2) 工、量具摆放整齐；<br>(3) 着装整齐；<br>(4) 遵守课堂纪律；<br>(5) 具有团队合作精神</td></tr>
</table>

表 10-2　资讯单

| 学习领域 | 加工中心的编程与零件加工 | | |
|---|---|---|---|
| 学习情境 12 | 烟灰缸的编程与加工 | 学时 | 12 |
| 资讯方式 | 学生自主学习、教师引导 | | |
| 资讯问题 | (1) 如何确定 UG 数控编程加工流程？<br>(2) 怎样设置 UG 数控编程父本组？<br>(3) 如何根据被加工零件选择数控铣削刀具，加工工艺编制？<br>(4) 如何根据加工零件确定加工方式，如何规划刀路？<br>(5) 掌握型腔铣削、等高铣削和区域铣削加工区域设定及其区别？<br>(6) UG 后处理怎样产生以及怎样进行加工中心在线加工？<br>(7) 如何正确理解典型烟灰缸的编程与加工走刀路线？<br>(8) 如何掌握加工中心加工型腔类零件的操作步骤？<br>(9) 学会利用圆弧规正确检测圆弧尺寸及深度尺的正确应用；<br>(10) 进一步掌握加工中心的常见故障的维修；<br>(11) 进一步加强安全生产的意识 | | |
| 资讯引导 | (1) 确定 UG 数控编程加工流程参阅教材《精通中文版 UG6 NX6 数控编程与加工》(陈永寿主编. 北京：清华大学出版社，2008)；<br>(2) 设置 UG 数控编程父本组参阅教材《精通中文版 UG6 NX6 数控编程与加工》(陈永寿主编. 北京：清华大学出版社，2008)；<br>(3) 被加工零件选择数控铣削刀具，加工工艺编制参阅教材《数控加工编程及操作》(余英良主编. 北京：高等教育出版社，2005)；<br>(4) 如何根据加工零件确定加工方式，如何规划刀路参阅教材《精通中文版 UG6 NX6 数控编程与加工》(陈永寿主编. 北京：清华大学出版社，2008)；<br>(5) 掌握型腔铣削、等高铣削和区域铣削加工区域设定及其区别，参阅教材《精通中文版 UG6 NX6 数控编程与加工》(陈永寿主编. 北京：清华大学出版社，2008)；<br>(6) UG 后处理怎样产生以及怎样进行加工中心在线加工，参阅教材《精通中文版 UG6 NX6 数控编程与加工》(陈永寿主编. 北京：清华大学出版社，2008)；<br>(7) 游标卡尺、外径千分尺、内径千分尺、深度尺、圆弧规的正确使用方法，对圆弧外形类零件外径、内径尺寸正确检测，参阅教材《公差配合与互换性技术》(张信群主编. 北京：北京航空航天大学出版社，2006)；<br>(8) 加工中心的使用与维护参阅教材《数控机床及其使用维修》(卢斌主编. 北京：机械工业出版社，2001) | | |

表 10-3　信息单

| 学习领域 | 加工中心的编程与零件加工 | | |
|---|---|---|---|
| 学习情境 12 | 烟灰缸的编程与加工 | 学时 | 12 |
| 信息内容 | | | |

# 任务 10.1　UG 加工编程流程

应用三维 CAD/CAM 技术最终是为了自动生成 NC 代码，然后用数控机床加工出合格的产品。计算机辅助制造 CAM 技术具有很大的优越性，它不但能解决复杂曲面人工无法精确编程的问题，而且计算机与数控设备的通信又大大提高了程序输入的速度和避免人工录入的错误。

## 10.1.1　UG/Manufacturing

UG/加工(UG/Manufacturing)包括 UG/CAM Base (CAM 基础)UG/Planner Milling(平面二维铣削)、UG/Face Milling(平面铣削)、UG/Cavity Milling(型腔铣)、UG/Zlevel Profile(等高铣削)、UG/Fixed Contour Milling(固定轴铣)、UG/Wire EDM (线切割)、UG/Postprocessing(后置处理)等模块。

UG 的加工模块是现有各种 CAD/CAM 软件中功能最强的软件之一。可以生成复杂的 3～5 轴联动的刀具路径，如同所有 UG 模块一样，设计的变更将自动处理，以确保 CAD/CAM 的一致性，从而使昂贵的试切大大减少，并使一般管理费用、产品设计到市场的周期及质量都大大改善。不仅如此，比其他系统更加优越之处在于，所有能够造型出来的实体和曲面，实际上都能加工出来。

加工参数，如进给率、转速可以立即存取。这些参数在用户更改之前一直保持原来状态。在任何时候，用户可以调用刀具路径和图形显示来试验加工参数，可在屏幕上用图形仿真刀具路径，并生成文本文件，输出刀位原文件(CLSF)。

## 10.1.2　UG 加工编程的一般步骤

在 UG/CAD 模块中将要加工的模型设计完成后，进入 CAM 模块，然后经过选择合适的加工方式、确定加工参数、生成刀具路径、检验刀具路径、仿真切削、程序后处理、生成机床代码文件等步骤，最后将 NC 代码文件传给加工机床。整个流程如图 10-2 所示。

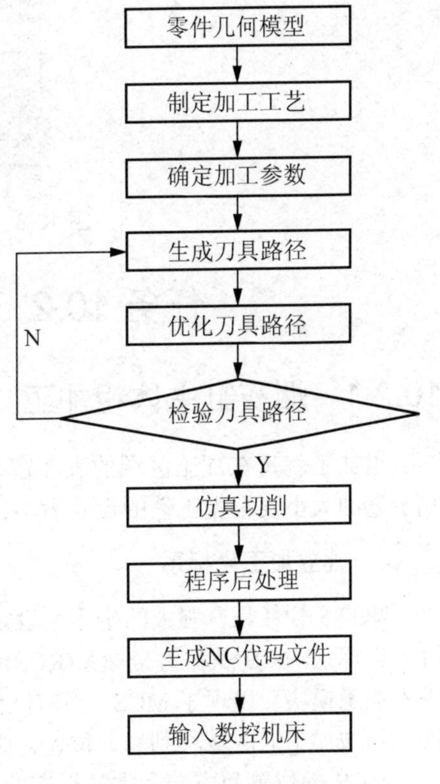


图 10-2　UG 加工编程流程

## 10.1.3　CAM 模块初始化

CAM 模块是一个独立的模块，在进行编程之前，首先要进入 CAM 环境，如图 10-3 第

①步所示，在 UG 主界面菜单“所有应用模块”中选择“加工”命令，即可进入 CAM 编程环境。由于 UG 软件具有多种编程加工方式，进入 CAM 环境之后，还要对所要用到的加工方式(型腔铣、平面铣等)进行初始化。如图 10-3 第②步所示，选中一种加工方式，单击“初始化”按钮。单击“创建操作”按钮，进入图 10-3 第③步所示的界面，从中选择合适的加工方法，才可进入参数设置菜单，进行选择加工部件、毛坯、选择刀具、设定加工参数等工作。

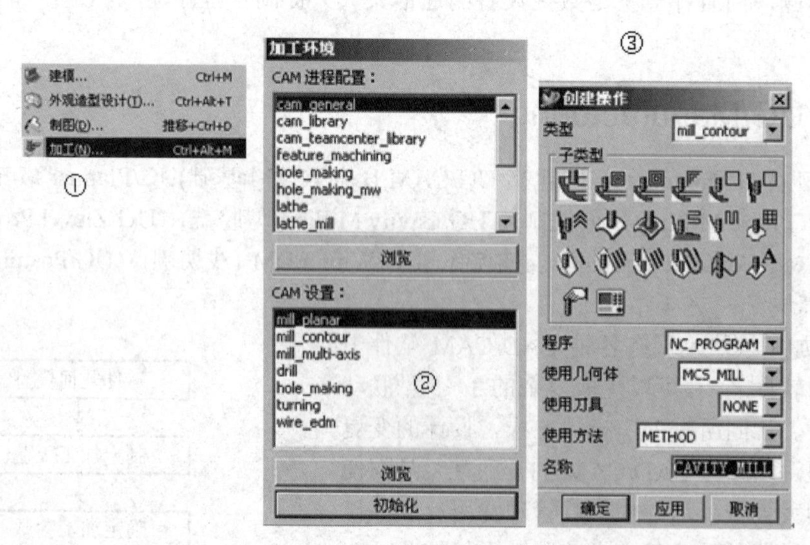


图 10-3　UG/CAM 模块初始化步骤

# 任务 10.2　烟灰缸的粗、精加工

## 10.2.1　烟灰缸主体粗加工

粗加工就是在加工区域的表面留有一定的残余量，以待半精加工或精加工时再铣去。残余量的大小要根据工件的尺寸大小、形状结构等因素来决定。

### 1. 建立加工坐标系

UG7.5 软件具有强大的坐标系设定功能，包括绝对坐标系(ACS)、工作坐标系(WCS)、机床坐标系(MCS)及参考坐标系(RCS)。建立几何模型时，可以随时变换 WCS 以方便建模；进入加工模块后出现了 MCS，当前操作中的所有刀位值都是基于 MCS，它也可以做各种变换。当被加工的区域移到另一位置，则使用 RCS 重定位加工参数。

MCS 的位置和方向常常与机床的起始点有关，在生成操作前应注意检查，其主要作用是：①用于建立同机床起始点相关的刀具路径位置；②当一个大的零件在加工过程需要移位时，重新建立起始位置；③在旋转工作台或混合轴运动后，重新建立起始位置和方向；④从已存刀具路径生成带有不同起始位置的刀位源文件，如加工相似零件或在不同机床上装零件。

建立 MCS 的一般原则是：①MCS 与 WCS 一致；②MCS 坐标原点要定在有利于操作

者快速、准确对刀的位置；③MCS 坐标原点在对称轴上，以便确定坐标轴的方向。

根据以上原则，烟灰缸加工时，MCS 加工坐标建立过程如下：①去除模型参数，对模型进行必要的处理；②放正模型，使工件坐标系和绝对坐标系及加工坐标系重合，利用“编辑”→“移动对象”→“点到点”或“角度”或“CSYS 到 CSYS”放正模型，使得加工坐标系处于如图 10-4 所示位置，便于操机工人对刀。

### 2．定义毛坯

毛坯的选择要遵循以下几条原则。

(1) 毛坯的形状与工件的外部轮廓不能有较大差别。例如，圆形的工件就要选择圆形的毛坯；否则切削量增大，不仅造成浪费，而且延长加工时间。

(2) 毛坯的尺寸既要保证有一定的切削余量，又不能过大，以避免不必要的浪费。

(3) 对于一些表面粗糙度要求不高或不是配合面、外观面的表面，毛坯的外表面与最终的工件外表面可以重合。

(4) 加工时要确定毛坯的基准面，以便于机床坐标定位以及保证多次装夹的一致性。

根据以上几条原则，来分析一下烟灰缸的形状特点和技术要求。首先烟灰缸的外形是圆台；烟灰缸内外面都是曲面，内外表面都有圆弧过渡，表面粗糙度要求高。因此，首先毛坯应和工件形状基本相似，并且外部侧壁和顶部要有一定的余量，内部为型腔可以不考虑余量问题。这样，毛坯就定义为圆柱形毛坯，如图 10-5 所示。

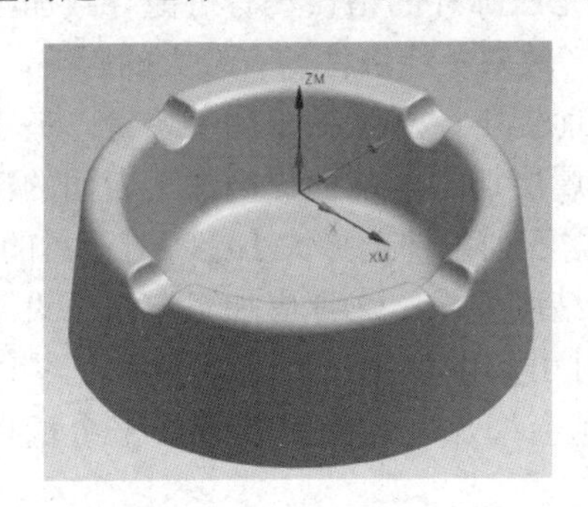

图 10-4　MCS 加工坐标建立

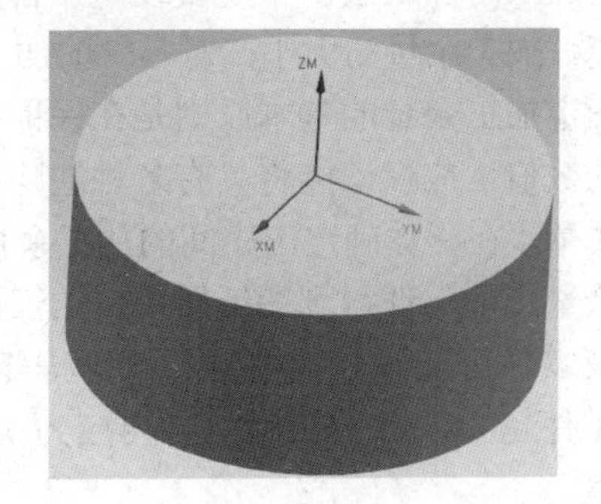

图 10-5　烟灰缸毛坯

### 3．开粗加工方法的选择

UG 软件用于开粗加工方法一般有 Planar Mill(二维平面铣削)、Cavity Mill(型腔铣)、ZLevel Profile(等高加工)。对于图 10-4 所示烟灰缸内、外表面有 100 斜度，顶部过渡圆角在粗加工中需要加工出来。Planar Mill 适用于二维平面轮廓粗加工，对于图 10-4 所示烟灰缸粗加工不适合。ZLevel Profile(等高加工)适用于陡面的粗加工，烟灰缸内、外表面都在 650 以上，可以用高加工进行开粗，但毛坯内部为封闭区域，待切削加工量比较大，用 ZLevel Profile 粗加工，对于烟灰缸不太合适。而 Cavity Mill(型腔铣)对烟灰缸进行粗加工时，可以把内、外表面和顶部过渡圆角一次性粗加工出来，所以 Cavity Mill(型腔铣)非常适合烟灰缸的开粗。

### 4．加工部件的选择

加工部件的选择就是确定加工区域，可以通过选择特征、实体、面等来确定。对于不同的加工目的，选择的区域也是不同的。用 Cavity Mill 粗加工时，一般用来切削的对象是毛坯，所有形状都有待加工，因此，可以选取要加工区域，也可以选取整个几何体为加工区域。而对于烟灰缸粗加工，内、外表面和过渡圆角都要加工出来，可以用整个几何体为加工区域，可以不做任何选择，系统可以自动判断出待加工的区域，操作更加方便。

### 5．刀具的选择

刀具的选择是数控加工中非常重要的一步，因为它不仅影响加工效率，而且对加工质量也有着直接的影响。模具粗加工时，一般用带刀片的盘形铣刀或圆鼻刀，因为刀片的材质好，硬度高、耐磨性好，并且磨损之后可以更换新刀片，同时盘铣刀和圆鼻刀的刀杆刚性好，加工中不易变形。粗加工时，需要切削去除大量材料，因此粗加工时可选用直径较大的盘形铣刀，铣刀直径一般为$\phi$50～75mm，常用的有$\phi$50r0.5mm 和$\phi$63r0.8mm 盘形铣刀。若用圆鼻刀一般为$\phi$20～35mm，常用的有$\phi$30r5mm 和$\phi$35r5mm 圆鼻刀。而烟灰缸中间待加工区域不大，为了使粗加工后余量不大，可选用$\phi$30r5mm 或$\phi$35r5mm 圆鼻刀。

### 6．加工余量的确定

粗加工时加工余量一定要设定，否则将会造成无法弥补的错误，有可能导致加工工件的报废。加工余量的大小，对零件的加工质量和生产效率及经济性均有较大的影响。

确定加工余量的基本原则是在保证加工质量的前提下，尽量减少加工余量。最小加工余量的数值，应保证能将具有各种缺陷和误差的金属层切去，从而提高加工表面的精度和表面质量。在具体确定工序间的加工余量时，应根据下列条件选择大小：①对最后的工序，加工余量应能保证得到图纸所规定的表面粗糙度和精度要求；②考虑加工方法、设备的刚性以及零件可能发生的变形；③考虑零件热处理时引起的变形；④考虑被加工零件的大小，零件越大，由于切削力、内应力引起的变形越会增加，因此，要求加工余量也相应大一些。

加工余量的具体设置方法为：单击 Cavity Mill(型腔铣)对话框中的“Cutting(切削参数)”按钮，在弹出的对话框中将“部件侧面余量”值设为 0.5mm，“部件底面余量”值设为 0.35mm。

### 7．切削用量的确定

1) 切削深度 $a_p$ 确定

烟灰缸粗加工所使用的刀具是带 $R$ 角的圆鼻刀，刚性好，硬度高；烟灰缸材料是铝合金，可切削性好；数控机床的刚性好。所以烟灰缸粗加工时可选择较大的切削深度。切削深度又称为吃刀量，可分为背吃刀量(刀具在 $Z$ 轴方向每一层切削量)和侧吃刀量(刀与刀之间的步距量)。为了充分发挥数控机床高速\快进给的特点，背吃刀量一般选为 0.5～2mm，侧吃刀量为刀具直径的 50%～75%。

如果每一层背吃刀量都相等，则只需在 Cavity Mill(型腔铣)对话框中设定“每刀的公共深度”=1，如图 10-6 所示。如果各层切削量之间有差异，就要进入“切削层”对话框(见图 10-7)进行详细设置，利用“切削层”对话框设置切削范围，使切削范围控制在顶部圆角加工结束的范围内，而不会产生多余刀具路径。侧吃刀量设定，在 Cavity Mill(型腔铣)对话框中“步距”方式设为“刀具平直百分比”，“刀具平直百分比”设为“70%”。

2) 主轴转速和进给量的确定

在 Cavity Mill(型腔铣)对话框中单击“进给率”进入“进给和速度”对话框，将主轴转速设置为 3000r/min。为了充分发挥数控机床的高速、高效的特点，粗加工时，进给速度和主轴转速比例一般按 1∶1 左右设置，所以进给速度设为 3000mm/min。在接近拐角处应适当降低进给量，以克服由于惯性或工艺系统变形在轮廓拐角处造成过切现象及减少弹刀，进入拐角或退出拐角进给速度设为 1000mm/min。

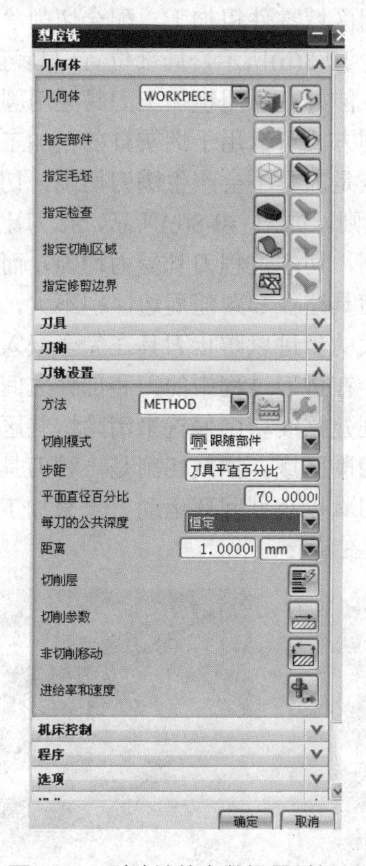


图 10-6　型腔铣的参数设置对话框

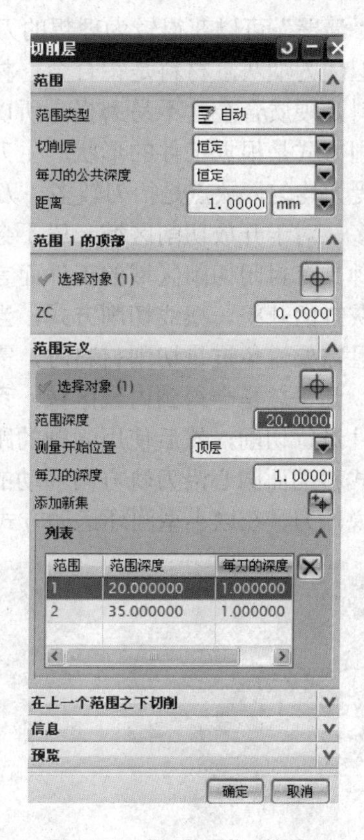


图 10-7　“切削层”对话框

## 8．切削容差的确定

切削容差包括外容差和内容差。在数控编程时不仅要保证加工出来的零件符合精度要求，而且要使计算机运行时间和机床切削加工时间短。一般粗加工内容差指定为 0.03，粗加工外容差为 0.03。这样设置既可以保证粗加工的精度要求，又可以缩短计算机插补计算的时间和机床切削加工时间。

## 9．切削方式的选择

切削方式是指切削零件表面时刀具轨迹的分布方式。UG7.5/Cavity Mill 提供了单向、双向、单向带轮廓方式、跟随周边、跟随工件、摆线、配置文件 7 种切削方式。具体选择哪种切削方式，应根据工件的类型、材料及加工精度选择。双向平行铣削方式，单一方向运动，机床的受力较好，一般用于一些老式机床的闭合区域的粗加工，使用双向平行铣削时，一般要配合“清壁”使用，可以有效避免刀与刀之间在模型端部的残料，产生的刀具路径如图 10-8(a)所示，顶部过渡圆角部位加工时，切削不连续，抬刀较多，不适合做这种开放式外形的粗加工。单向及单向带轮廓方式进行粗加工时，能够始终按顺铣方式，机床受力方式好，但是抬刀太多，加工效率低，一般对于大型龙门式数控机床可采用这两种切削方式。跟随周边切削方式是根据毛坯的形状产生刀具路径，加工是毛坯 3D 的偏置，缺点是局部位置刀具可能会吃全刀，刀具受力可能过大，导致刀具折断或刀具过早磨损而报废，优点是抬刀比较少，刀具路径比较规整，对于一些封闭区域零件粗加工，配合切削“向内”及自动“清壁”可以获得较为理想的刀具路径，如图 10-8(b)所示，局部位置刀具可能会吃全刀，但因为烟灰缸材料是铝合金，材料切削加工性能好，所用粗加工刀具采用圆鼻刀，刀片材料是硬质合金，不易磨损，所以跟随周边切削方式可以用于烟灰缸的粗加工。跟随工件切削方式是根据工件的形状产生刀具路径，优点是刀具不会产生满刀切削，切削过程中刀具受力均匀，缺点是抬刀较多，刀具路径不够规则。如图 10-8(c)所示，抬刀比跟随周边方式多，对于开放切削区域一般不会出现满刀切削，切削过程刀具受力均匀，而对于烟灰缸这种具有封闭切削区域的工件而言，跟随工件刀具路径和跟随周边区别不大，都可以用于烟灰缸的开粗。摆线切削方式，当需要限制过大的步进以防止刀具在完全嵌入切口时折断，且需要避免过量切削材料时，需使用此功能。在进刀过程中的刀和部件之间以及窄区域中，几乎总是会得到内嵌区域。系统可从部件创建摆线切削偏置来消除这些区域。系统沿部件进行切削，然后使用光顺的跟随模式向内切削区域。摆线切削是一种刀具以圆形回环模式移动而圆心沿刀轨方向移动的铣削方法，刀具以小型回环运动方式来加工材料。也就是说，刀具在以小型回环运动方式移动的同时也在旋转。

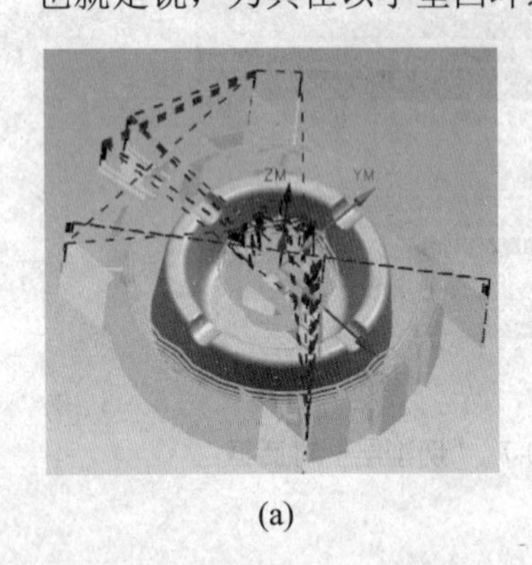


(a)

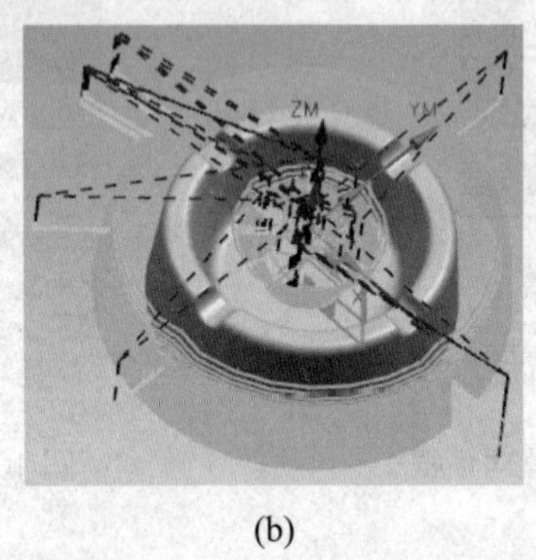


(b)

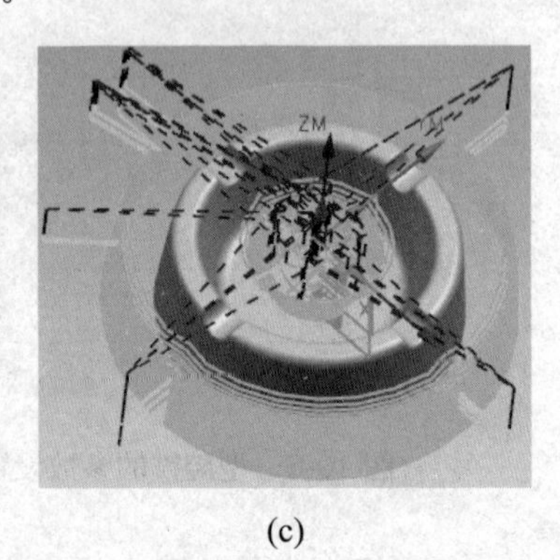


(c)

图 10-8　烟灰缸粗加工的刀具路径

刀具轨迹如图 10-9 所示，一般用于高速机加工受力要求变化很小的场合，也可用于狭窄区域的粗加工。烟灰缸粗加工不合适。配置文件切削方式主要用于工件的半精加工或精加工中。综上所述，烟灰缸粗加工较为理想的切削方式是跟随工件或跟随周边。

10．刀位轨迹的生成

将以上几个主要参数以及其他所需参数设置完毕，即生成粗加工刀位轨迹文件(.cls)，最后产生的刀具路径如图 10-8(c)所示。

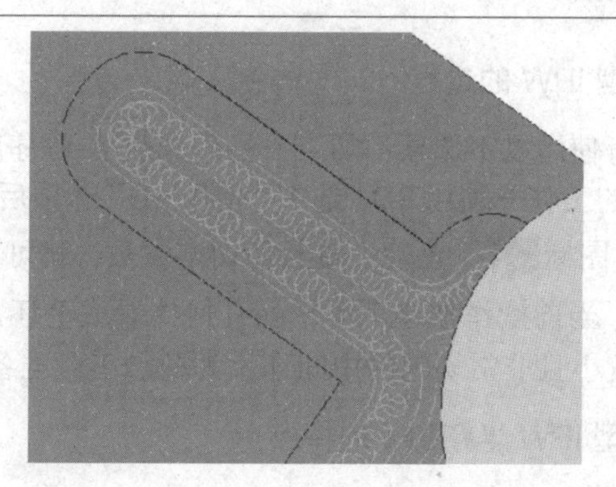

图 10-9　摆线切削图样

## 10.2.2　烟灰缸的半精加工

对于一些精度要求比较高的零件或尺寸比较大的零件，为了提高加工效率，粗加工时用的刀具直径较大，那么一般就要用半精加工工序来清除过多的余量。

何为材料的半精加工呢？如图 10-10 所示模具的型腔，模型的拐角和底角半径为 *R*2.5mm，周围壁面为 100mm 的斜面。为了能够快速将模具型腔中的材料加工去除掉，一般用直径为$\phi$25r5mm 的圆鼻刀(俗称飞刀)进行粗加工。粗加工完成后，如果直接用$\phi$5mm 的球刀进行精加工，必然会因为拐角剩余材料过多(见图 10-11)产生夹刀，导致刀具的折断。所以在精加工前，安排了半精加工，即为了去除由于粗加工刀具直径较大而遗留在壁面之间的材料，或由于刀具的拐角半径而遗留在壁和底面之间的材料(见图 10-12)，使精加工时零件的加工余量较小，且较为均匀而进行加工称为半精加工。UG7.5 提供了 3D 工序模型 IPW、基于层的工序模型 IPW 及参考刀具 3 种加工方式进行半精加工。

### 1．使用 IPW 进行半精加工

IPW(IN-Process Work Piece)称为工序模型，是一个“型腔铣”切削参数，它指定了上个操作完成后应保留的剩余材料。该参数既控制着当前操作由上一个粗加工操作输入体素的状态，又控制着当前操作输出的 IPW 状态。使用 IPW 的操作是残料半精加工的操作，如图 10-10～图 10-12 所示。

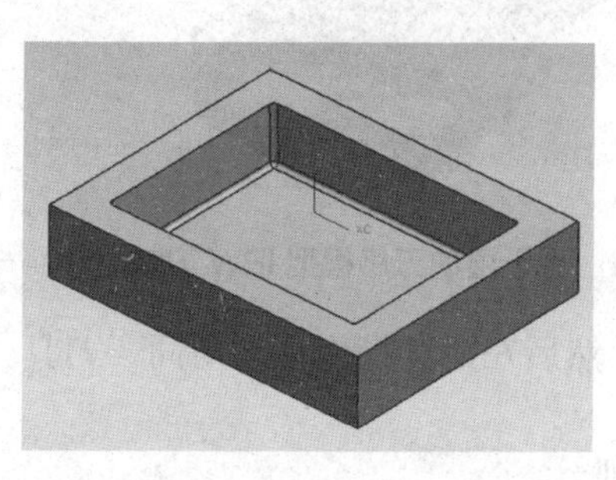

图 10-10　模具型腔

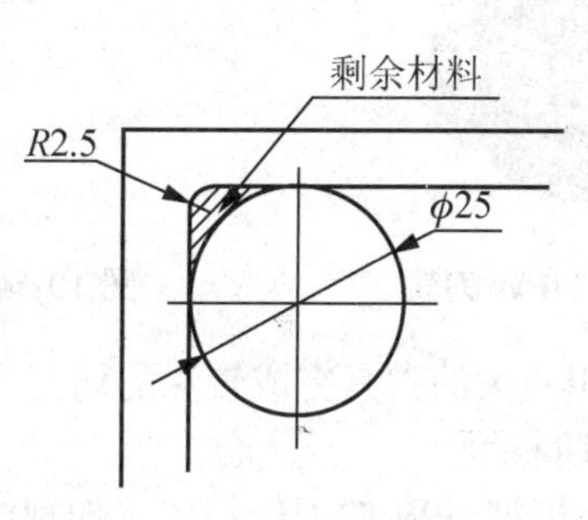


图 10-11　壁面间的材料

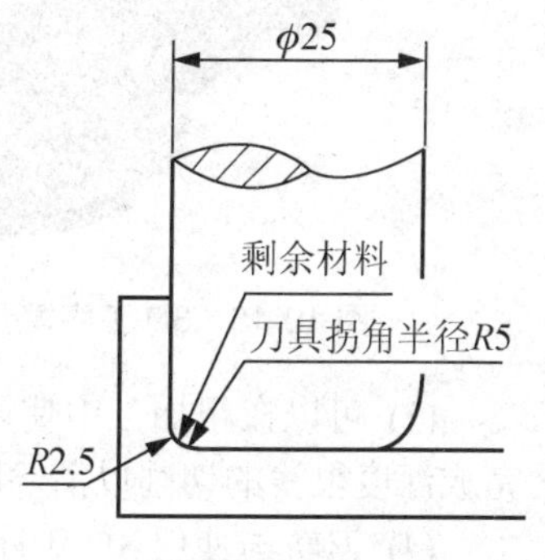


图 10-12　壁和底面间的材料

### 2．建立3D工序模型IPW的过程

建立3D工序模型可使用以下选项：加工→操作导航器-程序顺序→型腔铣操作→切削参数→空间范围-处理中的工件→使用3D。选中“使用3D”选项后，“毛坯几何体”图标将被替换为“工序模型”图标。正确设置其他切削参数，就可以以上一道粗加工剩下的材料作为小平面几何体，当前操作把这个小平面几何体看成毛坯，按照给定的公差进行半精加工，获得一个余量较小且非常均匀的中间体，为精加工做准备。

### 3．使用3D工序模型IPW半精加工的特点

(1) 使用3D工序模型作为“型腔铣”操作中的毛坯几何体，可根据真实工件的当前状态来加工某个区域。这将避免再次切削已经加工过的区域。

(2) 可在操作对话框中显示前一个3D“工序模型”和生成的3D“工序模型”。

(3) 使用3D工序模型IPW开粗不用担心刀具过载，不用担心哪个地方没有清除到，不用考虑哪些地方残料过多而被一次加工出来，不用考虑毛坯的定义。

(4) 缺点是使用3D工序模型IPW半精加工计算时间长和可能产生较多的空刀。对上道加工工序有关联性，上道工序发生变化，当前操作必须重新计算。

### 4．建立基于层的工序模型IPW过程

基于层的工序模型IPW半精加工是UG NX3.0以后的新增功能。建立基于层的工序模型IPW过程和3D工序模型IPW基本相同，过程如下：加工→操作导航器-程序顺序→型腔铣操作→切削参数→空间范围-处理中的工件→使用基于层的。基于层的工序模型IPW使用先前“型腔铣”的刀轨迹来识别和加工剩余材料，进行半精加工，而毛坯几何体图标没有变化。

### 5．使用基于层工序模型IPW半精加工的特点

(1) 基于层的工序模型IPW可以高效地切削先前操作中留下的弯角和阶梯面。

(2) 基于层的工序模型IPW加工简单部件时，刀轨处理时间较3D工序模型IPW显著减少，加工大型的复杂部件时所需时间更是大大减少，如图10-13和图10-14所示。

图10-13　3D工序模型IPW刀轨

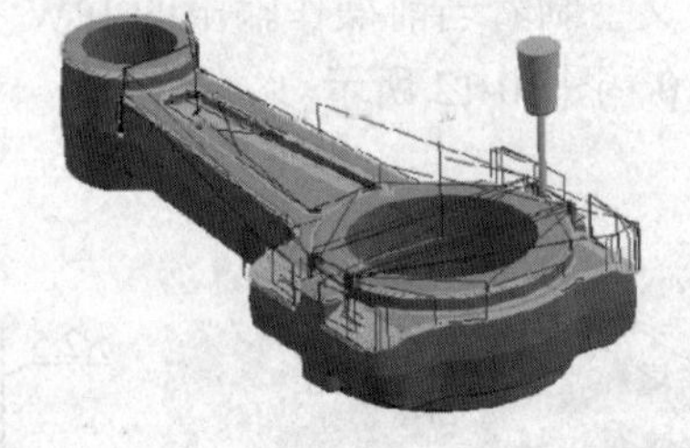

图10-14　基于层的工序模型IPW刀轨

(3) 可以在粗加工中使用较大的刀具完成较深的切削，然后在后续操作中作用同一刀具完成深度很浅的切削以清除阶梯面。

(4) 刀轨与使用3D工序模型IPW的刀轨相比更加规则。

(5) 可以将多个粗加工操作合并在一起，以便对给定的型腔进行粗加工和半精加工，从而使加工过程进一步自动化。

6. 使用工序模型 IPW 的注意事项

(1) 使用工序模型 IPW 时一定不能放在 NONE 程序父本组下进行，这一点需要特别注意。因为在“可视化”和“型腔铣”中， NONE 程序父体组中的操作将被忽略，所以如果尝试在 NONE 父本组中的一个操作生成新的刀轨，并且设置了“使用工序模型”选项，系统不会应用先前的刀轨来生成输入“工序模型”。系统将针对输入“工序模型”使用最初定义的毛坯几何体，这样此次操作依然是粗加工，而不能进行半精加工。

(2) 使用工序模型 IPW 时一定放在和粗加工同一个父本组下进行。系统会根据先前刀轨生成一个小平面体，而当前操作会以此小平面体作为毛坯进行半精加工。

(3) 使用工序模型 IPW 时一定要使用较小的公差值。使用的刀具要不大于粗加工刀具。

7. 使用工序模型 IPW 进行半精加工的技巧

(1) 使用和显示“三维工序模型”需要占用大量的内存来创建小平面体。为了减少占用的内存和重复使用小平面体，可按以下步骤创建“三维工序模型 IWP”并保存在单独的部件文件中。粗加工正确生成刀具路径后，选择路径模拟→Generate IPW 选项设为“好”→将 IWP 保存为组件复选项选中，进行 2D 路径模拟→创建，则可创建“三维工序模型”小平面体，然后将创建的小平面体移至对应层保存起来。当需要使用时，可将“三维工序模型”小平面体作为毛坯，进行“型腔铣”而完成半精加工。这样可以节省内存，因为小平面模型在使用后不会继续驻留在内存中，而且只要操作处于最新状态，便可以重复使用小平面模型。通过这种方法完成的半精加工，对粗加工没有依赖性，相对独立，便于修改。

(2) 正确地设置“最小材料厚度”，设置较小的材料厚度可以减少空刀的数量，加快半精加工的速度。

8. 使用参考刀具进行半精加工

参考刀具通常是用来先对零件进行粗加工的刀具，使用参考刀具进行半精加工，系统将计算指定的参考刀具进行切削加工后剩下的材料，然后将剩下的材料作为当前操作定义的切削区域。使用参考刀具进行半精加工，类似于其他“型腔铣”，但它仅限于在拐角区域的切削加工。使用参考刀具进行半精加工时，选择参考刀具的直径必须大于当前使用中的刀具直径。独立毛坯直接开粗的刀具路径、使用 IPW 进行半精加工的刀具路径和使用参考刀具进行半精加工的刀具路径的区别如图 10-15～图 10-17 所示。

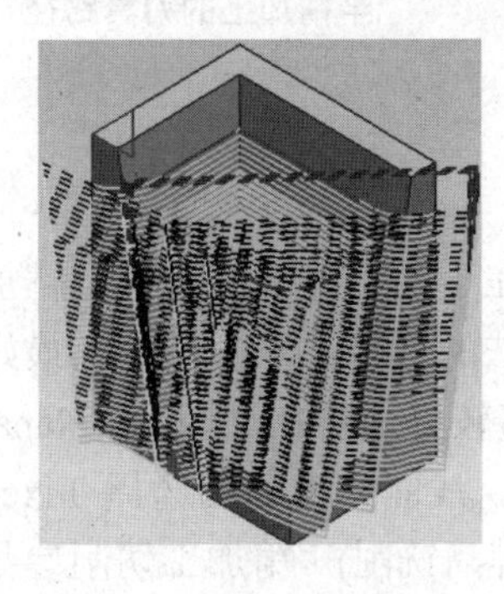

图 10-15　独立毛坯刀路

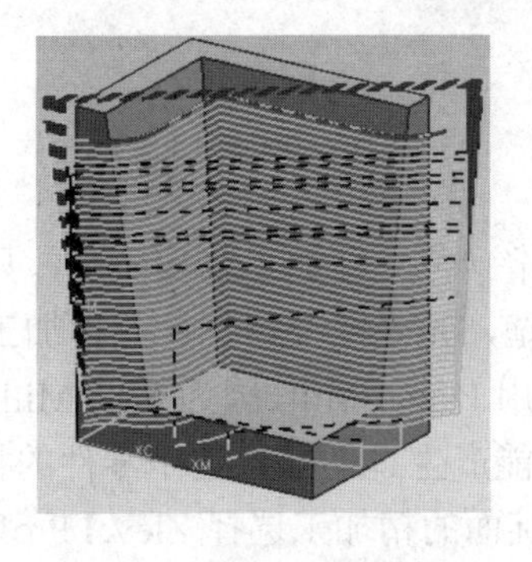

图 10-16　使用 IPW 的刀路

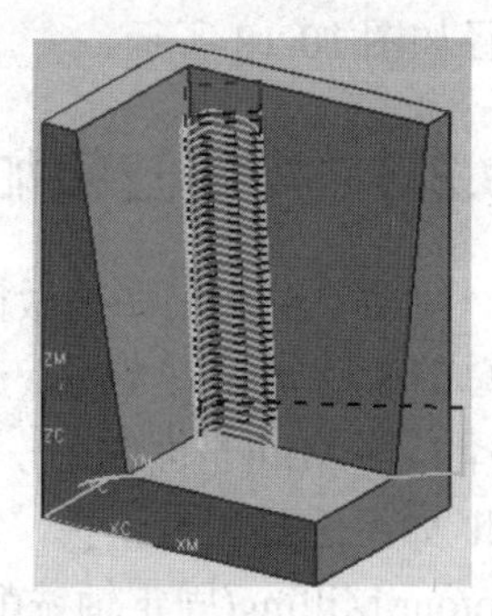

图 10-17　使用参考刀具的刀路

9．建立参考刀具半精加工的过程

建立参考刀具半精加工的导航过程如下：加工→操作导航器-程序顺序→型腔铣操作→切削参数→空间范围-参考刀具。这时 3 个选项可选择，即编辑、重新选择和显示。“编辑”表示允许对当前的参考刀具进行编辑和修改。“重新选择”将进入“重新选择参考刀具”对话框，在这里可以获得有关当前参考刀具的“信息”、选择现有刀具或创建定义新的刀具作为参考刀具。“显示”允许查看参考刀具。

10．使用参考刀具半精加工的优点

(1) 计算速度快。使用参考刀具半精加工比用 IPW 进行半精加工计算速度快，占用内存少。

(2) 没有依赖性。使用参考刀具半精加工不需要和粗加工放在同一个程序父本组下，不需要定义几何体父本组。没有程序组的限制，没有关联性，便于编辑和修改切削参数。

11．使用参考刀具半精加工的技巧

(1) 可选择比粗加工大的刀具。参考刀具只是系统计算时的假想刀具，选择参考刀具时，可以选择比实际粗加工适当大一些的刀具，这样加工安全性好，刀具不易切削入小角中，能够保证半精加工顺利进行。

(2) 可选择比粗加工更大的加工公差。使用参考刀具半精加工可以选择比上一道粗加工更大的加工公差，以减少空刀的次数。

(3) 正确地设置“最小材料厚度”，设置较小的材料厚度可以减少空刀的数量，加快半精加工的速度。

前面已经用$\phi$30R5mm 的刀具进行粗加工，由于刀具直径较大，同时存在底角半径，在型面过渡处以及导槽位置都会留下较大的余量。半精加工的目的就是去除这些余量，使模具各处余量比较均匀，半精加工的好坏直接关系到精加工及后续工序加工效率与质量。烟灰缸半精加工使用 D6 铣刀，用 IPW 进行半精加工，使得各个部分余量均匀，保证后续精加工的顺利进行，加工路径如图 10-18 所示。

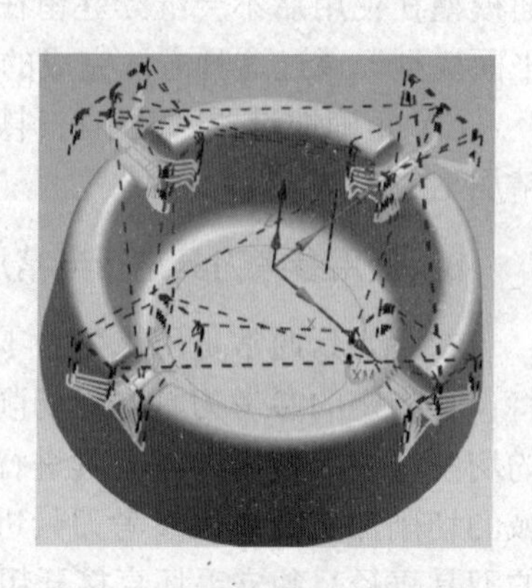

图 10-18　烟灰缸用 IPW 进行半精加工的刀具路径

## 10.2.3　烟灰缸精加工

前面半精加工如果做得非常到位，精加工就很简单，只是在于加工方法的选择。精加工总的原则是“先光底，后光壁，光底壁要留”。具体加工方法的选择：平面精加工最好选择 Face Mill(平面铣削)，而不用 Planar Mill，因为 Face Mill 能够较好地防止过切，而 Planar Mill 如果选择稍有不慎，就可能产生过切导致整个零件的报废。浅面的精加工选择 Fixed Contour Milling(固定轴铣削)，陡面的精加工选择 Zlevel Profile(等高铣削)。精加工切削参数的选择原则是高转速、小进给，具体精加工切削参数的设置不再讨论。

# 任务 10.3　加工仿真及后处理

## 10.3.1　刀具路径检验、编辑及模拟

### 1．刀具路径检验、编辑

由于不同软件之间数据的交换或同一软件中生成的图形自身不够完善，CAM 软件根据用户的参数设置自动生成的刀具路径，有时也会存在问题，因此，程序生成之后，要进行检验和编辑工作。

UG 中这项工作在“刀轨编辑器”中进行，如图 10-19 所示，它包括显示刀心坐标值、编辑刀具路径(Editing Options)、过切检查(Gouge Check)、动态演示(AnimateTool Path)等功能。

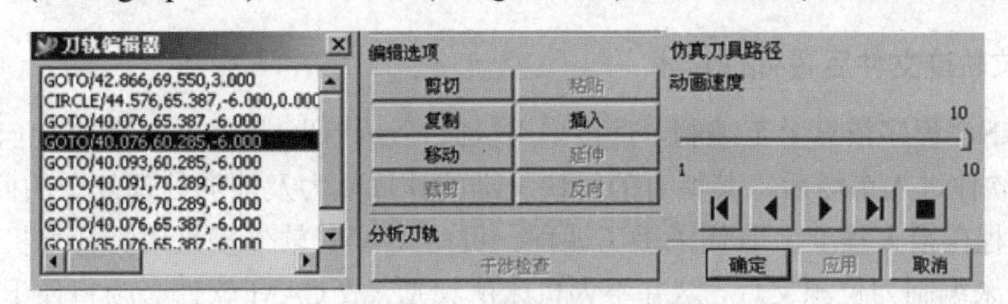


图 10-19　刀具路径的检验及编辑

利用这些功能可以对不合适的刀具路径进行删除、修剪、修改坐标值、插入新坐标点等操作，这样可以避免一些不必要错误的出现。

### 2．刀位模拟

UG7.5/CAM 提供了强大的刀位模拟功能，用于检验刀位源文件的走刀轨迹，发现加工中的不合理现象，如欠切、过切等。

1) 加工模块的可视化刀轨轨迹显示

利用可视化刀轨轨迹功能的一般过程：①进入加工(Manufacturing)模块；②选择刀位源文件；③在操作管理器中选择验证，进入可视化刀轨轨迹对话框进行刀位模拟。

该模拟功能是一次显示所有刀位信息，不能进行重显、放大、旋转等操作，故不适合模拟显示大型复杂零件。

2) 使用 VeriCut 仿真软件

VeriCut 是一款专业仿真软件，在着色实体模型上动态模拟数控加工。它能交互地模拟、验证、显示刀具路径，代替用机床进行 NC 加工试验，从而大大降低生产成本、缩短生产周期。刀具轨迹的动态模拟往往是在刀位源文件进行后置处理之前进行的。经过动态检查，确保加工无误，然后将正确无误的刀位源文件进行后置处理，把刀位源文件转换为某特定数控机床可执行的加工程序。

使用 VeriCut 的一般过程如下：①根据加工零件制作毛坯；②刀具准备；③调用刀位源文件夹(.cls)进行模拟。仿真结果如图 10-20 所示。

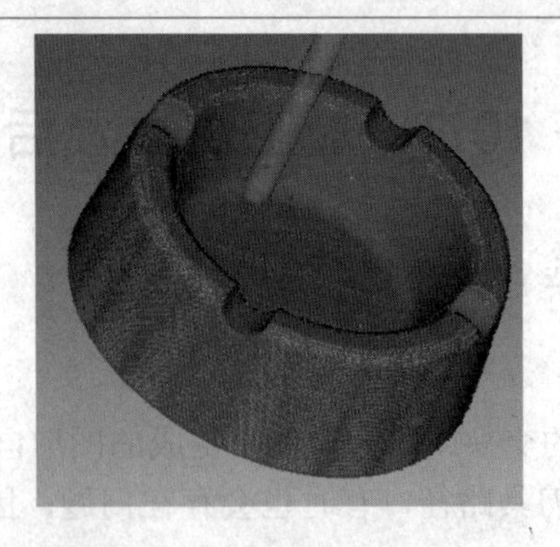

图 10-20　VeriCut 的仿真结果

## 10.3.2　刀位轨迹文件后置处理技术及 NC 文件的生成与传输

### 1. 刀位轨迹文件后置处理技术

早期的 NC 程序依靠手工编制，直接采用机床指令代码，不存在后置处理问题。自从成熟的 CAM 软件进入市场后，其特有的既快又准的计算能力及能够处理复杂的曲面等特点，使得自动编程在很大程度上取代了手工编程。目前 CAM 软件多采用类计算机高级语言如 APT 语言等来编制刀位源文件，这并不为机床所识别，故 CAM 软件必须将便于人识别的类计算机高级语言转换成便于机床识别的指令代码。数控加工的后置处理就是通过后置处理器读取以 M 系统生成的刀具路径文件，从中提取相关的加工信息，并根据指定数控机床的特点及 NC 程序格式要求进行分析、判断和处理，最终生成数控机床所能直接识别的 NC 程序。

后置处理系统是 CAM 软件中的一个模块，许多 CAM 软件如 UG7.5、Cimatron、MasterCAM 及 Pro/E 等软件，都采用通用后置处理系统。该系统提供人机交互的方式，可针对不同类型的数控系统定制符合系统要求的数控系统特性文件，转换出符合数控系统指令集和格式的 NC 程序，从而使得 CAM 软件具有一定的柔性，能够满足不同用户的需要。不同软件虽然对后置处理系统表达不尽相同，但内容基本一致。通用后置处理系统的流程如图 10-21 所示。

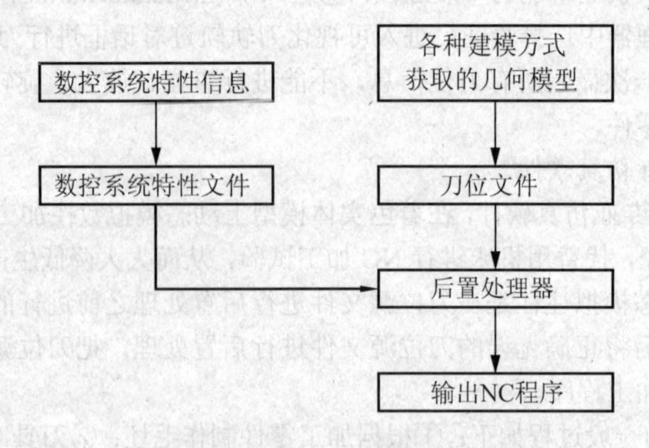


图 10-21　后置处理系统的流程框图

## 2．NC 机床数据文件的生成

UG 软件的后处理过程如图 10-22 所示。

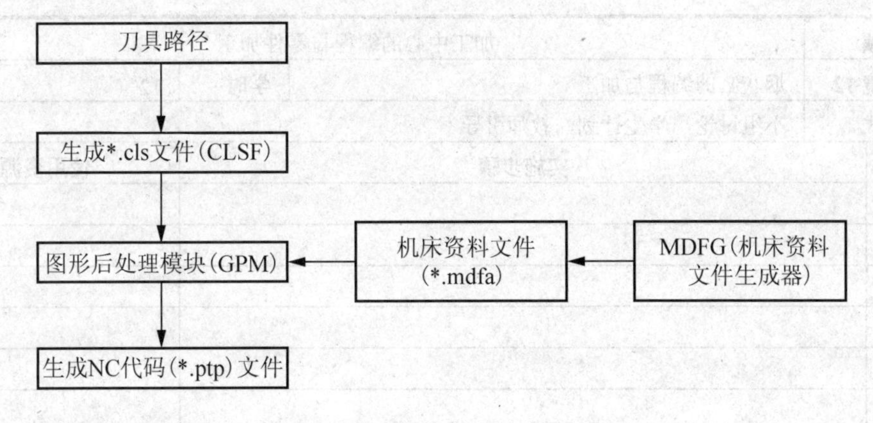


图 10-22　UG 软件的后处理过程

下面就是利用 UG 软件系统生成的*.CIS 文件，可以看出，该文件仅仅记录了刀具参数、刀具的坐标等信息，并不能被 NC 加工机床所识别。由于 NC 机床程序有其专用的代码指令，必须将上面生成的*.CIS 文件后处理为*.ptp 文件，才能被机床识别并按程序指令走刀。

```
%(kinci_Tech.  By Administrator. Date: Tue Aug 07 16:45:10 2012)
O0100(12.nc F:\xiangmuhua\12.prt)
G17G40G49G80
(*** Start path: CAVITY_MILL with tool: D30R5 ***)
G91G28Z0.
G17G40G49G80
(Tool_Name=D30R5 RPM=2000)
(TD=30.00  CR=5.00  FL=50.00)
G90G54G00X0.Y0.
G00X-71.783Y-13.162
S2000M03
G43H00Z2.015
G01Z-.985F500.
X-51.036Y-9.358
G17G02X-51.233Y-8.214R51.887F1200.
X-51.421Y-5.944R13.792
X-50.075Y0.R13.792
⋮
X-21.451Y10.968Z-15.602
Z-9.2
G00Z10.
(*** End Of Path FIXED_CONTOUR ***)
M05
M09
G91G28Z0.
M30
%
```

## 3．NC 程序的传输

后置处理产生的 NC 程序通过 RS-232 通信接口传输到数控机床，数控机床可以加工出想要获得的零件。现在常用的程序传输软件是 CIMCO Edit V5 软件，它不仅可以传输程序，而且可以模拟刀具轨迹，查看最大切削范围，计算切削时间。

完成本章任务，需填写的有关表格如表 10-4～表 10-11 所示。

表 10-4　计划单

<table>
<tr><td>学习领域</td><td colspan="4">加工中心的编程与零件加工</td></tr>
<tr><td>学习情境 12</td><td colspan="2">烟灰缸的编程与加工</td><td>学时</td><td>12</td></tr>
<tr><td>计划方式</td><td colspan="4">小组讨论，学生计划，教师引导</td></tr>
<tr><td>序号</td><td colspan="3">实施步骤</td><td>使用资源</td></tr>
<tr><td></td><td colspan="3"></td><td></td></tr>
<tr><td></td><td colspan="3"></td><td></td></tr>
<tr><td></td><td colspan="3"></td><td></td></tr>
<tr><td></td><td colspan="3"></td><td></td></tr>
<tr><td></td><td colspan="3"></td><td></td></tr>
<tr><td></td><td colspan="3"></td><td></td></tr>
<tr><td>制订计划说明</td><td colspan="4"></td></tr>
<tr><td rowspan="3">计划评价</td><td>班级</td><td>第　组</td><td>组长签字</td><td></td></tr>
<tr><td>教师签字</td><td></td><td>日期</td><td></td></tr>
<tr><td colspan="4">评语：</td></tr>
</table>

表 10-5　决策单

<table>
<tr><td>学习领域</td><td colspan="8">加工中心的编程与零件加工</td></tr>
<tr><td>学习情境 12</td><td colspan="6">烟灰缸的编程与加工</td><td>学时</td><td>12</td></tr>
<tr><td colspan="9">方案讨论</td></tr>
<tr><td rowspan="7">方案对比</td><td>组号</td><td>实现功能</td><td>方案可行性</td><td>方案合理性</td><td>实施难度</td><td>安全可靠性</td><td>经济性</td><td>综合评价</td></tr>
<tr><td>1</td><td></td><td></td><td></td><td></td><td></td><td></td><td></td></tr>
<tr><td>2</td><td></td><td></td><td></td><td></td><td></td><td></td><td></td></tr>
<tr><td>3</td><td></td><td></td><td></td><td></td><td></td><td></td><td></td></tr>
<tr><td>4</td><td></td><td></td><td></td><td></td><td></td><td></td><td></td></tr>
<tr><td>5</td><td></td><td></td><td></td><td></td><td></td><td></td><td></td></tr>
<tr><td>6</td><td></td><td></td><td></td><td></td><td></td><td></td><td></td></tr>
<tr><td>方案评价</td><td colspan="8">评语：</td></tr>
<tr><td>班级</td><td></td><td>组长签字</td><td></td><td>教师签字</td><td></td><td colspan="3">月　日</td></tr>
</table>

表 10-6　材料、设备、工/量具清单

| 学习领域 | 加工中心的编程与零件加工 | | | | | | |
|---|---|---|---|---|---|---|---|
| 学习情境 12 | 烟灰缸的编程与加工 | | | | | 学时 | 12 |
| 类型 | 序号 | 名称 | 作用 | 数量 | 型号 | 使用前 | 使用后 |
| 所用设备 | 1 | 立式加工中心 | 零件加工 | 6 | S1354-B | | |
| | 2 | 三爪卡盘 | 装夹工件 | 6 | | | |
| 所用材料 | 1 | 铝合金 | 零件毛坯 | 6 | φ85mm | | |
| 所用刀具 | 1 | 平铣刀 | 半精加工 | 6 | φ6mm | | |
| | 2 | 圆鼻刀 | 开粗 | 6 | D30R5 | | |
| | 3 | 圆鼻刀 | 精加工 | 6 | D16R0.4 | | |
| | 4 | 球刀 | 精加工 | 6 | R3 | | |
| 所用量具 | 1 | 深度尺 | 测量深度 | 6 | 150mm | | |
| | 2 | 游标卡尺 | 测量线性尺寸 | 6 | | | |
| | 3 | 圆弧规 | 测量圆弧半径 | 6 | | | |
| | 4 | 外径千分尺 | 测量线性尺寸 | 6 | | | |
| 附件 | 1 | δ2、δ5、δ10、δ30 系列垫块 | 调整工件高度 | 若干 | | | |

| 班级 | | 第　组 | 组长签字 | |
|---|---|---|---|---|
| 教师签字 | | | 日期 | |

表 10-7　实施单

| 学习领域 | 加工中心的编程与零件加工 | | |
|---|---|---|---|
| 学习情境 12 | 烟灰缸的编程与加工 | 学时 | 12 |
| 实施方式 | 学生自主学习，教师指导 | | |
| 序号 | 实施步骤 | 使用资源 | |
| | | | |
| | | | |
| | | | |
| | | | |

实施说明：

| 班级 | | 第　组 | 组长签字 | |
|---|---|---|---|---|
| 教师签字 | | | 日期 | |

表 10-8 作业单

<table>
<tr><td>学习领域</td><td colspan="3">加工中心的编程与零件加工</td></tr>
<tr><td>学习情境 12</td><td>烟灰缸的编程与加工</td><td>学时</td><td>12</td></tr>
<tr><td>作业方式</td><td colspan="3">小组分析，个人解答，现场批阅，集体评判</td></tr>
<tr><td>1</td><td colspan="3">用 UG 进行如图 10-23 所示零件加工程序的编制<br>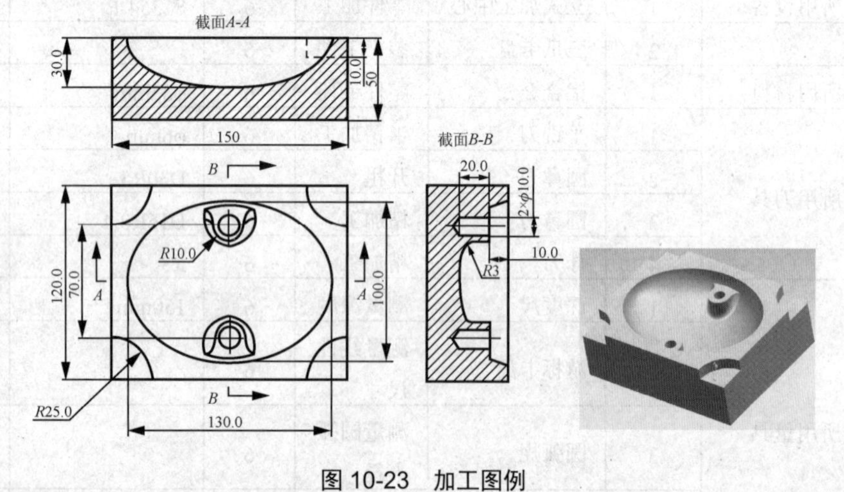<br><br>图 10-23 加工图例</td></tr>
</table>

作业解答：

<table>
<tr><td rowspan="4">作业评价</td><td>班级</td><td></td><td>第 组</td><td>组长签字</td><td></td></tr>
<tr><td>学号</td><td></td><td>姓名</td><td colspan="2"></td></tr>
<tr><td>教师签字</td><td></td><td>教师评分</td><td></td><td>日期</td></tr>
<tr><td colspan="5">评语：</td></tr>
</table>

表 10-9 检查单

| 学习领域 | 加工中心的编程与零件加工 | | | |
|---|---|---|---|---|
| 学习情境 12 | 烟灰缸的编程与加工 | | 学时 | 12 |
| 序号 | 检查项目 | 检查标准 | 学生自检 | 教师检查 |
| 1 | 烟灰缸加工的实施准备 | 准备充分、细致、周到 | | |
| 2 | 烟灰缸加工的计划实施步骤 | 实施步骤合理，有利于提高零件加工质量 | | |
| 3 | 烟灰缸加工的尺寸精度及表面粗糙度 | 符合图样要求 | | |
| 4 | 实施过程中工、量具摆放 | 定址摆放、整齐有序 | | |
| 5 | 实施前工具准备 | 学习所需工具准备齐全，不影响实施进度 | | |
| 6 | 教学过程中的课堂纪律 | 听课认真，遵守纪律，不迟到、不早退 | | |

续表

| 序号 | 检查项目 | 检查标准 | 学生自检 | 教师检查 |
|---|---|---|---|---|
| 7 | 实施过程中的工作态度 | 在工作过程中乐于参与，积极主动 | | |
| 8 | 上课出勤状况 | 出勤 95%以上 | | |
| 9 | 安全意识 | 无安全事故发生 | | |
| 10 | 环保意识 | 垃圾分类处理，不对环境产生危害 | | |
| 11 | 合作精神 | 能够相互协作、相互帮助，不自以为是 | | |
| 12 | 实施计划时的创新意识 | 确定实施方案时不随波逐流，见解合理 | | |
| 13 | 实施结束后的任务完成情况 | 过程合理、工件合格，与组内成员合作良好 | | |
| 检查评价 | 班级 | | 第　组 | 组长签字 |
| | 教师签字 | | 日期 | |
| | 评语： | | | |

表 10-10　评价单

| 学习领域 | 加工中心的编程与零件加工 | | | | |
|---|---|---|---|---|---|
| 学习情境 12 | 烟灰缸的编程与加工 | | | 学时 | 12 |
| 评价类别 | 项目 | 子项目 | 个人评价 | 组内互评 | 教师评价 |
| 专业能力(60%) | 资讯(6%) | 搜集信息(3%) | | | |
| | | 引导问题回答(3%) | | | |
| | 计划(6%) | 计划可执行度(3%) | | | |
| | | 设备材料工、量具安排(3%) | | | |
| | 实施(24%) | 工作步骤执行(6%) | | | |
| | | 功能实现(6%) | | | |
| | | 质量管理(3%) | | | |
| | | 安全保护(6%) | | | |
| | | 环境保护(3%) | | | |
| | 检查(4.8%) | 全面性、准确性(2.4%) | | | |
| | | 异常情况排除(2.4%) | | | |
| | 过程(3.6%) | 使用工具规范性(1.8%) | | | |
| | | 操作过程规范性(1.8%) | | | |
| | 结果(12%) | 结果质量(12%) | | | |
| | 作业(3.6%) | 完成质量(3.6%) | | | |

续表

| 评价类别 | 项目 | 子项目 | 个人评价 | 组内互评 | 教师评价 |
|---|---|---|---|---|---|
| 社会能力(20%) | 团结协作(10%) | 小组成员合作良好(5%) | | | |
| | | 对小组的贡献(5%) | | | |
| | 敬业精神(10%) | 学习纪律性(5%) | | | |
| | | 爱岗敬业、吃苦耐劳(5%) | | | |
| 方法能力(20%) | 计划能力(10%) | 考虑全面(5%) | | | |
| | | 细致有序(5%) | | | |
| | 决策能力(10%) | 决策果断(5%) | | | |
| | | 选择合理(5%) | | | |
| | 班级 | | 姓名 | 学号 | 总评 |
| | 教师签字 | | 第 组 组长签字 | | 日期 |
| 评价评语 | 评语: | | | | |

表 10-11 教学反馈单

| 学习领域 | 加工中心的编程与零件加工 | | | |
|---|---|---|---|---|
| 学习情境 12 | 烟灰缸的编程与加工 | 学时 | 12 | |
| 序号 | 调查内容 | 是 | 否 | 理由陈述 |
| 1 | 对任务书的了解是否深入、明了 | | | |
| 2 | 是否清楚 UGCAM 程序编程流程 | | | |
| 3 | 是否能正确选择加工方式进行零件粗、精加工 | | | |
| 4 | 能否正确选择刀具进行曲面加工 | | | |
| 5 | 能否正确安排“烟灰缸”数控加工工艺 | | | |
| 6 | 能否正确使用游标卡尺、外径千分尺、深度尺、圆弧规并能正确读数 | | | |
| 7 | 能否有效执行“6S”规范 | | | |
| 8 | 小组间的交流与团结协作能力是否增强 | | | |
| 9 | 同学的信息检索与自主学习能力是否增强 | | | |
| 10 | 同学是否遵守规章制度 | | | |
| 11 | 你对教师的指导满意吗 | | | |
| 12 | 教学设备与仪器是否够用 | | | |
| 你的意见对改进教学非常重要，请写出你的意见和建议 | | | | |
| 调查信息 | 被调查人签名 | | 调查时间 | |

# 参 考 文 献

[1] 吕修海. 数控加工[M]. 北京：高等教育出版社，2009.
[2] 周虹. 数控加工工艺与编程[M]. 北京：人民邮电出版社，2004.
[3] 余英良. 数控加工编程及操作[M]. 北京：高等教育出版社，2005.
[4] 顾京. 数控加工编程及操作[M]. 北京：高等教育出版社，2003.
[5] 宋放之. 数控工艺员培训教程[M]. 北京：清华大学出版社，2003.
[6] 田萍. 数控加工工艺[M]. 北京：高等教育出版社，2003.
[7] 唐应谦. 数控加工工艺学[M]. 北京：劳动保障出版社，2000.
[8] 张信群. 公差配合与互换性技术[M]. 北京：北京航空航天大学出版社，2006.
[9] 许德珠. 机械工程材料[M]. 北京：高等教育出版社，2001.
[10] 吴桓文. 机械加工工艺基础[M]. 北京：高等教育出版社，2005.
[11] 卢斌. 数控机床及其使用维修[M]. 北京：机械工业出版社，2001.
[12] GSK 980TDb 车床 CNC 使用手册，2010.
[13] FANUC 数控系统车床编程手册，2005.
[14] SINUMERIK 802D 操作编程——车床，2005.
[15] CK6140 型数控车床使用说明书，2010.